城市轨道交通职业教育系列教材 —— 城市轨道交通车辆

城市轨道交通车辆（第4版）

主　编 ○ 曾青中
副主编 ○ 曾全君
主　审 ○ 李　芾

西南交通大学出版社
·成都·

内 容 简 介

本书系统地介绍了城市轨道交通车辆的基本概念、结构和工作原理。全书共分四篇十三章：第一篇绪论，主要包括城市轨道交通概要、城市轨道交通车辆基础知识；第二篇城市轨道交通车辆机械部分，主要包括车体、车辆转向架、车门、车辆连接装置、车辆设备及其布置；第三篇城市轨道交通车辆控制部分，主要包括电力传动与控制系统、微机控制系统、风源及电空制动装置、空气调节系统；第四篇城市轨道交通车辆基本理论，主要包括：城市轨道交通车辆动力学基础、噪声及其防护等。

本书为高等职业学校城市轨道交通车辆专业教材，也可供从事城市轨道交通的管理人员、工程技术人员及大专院校和中等职业学校城市轨道交通类专业师生学习参考。

图书在版编目（CIP）数据

城市轨道交通车辆 / 曾青中主编. —4 版. —成都：
西南交通大学出版社，2020.7（2022.12 重印）
ISBN 978-7-5643-7482-2

Ⅰ. ①城… Ⅱ. ①曾… Ⅲ. ①城市铁路—铁路车辆—
职业教育—教材 Ⅳ. ①U239.5

中国版本图书馆 CIP 数据核字（2020）第 108742 号

Chengshi Guidao Jiaotong Cheliang

城市轨道交通车辆

（第 4 版）

主编　曾青中

责任编辑	王　旻
特邀编辑	王玉珂
封面设计	何东琳设计工作室
出版发行	西南交通大学出版社 （四川省成都市金牛区二环路北一段 111 号 西南交通大学创新大厦 21 楼）
邮政编码	610031
发行部电话	028-87600564　028-87600533
网址	http://www.xnjdcbs.com
印刷	四川玖艺呈现印刷有限公司
成品尺寸	185 mm×260 mm
印张	23.5
插页	1
字数	593 千
版次	2020 年 7 月第 4 版
印次	2022 年 12 月第 14 次
定价	49.50 元
书号	ISBN 978-7-5643-7482-2

课件咨询电话：028-81435775
图书如有印装质量问题　本社负责退换
版权所有　盗版必究　举报电话：028-87600562

第 4 版前言

随着我国经济的高速发展，城乡人民生活水平的大幅提高，城市轨道交通发展迅速。目前我国一些大、中城市都拥有了地铁、轻轨和有轨电车等轨道交通系统，形成各自的城市快速轨道运输体系。

根据我国城轨交通的实际情况，本教材立足于城轨车辆的构造与原理、车载设备的检修及维护，以及最新技术应用和发展趋势等。第 4 版仍然保持原来版本的结构和深度，强调城轨车辆的基本知识和基本原理。本次修订主要是根据职业教育新型态教材的要求，深入挖掘课程思政元素，有机融入课堂教学，更好地达到育人效果。同时，对教材进行了立体化改造，将难懂的图示均采用 VR、AR 等增强现实的模式加以体验，提高结构的直观性，便于学生学习理解。同时，对全书的脉络进行梳理，订正了在使用过程中发现的不足，达到言简意赅，图文并茂，重点突出。

本书共分十三章，由广州铁路职业技术学院曾青中主编，广州地铁集团有限公司曾全君副主编，由国家特聘教授、西南交通大学博士生导师李芾主审。参加本次修订的有：西安铁路职业技术学院雷晓娟（第一、二、四章），广州铁路职业技术学院曾青中（第三、六、七、十、十二章），郑州铁路职业技术学院杨培义（第五、十一章），广州地铁集团有限公司曾全君（第八、十三章），广州铁路职业技术学院高邓波（第九章）。由于时间和水平有限，书中仍有不妥之处，敬请同行和读者指正。

编 者
2020 年 3 月

第 1 版前言

城市交通系统是城市最为重要的基础设施之一,城市内人员的流动、物质的运输依靠城市交通来完成,城市交通体系直接展示着城市的面貌和活力,体现城市的承载能力,关系着城市的环境,进而影响着城市的可持续发展;而城市公共交通则是城市交通系统的重要组成部分,绝大多数居民的出行依靠公共交通,因此,城市公共交通是维持城市居民工作、学习和生活正常秩序的重要保障。

由于历史的原因,我国地域广阔,人口众多,以农业为主,一直是世界上人口最多的、最大的农业国。随着近年来经济的快速发展,农村人口大量涌入城市,使城市人口飞速增长。据统计,目前,百万人口以上的大城市已达 40 多座,还有千万以上的特大城市,如上海、北京等。而我国城市的道路交通建设长期处于基础设施落后,形式单一,跟不上城市经济发展和人口增长需要的状态;落后的城市交通严重制约着城市经济发展和居民的正常活动,成为困扰我国城市发展的一个难题。如何解决城市公共交通的这一难题呢?国外已有成功的经验,就是以轨道交通为主,以其他交通方式为辅,形成一个包括地上、地面和地下多种交通模式相结合的可持续发展的现代化公共交通网络,这也是我国城市交通发展的必由之路,具有积极的战略意义。

城市轨道交通车辆是城市轨道交通体系中最重要的,也是最关键的设备,它是集多专业先进技术于一体的综合性产品,涉及机械、电气及控制、材料等领域。本书以上海、广州、北京、深圳等地铁和天津滨海轻轨等城市轨道交通车辆为例,主要介绍了城市轨道交通车辆中具有代表性的结构、原理,既有先进的原装进口车辆,也有国产化车辆,体现了现今城市轨道交通车辆的技术水平。本书还介绍了城市轨道交通车辆技术的发展动态。

本书的编写结合了高等职业技术教育类学生的特点,介绍了城市轨道车辆专业学生必须掌握的专业知识。注重介绍城市轨道交通车辆的日常检查、维修等特点。例如,客室车门数量多、操作频繁，车门故障和安全隐患较多是运用和检修的重点，本书对车门结构、原理、故障处理单独列章进行了详细介绍，同时注意避免大量的理论推导和计算，内容简洁，插图简单。为配合教学的需要，每章配有小结和适量的复习思考题。

本书共分十三章，由广州铁路职业技术学院曾青中、郑州铁路职业技术学院韩增盛主编，由国家特聘教授、西南交通大学博士生导师李芾主审。参加本书编写的有：曾青中（第一、二、四章），韩增盛（第三、十一、十三章），郑州铁路职业技术学院卢桂云（第五、六章），广州铁路职业技术学院钟耀军（第七章）、肖燕芳（第八章）、高邓波（第九章）、廖锦春（第十、十二章）。由于时间、资料、水平有限，书中可能有一些不妥之处，敬请同行、读者指正。

编　者

2006 年 5 月

AR 资源目录

序号	章	节	资源名称	资源类型	页码
1	第一章 城市轨道交通概要	第一节 城市轨道交通的发展	巴黎戴高乐机场高速地铁	视频	P5
2			城市轻轨交通	视频	P6
3			跨座式独轨交通	视频	P9
4			悬挂式独轨交通	视频	P9
5		第二节 城市轨道交通发展的新趋势	线性电机作用原理	模型	P12
6			磁悬浮列车的悬浮、推进和导向原理	模型	P13
7			磁悬浮 EMS 和 EDS 原理的差别	网页类资源	P13
8		第三节 我国城市轨道交通发展概况	广州地铁一号线	视频	P15
9			天津滨海轻轨	视频	P16
10			重庆跨座单轨	视频	P16
11			大连新型有轨电车	视频	P16
12			上海磁悬浮列车	视频	P17
13	第二章 城市轨道交通车辆基础知识	第二节 城市轨道交通车辆的编组和标识	转向架和轴的编号	模型	P26
14		第四节 地铁、轻轨车辆限界	A 型车隧道内直线地段车辆轮廓、车辆限界、设备限界图	网页	P34
15	第三章 车体	第四节 车体的模块化结构	车体模块组成	模型	P54
16			车顶模块	模型	P54
17	第四章 车辆转向架	第一节 概述	广州地铁一号线车辆转向架	网页	P65
18			广州地铁二号线车辆转向架	网页	P66
19		第二节 构架	构架	网页	P68
20		第三节 轮对轴箱装置	轮对	网页	p69
21			车轮	模型	p70
22			转臂式轴箱定位	模型	p74
23		第四节 弹簧减振装置	高度控制阀工作原理	动画	P81
24			差压阀原理	动画	P82

续表

序号	章	节	资源名称	资源类型	页码
25	第四章 车辆转向架	第四节 弹簧减振装置	空气弹簧悬挂系统原理	动画	P83
26			液压减振器工作原理	动画	P84
27			KONI 减振器	网页	P85
28		第六节 传动装置	爪形承传动装置	动画	P89
29			横向牵引机电——空心轴传动装置	动画	P90
30		第七节 地铁及轻轨车辆转向架	DK₃型地下铁道客车转向架	模型	P94
31			动车转向架	模型	p100
32	第五章 车门	第一节 概述	内藏嵌入式对开侧移门的结构	动画	P114
33			外侧移门的打开与关闭	动画	P115
34			塞拉门的打开与关闭	动画	P115
35			外摆式车门的打开与关闭	动画	P116
36		第二节 客室车门控制	中央控制阀	模型	P117
37			车门的气动控制原理	动画	P118
38	第六章 车辆连接装置	第二节 车钩	柴田式密接式车钩结构及作用原理	动画	P134
39			Scharfenberg 密接式车钩缓冲装置	动画	P135
40			Scharfenberg 密接式车钩作用原理	动画	P136
41			上海地铁半永久性牵引杆	动画	P138
42		第三节 缓冲装置	层叠式橡胶金属片缓冲器	动画	P139
43			环弹簧缓冲器	动画	P140
44			弹性胶泥缓冲器	动画	P142
45		第四节 附属装置	电气连接器	模型	p145

续表

序号	章	节	资源名称	资源类型	页码
46	第七章 车辆设备及其布置	第二节 车顶设备	受电弓结构	模型	P153
47			车顶一体式空调单元	动画	P155
48		第三节 车底设备	广州地铁一号线拖车底架设备分布	动画	P156
49			广州地铁一号线动车底架设备分布	动画	P156
50			PH箱结构	模型	P157
51			车间电源	模型	P158
52			隔离和接地开关	网页	P158
53		第四节 车内设备	紧急疏散门	模型	P163
54			司机室间壁	模型	P163
55			深圳地铁车辆客室局部视图	图集	P165
56			司机室车辆前端灯光	网页	P166
57	第八章 电力传动与控制系统	第二节 直流调阻车辆的传动与控制	BJ-4型车辆主回路原理电路原件及其功能	动画	P176
58		第三节 直流斩波车辆的传动与控制	BJ-6型车辆主回路原理电路原件及其功能	动画	P179
59	第九章 微机控制系统	第二节 DIN-BUS总线控制原理	直接联系的模块结构	网页	P191
60		第三节 牵引控制单元 DCU/UNAS	牵引/制动系统组成	网页	P196
61		第五节 微机过程控制	DCU的工作流程	动画	P206
62	第十章 风源及电空制动系统	第一节 概述	直通式空气制动机工作原理	动画	P237
63			自动空气制动机工作原理	动画	P238
64			三通阀工作原理	动画	P239
65			直通自动空气制动机工作原理	动画	P240
66		第二节 风源系统	活塞式空气压缩机作用原理	动画	P246
67			螺杆式空气压缩机工作原理	动画	P249
68			双筒式空气干燥器的作用原理	动画	P253
69		第四节 SD型电空制动机	空重车调整阀	网页	P269
70		第五节 基础制动装置	PC7YF型单元制动器	模型	P278

续表

序号	章	节	资源名称	资源类型	页码
71	第十一章 空气调节系统	第四节 制冷压缩机	单螺杆压缩机	模型	P293
72			涡旋式制冷压缩机	模型	P295
73			涡旋式制冷压缩机工作原理	动画	P295
74		第七节 空调装置	M车空调系统气流走向	动画	P306
75			Mcp车空调系统气流走向	动画	P307
76			车体空调机组安装座及气流口	模型	P308
77			空调机组气流组织	动画	P309
78	第十二章 城市轨道交通车辆动力学基础	第一节 引起车辆振动的原因及基本振动形式	车体的空间振动	动画	P324

AR资源使用帮助：

1. 请按照本书封底的操作提示，下载安装"轨道在线"APP。

2. 安装完成后打开APP（请允许弹出的所有权限申请，否则将导致APP无法正常使用），进入"AR"版块，点击添加图书并输入封底刮层中的12位序列号，系统将开始下载AR资源包。

3. 下载完成后，请点击图书的图标，然后将手机或平板对准书中带有AR标志的插图，即可浏览对应AR资源。

目 录

第一篇 绪 论

第一章 城市轨道交通概要 ································· 003
  第一节 城市轨道交通的发展 ························· 004
  第二节 城市轨道交通发展的新趋势 ················· 010
  第三节 我国城市轨道交通发展概况 ················· 015
  本章小结 ··· 018
  复习思考题 ··· 019

第二章 城市轨道交通车辆基础知识 ···················· 020
  第一节 城市轨道交通车辆的类型、组成 ············ 021
  第二节 城市轨道交通车辆的编组及标识 ············ 024
  第三节 城市轨道交通车辆技术参数 ················· 027
  第四节 地铁、轻轨车辆限界 ························· 032
  本章小结 ··· 037
  复习思考题 ··· 037

第二篇 城市轨道交通车辆机械部分

第三章 车 体 ··· 041
  第一节 概 述 ······································· 042
  第二节 铝合金车体 ·································· 044
  第三节 不锈钢车体 ·································· 051
  第四节 车体的模块化结构 ··························· 054
  第五节 车体试验及材料 ······························ 056
  本章小结 ··· 061
  复习思考题 ··· 061

第四章　车辆转向架 ··· 063
　　第一节　概　　述 ·· 064
　　第二节　构　　架 ·· 067
　　第三节　轮对轴箱装置 ·· 069
　　第四节　弹簧减振装置 ·· 075
　　第五节　牵引连接装置 ·· 086
　　第六节　传动装置 ·· 089
　　第七节　地铁及轻轨车辆转向架 ·· 093
　　本章小结 ··· 110
　　复习思考题 ·· 111

第五章　车　　门 ··· 112
　　第一节　概　　述 ·· 113
　　第二节　客室车门控制 ·· 117
　　第三节　车门故障的检测及处理 ·· 127
　　本章小结 ··· 130
　　复习思考题 ·· 130

第六章　车辆连接装置 ··· 131
　　第一节　车钩缓冲装置概述 ·· 132
　　第二节　车　　钩 ·· 133
　　第三节　缓冲装置 ·· 139
　　第四节　附属装置 ·· 143
　　第五节　贯通道及渡板 ·· 146
　　本章小结 ··· 149
　　复习思考题 ·· 149

第七章　车辆设备及其布置 ··· 150
　　第一节　概　　述 ·· 151
　　第二节　车顶设备 ·· 152
　　第三节　车底设备 ·· 156
　　第四节　车内设备 ·· 162
　　本章小结 ··· 169
　　复习思考题 ·· 170

第三篇　城市轨道交通车辆控制部分

第八章　电力传动与控制系统 ··· 173
　　第一节　概　　述 ·· 174
　　第二节　直流调阻车辆的传动与控制 ·· 176

第三节	直流斩波车辆的传动与控制	178
第四节	交流调压变频车辆的传动与控制	184
本章小结		184
复习思考题		185

第九章 微机控制系统 186

第一节	概　　述	187
第二节	DIN-BUS 总线控制原理	190
第三节	牵引控制单元 DCU/UNAS	196
第四节	牵引控制单元 DCU/UNAS 的 PCB 插件板	200
第五节	微机过程控制	205
第六节	信息及诊断系统	212
第七节	故　障　与　显　示	218
第八节	牵引控制单元 PTU 软件及应用	228
本章小结		231
复习思考题		231

第十章 风源及电空制动系统 232

第一节	概　　述	233
第二节	风　源　系　统	246
第三节	克诺尔电空制动机	256
第四节	SD 型电空制动机	267
第五节	基础制动装置	277
本章小结		282
复习思考题		282

第十一章 空气调节系统 284

第一节	制冷原理简介	285
第二节	地铁列车客室内空气参数的确定	287
第三节	制　冷　剂	288
第四节	制　冷　压　缩　机	290
第五节	换热器及其辅助设备	296
第六节	空调装置的自动化控制	299
第七节	空　调　装　置	304
第八节	空调装置的维护与故障分析	313
本章小结		317
复习思考题		318

第四篇　城市轨道交通车辆基本理论

第十二章　城市轨道交通车辆动力学基础 ………………………………… 323
第一节　引起车辆振动的原因及基本振动形式 ……………………… 324
第二节　车辆运行安全性及平稳性的评定标准 ……………………… 326
第三节　轮轨间的接触及滚动理论 …………………………………… 329
第四节　车辆的蛇行运动稳定性 ……………………………………… 335
第五节　车辆运行时的振动分析 ……………………………………… 338
第六节　车辆的曲线通过 ……………………………………………… 345
本章小结 …………………………………………………………………… 348
复习思考题 ………………………………………………………………… 348

第十三章　噪声及其防护 …………………………………………………… 349
第一节　概　　述 ……………………………………………………… 350
第二节　噪声的评价方法与评价指标 ………………………………… 353
第三节　控制与降低噪声的措施 ……………………………………… 358
本章小结 …………………………………………………………………… 361
复习思考题 ………………………………………………………………… 361

参考文献 ……………………………………………………………………… 362

第一篇

绪 论

- 第一章　城市轨道交通概要
- 第二章　城市轨道交通车辆基础知识

第一章

城市轨道交通概要

通过学习国内外城轨交通的发展及现状,熟悉地铁、轻轨铁路、独轨铁路、新交通系统、磁悬浮列车及城市铁路等各种类型的城轨交通的建设情况,并通过分析各类城轨交通的特征,增进对城轨交通的认识,且关注随着科技的进步而出现的无人驾驶、线性电机车辆和磁悬浮列车等新的交通形式。

教学目标

能力目标
- 能识别城市轨道交通类型
- 会分析现代轨道交通的优劣性
- 能分析线性电机车辆的基本原理
- 能分析磁悬浮列车的基本原理

知识目标
- 了解国内外城市轨道交通的发展现状
- 熟悉城市轨道交通的类型及特征
- 掌握线性电机车辆的基本工作原理
- 掌握磁悬浮列车车辆的基本工作原理

现代城市客运交通的主要任务是为城市居民提供高效、优质的客运服务。城市客运交通包括公共交通和非公共交通两大部分。城市公共交通是城市客运交通的主体，包括城市中提供给公众使用的各种交通工具，如公共汽车、电车、轮渡、地铁、轻轨、出租汽车，以及缆车、索道等。城市公共交通是城市基本功能的重要组成部分，对促进城市的经济发展和保证人们工作、学习与生活正常起着相当重要的作用；非公共交通主要包括自行车、私人汽车、社会团体汽车、公务车和其他私人交通工具，是城市客运交通的一种辅助方式。随着经济的发展，城市人口不断增多，生活质量逐步提高，人们对客运交通服务的要求越来越高，大运量的地铁、轻轨等轨道交通运输方式以其快捷、准时、舒适、安全等特点而备受人们青睐，它可以解决大城市日益增长的客运需求，为城市进一步发展提供良好的条件。世界各国城市交通发展的经验表明：以轨道交通为主，各种交通工具协调发展，逐步形成多层次、立体化的综合交通体系，是解决现代大城市交通的唯一途径。

第一节　城市轨道交通的发展

城市轨道交通（Urban Rail Transit mass System 或 Transit System）简称城轨交通，包括地铁、轻轨铁路、独轨铁路、新交通系统、磁悬浮列车及城市铁路等。城轨交通是近代高科技的产物，大多采用全封闭道路、立体交叉、自动信号控制调度系统和轻型快速电动车组等高科技产品和手段，其行车密度大，旅行速度高，载客能力大，其疏通客流的能力与传统的道路公共交通工具相比，具有无与伦比的优越性。又因为城轨交通多数采用性能优良的电动车组模式，无污染、低噪声，被人们誉以"绿色交通"的美称。

目前城轨交通主要有地铁、轻轨铁路、独轨铁路等形式。

一、地　铁

"地铁"是"地下铁道交通"的简称，它是一种在城市中修建的快速、大运量的轨道交通，通常以电力牵引，其单向高峰小时客运能力可达 60 000 人次左右，它的线路通常设在地下隧道内，也有的在城市中心以外地区从地下转到地面或高架桥上。地铁车辆的概念不仅是指在地下隧道内运行的车辆，在地面封闭线路或高架桥上运行的规格类似的电动车辆，都可称为地铁车辆。

地铁在英美被称为 Metro 或 Underground Railway 或 Subway，在德国称为 U-Bahn。1863 年，英国伦敦建成了一条用蒸汽机车牵引的地铁线路，开创了世界地铁建设的先河。1879 年电力机车研制成功，使地下铁道的客运环境和服务条件得到空前的改善。国外许多著名的特大城市，如纽约、伦敦、巴黎、莫斯科、东京等，均已形成一定的城轨交通规模和网络，且以地铁为主干，可以延伸到城市的各个方向。以莫斯科为例，该市自 1935 年建成第一条地铁以来，已拥有一个遍及全市的立体交叉地铁网，总长达 243 km，140 多个车站，由一条环线和 8 条辐射线组成。每天运营时间为 20 h，高峰时列车间隔仅为 75 s，速度为 41 km/h，日客运量高达 800 多万人次，居世界之首。其客运密度为每千米 1 400 多万人，高于伦敦和巴黎。同时地铁环线的不少车站与东西南北各个方向的市郊铁路相衔接，乘客换乘方便，可抵达莫斯科的各个城镇。此外，地铁车站还与航空港、港湾站、铁路干线始发站相连接，出门远行也极为便利。总的看来，经过一百多年的发展，全球已建成地铁线路总里程约 5 000 多千米，但主要集中于日本、欧洲和北美等一些工业发达国家的主要城市，图 1.1 所示是巴黎戴高乐机场高速地铁。

近年来，许多发展中国家的大城市都在规划、新建地铁，以缓解其日趋沉重的交通压力，如北京、上海、香港、里约热内卢、加尔各答等都已建成地铁。

图 1.1　巴黎戴高乐机场高速地铁

地铁有以下特征：

（1）全部或大部分线路建于地面以下。国外许多城市的地铁在市中心区时车站和区间线路均设于地下，当线路延伸到近郊时，常采用高架或路堤，以节约线路建设的投资。

（2）建设费用大、周期长、成本回收慢。新建地铁线路投资一般在每千米 3 000 万 ~ 10 000 万美元以上，一般建造一条地铁线路需 10 ~ 15 年，成本回收需 20 ~ 30 年。

（3）行车密度大、速度高。由于线路全隔离、全封闭，可以实现行车调度、信号控制的自动化，行车间隔最短达 1.5 ~ 2 min，车辆最高速度达 80 km/h 以上，旅行速度不低于 35 km/h。

（4）客运量大。单向每小时最大客运量可达 3 万 ~ 8 万人次，这对于大城市中心区高峰期乘客的疏散十分有效。

（5）地铁列车的编组数取决于客运量和站台的长度，一般为 2 ~ 8 辆。站台长一般 100 ~ 200 m，站间距一般在 0.5 ~ 1.5 km。车辆按有、无动力装置可分为动车与拖车，一般列车采用动车与拖车混合编组的动车组，并为电力驱动。

（6）地铁车辆的消声减振和防火均有严格要求，既安全，又舒适。

（7）受电的制式主要有直流 600 V、750 V 第三轨受电或直流 1 500 V 架空线受电弓受电。对于发车频率高、列车取用电流大的线路，受电额定电压一般采用 1 500 V，以利于减少线路电压降和电能损失，加大牵引变电站的距离，提高列车再生制动的电能回收率。

二、轻轨交通

现代城市轻轨交通是一种集多专业先进技术于一体的系统工程，在信号自动控制和集中调度配合下，能快速而安全地完成中等运量的旅客运输任务。

城市轻轨交通是在老式的地面有轨电车的基础上发展起来的。1881年有轨电车诞生在德国，1888年首次在美国弗吉尼亚州的里茨门德市投入商业运营，在19世纪末和20世纪初发展较快，美欧、日本、印度及我国许多城市都相继建立了有轨电车系统，有轨电车在当时的公共交通中起到了骨干作用。由于旧式有轨电车行驶在市区道路中间，与其他车辆共用路面，运行速度很低，正点率低，加速性能差，而且噪声大，乘坐的舒适性差。又由于汽车工业的发展和居民生活水平的提高，小汽车迅速发展，并被一些国家列为城市交通的发展方向，因而在20世纪30、40年代国外有轨电车纷纷被拆除。有轨电车也有其优点，如可以在路面直接换乘，可以小单元频繁发车，节约能源，而且无污染，造价特别低廉，所以东欧和苏联许多城市以及我国少数城市仍在继续使用。后来，随着汽车数量的大幅增加，城市交通又出现了新问题，如交通堵塞，行车速度下降，空气和噪声污染严重，停车位、停车场严重不足，特别是在繁华市区较难找到合适的地方停车。所以，20世纪70年代以后，一些国家又重新考虑使用有轨电车，图1.2所示就是奥格斯堡的7节低地板现代有轨电车。还有一些更为先进的有轨电车，采用了线路隔离、自动化信号调度系统和高新技术的车辆等改造措施，从而形成了所谓的轻轨交通 LRT（Light Rail Transit）和轻轨车辆 LRV（Light Rail Vehicle）。

图 1.2　奥格斯堡的 7 节低地板现代有轨电车

轻轨交通与一般的铁路相比，其轨道为轻型轨，车辆轴重较小，其运输系统相对也比较简单，比较适宜于中等运量的城市客运交通。

1. 轻轨类型

国外开发的城市轻轨交通系统主要有 3 种类型：

（1）旧车改进型。将老式有轨电车分阶段地加以改进，使其车辆逐步实现高性能化，轨道线路专用化或地下化，并实现计算机调度控制。德国、比利时、瑞士、意大利等国家修建的轻轨铁路即属于这种类型。

（2）新线建设型。英、法和北美等国家从1970年开始对比较经济的城市轻轨系统进行了探讨，部分利用废弃的旧线修建新线，如法国巴黎的RER系统（Regional Express Railway，即大都市交通圈快速铁道）即属此例。

（3）新交通系统型。它比新线建设型更进一步，是作为一个独立系统开发的轻轨交通系统。加拿大温哥华建成的全自动的线性电机驱动的轻轨交通系统和英国伦敦船坞地（Docklands）的轻轨系统相当于这种类型。加拿大研制的线性电机轻轨车辆已在多伦多、温哥华和美国的底特律等城市使用。

德国是轻轨交通发展较早并且使用较普遍的国家，目前已投入运营的线路超过1 000 km，集中于柏林、慕尼黑和鲁尔地区。1968年开行的第一条法兰克福的LRT线路，使用U2型6轴双向运行的关节式电动车组，随之在欧洲其他国家和北美先后发展了LRT。目前，世界上轻轨车辆（LRV）生产的大户是德国的SIEMENS、法国的ALSTHOM、加拿大的BOMBARDIER和捷克的Tatra等公司，其他还有日本、意大利、瑞士等国家的车辆及电气公司。

目前，发展中国家的轨道交通主要集中在200万人口以上的城市，但一般只在特大城市发展地铁，更多的则是发展轻轨交通。

2. 轻轨特征

城市轻轨交通有以下特征：

（1）它是以钢轮和钢轨为车辆提供走行的一种交通方式，车辆以电力提供牵引动力，可以采用直流、交流或线性电机驱动。

（2）轻轨的建设费用要比地铁少得多，通常每千米线路造价仅为地铁的1/5~1/2。

（3）轻轨交通的每小时单向运输能力一般为2万~4万人次，介于地铁和公共汽车（每小时4 000~8 000人次）之间，属于中等运能的一种公共交通形式。

（4）轻轨线路可以为地面、地下和高架混合型，一般与地面道路完全隔离，采用半封闭或全封闭专用车道。在通过交叉路口处，采用立体交叉形式，保证车辆以较高速度运行。

（5）轻轨车辆有单节4轴车，双节单铰6轴车和3节双铰8轴车等。每组车可以单节运行，也可以连挂编列。车辆能够通过小半径曲线（$R=20$ m）和大坡度（60‰~70‰）地段。

（6）轻轨交通对车辆和线路的消声和减振有较高要求。采用弹性车轮、空气弹簧、自导向和迫导向径向转向架等措施，以减轻列车运行和通过曲线的噪声。采用无缝长钢轨线路，弹性钢轨扣件和路基弹性层，达到减少噪声和振动的目的。必要时在轨道两侧设置隔音挡板。国外对轻轨车辆的噪声控制范围：车内噪声在67~75 dB，车速达到50 km/h时，距离车辆7.5 m处噪声应为76~80 dB。

（7）电压制式以直流750 V、1 500 V架空接触网（或第三轨）供电为主，也有部分采用直流 600 V 供电。

（8）轻轨车站分为地面、高架和地下 3 种形式，应根据线路位置、地形条件、行车组织要求和乘客流量来决定车站的形式和规模。车站的站台长度应按列车长度和停车误差 ±2 m 而定，站台长度应不小于远期设计列车长度加 4 m，一般为 60~100 m。

由于轻轨交通具有投资省、建设周期短、灵活性强、运行成本低的特点，在关键地段和市中心区可以采用高架或地下线路，使之具备专用车道，再配合信号调度控制系统的自动化，使之能适应运量大、速度快、安全、准点的要求。所以近几年来世界各国城市的轻轨交通得到迅速发展，欧洲、北美和发展中国家有百余座城市正在规划或建造 LRT 交通，其中就包括我国的一些城市。

三、城市独轨铁路交通

独轨铁路一般较适宜于公园、博览会场、游乐场等作为游览、观光及兼顾短途城市交通之用。自 19 世纪英国建造运营的第一列由蒸汽机车牵引的独轨旅客列车至今已有 150 余年。1880 年，法国 Charle Larligue 设计了用于旅客运输的跨座式独轨铁路，采用蒸汽机车，最高速度为 43 km/h。德国在 1903 年修建了 13 km 长的悬挂式独轨铁路，至今仍在继续使用。20 世纪 50 年代以后，独轨铁路在许多国家得到较大的发展，日本、美国、瑞典、意大利等国都建造了独轨铁路，一般线路长度约 10 km，主要用于城市繁忙地段和游览观光。特别是日本，自 1955 年以来，一直将独轨铁路作为发展城市公共交通的有力手段，先后在多个城市兴建，其第一条独轨铁路在 1964 年建成通车，自东京的中心区滨松町至羽田机场，总长 13 km，设 6 个车站。1985 年，北九州小仓线建成通车，全长 8.3 km，设 12 个车站。1991 年，大阪市环形线 6.6 km 建成，还计划延伸至 13.7 km，规划总长为 50 km。日本正在筹建的独轨线路还有多摩市 16 km，冲绳那霸市 14.1 km 等。日本近 30 年开发了多种独轨铁路，在世界城轨交通中独树一帜。

独轨铁路采用高架轨道结构，按结构形式分为跨座式和悬挂式两种类型。前者车辆的走行装置（转向架）跨骑在走行轨道上面，其车体重心处于走行轨道的上方。后者车体悬挂于可在轨道梁上行走的走行装置的下面，其重心处于走行轨道梁的下方。

1. 独轨铁路类型

（1）跨座式独轨。

ALWEG 型：由德国实业家 Axelleonart Menner-Gren 研制，取其缩写为 ALWEG 型。日本（5 个城市）、美国（4 个城市）、澳大利亚的悉尼和英国的奥尔顿·托尔都采用这种类型，但具体结构有许多差别，图 1.3 所示是西雅图跨座式独轨交通。重庆是我国第一个采用此模式的城市。

图 1.3　西雅图跨座式独轨交通

（2）悬挂式独轨。

SAFEGE 型：是由法国企业管理股份有限公司（缩写 SAFEGE）和其他 10 余家公司共同研制的对称型悬挂式独轨铁路。它的特点是走行轨道梁为钢制箱形断面，底部开口，充气轮胎组成的转向架在轨道梁内走行，车体悬挂在转向架下面，车辆走行平稳，噪声低。日本的湘南江岛线和千叶线均采用该形式，如图 1.4 所示。

图 1.4　日本悬挂式独轨交通

2. 独轨铁路特征

（1）城市独轨铁路的优点：

① 独轨铁路线路占地少，线路支柱占地宽度仅 1~1.5 m，因此可充分利用城市空间。适宜于在大城市的繁华中心区建线，对城市的景观及日照影响极小。

② 独轨线路构造较简单，建设费用较低，仅为地铁的 1/3 左右。
③ 能够实现大坡度（60‰）和小曲线半径（50 m）运行，可绕行城市的建筑物。
④ 为降低线路和站台的建设费用，一般采用轻型车辆，列车编组为 4~6 辆。
⑤ 独轨铁路车辆的走行装置采用空气弹簧和橡胶轮结构，并采用电力驱动，故运行噪声低，无废气，乘坐舒适。
⑥ 独轨铁路架于空中，视野宽广，具有交通和旅游观光的双重作用。
⑦ 跨座式独轨铁路轨道梁采用预应力混凝土梁制成，悬挂式独轨铁路的轨道梁一般为箱形断面的钢结构。独轨铁路轨道梁支承在钢筋混凝土的支柱上，支柱的形式有 T 形、倒 L 形、门形等多种结构形式，取决于地形和用地选择等条件，可以灵活选择。

（2）独轨铁路交通的缺点：
① 能耗大。由于其走行装置采用橡胶轮，它与混凝土轨面的滚动摩擦阻力比钢轮钢轨大，故其能耗比一般轨道交通约大 40%，且有轻度的橡胶粉尘污染。
② 运能较小，一般每小时单向最大客运量为 1 万~2 万人次。
③ 独轨线路不能与常规的地铁、轻轨等接轨。
④ 道岔结构复杂、笨重、转换时间较长，从而延长了列车折返时间。
⑤ 列车运行至区间时若发生事故，疏散和救援工作比较困难。

目前，世界上各大城市正在竞相发展并完善其地铁、轻轨、独轨、有轨电车等组成的新交通体系，即以轨道交通为主，各种交通工具协调发展的多层次、立体化综合交通体系。在全世界拥有城轨交通系统的 320 个城市中，拥有地铁的城市占 5%，同时拥有地铁和轻轨的城市占 11%。实践证明，城轨交通线路的连接与组网使其方便、快捷的优越性发挥得更为突出。城轨交通系统已成为现代化大城市的一种标志。

第二节　城市轨道交通发展的新趋势

一、新交通系统

自动导轨运输系统（Automated Guideway Transit，AGT）就中文意义而言，是"新运输系统"的意思，主要取意于这种系统乃近 10 余年间才发展而成，并追求最新科学技术，有别于传统的运输技术。

为了解决城市交通所出现的拥挤、堵塞、噪声与废气污染等日趋严重的问题，自 20 世纪 60 年代末以来，日本、美国、法国和加拿大等国家开发了多种不同驱动方式、控制方式、运输需要的所谓新交通系统，也称导轨系统，旨在改善城市公共客运，与小汽车竞争。新交通系统是一种全自动、有导向轨导向的快速客运系统，车辆在专用道路上定时自动运行，站上无人管理，完全由中央调度室的电子计算机集中控制，自动化程度相当高；新交通系统采用高架专用轨道，适用于大坡道和小曲线半径线路，采用橡胶车轮，噪声低，安全性好，占地面积小，建设费用比地铁低，因此新交通系统是一种既节省人力，也节省费用的有轨快速客运系统。

有导向轨的新交通系统的车辆外形类似于公共汽车，采用电力驱动、橡胶轮走行，在全隔离的专用走行道上行驶，并设有专用的导向轨导向。车辆的导向有两种方式：一种为中央导向，在线路的中央设导向轨条，对应于车辆底架下部伸出的导向轮，在车辆走行时，导向轮紧贴导向轨滚动而实现车辆的导向，这种方式的导向轨凸出在线路的中央沿着线路向前延伸。另一种为侧面导向，在车辆走行装置的外侧装设水平的导向轮，在走行道两侧矮墙上装设导向轨滚道。当车辆走行时，车辆前后两侧的导向轮沿着导向轨滚动，从而实现车辆的自动导向，日本东京于1995年12月新开通的临海线新交通系统就是采用侧面导向方式。

另外，日本还有一条设置导向轮的专线公共汽车，专用轨道与道路相互衔接，车辆可以沿着导向轨在专用高架轨道和一般道路上进行连续行驶。这种交通路线属于公共汽车导向系统。

新交通系统一般均采用全自动列车运行控制技术，无人驾驶，通过计算机进行运行调度控制管理。列车自动控制装置（ATC）、车—地间的信号交换是通过设于轨道的环线轨道电路和设于列车前部及后部的天线进行的。由 ATC 系统向列车提供限制速度信息，列车上的计算机算出略低于限制速度的目标速度，使列车始终保持该速度运行。站内空位停车环线提供车站定位停车信息，由线路获得的信息和车辆自身的信息进行逻辑运算，向列车运行控制、制动装置发出相应指令。全自动列车运行控制系统还同时控制运行中车门的开闭、报站广播、运行方向的转换等。

新交通系统与独轨铁路有许多相同之处，它们既可用于博览会场、游乐场、机场的内部运输，也可用于一般公共交通。新交通系统一般每小时单向运能为 5 000 ~ 10 000 人次，列车编组 2 ~ 6 辆，属中等运量的城轨交通方式。现在世界上运营的新交通系统约有 20 余条线路，总长约 200 km，其中日本约占一半，主要是因为日本土地短缺，需要一种占地面积少、自动化程度高，既节省人力又节省费用的轨道交通作为连接新老城区的交通工具。

新交通系统与独轨铁路相比，其不同之处是：

（1）新交通系统的车辆一般较小，车长大部分在 5 ~ 12 m，列车编组辆数也少，因此其运能比独轨铁路略低。

（2）从日照、景观、建设成本等方面比较，独轨铁路比新交通系统更为有利。

（3）新交通系统自动化程度更高，可实现无人自动运转，独轨铁路的列车和车站一般均有工作人员管理。

（4）新交通系统导向机构简单，道岔动作时间短，维修简单方便，独轨铁路转向架、道岔结构复杂、维修困难。

二、线性电机车辆

线性电机车辆采用直线电机作为牵引动力。直线电机为线性异步感应电动机的简称，它将传统电机旋转运动方式改变为直线运动方式，其工作原理与一般的旋转式感应电动机类似，可看成是将旋转电机沿半径方向剖开展平，定子部分是在用硅钢片叠压成扁平形状的铁心上，放入两层叠绕的三相线圈构成，沿纵向固定安装于车辆底架下部或转向架构架下部。而转子部分也展平变为一条感应轨，铺设在两走行轨之间，一般由铝板或铝合金制成的外壳和铁心组成，如图 1.5 所示。定子与转子感应轨之间应保持 8 ~ 10 mm 的间隙，当通过交流电流时，由于磁场的相互作用产生推力，轨道车辆采用直线电机就是利用该力驱动车辆运行或使车辆制动，从而突破了长期以来依靠轮轨黏着作用传递牵引力的传统技术。

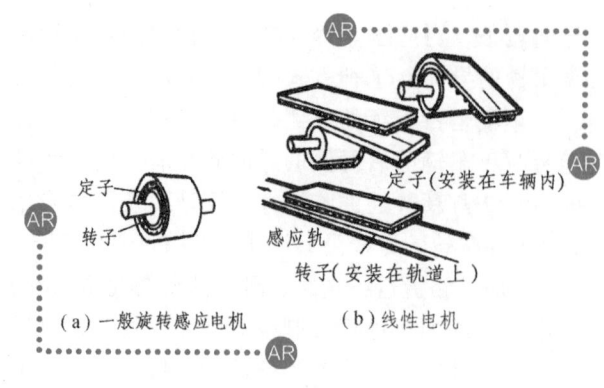

图 1.5 线性电机作用原理

线性电机车辆采用交流变频变压控制，取消了传统的旋转电机从旋转运动转换成直线运动所必不可少的一系列机械减速传动机构，既减轻了重量又使结构十分简单，特别是转向架变得很简单，可以采用小轮径的径向转向架。

线性电机车辆的优点是：

（1）噪声低。由于结构上略去了传统的机械减速传动机构，轮轨间也不传递牵引力和制动力，而减轻了轮轨间的磨耗，减少了许多噪声源，一般车辆可降低噪声约 10 dB（A）。

（2）由于装设线性电机，省去了传统转向架上的悬挂牵引电机与机械传动装置，简化了转向架结构，从而可以采用小轮径、带径向机构的转向架，提高了车辆通过小半径曲线的能力，降低了通过曲线时的轮轨磨耗和尖啸声；同时使车辆的轮廓尺寸减少，减少隧道的土建工程量，降低造价。

（3）车辆的加减速可靠，磨耗少，爬坡能力强。由于车辆依靠线性电机直接驱动和制动，车轮仅起导向和支承作用，牵引力或制动力直接由轨道上的转子（感应轨）作用于装在车辆底部的定子，所以牵引力或制动力不再受轮轨间的黏着力影响，可产生较高的加、减速度，不会出现车轮空转或滑行现象，还可以在较大的坡道上正常运行或停留。

但是线性电机最大的缺点是效率低，约为旋转电机效率的 70%，这是由于线圈与感应轨间的工作气隙较大，导致磁损耗大，线性电机比同样功率的旋转电机耗电量大；为了保证定子线圈与感应轨间的工作气隙不变，故对轮轨间的磨耗量、车辆地板面高度控制较严格，因此车辆的制造和维修成本较高；另外需铺设一条与线路等长的感应轨，工艺要求高，所以工程投资大。目前线性电机车辆已在加拿大的温哥华、多伦多，美国的底特律，日本的大阪和我国广州等城市的城轨车辆上获得应用。

三、磁悬浮列车

磁悬浮技术源于德国，早在 1922 年 Hermann Kemper 就提出了电磁悬浮原理，并于 1934 年申请了磁浮列车的专利。进入 20 世纪 70 年代以后，随着世界工业化国家经济实力的不断增加，为提高交通运输能力以适应其经济发展的需要，德国、日本、美国、加拿大、法国、英国等发达国家相继开始筹划进行磁悬浮运输系统的开发。

磁悬浮技术主要由悬浮系统、推进系统和导向系统 3 大部分组成，如图 1.6 所示。尽管可以使用与磁力无关的推进系统,但在目前的绝大部分设计中,这 3 部分的功能均由磁力来完成。下面分别对这 3 部分所采用的技术进行介绍。

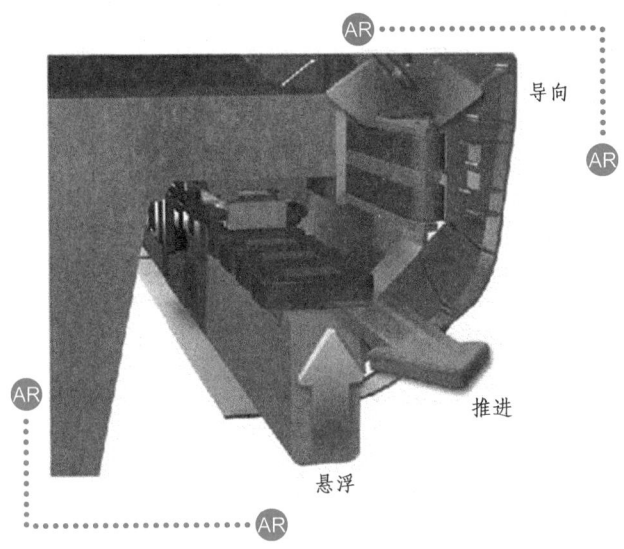

图 1.6　磁悬浮列车的悬浮、推进和导向原理

1. 悬浮系统

目前,悬浮系统的设计,可以分为两个方向,分别是德国的常导型和日本的超导型。从悬浮技术上讲就是电磁悬浮系统(EMS)和电力悬浮系统(EDS)。从图 1.7 可以看出两种系统结构及原理之间的差别。

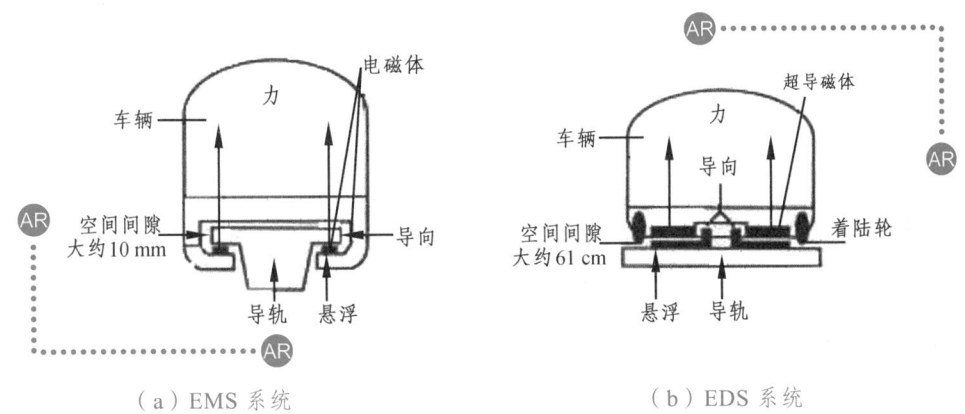

（a）EMS 系统　　　　　　　　　　（b）EDS 系统

图 1.7　磁悬浮 EMS 和 EDS 原理的差别

电磁悬浮系统(EMS)是一种吸力悬浮系统,是车辆上的电磁铁和导轨相互吸引产生悬浮。常导磁悬浮列车工作时,首先调整车辆下部的悬浮和导向电磁铁的电磁吸力,与地面轨道两侧的绕组发生磁铁反作用将列车浮起。在车辆下部的导向电磁铁与轨道磁铁的反作用下,使车轮与轨道保持一定的侧向距离,实现轮轨在水平方向和垂直方向的无接触支撑和无接触导向。车辆与行车轨道之间的悬浮间隙为 10 mm,是通过一套高精度电子调整系统得以保证

的。此外由于悬浮和导向与列车运行速度无关，所以即使在停车状态下列车仍然可以进入悬浮状态。

电力悬浮系统（EDS）是运动的车辆上的磁铁使导轨产生电流。由于车辆和导轨的缝隙减少时电磁斥力会增大，产生的电磁斥力提供了稳定的车辆支撑和导向。这种车辆必须安装类似车轮一样的装置对车辆的"起飞"和"着陆"进行有效支撑，这是因为 EDS 在列车速度低于大约 25 mile/h 时无法保证悬浮。EDS 系统随着低温超导技术的发展取得了很大的进步。

超导磁悬浮列车的最主要特征就是其超导元件在相当低的温度下所具有的完全导电性和完全抗磁性。超导磁铁是由超导材料制成的超导线圈构成，它不仅电阻为零，而且可以传导普通导线根本无法比拟的强大电流，这种特性使其能够制成体积小、功率强大的电磁铁。

超导磁悬浮列车的车辆上装有车载超导磁体并构成感应动力集成设备，而车辆的驱动绕组和悬浮导向绕组均安装在地面导轨两侧，车辆上的感应动力集成设备由动力集成绕组、感应动力集成超导磁铁和悬浮导向超导磁铁 3 部分组成。当向轨道两侧的驱动绕组提供与车辆速度相一致频率的三相交流电时，就会产生一个移动的电磁场，因而在导轨上产生磁场，这时车辆上的车载超导磁体就会受到一个与移动磁场同步的推力，正是这种推力推动车辆前进。其原理就像冲浪运动一样，冲浪者是站在波浪的顶峰并由波浪推动快速前进的。与冲浪者所面对的难题相同，超导磁悬浮列车要处理的也是如何才能准确地驾驭在移动电磁波的顶峰运动的问题。为此，在地面导轨上安装有探测车辆位置的高精度仪器，根据探测仪传来的信息调整三相交流电的供流方式，精确地控制电磁波形以使列车能良好地运行。

2. 推进系统

磁悬浮列车的驱动运用同步直线电动机的原理。车辆下部支撑电磁铁线圈的作用就像是同步直线电动机的励磁线圈，地面轨道内侧的三相移动磁场驱动绕组起到电枢的作用，它就像同步直线电动机的长定子绕组。从电动机的工作原理可以知道，当作为定子的电枢线圈有电时，由于电磁感应而推动电机的转子转动。同样，当沿线布置的变电所向轨道内侧的驱动绕组提供三相调频调幅电力时，由于电磁感应作用承载系统连同列车一起就像电机的"转子"一样被推动做直线运动。从而在悬浮状态下，车辆可以完全实现非接触的牵引和制动。

推进系统分为两种。"长固定片"推进系统使用缠绕在导轨上的线性电动机作为高速磁悬浮列车的动力部分，导轨的花费昂贵。而"短固定片"推进系统使用缠绕在被动的轨道上的线性感应电动机（LIM），虽然短固定片系统减少了导轨的花费，但由于 LIM 过于沉重而减少了车辆的有效负载能力，导致了比长固定片系统的更高的运营成本和低的潜在收入。而采用非磁力性质的能量系统，也会导致车辆质量的增加，降低运营效率。

3. 导向系统

导向系统是以一种侧向力来保证悬浮的车辆能够沿着导轨的方向运动。必要的推力与悬浮力相类似，也可以分为引力和斥力。在车辆底板上的同一块电磁铁可以同时为导向系统和悬浮系统提供动力，也可以采用独立的导向系统电磁铁。

值得注意的是磁悬浮列车属于地面有轨交通运输，与传统机车车辆一样，具有轨道、道岔和车辆转向架及悬挂系统等结构，但车辆在牵引运行时与轨道之间无机械接触，从根本上克服了传统机车车辆的轮轨黏着限制、机械噪声和磨损等问题，所以它是一种理想的陆上交通工具。

第三节　我国城市轨道交通发展概况

改革开放以前，我国城市交通的技术水平一直较低，发展滞缓，设施落后。1980年以后，我国用于城市道路建设的资金比例增加，道路交通设施建设的速度有所加快，但由于近年来我国国民经济的持续高速发展和城市化进程的加速，道路设施建设又显滞后，城市交通的拥挤、堵塞、环境污染等已达到相当严重的地步。

城市化进程加快，城市流动人口大大增加，自行车人均保有量趋于饱和，越来越多的家庭拥有了小汽车，等等，这些都对我国的城市交通系统造成巨大的压力，是我国城市交通面临的主要问题。如果不在城市交通设施建设、管理和新型交通工具等方面采取积极的措施，城市道路交通状况必将进一步恶化，从而制约我国城市经济的发展、人们居住环境的改善和生活质量的提高。

根据城市经济与社会发展客观需求及国外城市交通发展的经验，在我国大中城市发展大、中客运量的轨道交通系统已刻不容缓。20世纪60年代，我国北京、天津已开始修建地铁，但数量不多，北京地铁一期工程全长23.6 km，于1969年10月1日建成通车，二期工程线路长19.9 km，也于1984年9月建成通车，两条线路总长43.5 km，现车辆保有量为393辆，列车编组为6辆，日均客运量达135万人次以上。天津地铁南北线长7.4 km，于1984年12月3日通车，现有车辆21辆，列车编组为3辆，日均客运量约3万人次。至今，我国已经运营的地铁有北京、天津、上海、广州、台北（捷运）、香港、深圳、南京、西安、成都、武汉、长沙、兰州、苏州、宁波等一系列大中城市，图1.8所示是广州地铁一号线车辆，其中北京、上海、广州等城市在新建线路的同时，还在既有线路上延长或组网，以完善其轨道交通体系。我国现已运营的轻轨有天津、武汉、重庆等，图1.9、图1.10和图1.11所示分别是天津滨海轻轨车辆、重庆跨座式轻轨车辆和大连、成都等新型有轨电车。还有其他一些城市也在策划修建地铁或轻轨，它们都在不同程度上开展了轨道交通网络规划和可行性研究等前期准备工作。

图1.8　广州地铁一号线车辆

图 1.9　天津滨海轻轨车辆

图 1.10　重庆跨座式轻轨车辆

图 1.11　大连新型有轨电车

经过铁道部科学研究院、西南交通大学、国防科技大学、中国科学研究院电工所等单位对磁悬浮列车的悬浮、导向、推进等关键技术的研究,我国在磁悬浮列车技术领域已取得较大进展。

在上海中德合作开发修建了国内第一条高速磁悬浮列车线,也是世界上第一条用于商业运营的磁悬浮列车线路,于 2003 年 1 月 4 日正式投入运营,车辆外形如图 1.12 所示。该线西起上海地铁 2 号线龙阳路站,东至浦东国际机场,专线全长 29.863 km。

图 1.12 上海磁悬浮列车

2009 年 6 月 15 日,我国首列具有完全自主知识产权的实用型中低速磁悬浮列车,在中车唐山轨道客车有限公司下线后完成列车调试,开始进行线路运行试验,这标志着我国已经具备中低速磁悬浮列车产业化的制造能力。

2016 年 5 月,我国首条中低速磁悬浮线路——长沙磁浮快线载客试运营,随后投入正式运营,这标志着我国磁悬浮列车技术已进入成熟期。中低速磁悬浮列车以其安全性高、噪声小、造价低、走线灵活等特点受到普遍关注。目前北京、武汉、成都、广州、济南等多个大中城市正在谋划建设磁浮列车项目。

建立综合高效的城轨交通系统是解决大城市公共交通的根本途径,对于特大城市可以规划建设地下铁路及磁悬浮列车,但由于地铁和磁悬浮列车造价高昂,建设周期又长,许多城市的经济实力难以承受,这就给运量适中、造价低廉的轻轨交通的发展带来了良好的机遇。国外的经验表明,对于百万左右人口的城市,发展轻轨交通是最为适宜的。表 1.1 是几种城市公共交通形式的运送能力、服务范围及投资比较的数据。

表 1.1　城市公共交通系统运送能力、服务范围及投资比较表

城市公共交通形式	线路结构特征	列车编组/辆	单向客运量/(人次/h)	旅行速度/(km/m)	乘坐适宜时间/min	可能达到的距离/km	投资总造价/(美元/km)	建设周期/a	投资回收期/a
地铁	地下隧道为主，部分高架或地面	2~8	3万~8万	35~40	10~30	30	3 000万~10 000万	10~15	20~30
快速轻轨交通	高架和路堤为主，部分地下	1~4	2万~4万	30~35	20~60	50	1 000万~1 500万	3~5	10~15
独轨交通	跨座式或悬挂式全部高架支柱支承	4~6	1万~2万	30~35	10~30	15	1 500万~2 000万	3~5	10~15
公共汽车无轨电车	城市道路	1	6万~8万	12~20	10~30	15	—	—	—

我国城市公共交通必将以轨道交通作为骨干，以其他交通方式为辅助，形成一个包括高架、地面和地下多种交通模式的可持续发展的现代化公共交通体系，以促进我国城市发展的良性循环。因此，发展我国城市公共交通及其轨道交通具有积极的战略意义。

我国城市轨道交通发展建设取得的成就：

在行业规模方面。预计"十三五"末，全国城市轨道交通的运营里程将超过6 000千米。形成了以地铁、轻轨为主体，其他制式为补充的多元化发展格局。

在运营服务方面。北京、上海、广州城市轨道交通的客运量占城市公共交通客运量的比重都超过了50%，城市轨道交通的骨干作用日益凸显，北京、上海、广州、深圳等主要城市的列车正点率、运行图兑现率、发车间隔等运营关键指标也都提升国际先进水平。

在技术装备方面。我国城市轨道交通称量整车国产化率不断提升，以中国中车为代表的城市轨道交通车辆制造企业，已经具备轨道交通产品的自主研发、设计和制造能力，信号、自动售检票、车辆牵引传动、列车制动等 核心系统，已经能够与国际同行同台竞争。

在企业走出去方面。经过快速发展，我国城市轨道交通几乎覆盖了所有上下游产业链条，涌现出一批具备国际竞争力的高水平企业，城市轨道交通产业"走出去"正在由装备产品出口，向规划设计、建设施工、运营管理一体化服务出口转变。

本 章 小 结

城轨交通包括地铁、轻轨铁路、独轨铁路、新交通系统、磁悬浮列车及城市铁路等。目前，城轨交通主要有3种形式：地铁、轻轨铁路、独轨铁路。

发达国家特大城市的轨道交通普遍较发达，且以地铁为主。地铁是一种快速、大运量的轨道交通工具，单向高峰小时输送能力可达30 000人次以上，它的线路通常设在地下隧道内，也有的在城市中心以外地区从地下转到地面或高架桥。

现代的城市轻轨交通，是一种集多专业先进技术于一身的系统工程，在信号自动控制和集中调度配合下，能快速而安全地完成中等运量的旅客运输任务。轻轨交通可以为地面、地下和高架混合型，一般采用半封闭或全封闭专用车道，单向运输能力一般为2万~4万人次/h。发展中国家的轨道交通主要集中在200万人口以上的城市，一般只在特大城市发展地铁，更多的则是发展轻轨交通。

独轨交通主要有两种形式：跨座式和悬挂式。一般采用轻型车辆，单向运量一般为每小时1万~2万人次。独轨铁路线路占地小，可充分利用城市空间，适宜于在大城市的繁华中心区建线，用于公园、博览会场、游乐场等作为游览、观光兼顾短途城市交通。

随着科技的进步，如新交通系统、线性电机车辆和磁悬浮列车等新的交通形式不断出现。新交通系统一般采用全自动列车运行控制技术，无人驾驶，通过电子计算机进行运行调度控制管理，采用高架专用轨道，适用于大坡道和小曲线半径线路，具有建设费用低、噪声低、安全性好等优点；线性电机车辆的直线电机——传统电动机的旋转运动改为直线运动，突破了依靠轮轨黏着作用传递牵引力的传统技术；磁悬浮列车分为常导型和超导型两大类，速度可达500 km/h左右，在牵引运行时与轨道之间无机械接触，从根本上克服了传统的轮轨黏着限制、机械噪声和磨损等问题，是一种理想的陆上交通工具。

我国城市交通面临的巨大压力一定程度上影响了城市的发展和居民的生活，据此，我国部分城市开通了自己的地铁、轻轨，还有许多城市也在规划、筹建。根据城市经济与社会发展客观需求及国外城市交通发展的经验，在我国大中城市发展大、中客运量的轨道交通系统已刻不容缓，具有积极的战略意义。

复习思考题

1. 国内外城轨交通发展现状如何？
2. 比较几种城轨交通各有何优缺点。
3. 阐述我国发展城轨交通的必要性。
4. 你认为城轨交通的发展方向是什么？
5. 分析你所在城市比较适合发展哪一类交通。

第二章

城市轨道交通车辆基础知识

介绍城市轨道交通车辆（城轨车辆）的类型，熟悉典型城轨车辆的编组形式及车辆编号，学会车端、车侧、转向架、车轴、车门的标识方法，掌握城轨车辆的结构组成与作用，了解城轨车辆基本技术参数和城轨交通限界知识，识读地铁车辆限界、设备限界图，具备进一步学习城轨车辆结构的专业基础。

教学目标

能力目标
- 能识别不同列车的编组形式及车辆编号
- 能对车端、车侧、转向架、车门进行标识
- 会分析城轨车辆基本技术参数与车辆性能
- 能识读地铁车辆限界、设备限界图

知识目标
- 熟悉城轨车辆的类型
- 掌握城轨车辆的结构组成及作用
- 熟悉城轨车辆基本技术参数
- 了解城轨交通限界知识

城市轨道交通车辆与铁道机车车辆的结构及原理是一致的，采用双供电制式的城轨车辆或机车车辆，如果其线路及运营条件符合时，它们可以实现接轨联运，最大限度地方便乘客，发挥轨道交通的优势。

第一节　城市轨道交通车辆的类型、组成

城轨车辆是技术含量较高的机电设备，是城轨交通工程中最关键的设备，其选型和技术参数不仅是界定线路技术标准的基础，是确定系统运营管理模式和维修方式的基本条件，而且还是系统设备选型和确定设备规模的重要依据。各城市的城轨车辆的结构和性能不尽相同，这与许多因素有关，除城轨车辆提供商的技术背景和设计时考虑问题的角度有所不同以外，还与当时的城轨车辆发展水平及城市运用环境等有很密切的关系，它们都尽可能地结合了城市各自的特点，以满足城市交通客流量大、安全、快速、舒适、美观、节能和环保的要求，具有先进性、可靠性和实用性。

一、车辆类型

由于历史原因，我国城轨车辆的提供商较多，各城市的要求也不一样，因此，车辆品种较多，规格各异。为有利于我国城轨车辆制造、运营、维修的良性发展，车辆类型的规范化及主要技术规格的统一是十分必要的。建设部1999年颁布的《城市快速轨道交通工程项目建设标准（试行本）》根据我国各城市对城轨车辆选型的不同要求和城轨车辆的发展现状提出了A、B、C型车的概念，它主要是按车体宽度的不同进行分类，其主要技术规格可参照表2.1。《地铁车辆通用技术条件》（GB/T 7928—2003）中对用于地铁的运营车辆的技术规格也做出了相应的具体规定。

由于城轨车辆运用时普遍采用动车组的编组形式，所以城轨车辆有动车和拖车之分，动车以M表示，拖车以T表示。但同为动车或拖车，由于车载设备不尽相同，为了便于车辆的管理和维护，车辆提供商及运营公司对其车辆又进行了分类。如上海地铁一、二号线的车辆分为3类，即A、B、C车（与上述按车体宽度分类的A、B、C型车不同）。A车为拖车，一端设有驾驶室。B车为动车，车顶上装有受电弓。C车为动车，车下装有一套空气压缩机组。广州、深圳等地铁线路均采用了此种分类方法。

我国推荐的轻轨电动车辆有3种形式：4轴动车、6轴单铰接式和8轴双铰接式车辆，这是吸收了其他国家轻轨车辆运用较为成熟的经验。例如，德国是世界上轻轨交通发展较早、轻轨车辆技术较先进的国家。20世纪60年代初首先在科隆和法兰克福修建轻轨铁路，使用U2型6轴单铰双向运行的动车，车长约23 m，宽2.65 m。后又研制出了8轴轻轨车辆，车长约26 m，车宽2.4 m，用于汉诺威市。在莱茵—西格—鲁尔地区城市采用B100/80型标准轻轨车辆（SLRV），它是6轴单铰动车，车长28 m，车宽2.65 m。德国还为欧洲和北美的许多城市提供了多种高性能的轻轨车辆。

表 2.1 各类车型主要技术规格

序号	项目名称		A 型车 4 轴车	B 型车 4 轴车	C 型车 4 轴车	C 型车 6 轴车	C 型车 8 轴车
1	车辆基本长度/m		22	19	18.9	22.3	29.5
2	车辆基本宽度/m		3	2.8	2.6		
3	车辆高度/m	受流器车/m(加空调/无空调)	3.8/3.6	3.8/3.6	3.7/3.25		
		受电弓车/m(落弓高度)	3.8	3.8	3.7		
		受电弓工作高度/m	3.9~5.6				
4	车内净高/m		2.10~2.15				
5	地板面高/m		1.1		0.95		
6	车辆定距/m		15.7	12.6	11	7.2	
7	固定轴距/m		2.2~2.5	2.1~2.2	1.8~1.9		
8	车轮直径/mm		$\phi 840$		$\phi 760$		
9	车门数(每侧)/个		5	4	4	4	5
10	车门宽度/m		≥1.3				
11	车门高度/m		≥1.8				
12	定员人数/人	单司机室车	295	230	200	240	315
		无司机室车	310	245	210	250	325
13	车辆轴重/t		≤16	≤14	≤11		
14	站立人员标准	定员/(人/m²)	6				
		超员/(人/m²)	9				
15	最高运行速度/(km/h)		≥80		≥70		
16	起动平均加速度/(m/s²)		≥0.9		≥0.85		
17	常用制动减速度/(m/s²)		1.0		1.1		
18	紧急制动减速度/(m/s²)		1.2		1.3		
19	噪声/dB(A)	司机室内	≤80		≤70		
		客室内	≤83		≤75		
		车外	80~85(站台)		≤82		

注：① 车辆详细技术条件，可参照 GB/T 7928—2003《地铁车辆通用技术条件》和 CJ/T 5021—95《轻轨交通车辆通用技术条件》；
② C 型车未包括低地板车。

二、车辆组成

城轨车辆类型不同，技术参数不一样，但其基本结构类似，图 2.1 所示是广州地铁二号线车辆总体图，图 2.2 所示是天津滨海轻轨车辆总体图。

一般城轨车辆由以下几个部分组成：

1. 车体

车体分有司机室车体和无司机室车体两种。它主要是容纳乘客和司机驾驶（对于有司机室的车辆）的地方，又是安装与连接其他设备和部件的基础。目前，城轨车辆车体均采用整体承载的钢结构或轻金属结构，以达到在满足强度、刚度要求的同时最大限度地减轻自重的目的。它由车顶、底架、端墙、侧墙、车窗、车门等组成。

2. 转向架

转向架是车辆的走行装置，用来牵引（对动力转向架而言）和引导车辆沿轨道行驶，承受并传递车体与轨道之间的各种载荷并缓和其动力作用，它是保证车辆运行品质的关键部件。一般由构架、轮对轴箱装置、弹簧悬挂装置和制动装置等组成。城轨车辆转向架有动力转向架和非动力（拖车）转向架之分。动力转向架上装有牵引电机及传动装置。

3. 车辆连接装置

包括车钩缓冲装置和贯通道装置，车钩是连接车辆使其编组成列车，并传递纵向力的一套装置。通常在车钩的后部装设缓冲装置，在车钩传递纵向力时缓和车辆之间的纵向冲击。通过车钩还可将车辆之间的电路和空气管路进行连接。贯通道装置是车辆与车辆之间的客室连接通道。城轨车辆通常采用密接式车钩缓冲装置和宽体式贯通道装置。

4. 制动装置

制动装置是保证列车运行安全所必不可少的装置。不管是动车还是拖车都设有制动装置，它可以保证运行中的列车按需要减速或在规定的距离内停车。城轨车辆制动装置除常规的空气制动装置外，还有再生制动、电阻制动和磁轨制动等先进装置。

5. 受流装置

从接触导线（接触网）或导电轨（第三轨）将电流引入动车的装置称为受流装置或受流器。

受流装置按其受流方式可分为以下 5 种形式：

（1）杆形受流器：外形为两根平行杆，上部有两个受电轨（导线），广泛用于城市无轨电车。

（2）弓形受流器：形状如⌒，属上部受流，弓可升可降，其接触有一根导线，下面与导轨构成电路回路，一般用于城市有轨电车。

（3）侧面受流器：在车顶的侧面受流，又称为"旁弓"，多用于矿山的电力机车上。

（4）轨道式受流器：从底部导电轨受流，又称第三轨受流，空间可得到充分利用，多用于速度较高的隧道列车运行。北京地铁及目前欧美大部分地铁均采用这种受流方式。

（5）受电弓受流器：属上部受流，形状如▽，弓可升可降，适用于列车速度较高的干线电力机车上。上海地铁一、二号线和广州地铁一、二号线采用这种方式。

在受电制式上，目前世界上地铁发展较早的城市大都采用直流 750 V，个别有采用 600 V 的。北京地铁为直流 750 V，上海、广州、深圳地铁均采用直流 1 500 V。直流 1 500 V 与 750 V

比较有以下优点：可提高牵引电网供电质量，降低迷流数值，增加牵引供电距离，从而可减少牵引变电所数量，便于地铁线路实现地下、地面和高架的连接。

6. 车辆设备

车辆设备包括服务于乘客的设备和服务于车辆运行的设备。属于前者的有：照明、广播、通风、取暖、空调、座椅、吊环、扶手等。服务于车辆运行的设备一般不占车内空间，吊挂于车底的有：蓄电池箱、斩波器、逆变器、继电器箱、主控制箱、接触器箱、空气压缩机组和贮风缸等，安装于车顶的有空调单元和受电弓等。

7. 车辆电气系统

车辆电气系统包括车辆上的各种电气设备及其控制电路。按其作用和功能可分为主电路系统、辅助电路系统和电子与控制电路系统 3 个部分。

第二节 城市轨道交通车辆的编组及标识

对于城轨车辆来说，标识是指对车辆及其设备进行标记或编号。为了车辆运用和检修等情况下管理和识别的方便，必须对车辆进行标识。由于城轨车辆仅运行在各城市相对固定的线路上，目前我国没有统一的车辆标识规定，用户和制造商一般参照国外成熟的做法，车辆的标识方法比较类似。

一、列车编组

城市轨道列车中，动车和拖车通过车钩连接而成的一个相对固定的编组称为一个（动力）单元，一列车可以由一个或几个单元编组而成。

我国地铁列车编组形式为：6 辆编组的主要有"三动三拖"和"四动二拖"，四辆编组主要有"二动二拖"。例如，广州地铁一号线每一列车由 6 节车辆组成，采用"四动二拖"形式，6 节车有 A、B、C 3 类车各两辆，编组为：—A*B*C=C*B*A—。A 车为拖车，一端设有驾驶室，车顶上装有受电弓，车下装有一套空气压缩机组。B 车和 C 车均为动车，结构基本相同。广州地铁二号线与一号线基本一样，只是受电弓装于 B 车车顶，而空气压缩机组装于 C 车车底。而上海地铁一、二号线车辆在开通近期为 6 节编组，也采用"四动二拖"形式，即 — A=B*C=B*C=A —；而远期为 8 节编组，采用"六动二拖"形式，即 — A=B*C=B*C=B*C=B*C=A —。A 车为拖车，一端设有驾驶室。B 车为动车，车顶上装有受电弓。C 车为动车，车下装有一套空气压缩机组（其中 A、B、C 含义见本章第一节所述）。

天津滨海轻轨车辆在开通近期为 4 节编组，采用"二动二拖"形式，编组为：=Mcp*T = T*Mcp=；而远期为 6 节车编组，采用"三动三拖"形式，编组为：=Mcp*T = T*M = T*Mcp =。"Mcp"表示带司机室、受电弓的动车，T 表示拖车。

西安地铁 1、2 号线每列车由 6 节车厢组成，采用"三动三拖"的形式，编组为：=Tc*Mp*

M*Mp*Mc=。其中 M 表示动车，T 表示拖车，Tc 表示有司机室的拖车，Mp 表示有受电弓的动车。

上述编组表达式中，"—"表示全自动车钩，"="表示半自动车钩，"*"表示半永久车钩。

二、车辆编号

一般每节车辆都有属于自己的固定编号，但各城轨车辆制造商或运营商的编号方式不尽相同。如上海地铁一、二号线车辆的编号由五位数组成，采用 YYCCT 形式，其中 YY 为车辆出厂的年份，CC 为这一年同类型车辆的生产顺序号，T 为车辆类型代号，其中"1"为 A 车，"2"为 B 车，"3"为 C 车。例如，"92082"为 1992 年出厂的第 8 辆车，其车辆类型为 B 车。目前，上海地铁列车的编组是固定的，编号后的车辆在列车中的编组位置相应没有变化。例如，"92121"号车为第 2 号列车中的一辆 A 车。而广州地铁一、二、三号线车辆编号包含的信息有：车辆所属线路（一个字母或数字）、车辆的类型（A、B 或 C 车）、生产顺序号［同类型车辆的连续编号（2 位数字），不同的车辆类型以新的顺序开始编号］。

下面是广州地铁二号线车辆编号的范例：

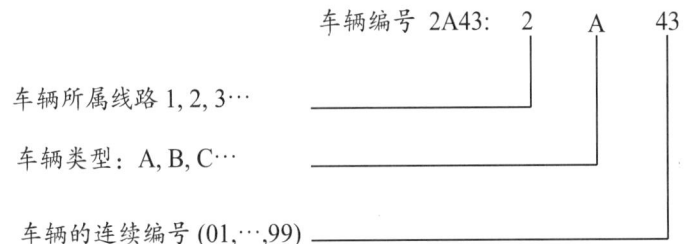

广州地铁二号线各编号车辆在列车中的编组情况，如表 2.2 所示。

表 2.2　广州地铁二号线各编号车辆在列车中的编组情况

第一列车	第二列车	…	第二十六列车
2A43	2A45	…	2A93
2B43	2B45	…	2B93
2C43	2C45	…	2C93
2C44	2C46	…	2C94
2B44	2B46	…	2B94
2A44	2A46	…	2A94

三、车端、车侧、车门、座位等的标识定义

下面是参考德国工业标准 DIN 25006 的广州地铁二号线车辆标识方法：

1. 车辆的车端、车侧的定义［见图2.3（a）］

车端：每辆车的1位端按如下定义：A车1位端是带有全自动车钩的一端；B车1位端是与A车连接的一端；C车1位端是连接半永久牵引杆的一端。另一端就是2位端。

车侧：人立于车辆的2位端，面向1位端，则人的右侧就称为该车辆的右侧，人的左侧也称为该车辆的左侧。

2. 列车车侧的定义［见图2.3（b）］

列车车侧的定义与车辆车侧的定义是不同的。它是以司机为主体，司机坐于列车驾驶端座位上，司机的右侧即为列车的右侧，左侧为列车的左侧。换句话说，是按列车行驶的方向来定义的，这与公路上汽车按行驶方向定义左右侧是相同的。

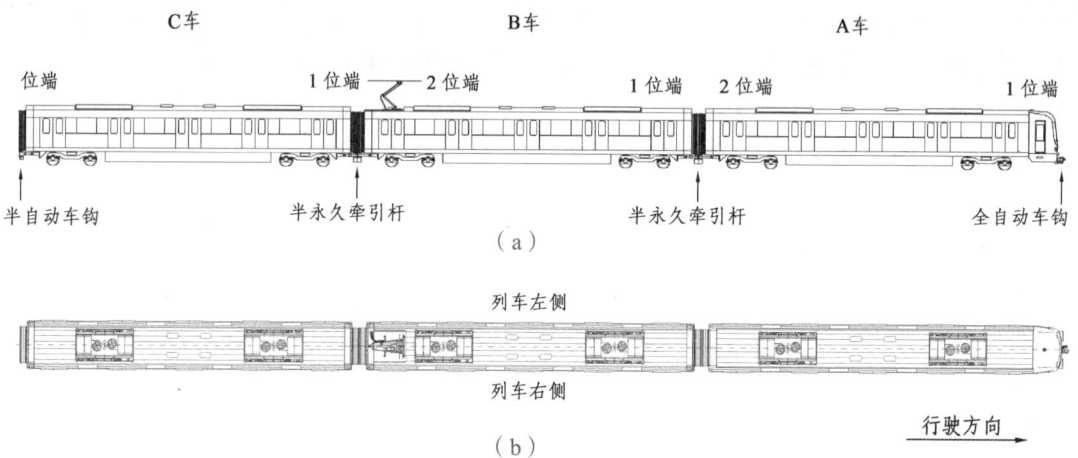

图2.3 车辆端部和侧部及列车侧部的标识

3. 转向架和轴的编号（见图2.4）

每辆车的转向架都分为转向架1和转向架2。转向架1在车辆的1位端，转向架2在车辆的2位端。每辆车的4根轴从1位端开始至2位端，依次连续编号轴1至轴4。

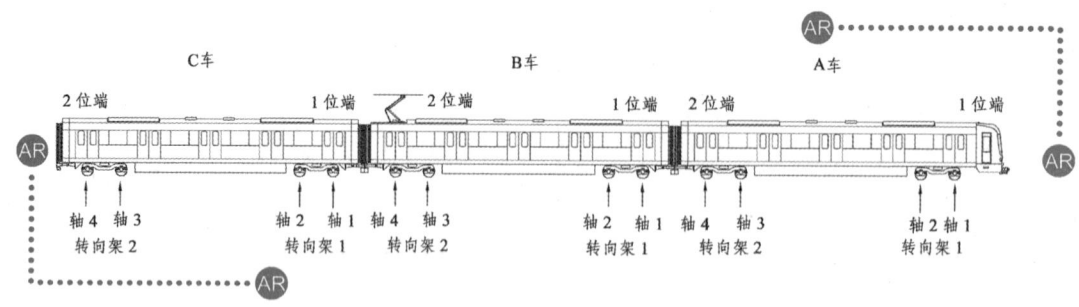

图2.4 转向架和轴的编号

4. 车门和门页的编号（见图2.5）

门页的编号：自1位端到2位端，沿着每辆车的左侧为由小到大的连续奇数，即1、3、

5、7、9、11、…、17、19；右侧为由小到大的连续偶数，即2、4、6、8、10、12、…、18、20。车门的编号则由该车门两个门页的号码合并而成：自1位端到2位端，左侧车门的编号为1/3、5/7、9/11、…、17/19，而右侧车门的编号2/4、6/8、10/12、…、18/20。

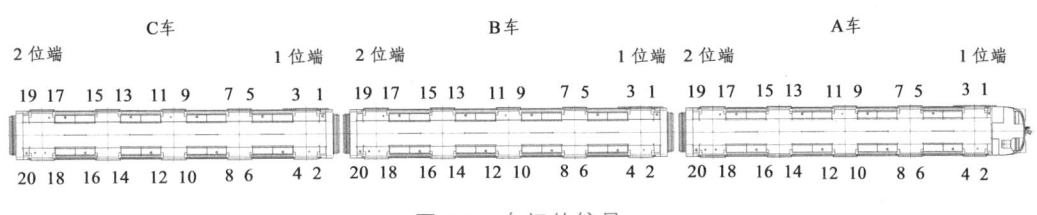

图2.5　车门的编号

5. 座椅编号（见图2.6）

每辆车有8个坐椅纵向排列在车辆内部的两侧。自1位端到2位端，这些座椅的编号是从1到8，左侧是奇数，右侧是偶数。

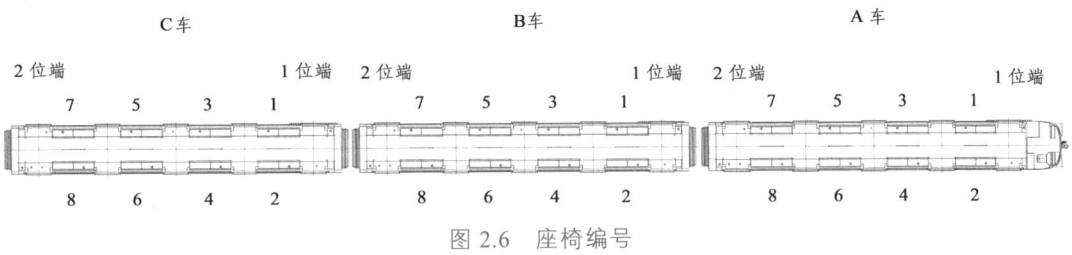

图2.6　座椅编号

6. 空调单元编号

每辆车的车顶安装有两个空调单元。位于1位端的空调单元称作空调单元Ⅰ，位于2位端的空调单元称作空调单元Ⅱ。

7. 其他编号与标记

车窗、扶手、立柱、吊环、照明灯、指示灯、扬声器等设备也采用同样的编号方法。而车辆的重量、顶车位置、应急设备位置等必须用相关符号或文字在规定位置做出明确的标记。

第三节　城市轨道交通车辆技术参数

一、技术参数解析

车辆技术参数是概括地介绍车辆技术规格的某些指标，是从总体上表征车辆性能及结构的一些参数，一般可分为性能参数与主要尺寸两大类。

1. 车辆性能参数

（1）自重、载重：自重指车辆整备状态下的本身结构及设备组成的全部质量；载重指正常情况下车辆允许的最大装载质量,以吨(t)为单位。

(2)最高运行速度:指车辆设计时按照安全及结构强度等条件所决定的车辆最高行驶速度;并要求连续以该速度运行时车辆具有足够良好的运行性能。

(3)轴重:指按车轴形式及在某个运行速度范围内,车轴允许负担(包括轮对自身的质量)的最大质量。轴重的选择与线路、桥梁及车辆走行部的设计有关。

(4)通过最小曲线半径:指配用某种形式转向架的车辆在站场或厂、段内调车时所能安全通过的最小曲线半径。当车辆在此曲线区段上行驶时不得出现脱轨、倾覆等危及行车安全的事故,也不允许转向架与车体底架或车下其他悬挂物相碰撞。

(5)轴配置或轴列式:用数字或字母表示车辆走行部结构特点的方式。例如4轴动车,两台动力转向架,则轴配置记为 B-B;6轴单铰轻轨车辆的两端为动力转向架,中间为非动力铰接转向架,其轴配置记为 B-2-B。

(6)制动形式:指车辆获得制动力的方式,有摩擦制动、再生制动、电阻制动以及磁轨制动等多种形式。

(7)启动平均加速度:是指在平直线路上,列车载荷为额定定员,自牵引电动机取得电流开始,至启动过程结束(即转入其自然特性时),该速度值被全过程经历的时间所除的商,以米/秒²(m/s²)为单位。(注:牵引电动机自然特性即通常所指的在额定电压、满磁场时的牵引电动机的速度特性、牵引力特性等工作特性。)

(8)制动平均减速度是指在平直线路上,列车载荷为额定定员,自制动指令发出至列车完全停止的全过程,相应的制动初始速度(一般取最高运行速度)被全过程经历的时间所除得的商。

(9)冲击率:由于工况改变引起的列车中各车辆所受到的纵向冲击。在城轨车辆中,主要用于说明车辆本身电气及制动控制系统所应达到的冲动限制。用加速度变化率来衡量,以米/秒³(m/s³)为单位。如地铁车辆正常运行(包括起动加速和电制动,紧急制动情况例外)时,纵向冲击率不得超过 1 m/s³。

(10)列车平稳性指标:车辆平稳性是评定旅客舒适程度的主要依据,反映了车辆振动对人体感受的影响,因此评定平稳性的方法主要以人的感觉疲劳程度为依据,通常以平稳性指标表示。我国主要用斯佩林公式来计算平稳性指标 W,W 值越大,说明车辆的平稳性越差,并规定地铁、轻轨车辆运行的平稳性指标应小于 2.7。

斯佩林公式计算方法如下:

$$W = 0.896 \sqrt[10]{\frac{j^3}{f} F(f)} \tag{2.1}$$

式中　j——振动加速度(cm/s²);

　　　f——振动频率(Hz);

　　　$F(f)$——与频率有关的修正公式,反映人体对不同方向和频率振动的敏感度。

2. 车辆的主要尺寸

(1)车辆长度:车辆处于自由状态,车钩呈锁闭状态时,两端车钩连接面之间的距离。区别于车体长度的概念,车体长度指不包含牵引缓冲装置或折棚的车体结构的长度。

（2）车辆最大宽度：指车体横断面上最宽部分的尺寸。

（3）最大高度：指车辆顶部最高点与钢轨顶面之间的距离。通常需说明与最高点相关的结构，如有无空调、受电弓的状态等。

（4）车辆定距：同一车辆的两转向架回转中心之间的距离。

（5）固定轴距：同一转向架的两车轴中心线之间的距离。

（6）车钩中心线距离钢轨面高度：简称车钩高，以 H_0^{+10} 表示，它是指车钩连接面中点（铁路车钩是指钩舌外侧面的中心线）至轨面的高度。取新造或修竣后空车的数值。列车中各车辆的车钩高基本一致，是保证车辆正确连挂、列车运行中正常传递牵引力及不会发生脱钩事故所必需的。广州、上海地铁车辆为 720 mm，天津滨海轻轨车辆和北京地铁车辆为 660 mm。

（7）地板面高度：车辆地板面与钢轨顶面之间的距离。地板面高度与车钩高一样，指新造或修竣后空车的数值。它将受到两方面的制约，一方面是车辆本身某些结构高度的限制，如车钩高及转向架下心盘面的高度；另一方面又与站台高度的标准有关，规定车辆地板面应与站台高度相协调，如上海地铁车辆地板面高为 1.13 m，北京地铁车辆为 1.053 m。

二、广州地铁一号线车辆主要技术参数

1. 车辆基本参数

车辆的总体设计寿命	30 年
每辆车的平均轴重	≤16 t
牵引电机额定功率	190 kW
列车平稳性指标	应小于 2.5
最高运行速度	80 km/h
设计/结构速度	90 km/h

列车载客容量（见表 2.3）

表 2.3 列车载客容量

工 况	定 义	每车乘客数/人	列车乘客数/人
AW0	无乘客（空载）	0	0
AW1	座客载荷	56	336
AW2	定员载荷（6 人/m²）	310	1860
AW3	超员载荷（9 人/m²）	432	2592

车辆质量（见表 2.4）

表 2.4 车辆质量

定 义	乘客载荷/t			车辆质量/t			列车质量/t
	A	B	C	A	B	C	
空载 AW0	0	0	0	33	36	36	220
座客载荷 AW1	3.36	3.36	3.36	36.36	39.36	39.36	230.16
定员载荷 AW2	18.60	18.60	18.60	51.60	54.60	54.60	321.60
超员载荷 AW3	25.92	25.92	25.92	58.92	61.92	61.92	365.92

注：乘客每人质量按 60 kg 计算。

2. 车辆主要尺寸

车辆长度（车钩连接面之间）	A 车：24 400；B、C 车：22 800
列车长度	140 000/mm
车辆宽度	3 000/mm
车辆高度	3 800/mm
车辆最高点（含排气口）	3 860/mm
受电弓工作范围	175～1 600/mm
受电弓最大升起高度	1 700/mm
轨道至地板面高度（AW0）	$1\,130^{+15}_{-5}$/mm
转向架中心距	15 700/mm
转向架固定轴距	2 500/mm
车门全开宽度	1 400/mm
开、关门时间	（3±0.5）/s
开、关门调整范围	1.5～4/s
贯通道宽度	1 500/mm
窗宽度	1 300/mm
车钩中心线距轨面距离	720+8/mm
车轮直径	
新轮直径	840/mm
半磨耗轮	805/mm
磨耗轮	770/mm
轮对内侧距（AW0）	$1\,353^{+3}_{0}$/mm
轮缘厚度	32/mm

三、天津滨海轻轨车辆主要技术参数

1. 主要技术参数

（1）速度：

最高运行速度	100 km/h
构造速度	110 km/h

（2）车辆的平稳性指标：$W \leqslant 2.5$

经过 150 000 km 运行后 $W \leqslant 2.75$

（3）列车载客容量（见表 2.5）：

表 2.5 列车载客容量

工 况	定 义	每车乘客数/人		列车乘客数/人
		Mcp 车	T 车	
AW0	无乘客（空载）	0	0	0
AW1	座客载荷	54	62	232
AW2	定员载荷（6人/m²）	190	210	800
AW3	超员载荷（9人/m²）	240	266	1 012

（4）列车在平直线路上紧急制动距离：
对 AW0～AW2 载荷条件制动距离　　　　≤350 m（制动初速度为 100 km/h）
对 AW3 载荷条件制动距离　　　　　　　≤370 m（制动初速度为 100 km/h）
（5）列车牵引功率：　　　　　　　　　　$2 \times 4 \times 200$ kW＝1 600 kW
（6）轴重：　　　　　　　　　　　　　　≤14 t
（7）车辆质量（见表 2.6）：

表 2.6　车　辆　质　量

定　义	乘客载荷/t		车辆质量/t		列车质量/t
	Mcp	T	Mcp	T	
空载（AW0）	0	0	36	32	136
座客载荷（AW1）	3.24	3.72	39.24	35.72	149.92
定员载荷（AW2）	11.4	12.6	47.4	44.6	184
超员载荷（AW3）	14.40	15.96	50.40	47.96	196.72

2. 车辆主要尺寸（单位：mm）

（1）车辆长度（车钩连接面之间长度）：
　　T 车　　　　　　　　　　　　　　　　19 520
　　Mcp 车（车头前端面距一位转向架中心 3 700 mm）　20 020
　　4 辆编组列车长度　　　　　　　　　　79 080
（2）车辆最大宽度：　　　　　　　　　　2 800
（3）车辆高度（新轮，不含受电弓、空调机组）：　3 700
　　空调机组最上面距轨面　　　　　　　　3 800
　　Mcp 车受电弓落弓时高度　　　　　　　3 820
　　受电弓工作范围　　　　　　　　　　　175～1 600
　　受电弓最大升起高度　　　　　　　　　1 700
（4）车辆内中心高度（客室内净空高度）：　2 100
　　客室内乘客站立区最小高度　　　　　　1 850
（5）AW0 载荷下空气弹簧充气和新轮状态时：　1 100
（6）转向架中心距：　　　　　　　　　　12 600
（7）转向架固定轴距：　　　　　　　　　2 300
（8）转向架非弹簧承载部分最低点离轨面最小距离：　60
（9）车钩中心线距轨面高度：　　　　　　660＋10
（10）车轮直径：
　　新轮　　　　　　　　　　　　　　　　840
　　半磨耗轮　　　　　　　　　　　　　　805
　　磨耗轮　　　　　　　　　　　　　　　770

（11）轮对内侧距（在空载情况下）： 1 353±2
（12）客室侧门：
　　　侧门数量 6 对/辆
　　　侧门开宽度 1 300
　　　侧门开启时，门槛顶面以上高度 1 850
（13）司机室侧门：
　　　侧门净开度 560
　　　侧门开启时，门槛顶面以上高度 1 850
（14）贯通道：
　　　贯通道宽度 1 300
　　　贯通道高度 1 900
（15）牵引座安装面距轨面高度： 895

第四节　地铁、轻轨车辆限界

一、车辆限界的概念

限界是限定车辆运行及轨道周围构筑物超越的轮廓线。限界分车辆限界、设备限界和建筑限界 3 种，是工程建设、管线和设备安装位置等必须遵守的依据。规定限界的目的，主要是防止车辆在直线或曲线上运行时与各种建筑物及设备发生接触，以保证车辆安全通行。在设计城轨车辆时，其横断面的形状和尺寸要与隧道或线路所留出的空间相适应，为此对车辆横断面轮廓尺寸必须有一限制。车辆限界就是一个限制车辆横断面最大允许尺寸的轮廓图形。无论空车或重车在直线地段运行时，所有突出和悬挂部分都应容纳在限界之内，因此车辆限界是车辆在正常运行状态下形成的最大动态包络线。

建筑限界和设备限界是建筑物或设备距轨道中心和轨面所允许的最小尺寸所形成的轮廓。车辆限界与建筑和设备限界之间，必须留出一定的、为确保行车安全所需的空间，这个空间考虑了以下因素：

（1）车辆制造公差引起的上下、左右方向的偏移或倾斜。

（2）车辆在名义载荷作用下弹簧受压引起的下沉，以及弹簧由于性能上的误差可能引起的超量偏移或倾斜。

（3）由于各部分磨耗或永久变形而造成的车辆下沉，特别是左右侧不均匀磨耗或变形而引起的车辆倾斜与偏转。

（4）由于轮轨之间以及车辆自身各部分存在的横向间隙而造成车辆与线路间可能形成的偏移。

（5）车辆在走行过程中因运动中力的作用而造成车辆相对线路的偏移。包括曲线区段运行时实际速度与线路超高所要求的运行速度不一致而引起的车体倾斜，以及车辆在振动中产生的上下、左右等各个方向的位移。

（6）线路在列车反复作用下可能产生的变形，包括轨道产生的随机不平顺现象等。

有关限界的名词术语如下：

1. 基准坐标系

基准坐标系是与线路的纵向中心线相垂直的平面内的一个二维直角坐标，该坐标的第一坐标轴与两根钢轨在名义位置且无磨耗时的顶面相切，第二坐标轴垂直于前者，并与左右两根钢轨的名义位置等距离。

2. 偏移及偏移量

在基准坐标系内，车辆横断面上各点，因车辆本身原因或线路原因，在运行中离开原来在基准坐标系中所定义的设计位置称为偏移，偏移的距离以 mm 为单位称为偏移量。在第一坐标方向的偏移为横向偏移，在第二坐标方向的偏移称为竖向偏移。

3. 曲线几何偏移量

车辆在曲线上运行时，线路中心线是曲线，车辆纵向中心线是直线，两者不可能完全重合。车辆纵向中心线上各点在水平投影图上偏移线路中心线的距离称为曲线几何偏移，简称曲线偏移。其中，车辆定距以内的车辆纵向中心线上各点向曲线的内侧偏离称为内侧偏移；车辆定距以外的车辆纵向中心线上各点，向曲线的外侧偏离称为外侧偏移。据此，车辆在竖曲线上产生的曲线偏移也称为竖曲线偏移。

4. 计算车辆

认定具有某一横断面轮廓尺寸和水平投影轮廓尺寸及认定结构的车辆在地铁及轻轨线路上运行，并使用该车辆作为确定车辆限界及设备限界尺寸的依据，这个车辆称为计算车辆。在地铁及轻轨线路上实际运行的新车和旧车只要符合车辆限界及其纳入限界的校核，就能通行无阻，不必与计算车辆取得一致。

二、地铁限界

1. 地铁车辆限界

地铁车辆限界是基准坐标系中的一个轮廓线，是车辆在正常运行状态下形成的最大动态包络线。车辆及轨道线路各尺寸在具有最不利公差及磨耗时（包括两次维修期间所发生的尺寸偏差），车辆在运动中处于最不利位置、涉及了由各要素引起的车辆各部位的统计最大偏移后均应容纳在轮廓内。《地铁设计规范》规定了钢轨钢轮、标准轨距系列的地铁限界，包括车辆限界。直线地段车辆限界分为隧道内车辆限界和高架或地面线车辆限界，后者应在前者的基础上，另加当地最大风载荷引起的横向和竖向偏移量。受电弓或受流器限界是车辆限界的组成部分。

我国最早建成的北京地铁车辆横截面尺寸为 2 650 mm × 3 509 mm（宽×高），与莫斯科地铁车辆相仿。自 1990 年以后，为充分利用限界，增加载客量，将车辆截面扩大为"鼓形"，车体最宽处达到 2 800 mm。这期间新建的上海地铁采用了与香港地铁相近的大型车体，车体的尺寸达到 22 000 mm × 3 000 mm × 3 800 mm（长×宽×高），这样就有了 A 型、B 型车之分。《地铁设计规范》（GB 50157—2013）对两种车型的车辆限界经计算做了新的界定，其中有接触网受电的 A 型限界（计算车辆车宽 3 m）、接触轨受电的 B1 型限界（计算车辆车宽 2.8 m）和接触网受电的 B2 型限界（计算车辆车宽 2.8 m）3 类，适用于运行速度不超过 100 km/h 的地铁工程。运行速度超过 100 km/h 的地铁工程，也可参照执行。图 2.7 是 A 型车隧道内直线地段车辆轮廓、车辆限界、设备限界图，对应车辆轮廓、车辆限界坐标如表 2.7、表 2.8 所示。

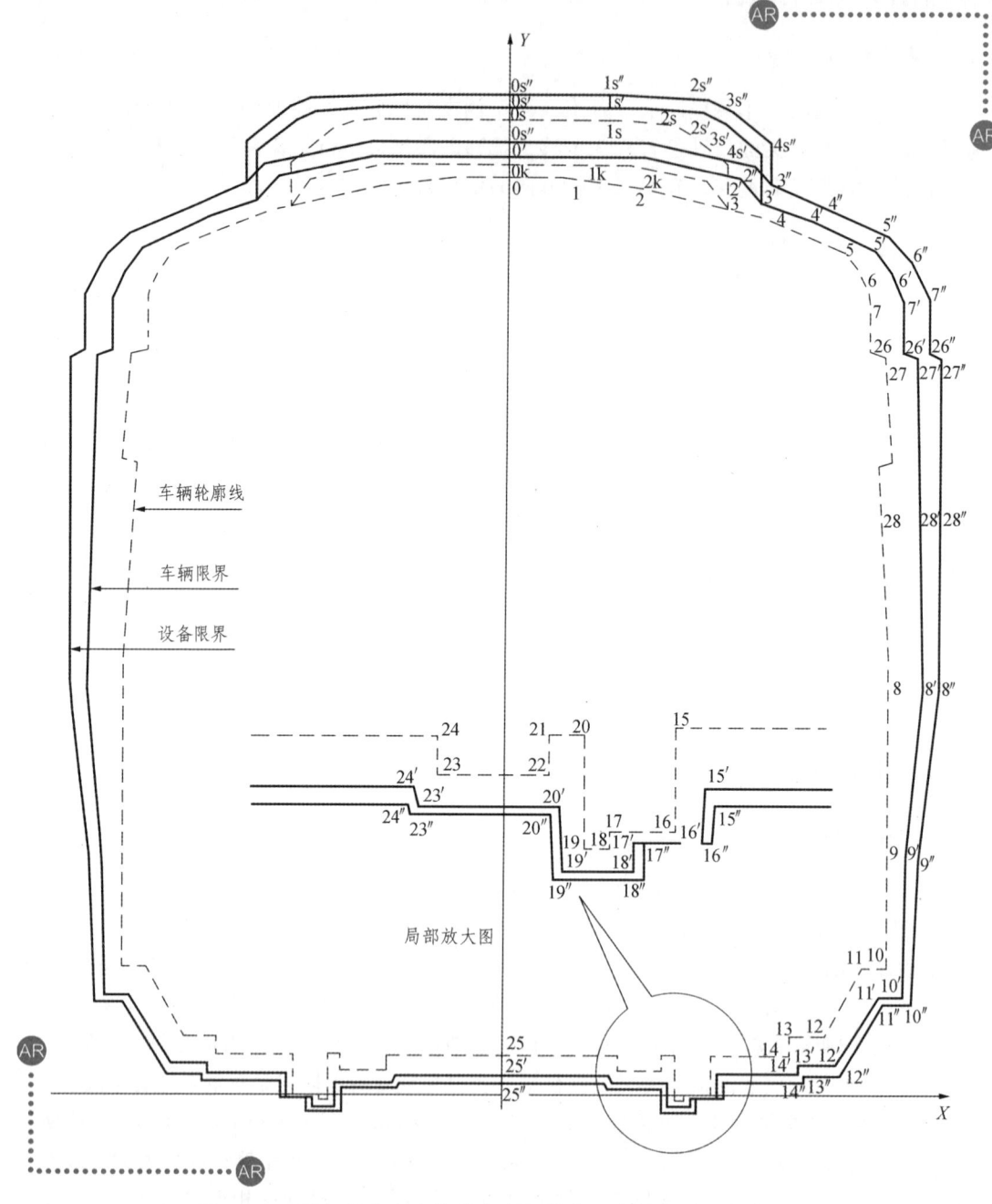

图 2.7　A 型车隧道内直线地段车辆轮廓、车辆限界、设备限界

表 2.7　A 型车辆轮廓坐标　　　　　　　　　　单位：mm

坐标点	0	1	2	3	4	5	6	7	26	27
X	0	250	500	850	1 031	1 300	1 365	1 412	1 425	1 481
Y	3 800	3 790	3 759	3 677	3 623	3 504	3 416	3 313	3 078	3 064
坐标点	28	29	8	9	10	11	12	13	14	15
X	1 507	1 452	1 500	1 500	1 500	1 400	1 250	1 120	1 120	811.5
Y	2 621	2 605	1 800	1 130	520	520	234	234	170	170
坐标点	16	17	18	19	20	21	22	23	24	25
X	811.5	708.5	708.5	676.5	676.5	626	626	450	450	0
Y	0	0	−28	−28	160	160	95	95	160	160
坐标点	0s	1s	2s	3s	4s	—	0k	1k	2k	—
X	0	325	615	687	850	—	0	466	772	—
Y	4 040	4 040	4 022	3 992	3 856	—	3 842	3 842	3 780	—

注：表中第 0~13 点是车体上的控制点；第 13~15 点是转向架上的控制点；第 16、17 点为车轮踏面上的控制点；第 18、19 点为轮缘上的控制点；第 22、23 点为连接在车轴上的齿轮箱点；第 20、21、24、25 点为连接在转向架构架上的车载信号设备的最低点；第 26~29 点为信号灯预留位置；第 0s、1s、2s、3s、4s 点为隧道内受电弓控制点；第 0k、1k、2k 点是车顶空调器点。

表 2.8　A 型车辆限界坐标　　　　　　　　　　单位：mm

坐标点	0′	1′	2′	3′	4′	5′	6′	7′	26′	27′
X	0	525	916	984	1 171	1 437	1 499	1 544	1 550	1 606
Y	3 878	3 885	3 794	3 700	3 630	3 503	3 414	3 309	3 074	3 058
坐标点	28′	8′	9′	10′	11′	12′	13′	14′	15′	16′
X	1 620	1 642	1 578	1 565	1 465	1 303	1 155	1 155	846	841
Y	2 498	1 677	1 007	399	401	122	125	80	82	-18
坐标点	17′	18′	19′	20′	23′	24′	25′	—	—	—
X	738	738	647	643	421	415	0	—	—	—
Y	−18	−54	−54	42	42	73	75	—	—	—
坐标点	0s′	1s′	2s′	3s′	4s′	—	—	—	—	—
X	0	464	753	824	984	—	—	—	—	—
Y	4 084	4 084	4 066	4 036	3 900	—	—	—	—	—

2. 地铁设备限界

地铁设备限界是基准坐标系中位于车辆限界外的一个轮廓线，是用以限制设备安装的控制线。除另有规定外，建筑物及地面固定设备的任一部分，包括它们的刚性和柔性运动在内，均不得向内侵入此限界，接触轨限界属于设备限界的辅助限界。A 型车隧道内直线地段设备限界如图 2.7 所示，对应设备坐标如表 2.9 所示。

表 2.9　A 型车辆设备限界坐标　　　　　　　　　　单位：mm

坐标点	0″	1″	2″	3″	4″	5″	6″	7″	26″	27″
X	0	531	952	1 016	1 193	1 477	1 570	1 644	1 645	1 700
Y	3 938	3 945	3 848	3 758	3 686	3 551	3 452	3 309	3 074	3 058
坐标点	28″	8″	9″	10″	11″	12″	13″	14″	15″	16″
X	1 700	1 703	1 622	1 593	1 482	1 308	1 170	1 170	859	856
Y	2498	1677	1007	368	371	71	74	50	52	−18
坐标点	17″	18″	19″	20″	23″	24″	25″	—	—	—
X	753	753	633	629	408	405	0			
Y	−18	−69	−69	30	30	43	45			
坐标点	0s″	1s″	2s″	3s″	4s″	—	—	—	—	—
X	0	465	765	851	1 016					
Y	4 134	4 134	4 115	4 079	3 938					

设备限界和车辆限界之间留有一定的间隙，这个间隙主要作为未涉及因素的安全留量，按照限界制定时的规定某些偏移量计入此间隙。计算车辆曲线上和竖曲线上的曲线偏移也计入这个间隙内，因此，设备限界在水平曲线上需要加宽，在竖曲线上需要加高。

3. 地铁建筑限界

地铁建筑限界是基准坐标系中位于设备限界以外的一个轮廓线，是在设备限界基础上，考虑了设备和管线安装尺寸之后的最小有效断面。它规定了地下铁道隧道的形状、尺寸、位置，地下车站及站台位置以及地面建筑物（包括接触网支柱、声屏障和站台屏蔽门等）的位置，涉及施工误差、测量误差及结构永久变形在内，任何永久性建筑物均不得向内侵入此限界。建筑限界和设备限界之间的空间应能安排各种电缆线、消防水管及消防栓、动力箱、信号箱及信号灯、照明灯、扩音器、通风管、架空线及其固定设备。地铁建筑限界应理解为建筑物的最小尺寸，比地铁建筑限界大的隧道、高架桥等建筑应认为是符合地铁建筑限界的。

三、轻轨限界

1. 车辆轮廓限界

车辆轮廓限界应根据车体横断面和车辆下部设备外轮廓各点所规定的纵横坐标值。表 2.10 所列是根据轻轨 6 轴单铰车辆样车资料所确定的车辆轮廓各点的 X、Y 坐标值。

表 2.10　车辆轮廓限界坐标　　　　　　　　　　单位：mm

坐标点	0	1	2	3	4	5	6	7
X	0	880	1 250	1 300	1 300	1 250	1 250	1 100
Y	3 700	3 700	3 100	950	800	360	250	120
坐标点	8	9	10	11	12	13	—	—
X	806	806	717.5	717.5	686	686		
Y	80	0	0	−25	−25	80		

2. 车辆接近限界

车辆接近限界是以轻轨 6 轴单铰车辆样车的构造和有关的参数为依据，考虑车辆弹簧挠度和各项间隙、误差、磨耗等技术参数的影响，对车辆在运行中可能出现的各种工况所产生的横向偏移量和垂直偏移量进行分析计算，所得出的各点 X、Y 坐标值。车辆在具有最不利的公差和磨耗情况下，并计及车辆在运行中最不利位置所引起的最大偏差，均应容纳在该轮廓之内。

本 章 小 结

我国城轨车辆选型提出了 A、B、C 型车的概念，它是按车体宽度区分。城轨车辆又有动车和拖车之分，动车以 M 表示，拖车以 T 表示。我国推荐的轻轨电动车辆有 3 种形式：4 轴动车、6 轴单铰接式和 8 轴双铰接式车。

一般城轨车辆由车体、转向架、车辆连接装置、制动装置、受流装置、车辆设备、车辆电气系统等几部分组成。

动车和拖车通过车钩连接而成的一个相对固定的编组称为一个（动力）单元，一列车可以由一个或几个单元编组而成。编组有 —A*B*C＝C*B*A—、=Mcp*T＝T*Mcp= 等形式。

为了运用和检修的方便，必须对车辆进行标识。车辆的标识包括车端、车侧、转向架、车轴、车门、座席、空调等的标识。目前，我国城轨车辆没有统一的车辆标识规定，一般参照国外的做法。

车辆技术参数一般可分为性能参数与主要尺寸两大类。性能参数主要有：自重、载重、最高运行速度、轴重、通过最小曲线半径、冲击率等；主要尺寸有：车辆长度、车辆最大宽度、最大高度、车钩中心线距离钢轨面高度、地板面高度等。

车辆限界是一个限制车辆横断面最大允许尺寸的轮廓图形，是车辆在正常运行状态下形成的最大动态包络线，还有设备接近限界和建筑限界

复习思考题

1. 城轨车辆有哪些基本种类？其结构如何？
2. 城轨车辆是如何编组的？请举例说明某种编组方式的优、缺点。
3. 为什么要对车辆进行标识？如何对车辆进行标识？
4. 什么是车辆的技术参数？主要有哪些参数？举例说明这些参数有何用处。
5. 什么是限界？有哪几种限界？它们之间的关系如何？

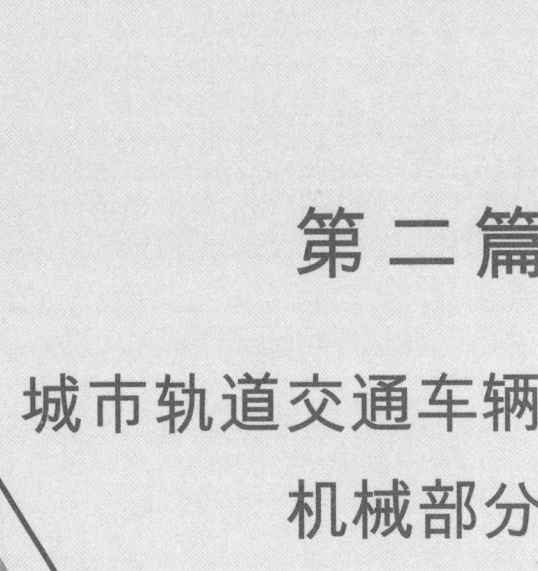

第二篇

城市轨道交通车辆机械部分

- 第三章　　车　体
- 第四章　　车辆转向架
- 第五章　　车　门
- 第六章　　车辆连接装置
- 第七章　　车辆设备及其布置

第三章 车体

通过学习城轨车辆车体种类和结构，熟悉车体结构类型、整体承载结构特点及其基本结构组成。掌握铝合金车体、不锈钢车体的结构特点和工艺要求，并掌握新型的模块化车体结构形式和工艺特点。

教学目标

能力目标
- 能区分车体各部分结构及其组成
- 能通过铝合金材料的特性分析车体结构特点及其工艺要求
- 能通过不锈钢材料的特性分析车体结构特点及其工艺要求
- 能根据不同用户要求进行车体模块选取搭配

知识目标
- 了解车体的组成和各部分的作用
- 熟悉不同种类车体结构特点
- 掌握铝合金材料的性能和工艺特点
- 掌握不锈钢材料的性能和工艺特点
- 掌握模块化车体的工艺特点

第一节 概 述

一、车体的作用与分类

车体是容纳乘客和司机驾驶（对于有司机室的车辆）的部分，也是安装和连接其他设备及组件的基础。

按照车体所使用的材料可分为碳素钢车体、铝合金车体和不锈钢车体3种，早期的城轨车辆车体材料基本上是碳素钢（包括普通低碳钢和耐候钢），新一代的车辆主要使用铝合金和不锈钢。

按照车体结构分有无司机室可分为有司机室车体和无司机室车体两种。

按照车体尺寸可分为A型车车体、B型车车体和C型车车体，如广州地铁一、二号线和深圳地铁车辆采用了A型车；广州地铁三号线和天津滨海轻轨采用了B型车。

按照车体结构工艺不同可分为一体化结构和模块化结构。如广州地铁一号线车辆采用的是一体化结构，而二号线采用的则是模块化结构。

二、车体的基本特征与结构

城轨车辆是用作城市或近郊客运的专门客运交通工具，因而车体有它的特征：

1. 车体的基本特征

（1）一般为电动车组，有单节、双节、三节式等，有头车（即带有司机室的车辆）和中间车，以及动车与拖车之分，其车体结构也就有其多样性。

（2）服务于城市内的公共交通，乘客数量多，旅行时间短，上下车频繁，因此车内设置的座位数量少、车门数量多而且开度大，服务于乘客的车内设备简单，其车体结构应与此相适应。

（3）对车辆的重量限制较为严格，特别是高架轻轨，要求列车质量轻、轴重小，以降低线路设施的工程投资。为减轻列车自重，车辆必须轻量化，车辆设备尽量采用轻型材料和轻量化结构，对车体承载结构一般采用大型中空截面挤压铝型材、高强度复合材料或不锈钢等，采用整体承载筒形车体结构。

（4）一般运营于城市人口稠密地区，并用于乘载旅客，所以对车辆的防火要求严格，特别是地铁车辆。通常车体的结构采用防火设计，材料需经过阻燃处理。

（5）对车辆的隔声和降噪有严格要求，以最大限度降低噪声对乘客和沿线居民的影响，因而车体结构应有一定的密封与吸振能力。

（6）车辆外观造型和色彩必须考虑城市文化、环境美化，与城市景观相协调。

2. 车体的结构形式

按照车体结构承受载荷的方式不同，车体可分为底架承载结构、侧墙和底架共同承载结构和整体承载结构3类。

（1）底架承载结构：全部载荷由底架来承担的车体结构，也称自由承载结构。

（2）侧墙和底架共同承载结构：由侧、端墙与底架共同承担载荷的车体结构，也称侧墙承载结构。其侧、端墙与底架等通过固接形成一个整体，具有较高的强度、刚度。

（3）整体承载结构：在板梁式侧、端墙上固接由金属板、梁组焊而成的车顶，使车体的底架、侧墙、端墙、车顶连接成一个整体，成为开口或闭口箱形结构，此时车体各部分结构均参与承受载荷，因而称这种结构为整体承载结构，如图3.1所示。

为满足安全运载旅客的需要，车体钢结构必须有足够的强度；为保证车体的自振频率与转向架的自振频率不一致，避免产生共振现象而降低乘坐舒适度，车体必须具有足够的刚度。试验结果表明：采用空气弹簧支承时，车体钢结构的自振频率应达到 8 Hz 以上。

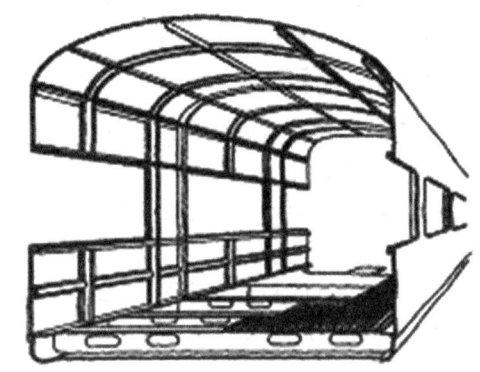

图 3.1　钢制车体整体承载结构

3. 车体的基本结构

近代城轨车辆车体均采用整体承载的钢结构或轻金属结构，以达到满足强度和刚度要求的同时降低车辆自重的目的。我国地铁车辆的车体结构从 20 世纪 80 年代就开始采用耐候钢无中梁整体承载结构，车体侧墙、车顶的梁柱与蒙皮结合后与底架构成封闭断面，以增强车体的强度和刚度。到 20 世纪 90 年代又生产了断面为鼓形的地铁车辆，使其能更好地利用限界。《地铁车辆通用技术条件》（GB/T 7928—2003）规定我国地铁车辆车体采用整体承载结构。

城轨车辆车体整体承载结构是由若干纵向、横向梁和立柱组成的骨架（也称钢结构），再安装内饰板、外蒙皮、地板、顶板及隔热、隔音材料、车窗、车门及采光设施等组成。一般包括底架、端墙、侧墙、车顶、车窗、车门、贯通道和车内设施等部分。

车体的一般结构形式如图 3.2 所示，底架是车体结构和设施的安装基础，承受主要的动、静载荷，因此底架必须具有足够的强度和刚度，是检修作业的重点。底架中部断面较大并沿其纵向中心线贯通全车的梁称为中梁，它是底架的骨干。底架两侧边沿的纵向梁称为侧梁，侧墙固定其上。底架两端部的横向梁称为缓冲梁（或称端梁），端墙固定其上。在转向架的支承处设有枕梁，为横向梁中断面最大的梁。在两枕梁之间设有两根以上的大横梁。为了吊挂设备，铺设地板，底架上还设有若干小横梁和纵向辅助梁，同时达到了增强底架强度和刚度的目的，由上述梁件构成底架的一般结构，其中，中梁和枕梁承担载荷最大，

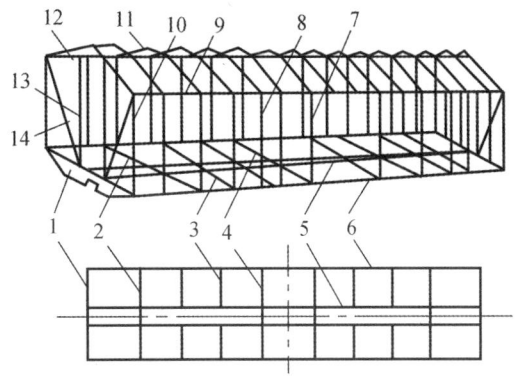

1—缓冲梁（端梁）；2—枕梁；3—小横梁；4—大横梁；5—中梁；6—侧梁；7—门柱；8—侧立柱；9—上侧梁；10—角柱；11—车顶弯梁；12—顶端弯梁；13—端立柱；14—端斜撑。

图 3.2　车体一般结构形式

因而最为重要。

侧墙由杆件、墙板和门窗组成。杆件包括立柱、上弦梁、横梁和其他辅助杆件，它们与底架的侧梁构成一体。墙板有蒙皮和内饰板，蒙皮是用钢板、不锈钢板或铝合金板制成，内饰板具有车内装饰的功能，经过阻燃处理。

端墙结构与侧墙基本相同，除端梁外，还设有角柱、端立柱、上端梁和墙板等。

车顶结构包括车顶弯梁、车顶横梁、车顶端弯梁及车顶板等。

三、车体结构的基本参数

1. 上海地铁一、二号线车辆车体规格（括号内为交流传动车辆的参数）

两端车钩连接中心线长度
  有司机室   24 140 mm
  无司机室   22 800 mm
车体最大宽度   3 000 mm
车顶中心线距轨面高度   3 800 mm
客室地板面距轨面高度   1 130 mm（1 500 mm）
车门高   1 800 mm（1 860 mm）
车门宽   1 300 mm（1 400 mm）
两转向架中心距（定距）   15 700 mm

2. 天津滨海轻轨车辆车体规格

两端车钩连接中心线长度
  有司机室（DK_{38}）   19 000 mm
  无司机室（DK_{39}）   19 500 mm
车体最大宽度   2 800 mm
车辆高度（轨面到车顶高度、新轮、不含受电弓） 3 800 mm
转向架中心距   12 600 mm
可承受纵向压缩载荷   800 kN
最大纵向拉伸载荷   650 kN
车门高   2 012 mm
车门宽   1 550 mm

第二节　铝合金车体

铝合金车体是一种轻型整体承载结构，主体材料是铝合金型材，通常采用模块化结构或全焊接组装，是一种新型的车体结构。铝合金材料密度小、比强大，构造的车体在满足车体强度和刚度的同时大幅度地减轻了车体的质量而备受青睐。

一、铝合金材料特性

（1）质轻且柔软。铝的密度为 2.71 g/cm^3，约为钢密度（7.87 g/cm^3）的 1/3，杨氏模量也约为钢的 1/3。

（2）强度好。纯铝的抗拉强度约为 80 MPa，是低碳钢的 1/5。但经过热处理强化及合金化强化，其强度会大幅增加。如铝合金车体常用的材质 6005A-T6，它的最低抗拉强度为 360 MPa，能达到低碳钢相应的强度值。

（3）耐蚀性能好。铝合金的特性之一是接触空气时表面会形成一层致密的氧化膜，这层膜的存在能防止进一步腐蚀内部材料，所以耐蚀性能好。若再实施"氧化铝膜处理法"，就可以全面防止腐蚀。

（4）加工性能好。车辆用型材挤压性能好，二次机加工、弯曲加工也较容易。

（5）易于再生。铝的熔点低（660 °C），再生简单。在废弃处理时也无公害，有利于环保，符合人类社会的可持续发展。

根据铝合金车体结构及制造、运用情况，选择材料时应遵循以下原则：① 从轻量化方面考虑，要求强度、刚度好，而质量轻；② 从寿命方面考虑，要求耐蚀性、表面处理性、维护保养性好；③ 从制造工艺方面考虑，要求焊接性、挤压加工性、成型加工性高。根据以上原则，铝合金车体主要使用 5000 系列、6000 系列、7000 系列的铝合金。3 个系列铝合金材料的特性及用途如表 3.1 所示。

表 3.1 车辆常用铝合金材料的特性及用途

铝合金种类	主要成分	特 性	主要用途
5000 系列	Al Mg（0.2% ~ 5.6%）	耐蚀性、焊接性、成型性很好，强度也较高，代表合金有 5052、5083、5066、5N01 等	建筑、船舶、车辆机械部件、饮料罐等
6000 系列	Al Mg（0.45% ~ 1.5%） Si（0.2% ~ 1.2%）	耐蚀性、强度好，有的挤压加工性也好，代表合金有 6005A、6061、6063、6N01 等	车辆结构材、结构杆件、建筑用框架、螺栓、铆钉等
7000 系列	Al Zn（0.5% ~ 6.1%） Mg（0.1% ~ 2.9%） Cu（0.1% ~ 2.0%）	焊接性、耐蚀性差，强度最高，Al-Zn-Mg 合金的焊接接头效率高，代表合金有 7005A、7005、7178、7N01、7003 等	车辆结构材、飞机杆件、体育用品

二、铝合金材料种类

铝合金材料可分为两大类，一类是板、箔、型材等形变合金，另一类是铸件、压铸件等铸造材料。

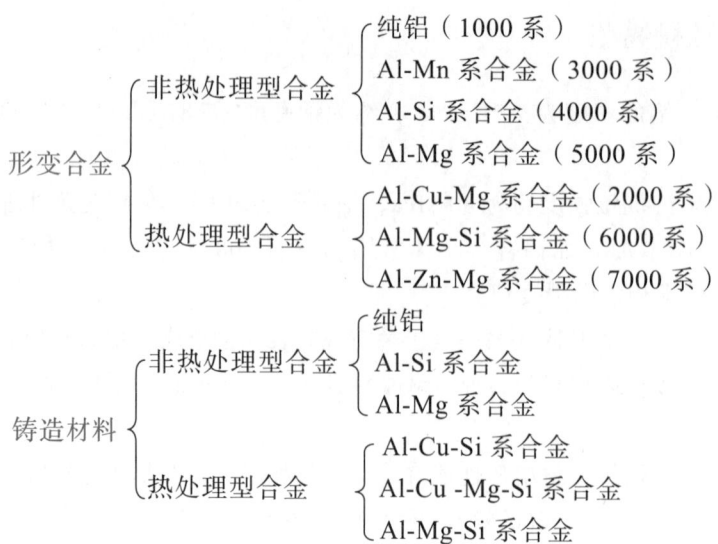

形变合金与铸造材料又可分为非热处理型合金和热处理型合金。非热处理型合金是指保持制造的原状或经过轧制、挤压、拉制等冷加工处理。热处理型合金是指经过淬火、回火等处理，达到所规定的强度。但是，即使是热处理型合金，为了使强度达到比经过热处理所达到的强度更大，有时也要经过冷加工处理。非热处理合金有时也要经过退火等热处理，理解铝合金材料的分类对选择使用材料非常有利。

铝合金材料型号在 JIS 标准中是按照下述规则进行定义的，例如：

A5052P-H34（非热处理型铝合金）

A6063TE-T5（热处理型铝合金）

最前面的 A 表示铝合金，后续的 4 位数字表示铝合金的分类。第 1 位数字表示铝合金系，第 3、4 位数字表示每个合金的识别标记，4 位数字后面是 1~3 个英文字母，这是表示材料形状及制造条件的标记，短画线后面冠有 H 或 T 的数字是表示材料的加工硬化状态或热处理状态等调质处理的质别记号。形变合金形状及制造条件的标记含义如表 3.2 所示。

表 3.2 铝合金形状及制造条件标记

标 记	含 义	标 记	含 义
P	板、条、圆板	TW	焊接管
PC	组合板	TWA	弧焊管
H	箔	S	挤压型材
BE	挤压棒	FD	模压锻造品
BD	拉制棒	FH	自由锻造品
W	拉制线	PB	轧制板导体
TE	挤压无缝管	SB	挤压板导体
TD	拉制无缝管	TB	管导体

三、铝合金材料车体的特点

世界上最早的铝合金车体是 1952 年英国研制的伦敦地铁电动车组。铝合金车体的发展经历了板梁期、开口型材期和现在的大型中空挤压型材期 3 个发展阶段，现在逐渐走向成熟。铝合金车体具有如下优点：

（1）能大幅度降低车辆自重，在满足同样车体强度和刚度要求的条件下，与碳素钢车体相比，铝合金车体的自重低 30%～35%。碳素钢车体、不锈钢车体、铝合金车体的质量之比约为 10：8：6。

（2）具有较小的密度及杨氏模量，所以铝合金对冲击载荷有较高能量吸收能力，可降低振动，减少噪声。

（3）可运用大型中空挤压型材进行气密性设计，提高车辆密封性能，提高乘坐舒适性。

（4）采用大型中空挤压型材制造的板块式结构，可减少连接件的数量和质量。

（5）减少维修费用，延长使用寿命。

四、铝合金车体形式

1. 纯铝合金车体

大约可分 4 种形式：

第一种，车体由铝板和实心型材制成，铝板和型材通过铝制铆钉、连续焊接和金属惰性气体点焊等进行连接。除了车钩部分及车体内的螺钉座使用碳素钢外，其他部位都使用铝合金，实现了车体的轻量化。这些铝板和型材等多为拉延材料（板材、挤压型材、锻造材料）。

第二种，车体结构是板条骨架结构，用气体保护的熔焊作为连接方法。

第三种，在车体结构中应用整体结构，板和纵向加固件构成高强度大型开口型材。

第四种，车体采用空心截面的大型整体型材，结构更加简单。型材平行放置并总是在车体的全部长度上延伸，通过自动连续焊接进行连接。该车体结构是以具有多种多样截面的型材为基础，并充分利用铝合金良好的机械性能，使用大型挤压型材，进行热处理后，其机械性能有很大的提高。大型挤压型材的组合使车辆制造时焊接大量减少，但制造成本增大。

2. 混合结构铝合金车体

除了上述纯铝合金车体外，还有钢底架的混合结构铝合金车体。这种车体侧墙与底架的连接基本都采用铆接或螺栓连接的方式。其作用有两点：一是可避免热胀冷缩带来的问题，二是取消了成本很高的车体校正工序。

采用铝合金材料制造车体可最大限度地减轻车体自重，从而带来提高车辆的加速度、降低运能消耗、降低牵引及制动能耗、减轻对线路的磨耗及冲击、扩大输送能力等诸多好处。此外铝合金车体还有以下优点：耐腐蚀性好（但在潮湿的地方更容易腐蚀，所以应特别注意排水和密封），外墙板可不涂漆，不仅节能，还节省涂装费，而且不需设置油漆场地，缩短制造周期，并可延长检修周期；可以采用长大宽幅挤压型材，与一般钢结构相比，人工费节省约 40%。

五、铝合金车体架车

由于车体采用铝合金焊接结构,车体较碳素钢结构容易产生变形,因此在日常架车检修工作中应特别注意使用合适的顶车位置,以防车体翘曲变形。为此制造商指定了顶车位置,在外墙下沿标有顶车标记,其标记为"▲"。

按不同的修程规定其架车点,架车点如图 3.3 所示。

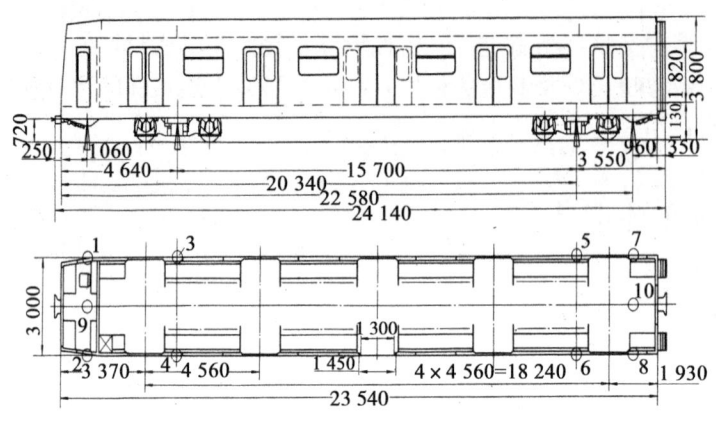

图 3.3　上海地铁车辆(A 型)

(1)整车架起(带转向架)顶车点号为:3、4、5、6。

(2)无转向架架车的顶车点可为:1、2、7、8 或 1、2、5、6 或 3、4、7、8 或 3、4、5、6 亦可用三点架车,其顶点号为:1、2、10 或 3、4、10 或 7、8、9 或 5、6、9。

六、铝合金车体结构

图 3.4 所示为上海地铁一、二号线车辆铝合金车体的断面,其形状类似鼓形,这种外形可以使车辆在圆形隧道内获得最大截面积(或称之为充塞比),增大车内空间,另外有利于提高车辆在圆形隧道内的活塞效应,加强隧道的自然通风能力。它是由底架、侧墙、车顶、端墙等组成整体承载的薄壳型结构。

底架由地板、侧梁、枕梁、小横梁和牵引梁组成,5 块宽度为 520 mm、高度为 70 mm 与车体等长的地板梁通过两侧的接口拼焊成车体地板,每块地板梁由上下翼板、腹板和 6 块筋板组成中空截面挤压铝型材,各板厚度为 2.5 mm。侧梁为宽度 200 mm、高度 324 mm 与车体等长的薄壁中空截面挤压铝型材,壁厚 4~6 mm。A 车底架的前端设有撞击能量耗散区,其上有三排椭圆孔,当车辆受到意外撞击时,它能产生较大的塑性变形,从而吸收纵向冲击能量,起到保护司机、乘客和车辆主体结构的作用。底架的两端还设有牵引梁和横向承载梁,用来安装车钩牵引缓冲装置和传递车辆间的牵引力和冲击力。车顶、侧墙、端墙中部填充有玻璃纤维或矿物棉,以起到隔热作用。同时车顶、侧墙及其地板下涂有隔声及防水涂料、转向架区域的地板下部粘贴有隔音材料,起到隔离噪声的作用。下面介绍一下车体结构各大部件的结构特点。

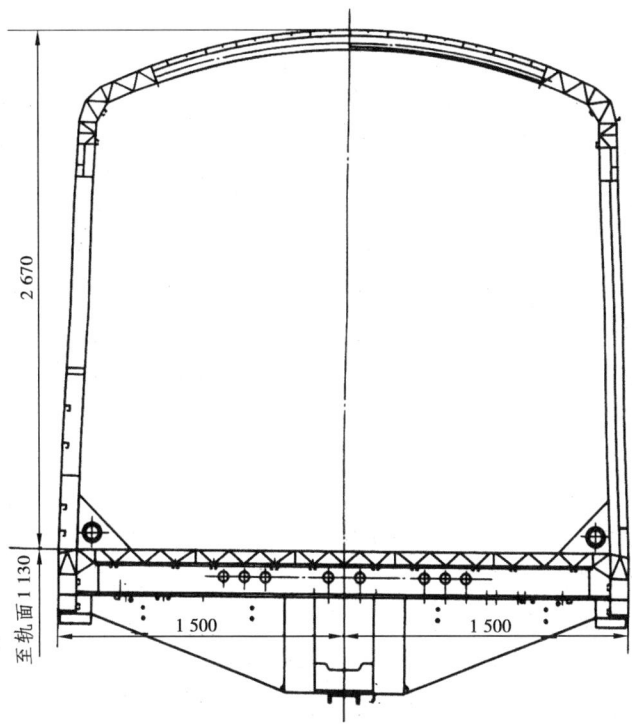

图 3.4　上海地铁车辆铝合金车体的断面

1. 车　顶

车外顶板两侧小圆弧部分采用形状复杂的中空截面挤压铝型材，中部大圆弧部分为带有纵向加强筋的挤压成型的板材，其长度与车顶等长，车顶组装时仅留下几条与车顶等长的纵向长焊缝。

客室内顶板由 3 部分组成，中间为平板，两侧为多孔的通风口平板，最外侧为客室照明灯箱。平板安装在悬挂的车顶吊架上。

2. 侧墙、端墙

由于客室左右各有 5 扇车门和 4 个车窗，侧墙被分隔成 6 块带窗框、窗下间壁、左右窗间壁或门间壁的分部件，全车共 12 块，在组装时分别各自与底板、车顶拼接，各块分部件也为整体的挤压铝型材。

客室内的侧墙、端墙都采用阻燃的密胺树脂胶合板。由于在侧墙、端墙的铝合金材料内侧涂抹阻尼浆并敷贴保温材料，所以侧墙、端墙都具有隔声、隔热的功能。

3. 地　板

直流传动车与交流传动车的客室地板结构是不同的。直流传动车的地板是先在底板上纵向布置 4 mm 厚的橡胶条，再铺设 16 mm 厚的多层夹板，然后在多层夹板上粘贴 2.5 mm 厚的灰色 PVC 材料地板。这是一种理想的具有耐磨、阻燃和防滑功能的地板面材料，但粘贴塑料地板的粘接剂在潮湿的环境中很容易丧失黏性，当多层夹板受潮时，塑料地板就很容易起泡，甚至脱落，因此制造商在生产交流传动车时，将多层夹板改换成表面很平整的铝合金轻型型材，然后在铝型材表面直接粘贴PVC塑料地板，从而避免了塑料地板起泡和脱落的弊病。

七、铝合金材料使用中应注意的问题

铝合金车体有许多的优点，但在设计、制造中尚需注意许多问题。如铝合金选材、大型铝型材料成型技术、铝合金结构焊接工艺的研究、铝合金材料疲劳特性和寿命的试验、结构优化设计、刚度的问题、防腐的问题等。

1. 铝合金材料的合理选择

使用铝合金材料的车体多为焊接结构，且在大气条件下工作，因此要求铝合金材料不仅应具有适当的强度和刚度，而且要求有良好的焊接性能，特别是焊缝性能要接近母材。最好在焊后的自然时效状态即能达到固熔处理加人工时效状态的性能水平。此外还要求材料的抗腐能力和抗应力腐蚀能力强、应力集中敏感性低、焊接接头处的抗脆断和抗疲劳能力高。

参照国外成熟的应用经验，对于大型挤压型材的车体建议选用下面的铝合金材料：受力结构件的材质应考虑选用6005A，主要是该种铝合金焊接后，焊缝强度恢复较大。该种材料虽然国内无相应牌号，但西南铝加工厂已研制出该种铝合金。板材建议采用5083（国内牌号为LF4）。

2. 铝合金车体的组装

铝合金的密度只有钢的1/3，弹性模量也只有钢的1/3。因此，铝合金车体不能采用碳素钢车体的结构形式，而应该充分利用新型铝合金性能的特点，采用大型中空挤压型材。

采用长大挤压型材使大多数焊缝接头位于长度方向上，可以集中焊接；与板梁结构相比，变形减少，并且机械化程度高，大大减少了人工，提高了劳动效率。

整体承载结构的铝合金车体有非常好的耐冲击性能，因为其工作断面的面积增大了2～3倍，零件的长细比也明显减小。

车体由6大部件即地板、车顶、两个侧墙及两个端墙装配而成。铝型材的边缘设有通长的成型槽，供组合车体用。当型材连接时，边缘能自动形成适宜的焊接坡。端墙完全采用板材，梁采用焊接结构，四角立柱及端顶弯梁采用弯曲型材，端顶横梁采用矩形铝合金型材，外端板选厚5 mm的铝合金板，并考虑风挡结构的需要。

底架各梁应设置座椅安装滑槽，侧门滑槽及车下吊挂物安装滑槽，滑槽为T形。底架与转向架的连接件、车钩安装座使用铝合金锻件，锻件与底架型材开坡口焊接。

车顶边梁采用大型挤压型材，中间部分采用两种开口铝合金挤压型材，车顶上边梁与侧墙共用，并考虑边梁自带雨檐。组焊时，边梁焊在侧墙上，并由矩形横梁将两边梁连接，保证车顶有足够的刚度。车顶开口型材在总装时，组焊即可。

第三节　不锈钢车体

不锈钢车体的制造始于美国，1934年美国首次在车体车辆上采用不锈钢材料。但使这项技术得到发展的是日本。日本从1950年开始，在车辆上采用不锈钢材料，开始用量很少，只用于有室内装饰作用的管道等处。此后，于1958年，为了使车体外表面不用涂漆，仅外墙板使用不锈钢材料，我们称之为蒙皮不锈钢车体，也叫半不锈钢车体，所用不锈钢材料是SUS304。这种车体的制造一直延续到1980年，在日本一共制造了1 800辆。这种蒙皮不锈钢车体，其内部梁、柱、骨架仍采用普通碳素钢，这样的车体不能达到轻量化的目的。经过运用发现，车体表面维护减少，但普通碳素钢部分腐蚀依然严重，特别是门、窗有缝隙处需要大量维修，因此费用还是无法降下来。日本于1962年，开发出了所有零部件均为不锈钢材料的车体钢结构，称为全不锈钢车体，此时所用的材料为SUS301和SUS302。此后，随着制造焊接及材料加工技术的不断提高，日本于1978年开发出轻量化不锈钢车体，所用材料为SUS301L。轻量化不锈钢车体的开发，使车体钢结构的重量降为碳素钢车体的1/2，在节能和降低维修费用方面的优越性得到了用户的肯定，越来越多的国家开始使用不锈钢车体。

我国于1987年开始在地面客车上使用不锈钢材料，主要用于外墙板及易腐蚀的梁柱。1996年与韩国进行合作，开发出了点焊结构的不锈钢车体。但真正意义上的轻量化不锈钢车体的制造是2002年完成的北京城轨两列轻量化不锈钢样车。天津滨海轻轨也使用我国生产制造的轻量化结构不锈钢车体。

一、不锈钢车体的结构

如图3.5所示的天津滨海轻轨车辆的车体，除底架端部采用碳素钢材料外，其余部分均采用SUS301L高强度不锈钢材料。梁、柱间通过连接板相连接，各部件间采用点焊连接，形成不锈钢骨架结构。采用整体玻璃钢车头，金刚砂地板布直接黏接在铝制蜂窝地板上，头车的顶板、圆头、间壁做成一体，与贯通道连接，达到整体美观的效果。

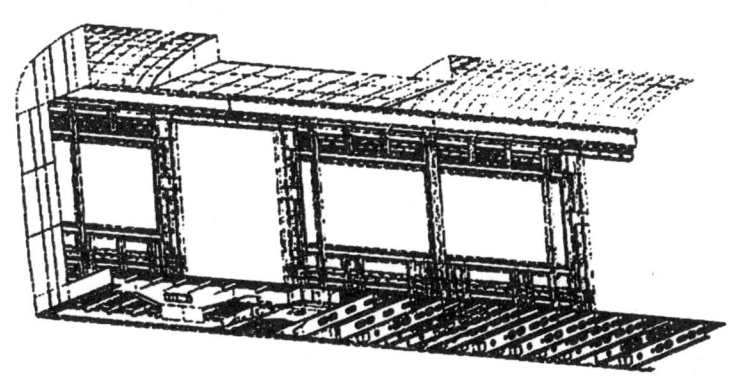

图3.5　车体1/4三维几何模型

1. 车顶

车顶由波纹顶板、车顶弯梁、车顶边梁、侧顶板、空调机组平台等几部分组成。

车顶采用波纹顶板无纵向梁结构，顶板间搭接缝焊连接，与车顶弯梁点焊在一起，空调单元安装平台由纵梁、弯梁、顶板点焊组成部件，再与车顶通过点焊及塞焊组成一体。由于车顶是无纵梁结构、波纹顶板要传递车体纵向力，所以选择强度较高的 SUS301L-MT 材料，厚度为 0.6 mm。

车顶弯梁：采用 SUS301L-ST 材料、厚度为 1.5 mm。

车顶边梁：是车顶也是整车主要承载部件，所以选用强度最高的 HT 材料，整体冷弯成形，材料厚度为 1.5 mm。

2. 侧 墙

选用塞拉门、连续窗结构。为适应该要求，侧墙钢结构部分采取了比较特殊的方法，一扇连续窗全长 4 070 mm，在此范围内，钢结构必须便于车窗的安装、固定，不得有任何与车窗相干涉的结构。同时工艺性要好，结构上必须可实现点焊。设计中，将窗间有玻璃通过的侧立柱压出凹形，再通过窗带过渡与窗框相连接。为便于加工，凹形的立柱采用了强度较低的 SUS301L-ST 材料，同时为保证该处强度，在其背面加了一根补强梁。为保证窗口及侧墙的平面度，窗口周围所有梁柱、补强部分均为点焊结构。

由于车门开口（宽 1 550 mm、高 2 012 mm）对钢结构的强度和刚度影响很大，为此需采取补强措施，如加长门上框翻边长度，在门上加补强板，将底架碳素钢边梁延长过车门口等。为消除门角应力集中的问题，在门口外围进行补强及加过渡圆弧，在门角内加门角补强铁。

3. 端 墙

端墙的板、梁均采用点焊结构。

4. 底 架

采用碳素钢端底架与不锈钢底架塞焊连接，主横梁与边梁利用过渡连接板实现点焊连接，底架边梁采用 4 mm SUS301L-HT 材料，以提高底架的强度和刚度。

二、不锈钢材料使用中应注意的问题

不锈钢车体由于其耐腐蚀性较好，使用寿命长等优点，因此，在保证强度、刚度的条件下，板厚可以大大减少，从而实现车体的轻量化。但在设计、制造中尚需注意如下问题。

1. 不锈钢材料的合理选择

根据城轨车辆的结构特点、制造工艺以及使用环境，同时考虑到制造成本，要求所使用的不锈钢材料必须具有如下性能：

（1）价格便宜，要求不锈钢通用性高，容易购买。

（2）耐腐蚀性好。

（3）能满足车体强度和刚度要求。

（4）加工性好，在对其进行剪切、弯曲、拉延、焊接等加工时，不会产生缺陷。

能满足以上条件的不锈钢材料有 30~40 种，其中具有代表性的有：SUS304（S30400）和 SUS301L。1983 年开发出的低碳不锈钢 SUS301L（L 表示低碳），其含碳量在 0.03% 以下。目前城轨车辆都在使用这种强度高、耐腐蚀性好的不锈钢材料。

SUS301L 材料在进行冷压延加工时，如将加工量（也称压延率）在 5%~20% 进行控制的话，可以得到不同强度级的材料，SUS301L 一般分为 5 个强度等级。

① SUS301L-LT：不进行冷压加工，其特点是强度较低，与 SUS304 基本相同，多用于强度要求不高处，拉伸加工料件。

② SUS301L-DLT（1/4H）：其特点是压延加工度低，板的平面度在几种调质材料中最好，多用于外板。

③ SUS301L-ST（1/2H）：其特点是具有较高强度，同时拉伸性良好。多用于车顶弯梁、侧立柱、端立柱等处。

④ SUS301L-MT（3/4H）：其特点是强度很高，但不易进行弧焊加工，加热至 600 ℃ 以上时，强度会大幅降低，系为冷弯型钢用料。

⑤ SUS301L-HT（H）：其特点是屈服强度和强度极限在几种调质材料中都是最大的，与 MT 相同，加热至 600 ℃ 以上时，强度会大幅下降，多用于底架边梁、主横梁、侧立柱等对强度要求很高的部位。

2. 不锈钢材料的焊接

碳素钢车体采用弧焊组装钢结构，靠电弧产生的热量熔化填充金属，使 2 个构件熔敷接合。弧焊所产生的热量很大，对构件的热输入量也很大，这种焊接方法对于焊接不锈钢材料是很不利的。

不锈钢导热系数只是碳素钢的 1/3，而热膨胀系数是碳素钢的 1.5 倍，热量输入后散热慢而变形大，不利于对构件尺寸及形状的控制。但由于不锈钢材料的电阻较大，所以对不锈钢材料的焊接一般都采用电阻焊（即点焊）。点焊就是将 2 个或 2 个以上相叠加的金属用电极加压，通过大电流利用金属的电阻产生高热，使叠加的金属在加压区产生熔合而连接到一起。点焊的特点是对构件的热输入量小，容易实现自动控制，焊接时不需要技能很高、很熟练的操作者，也可以保证焊接质量。

不锈钢车体采用点焊结构，这就决定了不锈钢车体必须采用很多与以往碳素钢车体不同的特殊结构，以实现点焊连接的目的。不锈钢车体在组合外板、梁、柱时为了减少热量的输入，采用点焊代替弧焊，梁、柱的结合部位采用连接板传递载荷。但由于受到设备、工装、工序等方面的限制，有些部位无法实现点焊，可以采用塞焊来减小热影响区。

轻量化不锈钢车体中几乎所有的零、部件都是通过点焊连接的，所以焊点的质量将直接影响车体钢结构的质量和强度。为保证车体质量，在日常生产中，控制焊点质量是必须的。现在采取的方法是在每次作业前进行点焊拉伸试验和切片试验，检验合格后再按照试验的焊接规范进行作业。

第四节　车体的模块化结构

就车体结构形式而言，几十年来国内外都是采用全组焊结构，即底架、侧墙、车顶和端墙均为焊接而成，然后这四大部件组装时也采用焊接工艺（见图 3.2），这种车体结构称为整体焊接结构，也称为一体化结构。这种结构是大家比较熟悉的。随着车辆技术的发展，近几年来，国外研制了一种称为模块化的车体结构，我国深圳和广州地铁二号线车辆采用了模块化结构。

模块化车体结构与整体焊接结构车体相比，最显著的特点就在于将模块化的概念引入到车体设计、制造与生产管理的各个环节之中。整体焊接结构车体是先制造车体结构的车顶、侧墙、底架、端墙、司机室等部件，然后进行整个车体总成焊接，最后进行内装、布管、布线。模块化车体是将整个车体分为若干个模块，如图 3.6 所示，在每个模块的制造过程中完成整车需要的内装、布管与布线的预组装（见图 3.7）并解决相互之间的接口问题。各模块完成后即可进行整车组装。每一模块的结构部分本身采用焊接，而各模块之间的总成采用机械连接，如图 3.8 所示。

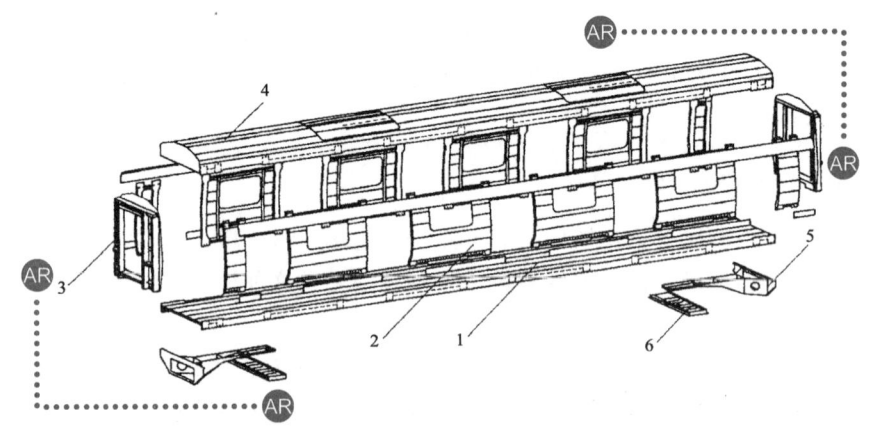

1—底架模块；2—侧墙模块；3—端部模块；4—车顶模块；5—牵引梁模块；6—枕梁模块。

图 3.6　车体模块组成

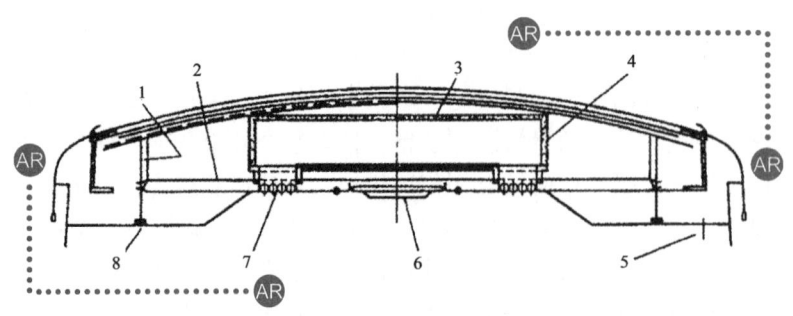

1—顶板吊梁；2—顶板横梁；3—空调风道；4—隔音、隔热材料；5—内部装饰；
6—灯带；7—出风口；8—顶板悬挂。

图 3.7　车顶模块

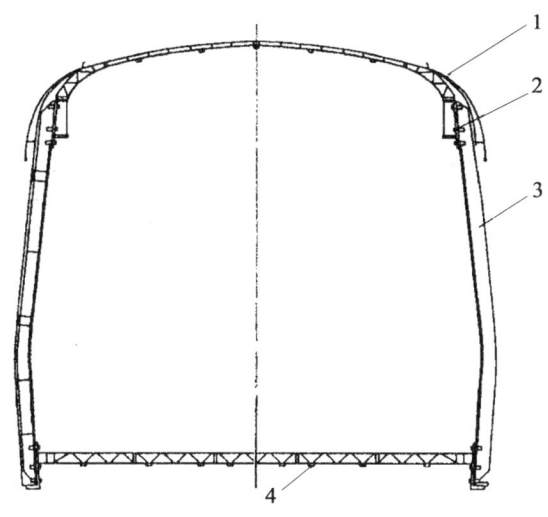

1—车顶模块;2—螺栓;3—侧墙模块;4—底架模块。

图 3.8 模块化车体组成

模块化结构的特点:

(1)在每个模块的制造过程中均注意验证其质量。模块制成后均需进行试验,从而保证整车总装后试验比较简单,整车质量也容易保证。

(2)由于每个模块的制造可以独立进行,并解决了模块之间的接口问题,因此,复杂的和技术难度大的模块和部件可以由国外引进,其余模块和部件在用户本地生产。另外,对总装生产线要求不高,这均有利于国产化的逐步实施。

(3)可以改善劳动条件,降低施工难度,提高劳动效率,保证整车质量。

(4)可以减少工装设备,简化施工程序,降低生产成本。

(5)在车辆检修中,可采用更换模块的方式进行,方便维修。国外在模块化车体的设计、制造、试验与生产管理过程中已形成了整套的经验,从而保证了批量生产的质量。

从车体结构局部来分析,模块化车体结构存在如下缺点:模块化结构的个别部件(如司机室框架)有的采用了部分钢材制造,各部件之间又采用了钢制螺栓连接,所以车体自重要比全焊结构稍重。

由于车体是容纳旅客的场所,就车辆结构而言,其强度是保证旅客安全的关键特性,因此在设计过程必须进行详细的强度、刚度计算,在此理论的指导下进行设计。试制完成后,必须进行相应的试验,证实确实满足要求,才能投入批量生产。

为保证隔热、隔音性能,在车体组装后,在内部需喷涂隔音阻尼浆和安装玻璃棉或其他隔热、隔音材料。

车体结构在使用中一般仅对表面涂装进行必要的维修,就结构自身而言,在正常工况下可以满足使用寿命 30 年的要求。如果由于事故和大修中需对车体某部件进行检修时,可以采用更换模块的方式进行,以减少维修工作量。

第五节 车体试验及材料

对于城轨车辆的运用、检修或制造，了解车体的试验要求、条件、内容及材料特性相当重要，现介绍如下：

一、试验的目的、载荷及要求

（1）试验的目的是鉴定车体及其主要零、部件的强度、刚度和稳定性。
（2）试验加载应最大限度地模拟试件实际运用时的受力状态。
（3）试验载荷应不小于基本作用载荷值，但鉴定标准仍按基本作用载荷换算。
（4）试验对象的制造质量应具有代表性。其机械性能、化学成分、金相组织、铸件壁厚、外形尺寸及铆焊质量等技术均应符合有关图纸及技术文件的规定。

二、城轨车辆结构强度试验条件

车体强度对车辆的安全运行十分重要，需满足极端条件下的动载荷、静载荷的要求；在架车、起吊、救援、调车、连挂和多车编组回送作业时，车体结构应力不超过材料的许用应力，不得产生永久变形及损坏；当超过最大载荷时，不得发生车体压溃的现象；在使用寿命内，不得产生疲劳失效。

车体结构的刚度应保证在正常载荷和自然频率下车体的变形不超过运行条件所决定的极限值，应能确保在各种载荷下车门运动不受阻。

1. 静强度设计及载荷要求

GB/T 7928—2003《地铁车辆通用技术条件》对车体试验用纵向静载荷值的规定：如果用户和制造商在合同中没有特殊规定，建议 A 型车不低于 0.8 MN，B 型车不低于 0.49 MN。此前没有明确的标准规定，使用中存在很大差异。如上海、广州 A 型车的技术条件要求车体静压缩强度为 1.18 MN，与铁路客车的强度要求相同，但实际上地铁车辆与铁路客车不同，属动力分散型列车，承受的牵引力要小得多，纵向动力作用也明显减少。不同型号的车体要求也不一样，如天津滨海轻轨车辆 B 型车体的纵向压缩载荷为 0.8 MN，拉伸载荷为 0.64 MN，我国出口伊朗的地铁车辆按日本 JIS 标准采用了 0.49 MN 的纵向试验静压力，而长春 Q6W-2 型轻轨车辆为不编组车辆，纵向压缩载荷取 300 kN，拉伸载荷取 100 kN。

2. 作用于车体的机械能量吸收要求

对于列车的纵向冲动，其能量应优先由车钩及缓冲器系统起能量吸收作用。

定义列车无乘客（空载）为 AW0，座客载荷为 AW1，定员载荷（6 人/m^2）为 AW2，超员载荷（9 人/m^2）为 AW3。假设列车（AW0）与制动的列车（AW0）相撞，当速度为 8 km/h 时，车钩及缓冲器系统可吸收产生的冲击能量，并且任何部件不能损坏；当速度为 15 km/h

时，车钩及缓冲器系统可吸收产生的冲击能量，除车体不能损坏外，同时应满足以下要求：

（1）不得导致下列主要部件的损坏：转向架、车钩与车体连接件、贯通道、设备柜及其支承。在发生事故后，必须对车辆进行检查，尤其是电气、机械连接部分。

（2）列车仍应能通过自身的动力或是由另一机车牵引，顺利通过区间和车辆段内条件最不利的轨道，以到达维修地点。

对于速度大于 15 km/h 的冲击，在自动车钩系统上设有过载保护措施。此外，通过适当设计边梁的刚度，以使司机室部位的底架结构首先产生变形而起吸收能量的作用，从而保护客室部位的底架结构。

3. 设计寿命

在正常运用条件下，预期运用至少 30 年，对车体结构件无须重修或加固。30 年后车辆重新装配可进一步运用。

4. 车体挠度要求

要求在各种载荷下其挠度值须保证所有客室和司机室门操作自如。

5. 车顶要求

（1）车顶板在 200 cm^2 的面积上能承受 1 000 N 的垂直载荷。

（2）车顶板能在间距为 500 mm 的两个 400 cm^2 面积上分别承受 1 000 N 的垂直载荷。

（3）车顶结构在承载空调单元部位必须加固，并保证空调排水通畅。

6. 底架要求

（1）底架可承受 AW3 的乘客载荷。

（2）提供所有底架安装设备的支撑。

（3）设吊、架车支撑点。

7. 设备支承及布置

设备布置要求：车辆电气设备安装在车体底架的设备箱或客室的电气柜中，电气设备的位置根据其电气要求选定。设备箱的布置和设计应考虑设备的尺寸、重心位置及车重的分配，应提供重量计算。

设备安装结构应能承受 30 m/s^2 减速度的冲击力，符合 VDV152 或等同国际标准的要求。

8. 车体与转向架的连接

车体与转向架的连接部位在减速度为 30 m/s^2 作用力的作用下，不会发生永久变形。在减速度为 5 m/s^2 作用力的作用下，不会损坏。当车体吊起时，其连接应能同时吊起转向架。

9. 架车支承

底架模块的设计应考虑吊车和架车支撑点。

在底架边梁上靠近转向架的位置设 4 个支撑点；在两端的车钩横梁中央分别设 1 个架车

支承点，作复轨用，在车钩横梁下方架车应能抬起空载整车的一端；在车辆的四角处设 4 个起吊点，用于紧急情况下的架车。

架车、吊车、复轨用的架车支承点可满足车辆拆卸、组装、检修、吊运和救援作业的需要。车体的垂向强度应满足在使用任何一对架车点架车时，不使车体结构的任何部位发生屈服变形。每个架车支承点处设有定位点，架、吊车点处有标记以指导作业。

10. 防爬装置

防爬装置为可拆卸型，采用低合金、高强度钢制造，可承受 100 kN 的任一方向垂向力与 1 000 kN 水平力的合力。在发生事故的情况下，两列车相撞时车体上最先接触的部位应该是防爬装置。在每个带司机室车的前端设置防爬装置。

11. 应力分析

利用动态、静态有限元分析法进行车体的强度和刚度等分析，分析结果符合要求后，进行试验验证。

三、试验内容

不同运营商对城轨车辆的技术要求可能会不一样，这里我们以广州地铁 A 型车车体为例，对车体结构进行合格鉴定，包括强度分析、强度试验和疲劳试验等，需进行以下项目的试验：

1. 模拟运行条件试验（垂向加载试验）

通过液压油缸对车体施加静载荷，用电阻式应变仪测定应力，测量出变形量确定垂向挠度。应按照 AW0 及 AW3 载荷条件施加试验作用力。

2. 静压试验（纵向加载试验）

静压（挤压）试验应在首辆生产的 A 型车车体上进行，按照 3 种形式车辆中的最大重量（AW3）条件进行。试验作用力约为 1 180 kN，以水平方向作用在车钩安装座上。

3. 冲击试验

按 A、B 各型车不同的车重，以 15 km/h 基准速度产生的力做计算机模拟冲击试验。

4. 动态试验及疲劳试验

按各型车不同的车重、载荷作计算机模拟动态试验和疲劳试验。设计方案需经历疲劳试验，相当于 30 年的工作寿命。

5. 模拟架车试验

（1）垂向架车试验：在靠近车钩横梁 4 个架车点位置，升起空车（模拟 AW0 状态车体载荷，不包括转向架引起的荷重），测定底架的应力。

（2）对角架车试验：模拟 AW0 状态车体载荷，不包括转向架的载荷。在靠近车钩横梁 4

个架车点位置升起车体后，下降一个支承点直至该点的垂向载荷为零，然后测出应力、支承力和变形量。在这种状态下车体结构的各部位的应力不得超过许用应力，不得产生永久变形。

（3）复轨试验：模拟 AW0 载荷的车体的一端支承在转向架上（转向架固定在轨道上），车体的另一端在车钩梁中央的架车点位置处提升。在车体的提升端应模拟一台转向架的荷重，该项试验应由计算机模拟来完成。

6. 挠度测试

在进行模拟运行条件试验时，应测量各项挠度，确定车体固有频率。在 AW0 载荷条件下，车体固有频率与转向架的固有频率之差不小于 2 Hz。

四、城轨车辆材料及比较

车体是车辆的主体结构，采用何种材料和结构形式的车体对整个车辆的结构、性能、制造、使用、维修以及经济性等将产生深远的影响，下面通过几个方面对碳素钢车体、不锈钢车体和铝合金车体进行分析和比较。

1. 车体轻量化

一般车辆的车体大多采用普通碳素钢制成的有众多纵、横型材构骨架和外包板结构，形成一个闭口的筒形薄壳整体承载结构，一般自重达 10～13 t。为了提高车体的耐腐蚀性，延长车体的使用寿命，现在较多使用含铜或含镍铬等合金元素的耐腐蚀的低合金钢材料（或称耐候钢），可使车体钢结构自重减轻 10%～15%。

采用半不锈钢（蒙皮为不锈钢，骨架为普通碳素钢）或全不锈钢车体，免除了车体内壁涂覆防腐蚀涂料和表面油漆。在保证强度、刚度的前提下，通过调质压延而获得高强度不锈钢薄板，板厚可减小，同时也提高了使用寿命。一般不锈钢车体自重比普通碳素钢车体自重轻 1～2 t（10%～20%）。

由于铝合金的密度仅为钢的 1/3，而弹性模量也是钢的 1/3，为了充分发挥材料的承载能力，铝制和钢制车体在结构形式上有很大的差异。在铝制车体结构设计中，车体主要承载构件一般采用大型中空截面的挤压铝型材，以提高构件的刚度，充分发挥材料的承载能力，达到最大限度地减轻车体自重。全车的底架、侧墙、车顶均采用大型中空截面的挤压铝型材拼焊而成，与钢制车体相比焊接工作量减少了 40%，制造工艺大为简化，质量可减轻 3～5 t。

2. 车体腐蚀状况

由于长期风雨侵蚀，温度、湿度的变化，空调造成的结霜以及清洗等，会对车体结构产生较大的影响。

（1）碳素钢车体：车体的雨檐周围，门口及车窗周围的立柱、墙板、地板等处容易被腐蚀，6 年之后要进行局部修补，10 年后要进行部分改造，20 年后还要进行大的改造。如此反复修补、改造，30 年后的车辆基本上就要报废了。

（2）铝合金车体：除了车钩部分及车体内的螺钉座使用碳素钢外，其他部位均为铝合金。1962 年开发的铝合金车体，已经历了 30 余年的实际应用。目前的城轨车辆铝合金车体已经使用大型铝合金挤压型材。通过对运营后铝合金车体腐蚀情况进行的调查表明：雨檐、门口、窗口周围及底架端部、车体侧面的焊接热影响区处发生了腐蚀。但和碳素钢车体相比较，腐蚀程度很轻，对车体的强度不会产生影响，只需对车辆进行定期维护。

（3）不锈钢车体：具有耐腐蚀、免维修等特点。全部采用不锈钢材料的车体是与铝合金车体大致在同一时期开发出来的。通过对运营车辆进行的定期检查，发现没有必要对外板进行修补、涂装，对梁柱也没有必要进行修补，因此除了不需要车体维修费用外，还会减少由于维修而产生的烟雾、有机溶剂等在作业场所的散布，从而减少了对相关电器设备的检查、维修等其他作业量。

不锈钢车体不需要同碳素钢车体一样预留腐蚀余量，全部使用调质压延钢板，55%使用薄板，以实现轻量化。而枕梁、牵引梁、弹簧座、车钩座等部位，由于形状复杂，采用弧焊结构，所以采用了耐候钢材料。像这样全车大部分都采用不锈钢材料的车体，除枕梁、牵引梁等涂漆部分需要适当的修补之外，其余基本上没有腐蚀，不用修补，所以初期制造的不锈钢车体目前还在运用中。

3. 制造成本

（1）材料成本：在分析碳素钢车体、铝合金车体、不锈钢车体的经济性时，必须先确定各种车的样式。现在以确定了形式、大小的城市通勤车为例，考虑到各种车体的耐腐蚀性，分为碳素钢涂装车体、铝合金涂装车体、铝合金不涂装车体（但外表面要打磨加工），不锈钢不涂装车体等几种。不涂装车体由于近来对外观的要求，也常贴上彩带，因此不涂装车体的成本中还要包含彩带及涂于搭接处的防水密封胶。从材料来讲，车体的成本：碳素钢车体<不锈钢车体<铝合金车体。

（2）加工成本：在制造成本中，还要考虑加工因素的影响。由于SUS301L不锈钢材料须经过调质压延加工，需要专用加工设备，所以使成本增加；铝合金由于采用合金元素及大型挤压设备，而使加工成本上升。另外加工中还要考虑车体的焊接，焊接对每种车体是各不相同的。

① 碳素钢车体：用 CO_2 气体保护的弧焊和用焊条的弧焊。

② 铝合金车体：MIG焊和TIG焊。

③ 不锈钢车体：点焊、MIG焊和TIG焊。

碳素钢车体和铝合金车体都采用弧焊，所以修整工作较多。尤其是铝合金车体，为防止底架接头处的角部产生应力集中，要增加打磨加工焊缝的工作。不锈钢车体采用点焊，所用焊接材料少，焊接热量少，不容易发生变形，所以基本上不需要修整及加工焊缝。

在考虑到上述因素影响的前提下，可以看出车体的制造成本：碳素钢车体制造成本最低，不锈钢车体次之，铝合金车体制造成本最高。铝合金车体比碳素钢车体高出70%，不锈钢车体比碳素钢车体高出14%。

4. 车底设备的安装和布置

铝合金车体采用大型中空截面的挤压铝型材，车体的底部空间大，可适应电缆线槽布线和空气管路预装配，能进行整体吊装，满足了实现车体模块化结构的要求。

不锈钢车体由于板薄（底架边梁也只采用最厚的 $\delta=4$ mm 钢板轧制而成），采用板梁点焊结构，因此车下空间小，设备布置分散，只能采用传统的预留电缆线槽，现车穿线工艺，线路、管路布置零乱。

5. 维修管理

车体采用不锈钢和铝合金材料，主要是为了提高车辆的耐腐蚀性和轻量化，还有使车辆的维修管理及运营更加合理化。以前的车辆虽然也采用耐候钢，但是无法和不锈钢相比，经过10年，局部就会被腐蚀，必须进行修补，这样除了修理所需费用以外，由于车体更新会使运营率下降，还会影响备用车数量。过去30年的运营实际已经验证，不锈钢车体和铝合金车体基本是不用维修的，所以选用不锈钢和铝合金车体的车辆后期费用明显减少。

6. 运营总成本

如将碳素钢车体制造成本定为1.0，则不锈钢车体为1.14，铝合金车体（不涂漆）为1.57，铝合金车体（涂漆）为1.66。但是由于碳素钢车体检查维修量大，其总成本明显增加，12年厂修时其总成本大幅上升，超过不锈钢车体。20年时，再次大幅跃升，超出铝合金车体。所以可以看出，碳素钢车体最初的制造成本最低，但经过长年使用后，总成本变为最高。而不锈钢车体维修量很少，所以总成本最低。

本 章 小 结

城轨车辆车体是容纳乘客和司机驾驶的部分，是安装和连接其他设备及组件的基础。按照车体所使用材料可分为碳素钢车体、铝合金车体和不锈钢车体3种。车体结构分为底架承载结构、侧墙和底架共同承载结构和整体承载结构3类。城轨车辆整体承载结构包括：底架、端墙、侧墙、车顶、车窗、车门、贯通道和车内设施等部分。

铝合金车体是一种轻型整体承载结构，主体材料是铝合金型材，采用模块化结构或全焊接组装。铝合金材料密度小、比强大。这种车体在满足车体强度和刚度的同时大幅度地减轻了车体的重量，但使用铝合金材料应注意相关问题。

轻量化不锈钢车体使车体钢结构的重量降为碳素钢车体的1/2，在节能和降低维修费用方面具有一定的优越性，使用不锈钢材料也应注意相关问题。

模块化车体结构最显著的特点就在于将模块化的概念引入到车体设计、制造与生产管理的各个环节之中。将整个车体分为若干个模块，在每个模块的制造过程中完成整车需要的内装、布管与布线的预组装并解决相互之间的接口问题。各模块完成后即可进行整车组装。每一模块的结构部分本身采用焊接，而各模块之间的总成采用机械连接。

对于城轨车辆的运用、检修或制造，车体强度和刚度至关重要，必须了解车体的试验要求、条件、内容及材料特性。

复习思考题

1. 简述车体的作用与分类。
2. 简述车体基本结构的组成。
3. 按车体承载特点分，车体结构形式有哪几类？各有什么特点？

4. 简述车体的基本特征。
5. 试述铝合金车体的结构组成和各组成部分的结构特点。
6. 画图说明铝合金车体的架车位置。
7. 试述铝合金材料使用中应注意的问题。
8. 试述不锈钢车体的结构组成和各组成部分的结构特点。
9. 试述不锈钢材料使用中应注意的问题。
10. 什么是车体模块化结构？有何优缺点？
11. 简述车体试验的目的、要求和内容。
12. 分析和比较碳钢、铝合金和不锈钢 3 种车体的综合性能。

第四章

车辆转向架

转向架的结构性能直接影响车辆的运行可靠性和行车安全。通过学习城轨车辆转向架的基本组成与作用，掌握典型城轨车辆转向架的结构特点。通过学习轮对轴箱装置的组成与结构特点、车辆悬挂系统的组成及车体高度的调节原理，从而具备转向架关键部件的日常检查、维护与保养的实践能力。

教学目标

能力目标
- 能识别城轨车辆转向架的组成部件
- 能识别城轨车辆常用的轴箱定位方式
- 能分析车体高度的自动调节原理
- 能分析典型城轨车辆转向架的结构及性能
- 能分析城轨车辆转向架的作用力传递
- 能对转向架关键部件进行日常检查、维护与保养

知识目标
- 了解转向架的作用和分类
- 熟悉车辆转向架的基本组成及作用
- 熟悉车辆常用的轴箱定位方式
- 熟悉轮对轴箱装置的组成及结构
- 熟悉国内典型城轨车辆转向架的结构特点
- 掌握典型城轨车辆转向架的作用力的传递过程
- 掌握空气弹簧系统的组成及车体高度的调节原理

城轨车辆与其他有轨车辆一样，其走行部的主要作用是引导车辆沿轨道行驶、支承车体、传递车体与轨道之间的各种载荷并缓和其动力。走行部的结构、性能直接影响车辆的运行可靠性、动力性能和行车安全，所以它是车辆最重要的组成部件之一。

目前，城轨车辆走行部主要以转向架的形式出现，并为二轴构架式转向架，其构架把两个轮对连接在一起组成一个小车，称为转向架，车体就坐落在这样的两个转向架上。转向架可以相对于车体转动，以便车辆通过曲线；在转向架上设有缓冲减振装置、制动装置和驱动装置，以满足车辆的运行要求及改善车辆的运行品质。

第一节　概　述

一、转向架的基本作用及要求

（1）采用转向架可以增加车辆的载重、长度和容积，提高列车运行速度。

（2）保证在正常运行条件下，车体都能可靠地坐落在转向架上。并通过轴承装置使车轮沿着钢轨的滚动转化为车体沿线路运动的平动。

（3）支撑车体，承受并传递来自车体与轮对之间或钢轨与车体之间的各种载荷及作用力，并使轴重均匀分配。

（4）适应轮轨接触状态的变化，充分利用轮轨之间的黏着，传递牵引力和制动力。

（5）保证车辆安全运行，能灵活地沿线路运行及顺利地通过曲线。

（6）悬挂装置可以根据客流的变化调整其刚度，以保证车辆客室地板面与站台面的高度相协调，方便旅客的乘降，这对城轨车辆尤为重要。

（7）转向架的结构便于弹簧减振装置的安装，以使其具有良好的减振特性，缓和车辆和线路之间的相互作用，减小振动和冲击，提高车辆运行的平稳性和安全性。

（8）对动力转向架来说，还要便于安装牵引电机及传动装置，以提供驱动车辆的动力。

（9）转向架是车辆的一个独立部件。在转向架与车体之间的连接件要尽可能少，结构简单，装拆方便，便于转向架独立制造和维修。

二、转向架的分类和组成

转向架结构各异，种类繁多，如按转向架结构形式分，有构架式和侧架式转向架；按二系悬挂结构分，有摇动台、无摇动台及无摇枕结构转向架等；按二系悬挂弹簧形式分，有椭圆弹簧、圆弹簧及空气弹簧悬挂转向架等；按车轴的数目分，有 2 轴、3 轴和多轴转向架；按车轴的轴型分，有 B、C、D、E 4 种轴型转向架；按轴箱定位结构分，有导柱式、拉板式、拉杆式、转臂式和橡胶弹簧式轴箱定位转向架，等等。

一般的，城轨车辆的转向架采用2轴构架式转向架，并普遍采用无摇枕结构。主要特点：一系悬挂主要有金属螺旋弹簧、人字形（或称八字形）和锥形金属橡胶弹簧3种结构；二系悬挂由空气囊加橡胶金属叠层弹簧构成。不管何种形式的转向架，它们的基本组成部分和主要功能是相同的。广州地铁一号线车辆转向架结构如图4.1（a）所示，广州地铁二号线车辆转向架结构如图4.1（b）所示，其组成可以分为以下几个部分：

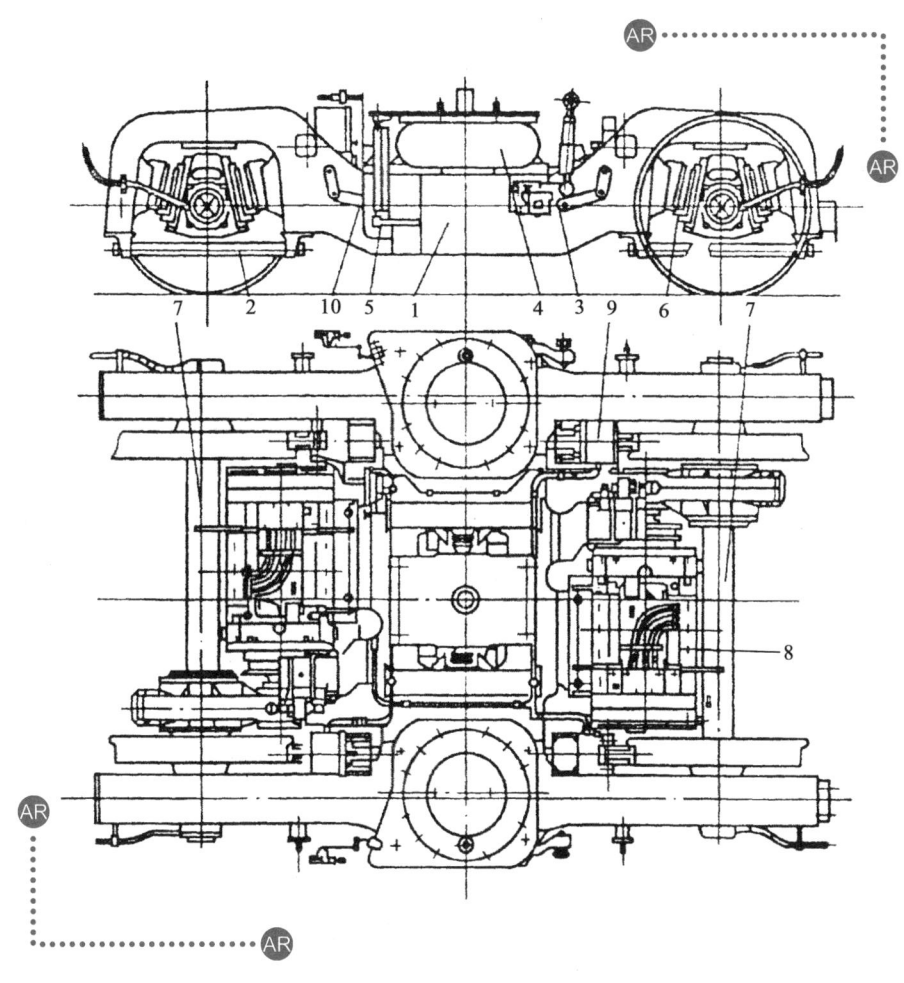

（a）广州地铁一号线车辆转向架

1—构架；2—轴箱拉杆；3—抗侧滚扭力杆；4—二系悬挂空气弹簧；5—液压减振器；
6—一系悬挂人字弹簧；7—轮对；8—牵引电机；
9—踏面单元制动器；10—高度调整阀。

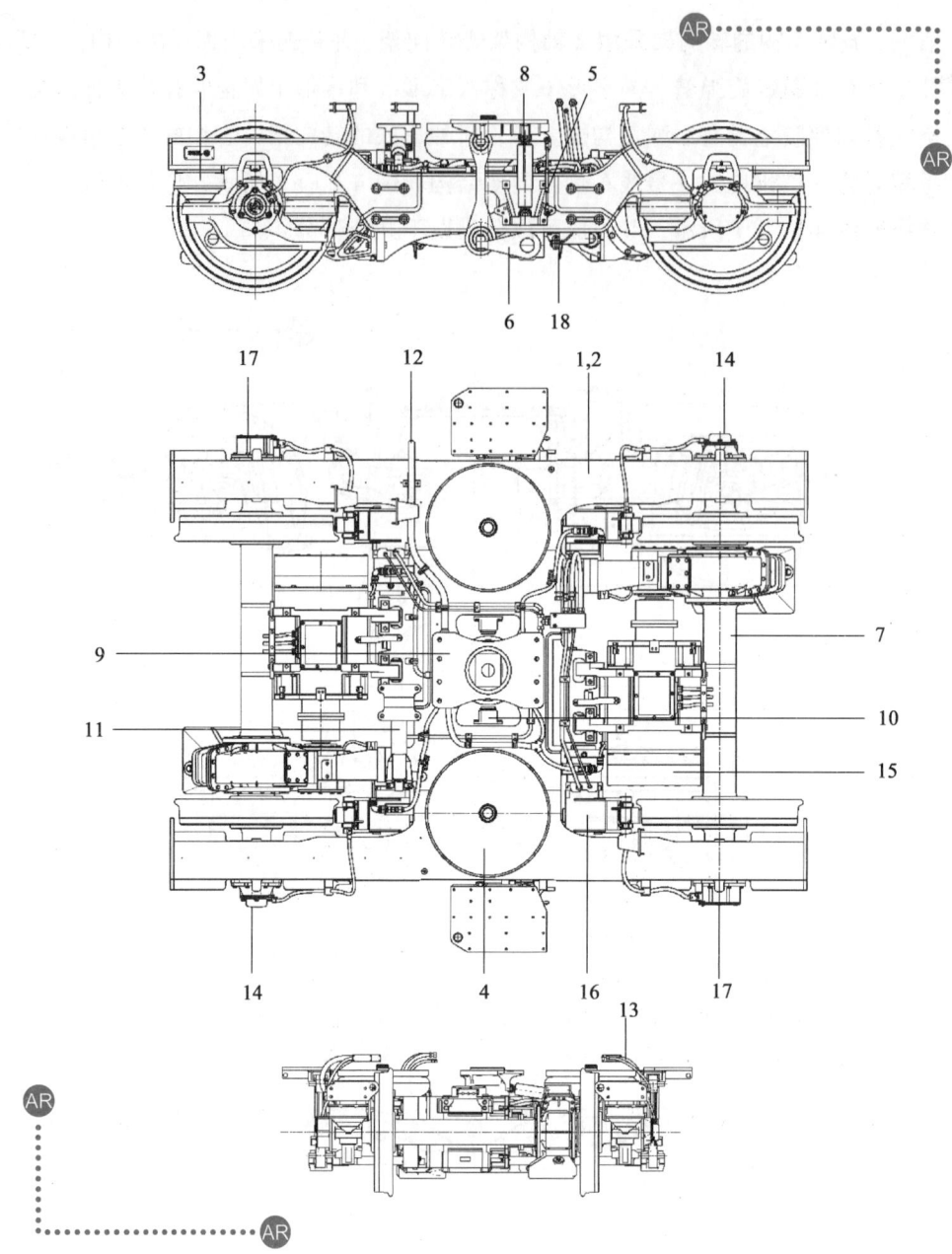

(b) 广州地铁二号线车辆转向架

1—转向架构架；2—塞子和制造商/铭牌；3—一系悬挂；4—二系悬挂；5—高度调整系统；6—防侧滚扭杆；7—轮对；8—垂向减振器；9—中心销；10—横向止挡；11—横向减振器；12—传感器电缆；13—管路；14—轴和接地；15—牵引电机；16—单元制动器；17—BCU速度传感器；18—停车制动手动缓解阀。

图 4.1 车辆转向架

1. 构　架

构架是转向架的基础，它把转向架的零、部件组成一个整体。故它不仅承受、传递载荷，而且它的结构、形状和尺寸都应满足零、部件组装的要求（如制动装置、弹簧减振装置、轴箱定位装置等的安装）。

2. 轮对轴箱装置

轴箱与轴承装置是连接构架和轮对的活动关节，使轮对的滚动转化为车体沿着轨道的直线运动。轮对沿钢轨滚动的同时，除承受车辆的重量外，还传递轮轨之间的其他作用力，包括牵引力和制动力。

3. 弹性悬挂装置

为了保证轮对与构架、转向架与车体之间连接，同时减少线路不平顺和轮对运动对车体的影响（如垂直振动，横向振动等），在轮对与构架、转向架与车体之间装设有弹性悬挂装置，前者称为轴箱悬挂装置，后者称中央悬挂装置，也可称一系悬挂装置和二系悬挂装置。弹性悬挂装置包括弹簧、减振器及定位装置等。

4. 制动装置

为对运行中的列车进行调速或使其在规定的距离内停车，必须安装制动装置，其基础制动装置吊挂于构架上，它的作用是使制动缸的空气压力转化为闸瓦压向车轮的力，从而产生制动作用。

5. 牵引电机与齿轮变速传动装置

这是动力转向架所特有的一套装置，非动力转向架没有此装置，动力转向架通过传动装置使牵引电机的扭矩转化为轮对或车轮上的转矩，利用轮轨之间的黏着作用，驱动车辆沿轨道运行。

第二节　构　架

一、构架的作用和要求

构架是转向架各组成部分的安装基础，通过构架把转向架的组成部件组合成一个整体，构架也是转向架承载的主要部件。对其基本要求如下：

（1）部分尺寸精度要求较高，使一些部件安装具有较高的定位精度，如轮对定位，使转向架具有较好的运行性能。

（2）便于各部件及附加装置的安装，包括轮对安装、传动齿轮装置的悬挂、牵引电机的安装、制动系统的安装。

（3）结构经过设计，具有足够高的强度，承受并传递牵引力、制动力、车体重量以及各种冲击、振动，保证列车运行安全。

二、构架的分类

就制造工艺而言,转向架的构架主要有铸钢构架和焊接构架两种形式。铸钢构架由于质量大,铸造工艺复杂,使用中受到一定程度的限制,城轨车辆中一般不采用铸钢构架。焊接构架的组成梁件为中空箱形,质量小,节省材料,又能满足强度和刚度的要求,所以应用比较广泛。尤其是压型钢板的焊接构架,其梁件可以按等强度设计,箱形截面尺寸可以依据各部位受力情况而大小不等,使各截面的应力接近,并可合理地分布焊缝,减少焊缝数量,这样不但具有足够的强度,而且质量小,材料利用率更高,只是对制造设备要求较高,成本也较高。上海、广州地铁均采用了压型钢板焊接构架。也可以依据其他分类,如按结构形式有:开口式、封闭式,或 H 形、日字形、目字形等。

三、构架的组成

构架主要由左、右侧梁,一根或几根横梁及前后端梁组焊而成。没有端梁的构架,称开口式构架;有端梁的构架,称封闭式构架。广州地铁一号线车辆转向架的构架如图 4.2 所示。

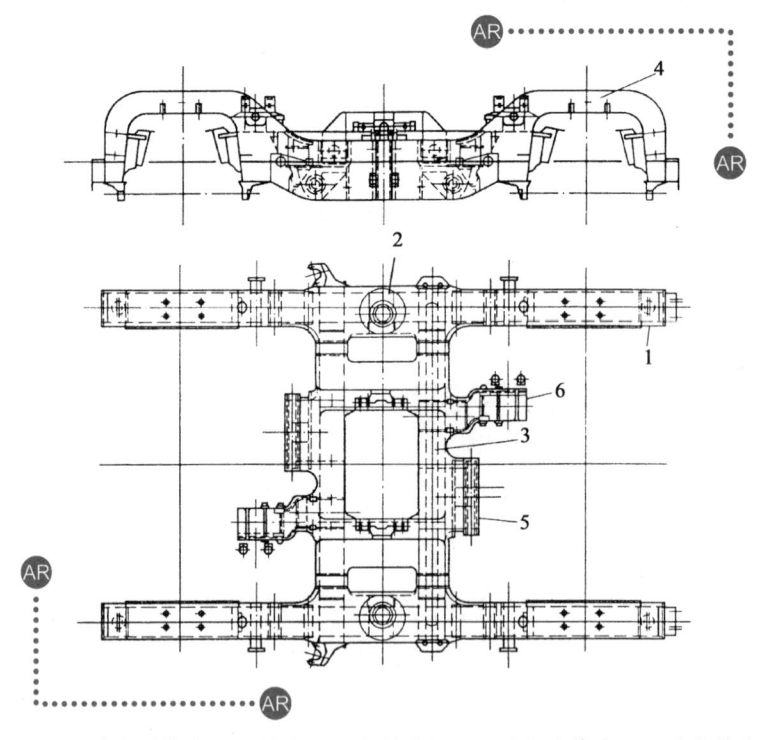

1—侧梁;2—空气弹簧座;3—横梁;4—轴箱吊框;5—电机安装座;6—齿轮箱吊座。

图 4.2 构架

侧梁是构架的主要承载梁,是传递垂向力、纵向力和横向力的主要构件,侧梁还用来确定轮对位置。横梁和端梁用来保证构架在水平面内的刚度,使两轴平行并承托牵引电机等。

构架上还设有空气弹簧座、中心座安装座、轴箱吊框、电机安装座、齿轮箱吊座、制动吊座、牵引拉杆安装座、高度控制阀座、抗侧滚扭杆座、减振器座和止挡座等，用于安装相关设备。

构架的强度和刚度对转向架的性能十分重要，其主要破坏形式是裂纹和变形。

第三节　轮对轴箱装置

一、轮　对

轮对是由一根车轴和两个同型号车轮通过过盈配合组装而成，如图 4.3 所示。轮对组装过程通常采用冷压或热套的工艺，使车轮与车轴牢固地结合在一起，使用过程中也不允许有松脱现象。

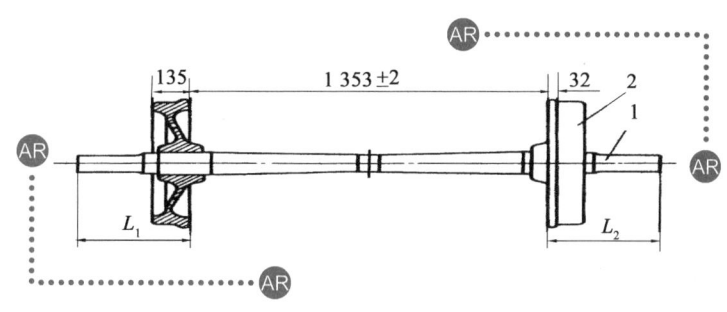

1—车轴；2—车轮。

图 4.3　轮对

轮对的作用是引导车辆沿钢轨运动，同时还承受着车辆与钢轨之间的载荷。因此，轮对应具有足够的强度，以保证车辆的安全运行。在保证强度和使用寿命的前提下，应减轻轮对的重量，并使其具有一定的弹性，以减少车轮与钢轨之间的动作用力和磨耗。

轮对的内侧距是保证车辆运行安全的一个重要参数。我国地铁采用与铁路通用的 1 435 mm 标准轨距，轮对在钢轨上滚动时，轮对内侧距应保证在最不利的条件下，车轮踏面在钢轨上仍有足够的安全搭接量，不致造成掉道，同时还应保证车辆在线路上运行时轮缘与钢轨之间有一定的游隙。轮缘与钢轨之间的游隙太小，可能会造成轮缘与钢轨的严重磨耗；轮缘与钢轨之间的游隙太大，会使轮对蛇行运动的振幅增大，影响车辆运行品质。轮对内侧距有严格的规定：我国地铁车辆轮对内侧距为（1 353 ± 2）mm。

轮对的结构还应有利于车辆顺利通过曲线和安全通过道岔。

1. 车　轴

绝大多数的车轴为圆截面实心轴，采用优质碳素钢加热锻压成型，再经热处理（正火或正火后回火）和机械加工制成。为了实现轴承、车轮、传动齿轮等的安装，在车轴上相应位置设有安装座，各安装座及轴身之间均以圆弧过渡，以减少应力集中。

轮对为车辆的簧下部分，采用空心车轴结构就可以减少轮对质量，从而降低车辆的簧下质量,一般空心车轴比实心车轴可减轻 20%~40% 的质量。

2. 车　轮

车轮的结构、形状、尺寸、材质是多种多样的。按其结构分为整体轮和轮箍轮两种,如图 4.4 所示。整体车轮按其材质可分为辗钢轮和铸钢轮等。轮箍轮又可分为铸钢辐板轮心、辗钢辐板轮心以及铸钢辐条轮心的车轮。为降低噪声,减小簧下质量,还有橡胶弹性车轮、消声轮等。目前我国城轨车辆普遍采用整体辗钢轮。

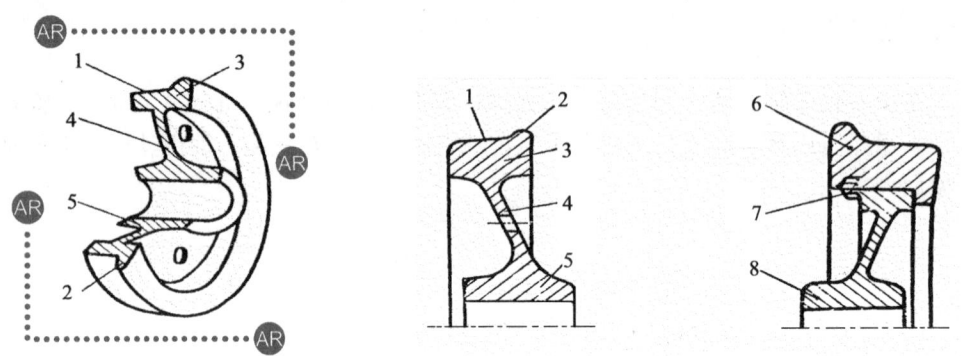

1—踏面；2—轮缘；3—轮辋；4—辐板；5—轮毂；6—轮箍；7—扣环；8—轮心。

图 4.4　车轮

整体辗钢轮由踏面、轮缘、辐板和轮毂组成。车轮与钢轨的接触面称为踏面,轮对踏面具有一定的斜度,所以称为锥形踏面,如图 4.5(a)所示。踏面锥形的作用为:在直线运行时使轮对能自动调中;在曲线运行时,由于离心力的作用使轮对偏向外轨,由于踏面锥形的存在,使外轨上滚动的车轮以较大的滚动圆滚动,在内轨上以较小的滚动圆滚动,从而减少了车轮在钢轨上的滑动,使轮对顺利通过曲线;车轮踏面有斜度,运行时车轮与钢轨接触的滚动直径在不断地变化,致使轮轨的接触点也在不停地变换位置,从而使踏面磨耗更为均匀。标准锥形踏面有两个斜度,即 1∶20 和 1∶10,前者位于轮缘内侧 48~100 mm,是轮轨主要接触部分,后者为离内侧 100 mm 以外部分,各组成面均以圆弧面平滑过度。踏面的最外侧做成半径 6 mm 的圆弧,其作用是便于通过小半径曲线,也便于通过辙叉。

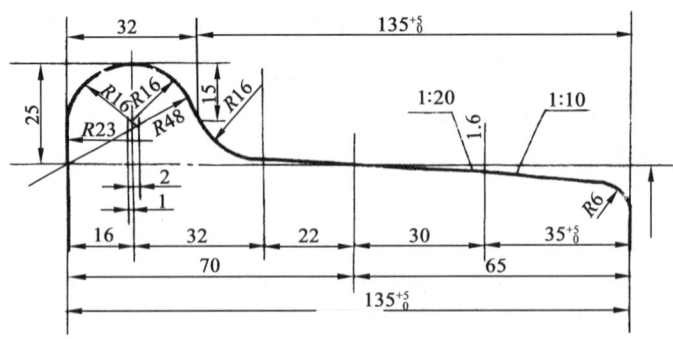

(a)锥形踏面

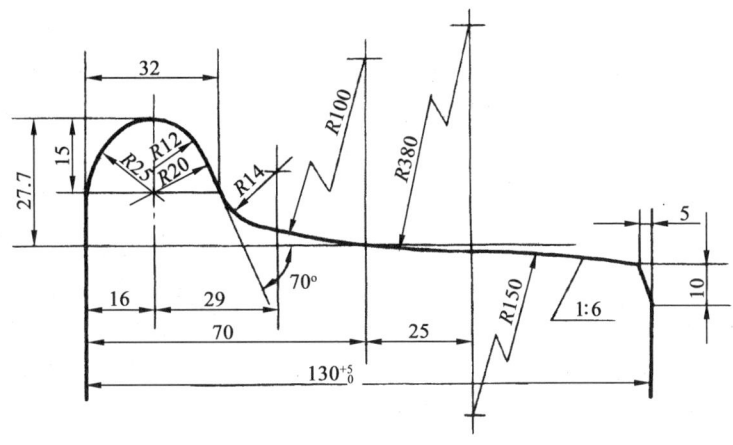

（b）磨耗形踏面

图 4.5 车轮轮缘踏面外形

除了锥形踏面外，在研究轮轨磨耗的基础上又提出了磨耗形踏面。实践证明，锥形踏面车轮的初始形状，运行中将被很快磨耗。当磨耗成一定形状后，车轮与钢轨的磨耗都变得缓慢，踏面形状将处于相对稳定。如果新造轮踏面制成类似磨耗后相对稳定的形状，即磨耗形踏面，如图 4.5（b）所示，则在相同的走行公里下，可明显地减少踏面的磨耗量，延长轮对的使用寿命，减少换轮、旋轮的工作量，其经济效益是十分明显的。磨耗形踏面可减小轮轨接触应力，提高车辆运行的横向稳定性和抗脱轨安全性。广州地铁一号线车轮采用的磨耗形踏面如图 4.6 所示。

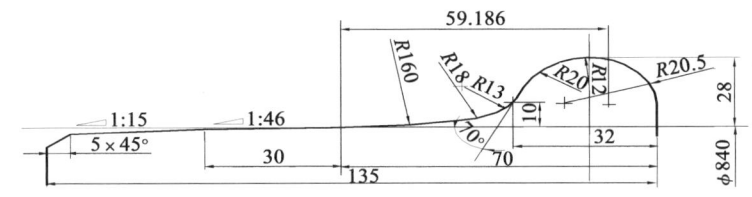

图 4.6 广州地铁一号线车辆车轮磨耗形踏面

由于车轮踏面有斜度，各处直径不同，因此根据国际铁路组织规定，在离轮缘内侧 70 mm 处测量所得的直径为名义直径，作为车轮直径（滚动圆直径），简称轮径。轮径小，可降低车辆的重心，增大车体容积，减小车辆簧下质量，缩小转向架固定轴距，但也有阻力增加、轮轨接触应力增大、踏面磨耗加快等不足之处。我国规定地铁车辆的车轮直径为 840_0^{+3} mm。新造车同轴的两轮直径之差不超过 1 mm，同一动车转向架各轮径差不超过 2 mm。

轮对的日常检查十分重要，其主要破坏形式是：轮缘及踏面磨耗过限、踏面擦伤、轮毂弛缓和车轴裂纹等。

二、轴承、轴箱装置

轴承与轴箱的组合体称为轴承轴箱装置，车辆用轴承主要有滑动轴承和滚动轴承两种，它们的轴箱结构也有所不同。轴箱装置的作用是，将轮对和构架联系在一起，使轮对沿钢轨的滚动转化为车体沿轨道的直线运动，并把车辆的重量以及各种载荷传递给轮对。与滑动轴承相比较，采用滚动轴承可显著降低车辆的启动阻力和运行阻力，改善车辆走行部分的工作条件，减少燃轴（轴箱轴承烧损）的惯性事故，并大量地减少了轴承的维护和检修工作量，降低了运营成本。

滚动轴承按滚动体形状分类主要有圆柱滚动轴承、圆锥滚动轴承、球面滚动轴承等几种。由于轴承在车辆运行中承受着巨大的静、动载荷的作用，要求轴承的承载能力大、强度高、耐振、耐冲击、寿命长等。一般城轨车辆都采用了圆柱滚动轴承或圆锥滚动轴承。如广州地铁一号线车辆采用双列圆柱滚动轴承，二号线车辆采用双列圆锥滚动轴承。

图 4.7 所示为北京地铁某线圆柱滚动轴承轴箱装置，轴承基本结构是由外圈、内圈、滚子、保持架组成。轴箱装置横向力传递顺序（假设相对于车体轮对向右偏移）：

右端：车轴→防尘挡圈→轴承内圈→滚子→轴承外圈→轴箱→转向架→车体

左端：车轴→螺栓→内圈压板→轴承内圈→滚子→轴承外圈→轴箱后盖→螺栓→轴箱→转向架→车体

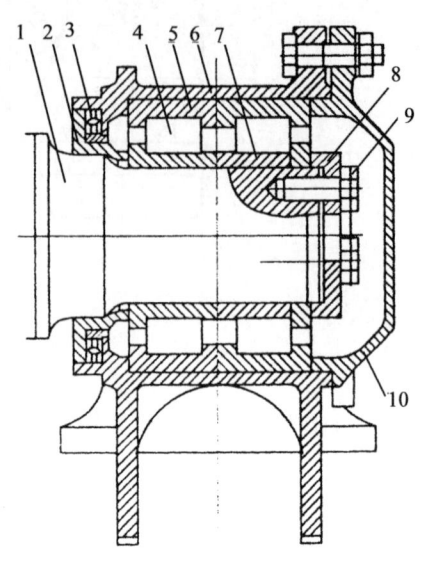

1—车轴；2—防尘挡圈；3—密封；4—圆柱滚子；
5—轴承外圈；6—轴箱；7—轴承内圈；
8—内圈压板；9—螺栓；10—轴箱盖。

图 4.7 圆柱滚动轴承轴箱装置

轴承保养：

1. 轴承游隙

轴承径向游隙对轴承工作性能有着重要的影响，每一种轴承在一定的作用条件下，都有最佳的径向游隙，使轴承寿命高，摩擦阻力小，磨损小。

径向游隙分为：原始游隙、配合游隙、工作游隙。游隙过小，会使轴承工作温度升高，不利于润滑，影响力的正常传递，甚至会使滚子卡死；游隙过大，使轴承压力面积减少，压强增大，轴承寿命减少，振动与噪声增大。所以，选择合适的径向游隙是很重要的。

轴承轴向游隙：在允许条件下，轴向游隙越小，转向架性能越佳。

2. 滚动轴承润滑脂

润滑性能直接影响轴承性能和使用寿命。润滑性能良好，可以减少轴承磨耗，降低车辆运行阻力，防止燃轴。列车检修时要注意检查润滑脂状态，如有结块、明显融化、发臭等现象，应拆下轴承检查并更换润滑脂。更换润滑脂时要注意其填充量，通常润滑脂填充量为轴承内自由空间的 30% ~ 50%。若填充过多，在高速情况下，特别容易引起轴承温度升高、油脂融化并可能导致燃轴。

三、轴箱定位

约束轮对、轴箱与构架之间相对运动的机构称为轴箱定位装置，它对转向架的横向动力性能、抑制蛇行运动具有决定性作用。轴箱定位装置在纵向和横向具有适当的弹性定位刚度值，从而可避免车辆在运行速度范围内蛇行运动失稳，保证在曲线运行时具有良好的导向性能，减轻轮缘与钢轨的磨耗和噪声，确保运行安全和平稳性。

常见的轴箱定位结构形式有：

1. 拉板式定位（见图 4.8）

用特种弹簧钢材制成的薄片形定位拉板，其一端与轴箱连接，另一端通过橡胶节点与构架相连。利用拉板在纵、横向的不同刚度来约束构架与轴箱的相对运动，以实现弹性定位。拉板上下弯曲刚度小，对轴箱与构架上下方向的相对位移约束很小。

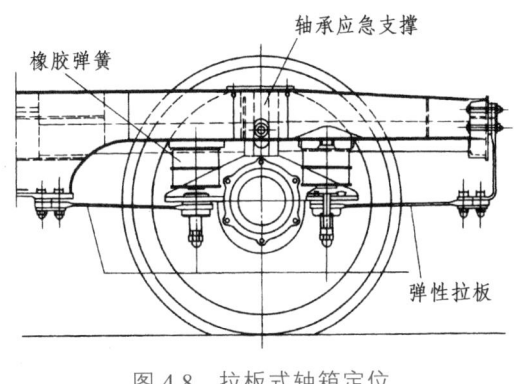

图 4.8 拉板式轴箱定位

2. 拉杆式定位（见图 4.9）

拉杆的两端分别与构架和轴箱销接，拉杆两端的橡胶垫、套分别限制轴箱与构架之间的横向与纵向的相对位移，实现弹性定位。拉杆允许轴箱与构架在上下方向有较大的相对位移。

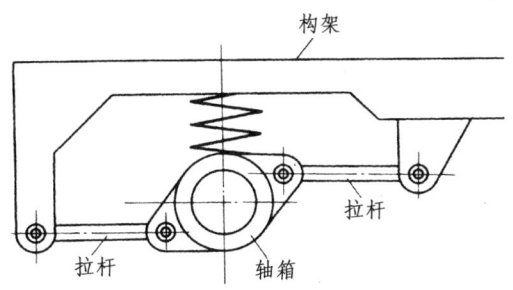

图 4.9 拉杆式轴箱定位

3. 转臂式定位（见图 4.10）

又称弹性铰定位，定位转臂的一端与圆筒形轴箱体固接，另一端以橡胶弹性节点与构架上的安装座相连接。弹性节点允许轴箱与构架在上下方向有较大的位移，弹性节点内的橡胶件设计成使轴箱在纵向和横向具有适宜的不同定位刚度的要求。

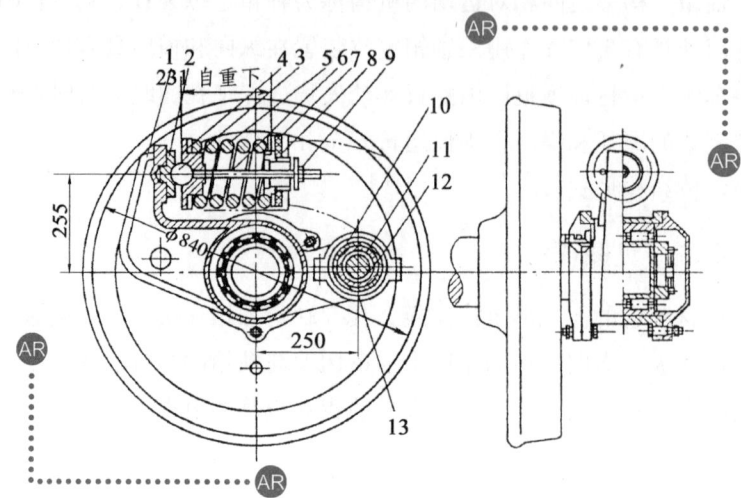

1—转臂；2—滚道座；3—钢球；4—弹簧前盖；5—轴箱弹簧；6—螺栓；
7—弹簧定位座；8—橡胶缓冲垫；9—螺母；10—外套；
11—硫化橡胶；12—内套；13—心轴。

图 4.10　转臂式轴箱定位

4. 层叠式橡胶弹簧定位

在构架与轴箱之间装设压剪型层叠式橡胶弹簧，其垂向刚度较小，使轴箱相对构架有较大的上、下方向位移，而它的纵、横向有适宜的刚度，以实现良好的弹性定位，如图 4.11 所示。

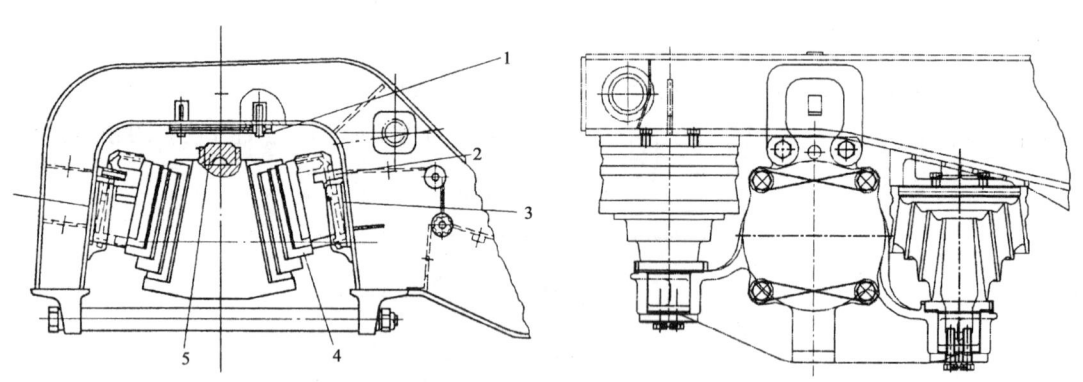

1—调整垫片；2—弹簧座；3—构架；4—叠层弹簧；5—应急弹簧。

（a）人字形叠层橡胶弹簧　　　　　　　　（b）锥形叠层橡胶弹簧

图 4.11　层叠式橡胶弹簧定位

5. 导柱定位

安装在构架上的导柱及坐落在轴箱弹簧托盘上的支持环均装有磨耗套，导柱插入支持环，当构架与轴箱之间发生上、下运动时，两磨耗套产生干摩擦,它的定位作用是通过导柱与支持环传递纵向力和横向力，再通过轴箱橡胶垫产生不同方向的剪切变形，实现弹性定位作用，如图 4.12 所示。

以上所述的定位方式，其中前 4 种均为无磨耗的轴箱弹性定位装置，通过对橡胶金属弹性铰或弹性节点的设计，可以实现轴箱纵、横向不同定位刚度的要求，达到较为理想的定位性能。我国新型城轨车辆较多采用层叠式橡胶弹簧轴箱定位。

轴箱装置是日常检查的重点内容之一，其主要破坏形式是：轴承烧损、轴箱弹簧裂纹（橡胶弹簧的老化、龟裂等）、轴箱体裂纹及轴箱定位破坏等。

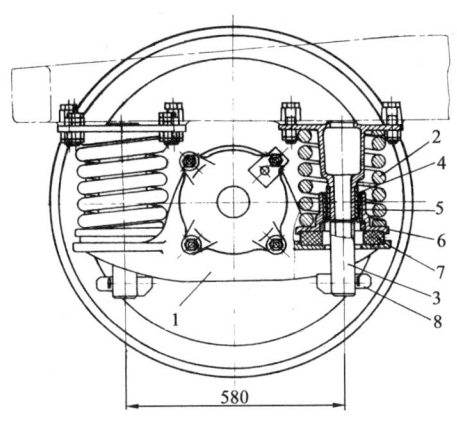

1—轴箱；2——一系弹簧；3—弹簧支柱；
4—内定位套；5—外定位套；6—支持环；
7—橡胶缓冲垫；8—扁销。

图 4.12 导柱定位

第四节 弹簧减振装置

一、作 用

弹簧减振装置也称弹性悬挂装置，包括弹性元件及减振器。

弹簧减振装置的作用主要体现在两方面：一是使载荷比较均衡地传递给各轮对，并使车辆在静载状况下（包括空、重车），两端车钩距离轨面高度应满足规定的要求，以保证车辆的正常连挂；二是缓和及减少因线路的不平顺、轨缝、道岔、钢轨的磨耗和不均匀下沉，以及因车轮擦伤、车轮不圆、轴径偏心等原因引起车辆的振动和冲击。

弹簧减振装置使车辆的弹簧以上部分与簧下部分既有联系，又有区别，簧上、簧下的作用力既相互传递，而运动状态（位移、速度、加速度）又不完全相同。车辆动力性能的好坏，与弹簧减振装置的结构形式及参数选择密切相关。良好的弹簧减振装置，能使车辆运行平稳，振动小，噪声低，乘坐舒适性好，车辆结构及设备的松动及损坏少，同时对线路的冲击破坏少，对行车安全有积极意义。

二、分 类

车辆的悬挂方式可分为一系悬挂和两系悬挂两种，其中两系悬挂有轴箱悬挂装置（或一系悬挂装置）和中央悬挂装置（或二系悬挂装置），轴箱悬挂装置设置在转向架构架与轴箱之间，中央悬挂装置设置在车体底架与转向架构架之间。

采用两系悬挂可以减小整个车辆悬挂装置的总刚度，增大静挠度，改善车辆垂向运动平稳性，减小车辆与线路之间的动作用力。地铁、轻轨车辆都采用两系悬挂装置。

车辆采用的弹簧减振装置按其作用的不同，大体可分为三类：第一类为主要起缓冲作用的弹簧装置，如中央弹簧、轴箱弹簧和橡胶垫等；第二类是主要起衰减振动（消耗振动能量）

作用的减振装置，如垂向、横向减振器等；第三类是主要起弹性约束作用的定位装置，如轴箱定位装置、心盘与构架之间的纵横向缓冲止挡等。

三、弹簧结构及特性

1. 螺旋弹簧

弹簧的主要特性以挠度、刚度或柔度来衡量。挠度是指弹簧在外力作用之下产生的弹性变形的大小或弹性位移量，而使弹簧产生单位挠度所需的力的大小，称为该弹簧的刚度，反之在单位载荷作用下产生的挠度称为该弹簧的柔度。

弹簧的特性可用弹簧挠力图表示，纵坐标表示弹簧承受的载荷 P，横坐标表示其挠度 f，如图 4.13 所示（不考虑内部阻力的情况）。图（a）表示力与挠度呈线性关系，即弹簧刚度为常量。螺旋圆弹簧的特性就属此例。图（b）表示力与挠度呈曲线关系，即刚度随着载荷的变化而变化，为非线性特性。图（b）曲线 1 的刚度随载荷增加而逐渐增大，如车辆上采用的一些橡胶弹簧、横向缓冲器就属于这种特性。显而易见，在车辆悬挂系统中，为了减小振动，控制振动位移在一定范围内，不能使用具有图中曲线 2 特性（"先硬后软"或随载荷增加，刚度逐渐变小）的弹簧。

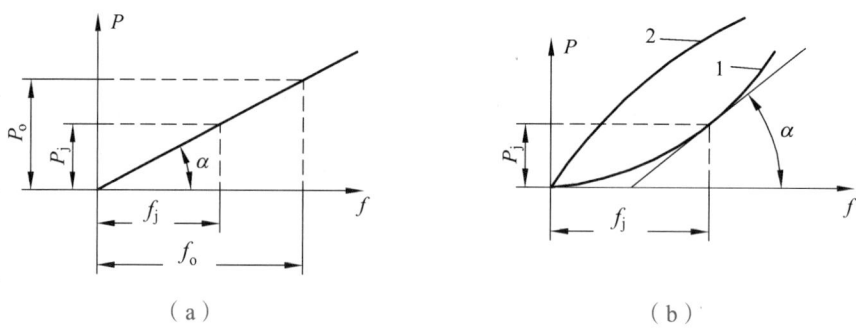

图 4.13 弹簧挠力图

为了改善弹簧的特性，适应安装位置及空间大小的需要，在车辆上常采用组合弹簧，即并联、串联或串并联，如图 4.14 所示。一般城轨车辆采用的两系弹簧减振装置（即空气弹簧装置和轴箱弹簧减振装置）就是彼此相互串联的。

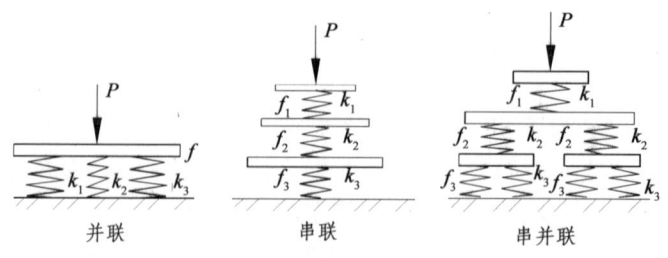

图 4.14 弹簧系统布置

为提高车辆运行平稳性，在结构空间位置、车钩高偏差等条件允许的情况下，应尽量增大弹簧总静挠度，使车体浮沉振动的自振频率控制在 1 Hz 左右。城轨车辆，特别是地铁车辆，由于受到转向架净空和隧道轮廓的限制，或者考虑到空重车地板面高度与站台高度相配合，对空重车之间的弹簧高度差有限制，弹簧配置必定要硬些，其浮沉振动的自振频率可能要增大至 1.2~2 Hz。

2. 扭杆弹簧和环弹簧

扭杆弹簧不同于螺旋弹簧，它只承受扭转变形，在载荷相同的情况下，扭杆弹簧比螺旋弹簧质量轻。如图 4.15 所示，扭杆弹簧为一根直杆 2，它的一端固装在支座 1 上，它的另一端与杠杆 4 刚性连接，杆 2 的转动支点为轴承 3，杠杆 4 受力 P 而转动引起杆 2 的扭转变形；力 P 撤除后杠杆 4 回转，杆 2 的扭转变形消失。车辆抗侧滚扭杆就是利用了扭杆弹簧的原理，如图 4.16 所示，它由扭臂、扭杆、固定杆、支承座等组成。扭杆与扭臂之间的连接为圆锥花键，易于组装和检修。扭杆两端支承在装有关节轴承的支承座内，避免扭杆两端偏磨。固定

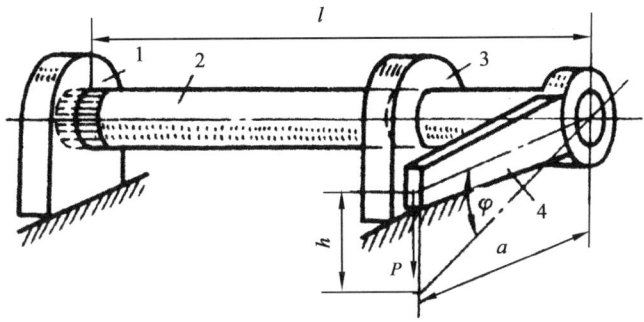

1—支座；2—直杆；3—轴承；4—杠杆。

图 4.15 扭杆弹簧简图

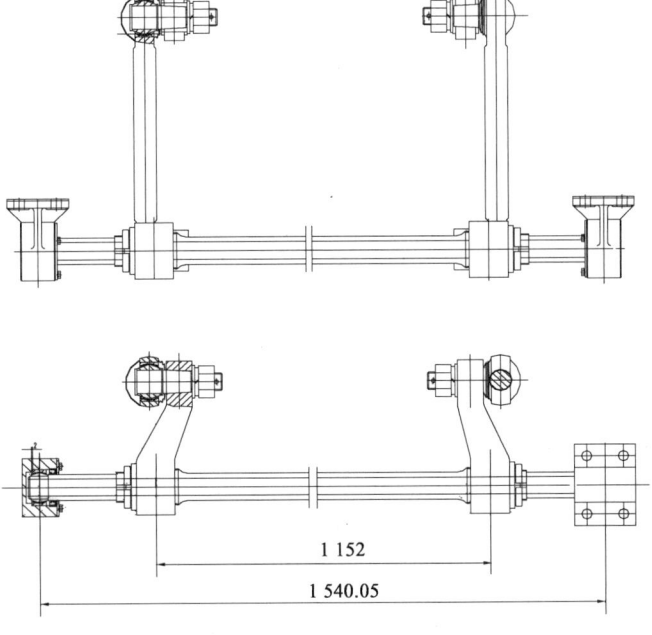

图 4.16 抗侧滚扭杆装置

杆与扭臂、扭杆吊座之间的连接处均装有关节轴承，以免固定杆别劲。固定杆两端装有橡胶密封圈和防尘盖，支承座与扭杆连接处也装有橡胶油封，防止水浸入，以免连接销及扭杆锈死，便于检修。抗侧滚扭杆装置可以控制车体的侧滚振动，提高车辆运行的平稳性和舒适性。

环弹簧由多组内、外环簧组成，彼此以锥面相互接触，当受到轴向载荷后，内环受压缩小，外环受拉伸长，从而使内环与外环的锥面产生轴向变形，同时内外环摩擦面做功吸收能量。环弹簧常用于缓冲器中，如图4.17所示。

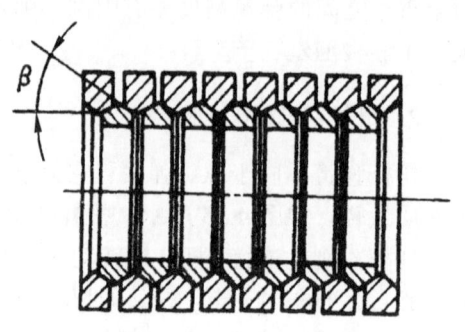

图 4.17 环弹簧

3. 橡胶弹性元件

橡胶元件的力学性能不同于一般的金属元件，橡胶的弹性模量比金属小得多，可以获得较大的弹性变形，容易实现预想的非线性特性；可以自由确定其形状，也可以根据设计要求达到在各个方向上不同刚度的要求；橡胶具有较高内阻，对衰减高频振动和隔音有良好效果；橡胶密度小，自重轻。由于这些特性，橡胶元件在车辆上获得越来越广泛的应用，常常用于转向架弹簧减振装置和轴箱定位装置、钢弹簧支承面上的橡胶缓冲垫以及各种衬套、止挡等。

在使用橡胶弹性元件时应予以特别注意：橡胶元件的性能（弹性、强度）受温度影响较大，一般随温度升高，刚度和强度有明显的降低。同时橡胶具有蠕变的特性，即当载荷加到一定值后，虽不再增载，但变形仍在继续，而当卸去载荷后，也不能立即完全恢复原状，因此橡胶弹簧的动刚度比静刚度大。另外，橡胶具有体积基本不变的特性；橡胶的耐高温、耐低温和耐油性能普遍较差，使用时间较长后容易老化。

4. 空气弹簧

现代轨道交通车辆不断地朝着高速化、轻量化以及低噪声方向发展，空气弹簧悬挂系统具有诸多钢制螺旋弹簧不具备的优点，空气弹簧的采用可以显著提高车辆系统的运行平稳性，大大简化转向架的结构，使转向架实现轻量化和易于维护，因此在城轨车辆转向架中广泛地采用空气弹簧作为二系悬挂装置。

（1）车辆悬挂装置采用空气弹簧的主要优点。

① 空气弹簧能够大幅度提高车辆悬挂系统静挠度以降低车体的振动频率。

② 与钢弹簧相比，空气弹簧具有非线性特性，可以根据车辆振动性能的需要，设计成具有比较理想的弹性特性曲线。在平衡位置振动幅度较小时（正常运行时的振幅），刚度较低，若位移过大，刚度显著增加，以限制车体的振幅。弹性曲线的形状可设计成挠力图4.13（b）中曲线1。

③ 空气弹簧的刚度随载荷而改变，从而保持空、重车时车体的振动频率几乎相等，使空车和重车状态的运行平稳性一致。

④ 空气弹簧用高度控制阀控制时，可使车体在不同静载荷下，保持车辆地板面距钢轨面的

高度基本不变,这一性能应用在地铁和轻轨上则可保持车辆的地板面与站台面的高度相协调。

⑤ 同一空气弹簧可以同时承受三维方向的载荷。利用空气弹簧的横向弹性特性,可以代替传统的转向架摇动台装置,从而简化结构,减轻自重。

⑥ 在空气弹簧本体和附加空气室之间装设有适宜的节流孔,可以代替垂直安装的液压减振器。

⑦ 空气弹簧具有良好的吸收高频振动和隔音性能。

采用空气弹簧的缺点:由于它的附件(如高度控制阀、差压阀)较多,因而成本较高,并增加了维护与检修的工作量。

(2)空气弹簧悬挂系统的组成。空气弹簧悬挂系统如图4.18所示,主要由空气弹簧、附加空气室、高度控制阀、差压阀及滤尘器等组成。空气弹簧所需的压力空气,由列车制动主管1经T形支管接头2、截断塞门3、滤尘止回阀4进入空气弹簧贮风缸5,再经纵贯车底的空气弹簧主管向两端转向架供气。转向架上的空气弹簧管路与其主要连接软管6接通,压力空气经高度控制阀7进入附加空气室10和空气弹簧8。

(3)空气弹簧的结构。空气弹簧分膜式和囊式两类。目前应用较普遍的为膜式空气弹簧,它有两种结构形式,即约束膜式、自由膜式空气弹簧。

约束膜式空气弹簧的结构如图4.19所示,它由内筒、外筒和将两者连接在一起的橡胶囊等组成。这种形式的空气弹簧刚度小,振动频率低,其弹性特性曲线容易通过约束裙(内、外筒)的形状来控制,但橡胶囊工作状况复杂,耐久性较差。

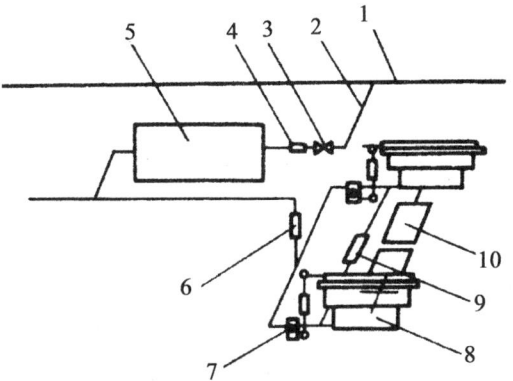

1—列车制动主管;2—支管;3—截断塞门;4—止回阀;
5—贮风缸;6—连接软管;7—高度控制阀;
8—空气弹簧;9—差压阀;10—附加空气室。

图4.18 空气弹簧悬挂系统装置

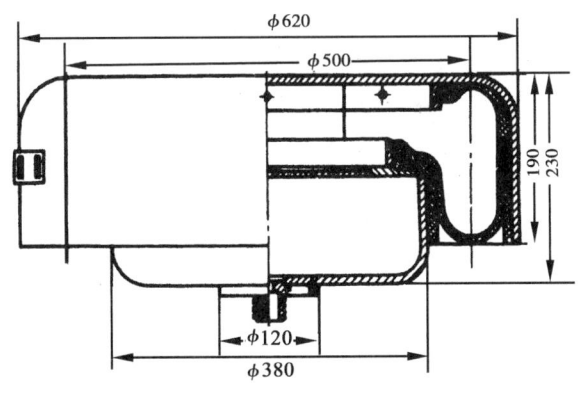

图4.19 约束膜式空气弹簧

自由膜式空气弹簧的结构如图4.20所示,由于它没有约束橡胶囊的内、外筒,可以减轻橡胶囊的磨耗,提高了使用寿命。它本身安装高度比较低,可以明显地减少车辆地板面距轨面的高度；重量轻，并且其弹性特性可以通过改变上盖边缘的包角加以适当调整，使弹簧具有良好的负载特性。所以，在无摇动台装置的空气弹簧转向架上应用较多。

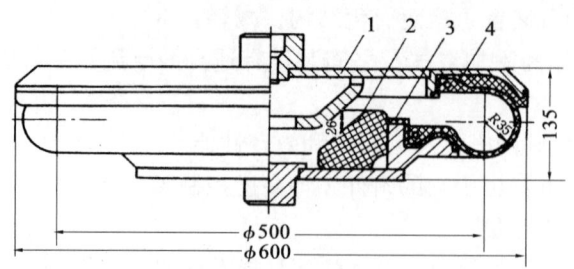

1—上盖板；2—紧急叠层弹簧；3—下盖板；4—橡胶囊。

图 4.20　自由膜式空气弹簧图

空气弹簧的密封要求高，以保证弹簧性能稳定和节省压缩空气。一般采用压力自封式和螺钉紧封式两种密封形式。压力自封式，是利用空气囊内部空气压力将橡胶囊的端面与盖板（或内、外筒）卡紧加以密封；螺钉紧封式，是利用金属卡板与螺钉夹紧加以密封。压力自封式的结构简单，组装检修方便，应用较多。

空气弹簧橡胶囊由内、外橡胶层，帘线层和成型钢丝圈组成。

内层橡胶主要是用以密封，需采用气密性和耐油性较好的橡胶材质，外层橡胶除了密封外，还起保护作用。因此，外层橡胶应采用能抗太阳辐射和臭氧侵蚀并耐老化的橡胶材质，还应满足环境温度的要求，一般为氯丁橡胶。

帘线的层数为偶数，一般为两层或四层，层层帘线相交叉，并与空气囊的经线方向成一角度布置。由于空气弹簧上的载荷主要由帘线承受，而帘线的材质对空气弹簧的耐压性和耐久性起着决定性的作用，常采用高强度的人造丝、维尼龙或卡普隆作为帘线。

（4）空气弹簧附件。

① 高度控制阀：如图 4.21 所示，它是空气弹簧悬挂系统中一个重要组成部件。可以每个转向架与车体连接处安装一个高度控制阀，位于转向架中间，也可以安装两个高度控制阀，

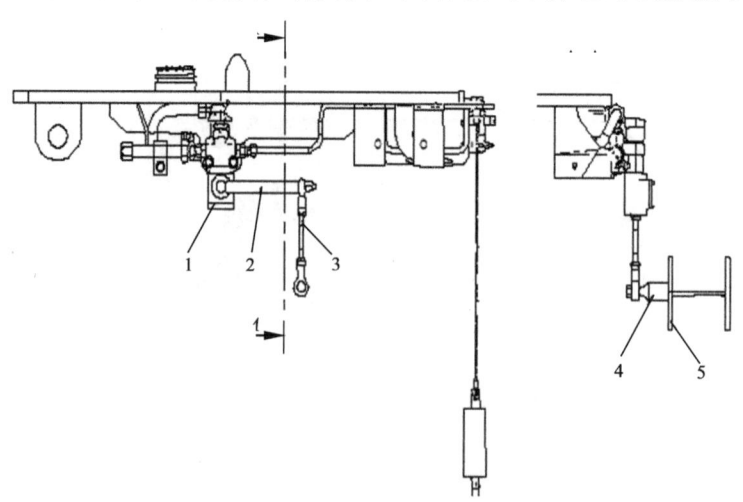

1—高度调节阀；2—操纵杆；3—杆；4—支座；5—构架。

图 4.21　高度控制阀系统

分别在构架两侧。主要作用及要求:根据载荷的变化自动调整空气弹簧内部压力使车体保持一定高度;车辆在直线上运动时,正常的振动和轨道冲击作用不使高度控制阀发生进、排气作用;当车辆(装有两个高度控制阀)通过曲线时,由于车体的倾斜使得转向架左右两侧的高度控制阀分别产生进气和排气,从而减少车辆的倾斜。

高度控制阀通过驱动杆来带动阀内的转盘及其偏心小销,拨动高度控制阀的心阀。心阀的上下运动即可控制各相关阀口的开启,连通主风管与空气弹簧的气路或连通空气弹簧与大气的气路,控制空气弹簧充气或排气。驱动杆的运动是根据车辆载荷变化,在车体高度变化时驱动,具体原理见图4.22。

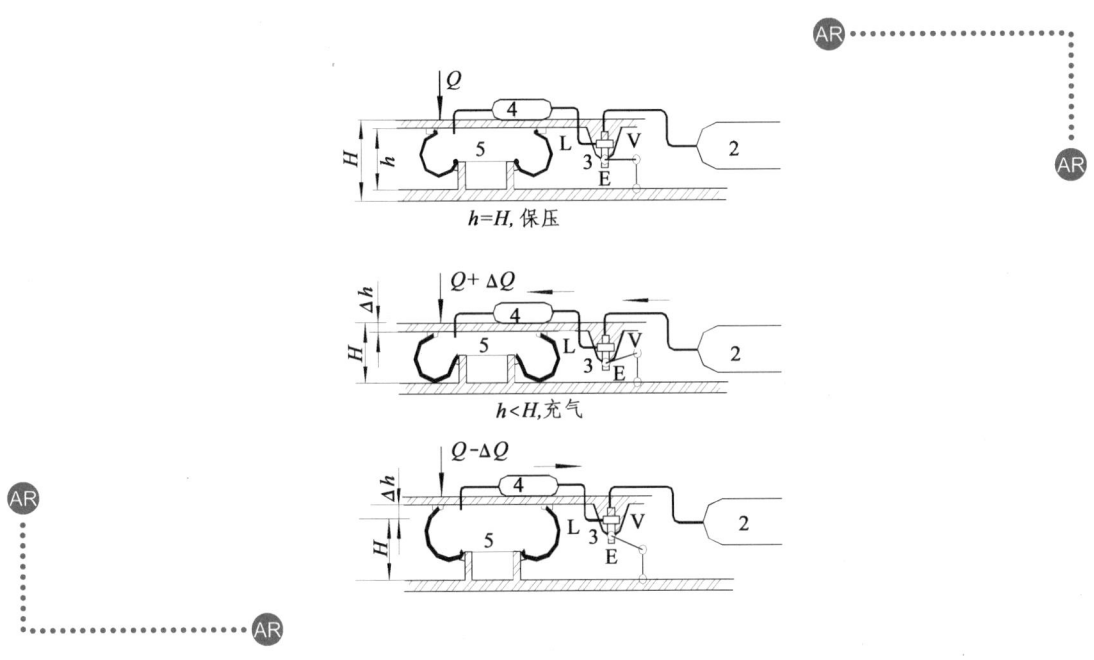

图 4.22 高度控制阀工作原理

正常载荷,车体与转向架距离等于 H,高度控制阀关闭各通路 L、V、E,气囊保压,维持车体高度不变;载重加大到一定程度,车体与转向架距离小于 H,高度控制阀导通主风管道空气弹簧气囊通路,V→L,气囊充气,直至车体升高到标准位置;载重减少到一定程度时,车体与转向架距离大于 H,高度控制阀导通空气弹簧气囊与大气通路,L→E,气囊排气,直至车体降低到标准位置。一般要求车辆载荷变化时地板面高度调整的时间不超过车站停车时间,地板面高度的变化范围为 ±10 mm。高度控制阀只能用来补偿乘客重量的变化,而不能用于补偿车轮和转向架零件的磨损。

② 差压阀:如图 4.23 所示,在左右空气弹簧出现超过规定的压力差时,使压力高的一端空气流向较低的一端,以防止车体异常倾斜的装置。在转向架一侧空气囊破裂时,另一侧空气囊的空气也能泄出,保证车辆仍能在低速下继续安全运行。压差阀的动作压力一般有 100 kPa、120 kPa、150 kPa 3 种。压差阀动作压力的选择应综合考虑多方面的因素,在条件

允许的情况下尽可能选择较小值,以减小车辆在过渡曲线上的对角压差,提高车辆抗脱轨的安全性。

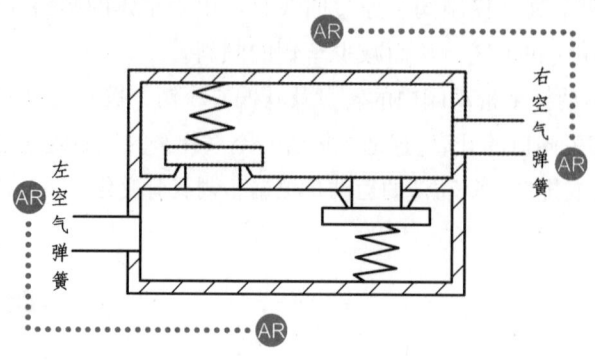

图 4.23 差压阀原理

③ 排放阀:如图 4.24 所示。一般的,排放阀系统作为一个空气弹簧配套安全装置,与高度控制阀连接在一起。

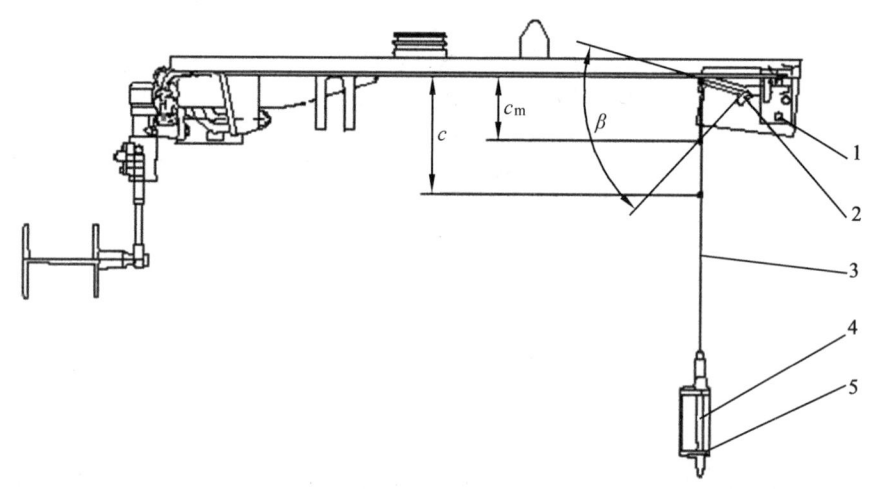

1—排放阀;2—操纵杆;3—钢索;4—弹簧;5—安全装置。

图 4.24 排放阀

其功能是在高度控制阀排放能力超限时它能加速气囊排放。比如,当车辆突然充气而高度调节阀出现故障时可以尽快重新建立车体的正常高度,排放阀也会防止车辆因充气而出现过度升高,因此避免了在气囊上的过度牵引。

排放阀 1 连接在空气弹簧上盖板的支座上,通过一根管与高度控制阀连接。

操纵杆 2 控制阀排气(排到大气中),操纵杆通过钢索 3 连接到抗蛇行减振器支撑的安全装置上,该减振器连接在构架上。当车体(旁承板)相对于构架运动时,对缆索施加牵引力,从而引起排放阀转动(β)。

在相对于操纵杆中心线 VOM 位置的行程 $c=40$ mm 时开始排放。当行程 $c<30$ mm,就

不再排放。如果行程介于 40 mm 和 30 mm 之间，则有较轻的排放。

与弹簧 4 组成一体的安全装置 5，是用来防止排放阀在车体弹起 40 mm 以上时对车体进行限制。不过在大多数城轨车辆上没有安装该排放阀，而是采用空气弹簧异常上升止挡等结构来保证车辆的正常高度。

（5）空气弹簧悬挂的工作原理。如图 4.25 所示，车辆静载荷增加时，空气弹簧 1 被压缩使空气弹簧工作高度降低，这样高度控制阀 2 随车体下降，由于高度调整连杆 3 的长度固定，此时高度调整杠杆发生转动打开高度控制阀的进气机构，压力空气由供风管 5 通过高度控制阀的进气机构进入空气弹簧 1 和附加空气室 8，直到高度调整杠杆回到水平位置即空气弹簧恢复其原来的工作高度；车辆静载荷减小时，空气弹簧 1 伸长使空气弹簧的工作高度增大，高度控制阀 2 随车体上升，同样由于高度调整连杆 3 的长度固定，高度调整杠杆 4 发生反向转动打开高度控制阀的排气机构，压力空气由空气弹簧 1 和附加空气室 8 通过高度控制阀的排气机构经排气口 6 排入大气，直到高度调整杠杆回到水平位置。

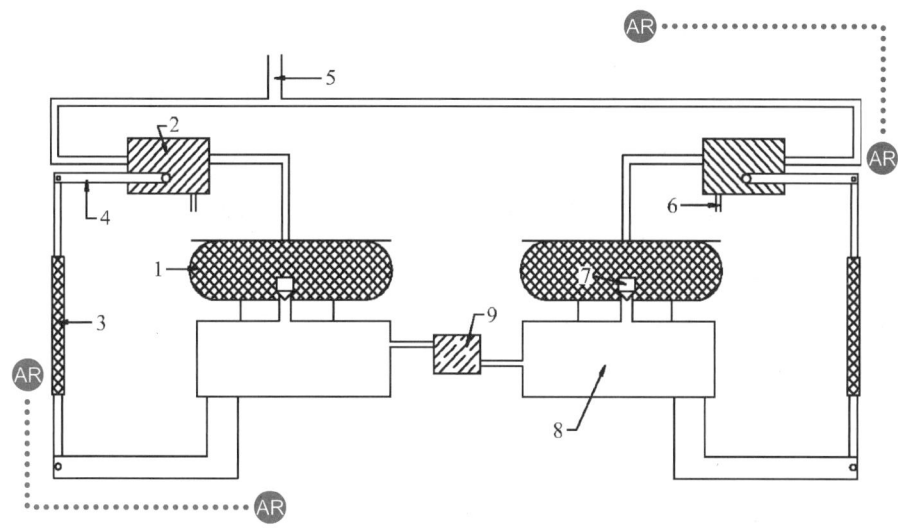

1—空气弹簧；2—高度控制阀；3—高度调整连杆；4—高度调整杠杆；5—供风管；
6—排气口；7—节流孔（阀）；8—附加空气室；9—差压阀。

图 4.25 空气弹簧悬挂系统原理

四、减振元件

1. 减振元件的作用及分类

车辆上采用的减振器与弹簧一起构成弹簧减振装置。弹簧主要起缓冲作用，缓和来自轨道的冲击和振动的激扰力，而减振器的作用是减小振动，它的作用力总是与运动的方向相反，起着阻止振动、消耗振动能量的作用。通常减振器有使机械能转化为热能的功能，减振阻力的方式和数值的不同，直接影响到振动性能。

车辆上减振器按阻力特性可分为常阻力和变阻力两种减振器；按安装位置可分为轴箱减振器和中央减振器；按减振方向可分为垂向、横向和纵向减振器；按结构特点又可分为摩擦减振器和液压（又称油压）减振器。城轨车辆一般都使用液压减振器。

液压减振器主要是利用液体黏滞阻力所做的负功来吸收振动能量，它的优点在于它的阻力是振动速度的函数，其特点是振幅的衰减与幅值大小有关，振幅大时衰减量也大，反之亦然。这种"自动调节"减振的性能，正符合车辆的需求。

2. 液压减振器的结构及工作原理

一般液压减振器主要由活塞、进油阀、缸端密封、上下联结环、油缸、储油筒及防尘罩等部分组成，减振器内部还充有专用油液。液压减振器的工作原理可用图4.26来说明。

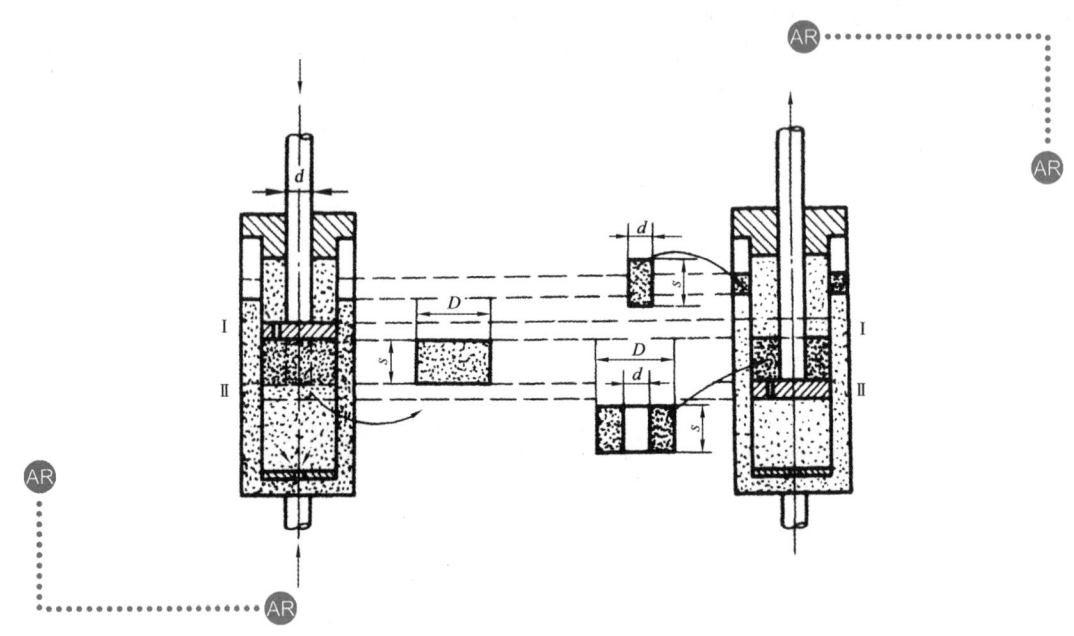

图 4.26 液压减振器工作原理

活塞把油缸分成上、下两个部分，当车体振动时，活塞杆随车体运动，与油缸之间产生上下方向的相对位移。当活塞杆向上运动时（即减振器为拉伸状态），油缸上部油液的压力增大，这样，上下两部分油液的压差迫使上部部分油液经过心阀的节流孔流入缸下部。油液通过节流孔时产生阻力，该阻力的大小与油液的流速、节流孔的形状和孔径的大小有关。当活塞杆向下运动时（即减振器为压缩状态），受到活塞压力的下部油液通过心阀的节流孔流入油缸上部，也产生阻力。因此，在车辆振动时液压减振器起了减振作用。

以上讨论的情况只有在活塞杆不占据油缸体积的条件下才是合适的，但实际上活塞杆具有一定的体积，当活塞上下运动时，使得油缸上部和下部体积的变化是不相等的。

设油缸直径为 D，活塞杆直径为 d，若活塞杆从初始位置 I 向下移动距离 s 后达到位置 II，这样，油缸下部体积缩小 $\frac{1}{4}\pi D^2 s$，而上部体积增大 $\frac{1}{4}(D^2-d^2)\pi s$，上下两部分体积之差为 $\frac{1}{4}\pi d^2 s$，下部排出的油液多于上部所需补充的量。为保证减振器正常工作，在油缸外增加一储油筒，在油缸底部设有进油阀，当活塞杆由 I 向 II 位置运动时，油缸下部油液压力增大，迫使阀瓣紧紧扣在进油阀体上，同时，多余的油液通过阀瓣中间的节流孔流入储油筒，使减振器正常工作。反之，活塞杆向上运动，则上部因体积缩小而排出的油液量将填充不足下部因体积增大而需要的油量，所欠油量从储油筒经进油阀（阀瓣处于抬起状态）进入油缸下部，使减振器正常工作。

图 4.27 为 KONI 液压减振器，其特点如下：

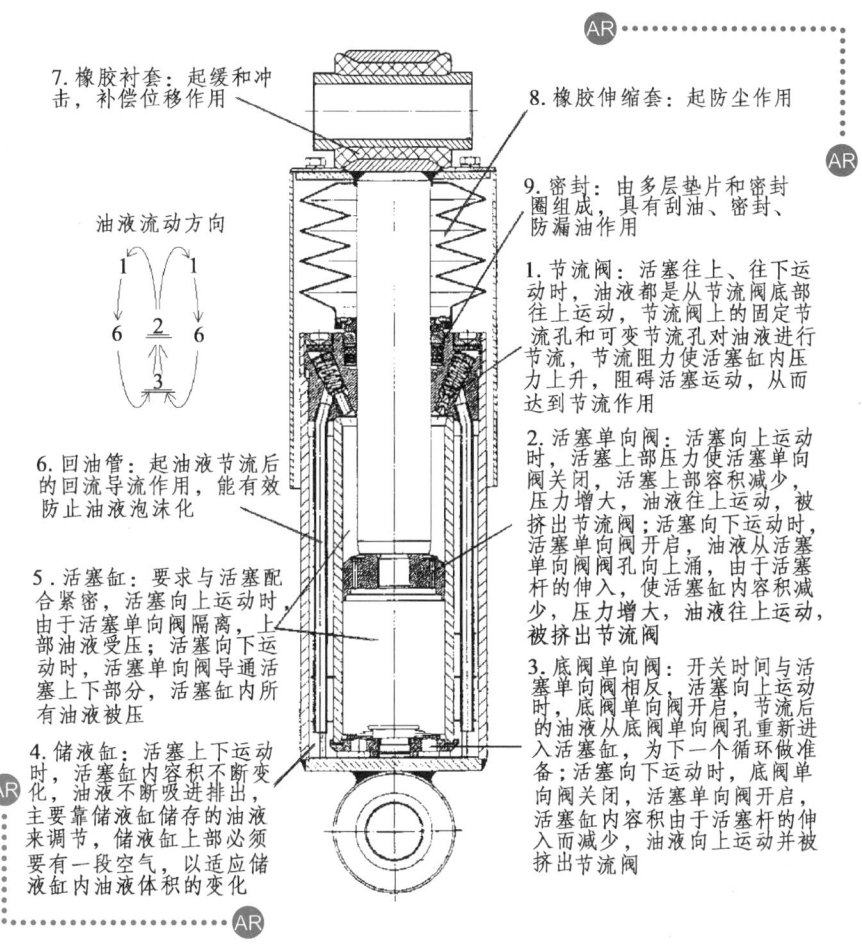

图 4.27　KONI 减振器

（1）油液单向循环流动：在拉伸和压缩行程中，油液都是从工作缸经阻尼调整阀和导油管向储油缸做单向流动，导油管可使缸中偶尔出现的气泡消失，也能避免油缸中油液和空气混合而生成的乳化现象，从而保证减振器工作时具有稳定的液压特性。

（2）可以实现不同的阻力特性：KONI 减振器中设有几个具有不同参数的阻尼调整阀，通过阀的组合使用，可形成各种不同的阻力特性。在试验时，可表现出不同的示功图。

（3）减振阻力可调性：减振器在生产组装后检验其阻力数值时，如阻力不符合要求，可通过调整阻尼调整阀使其阻力符合规定值，减振器在长期使用后，如发现减振阻力由于零件磨损而有所下降，也可打开防尘盖进行调节。

KONI 横向减振器和垂向减振器的工作原理是差不多的，不同的是横向减振器储油缸下部有个空气包，当减振器被水平安置时，该空气包要朝上，空气包内蓄的空气体积在减振器工作时改变，以此来补偿减振器内腔容积的变化。

KONI 减振器由于压缩和拉伸时都是在一组节流阀上的同一个方向上进行节流，所以，只要活塞杆截面积和压力缸腔体截面积相等，让活塞拉伸时流过节流阀的油量和压缩时流过节流阀的油量相等，就可以让减振器在拉伸和压缩时的阻尼对称。

有不少种类液压减振器的节流阀分别在活塞体和液压缸底部，活塞节流阀在油液向上或向下流时都进行节流，液压缸底部阀单向节流。

3. 液压减振器的使用

（1）减振器上下的联结环是减振器与车体及转向架构架连接的部分，通过穿入短销与其连接安装。

（2）液压减振器所用的油液对减振器的性能和可靠性起着重要的作用。要求油液物理、化学性能稳定，具有防冻性，在 $-40\sim +40\ ℃$ 黏度不应有很大变化，无腐蚀性等。可以使用锭子油、仪表油、变压器油以及其他专用油液。

（3）减振器的性能可以通过试验台试验出来。试验台拉压减振器，使其活塞运动，测量拉压过程中的位移变化和载荷变化，软件绘出曲线图——示功图，得出最大最小载荷，计算载荷不对称率、阻力系数。

不对称率：即对减振器进行拉、压时载荷的对称性，允许范围 15%。

阻力系数：减振器的阻尼力和速度的比例就是阻尼系数（C），$C=f/v$。

吸收功率：试件一个测试循环中所吸收功的平均值。

第五节　牵引连接装置

城轨车辆普遍采用了无摇枕结构的转向架。由于没有摇枕，车体直接坐落于空气弹簧上，必须靠牵引装置来实现摇枕所具有的传递纵向力和转向功能，所以要求牵引装置具备以下功能：

（1）能够传递纵向的驱动力和制动力，同时允许二系弹簧在垂向和横向柔软地动作。

（2）纵向具有适当的弹性，以缓和由于转向架点头、车轮不平衡重量等引起的纵向振动。

（3）结构上应便于车体与转向架的分离和连接。

（4）由于取消了摇枕，需安装横向油压减振器、横向缓冲橡胶、空气弹簧异常上升止挡等，这些部件的安装和拆卸不能增加车体与转向架分离作业的工时。

一、中央牵引装置

图 4.28 所示是一种典型的城轨车辆的中央牵引装置。长春客车厂设计的地铁无摇枕转向架就采用了这种结构的中央牵引装置，其结构是中心销上端用螺栓固定在车体枕梁上，下部插在能够传递纵向力的牵引梁孔中，能够自如地垂向运动和回转。牵引梁与构架横梁

之间设有牵引叠层橡胶,它的特性是纵向较硬、横向柔软,所以既能有效地传递纵向力,又能随空气弹簧做横向运动。每台转向架设 4 组牵引叠层橡胶,安装时能使其在纵向倾斜,以便牵引梁对准转向架中心。可按隔离纵向振动的要求选定牵引叠层橡胶的纵向刚度值,同时要保证纵向无滑动部位和间隙存在。中心销下部连有空气弹簧异常上升止挡,当空气弹簧因故过充时可以限制车体不断上升,保证安全;在起吊车体时,可使转向架同车体一起被吊起。

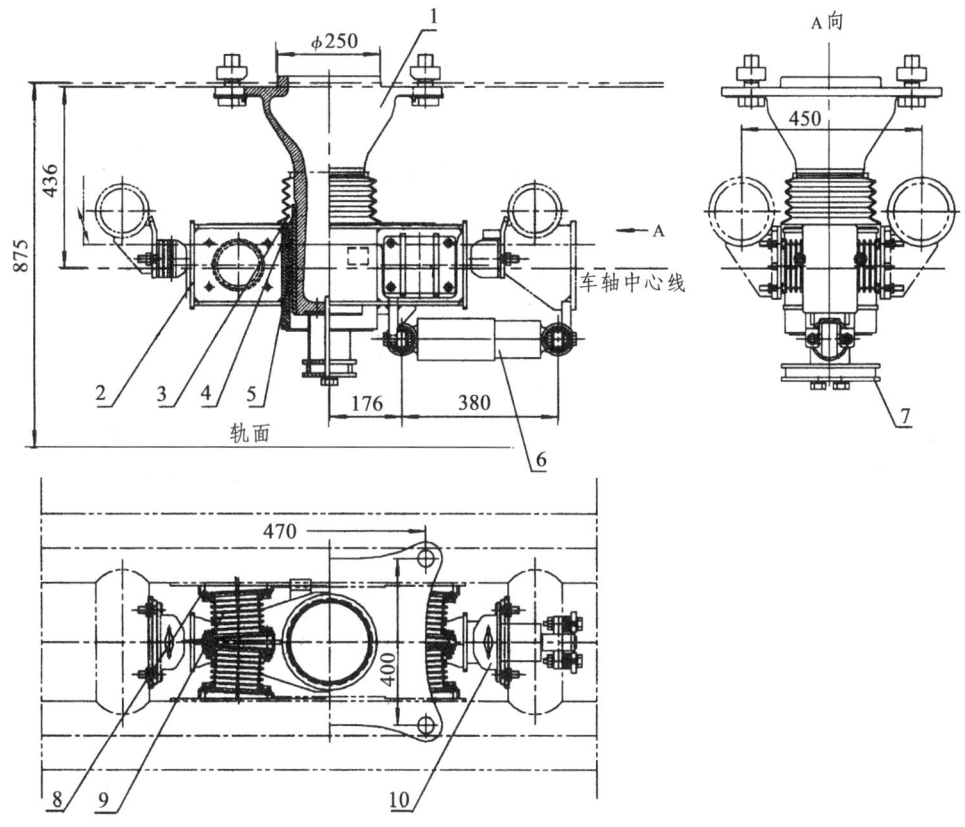

1—中心销;2—牵引梁;3—防尘罩;4—衬套;5—中心销套;6—横向油压减振器;
7—空气弹簧异常上升止挡;8—安装板;9—牵引叠层橡胶;10—横向缓冲橡胶。

图 4.28 中央牵引装置

图 4.29 所示是几种中央牵引连接装置结构,它们都有各自的特点,例如,图(b)中所示的中央牵引装置结构,由于牵引杆两端与中心销和转向架的连接部位都有橡胶关节,橡胶关节的弹性定位能保证转向架绕中心销在各个方向上有一定程度的摆动,这既保证了转向架抗蛇行运动的性能,又能实现转向架与车体之间的转角,保证车辆顺利通过曲线。广州地铁二号线车辆采用的就是图(b)所示的牵引连接装置结构,一号线采用的是图(c)所示的牵引连接装置结构。值得提出的是,与广州地铁一号线车辆转向架相比,二号线车辆转向架的牵引连接装置比较简单。二号线车辆转向架通过带有橡胶关节的牵引杆连接到与车体连接的车体中心销上,没有中心销座和复合弹簧,更便于拆装转向架。

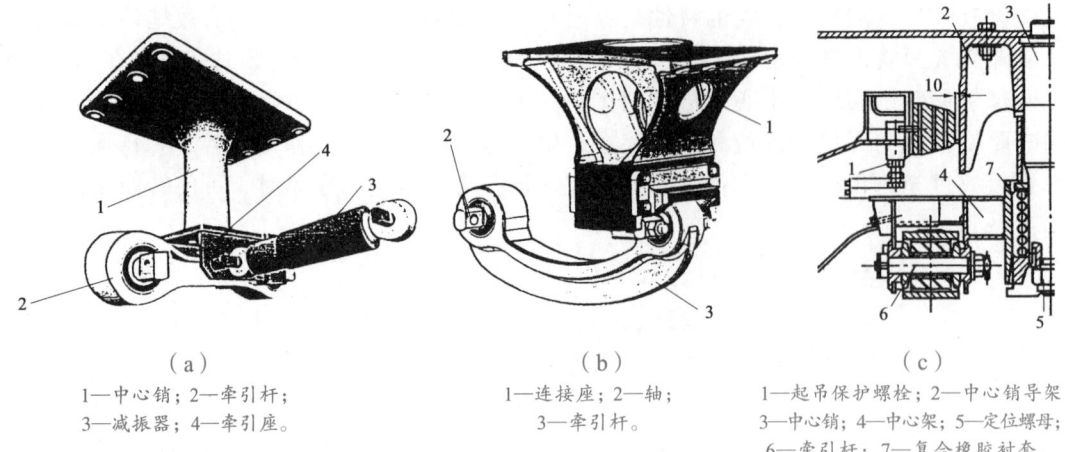

(a) 1—中心销；2—牵引杆；3—减振器；4—牵引座。
(b) 1—连接座；2—轴；3—牵引杆。
(c) 1—起吊保护螺栓；2—中心销导架；3—中心销；4—中心架；5—定位螺母；6—牵引杆；7—复合橡胶衬套。

图 4.29 牵引连接装置

二、横向油压减振器和横向缓冲橡胶止挡

为了提高城轨车辆的舒适性，转向架采用了低横向刚度的空气弹簧。与此配套，使用横向油压减振器提供相应的振动阻尼，改善横向振动特性。横向油压减振器安装在牵引梁与构架之间。图 4.30 所示为横向油压减振器的阻尼曲线。

在构架纵向梁上还设有非线性的横向缓冲橡胶止挡，它与牵引梁两端面间隙为 10 mm 左右。车体（牵引梁可认为是车体的一部分）可以在此间隙范围内自由摆动，当振幅超过此间隙范围时，横向缓冲橡胶止挡开始起作用。在横向缓冲橡胶止挡初始压缩时弹性特性很柔软，其后稍硬，刚度随振幅增大而增加，图 4.31 所示为其挠度曲线。

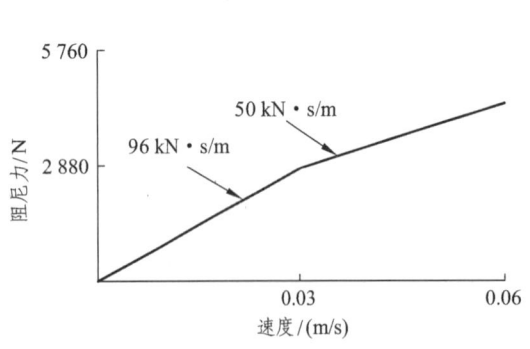

图 4.30 横向油压减振器阻尼曲线

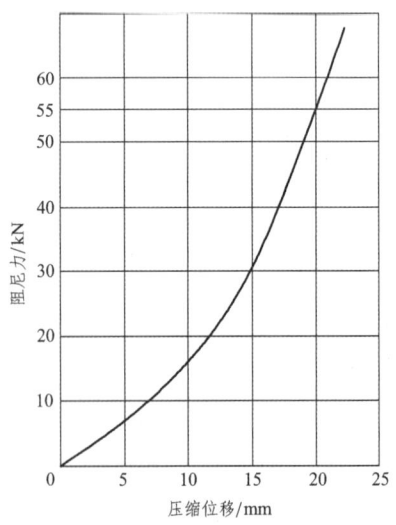

图 4.31 横向缓冲橡胶止挡挠度曲线

第六节　传动装置

城轨车辆的动力转向架，不论是采用直流牵引电机还是交流牵引电机，均需通过机械减速装置，才能将电机的扭矩转化为轮对转矩，再利用轮轨的黏着作用，驱动车辆沿着钢轨运行，而牵引电机的布置形式直接影响着转向架的动力性能。根据牵引电机在转向架上（或车体上）配置的特征，以及电机转轴与转向架轮对之间传动的特征，大致可分为以下 6 种结构形式：

一、爪形轴承的传动装置

这是城轨车辆最古老的传动形式，它是直接利用牵引电机驱动轴上的齿轮带动轮对轴传递扭矩。这时电机驱动轴与轮对轴呈平行配置，牵引电机的一部分重量通过两个爪形轴承支承于轮对轴上，另一部分重量通过弹簧支于构架梁上，也称抱轴式。一般牵引电机的小齿轮与轮对上的大齿轮之间的传动比取为 1∶4～1∶6，如图 4.32 所示。

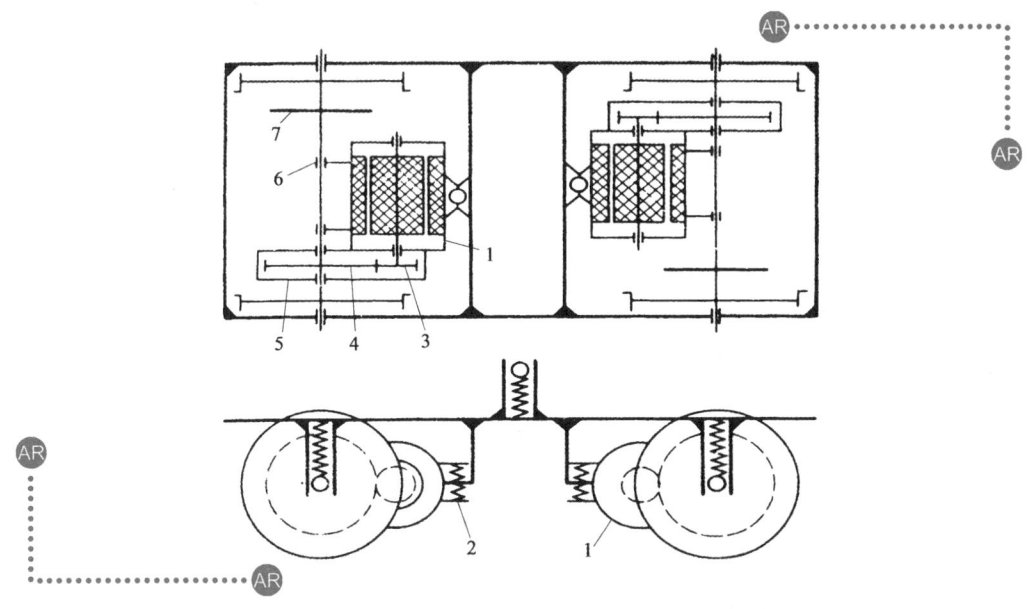

1—牵引电机；2—电机弹性悬挂；3—驱动小齿轮；4—车轴上大齿轮；
5—减速齿轮箱；6—爪形轴承；7—制动盘。

图 4.32　爪形轴承传动装置

这种传动装置的很大一部分重量直接非弹性支于轮对轴上，增加了簧下部分的重量，给转向架的运行品质带来不利影响，而且必然会导致相关的运动零件（如轴承、齿轮和集电器等）的强烈振动和磨耗。此外，由于这种传动的扭转弹性很低，往往会造成集电器过载，甚至损坏。

由于这种传动结构简单、坚固，所以至今仍在轻轨车辆上应用。

二、横向牵引电机——空心轴传动装置

该传动装置将牵引电机支承于构架横梁上，如图 4.33 所示，它采用电机空心轴和高弹性的联轴器驱动齿轮减速箱，解决了上述方案的电机直接支于轮轴增加簧下重量和传动件过小的扭转

弹性常导致集电器过载的问题。由于牵引电机重量由转向架构架全部承担，所以这是一种典型的架悬式（一种全悬挂）结构，也由于电机采用了空心轴，所以又称为电机空心轴式结构。

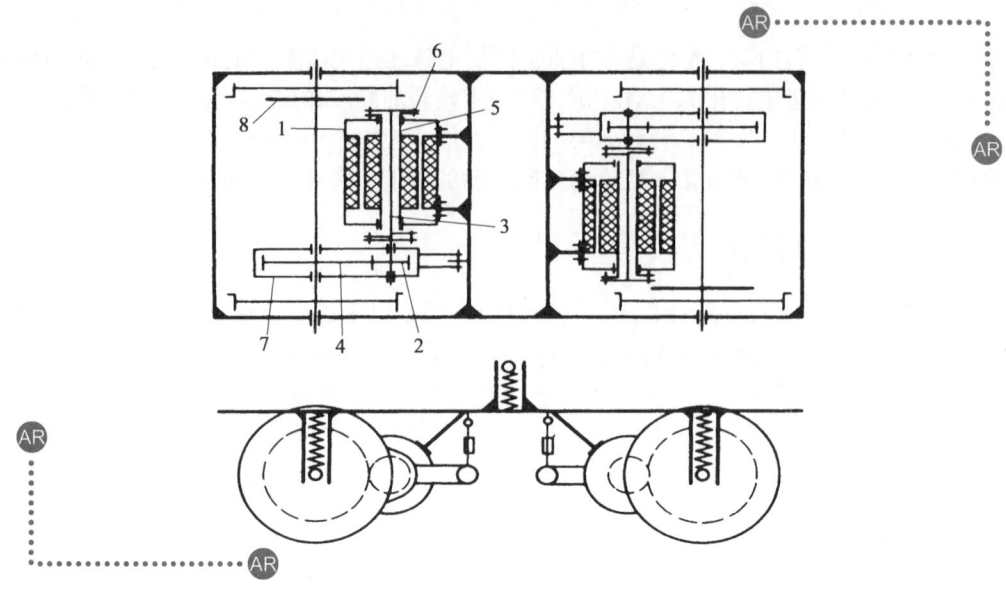

1—牵引电机；2—小齿轮；3—驱动轴；4—大齿轮；5—空心轴；
6—联轴器；7—减速齿轮箱；8—制动盘。

图 4.33　横向牵引电机——空心轴传动装置

在空心电枢和齿轮减速箱的小齿轮之间设置了一个可移动的橡胶高弹性的钢片联轴器。减速箱一端支于轮对轴上，另一端通过一个可动的纵向可调节的支撑铰接于构架上。

空心轴传动由于其质量小、作用可靠和耐久，在城轨车辆中获得了广泛应用。图 4.34 为横向牵引电机——空心轴驱动结构装配图。

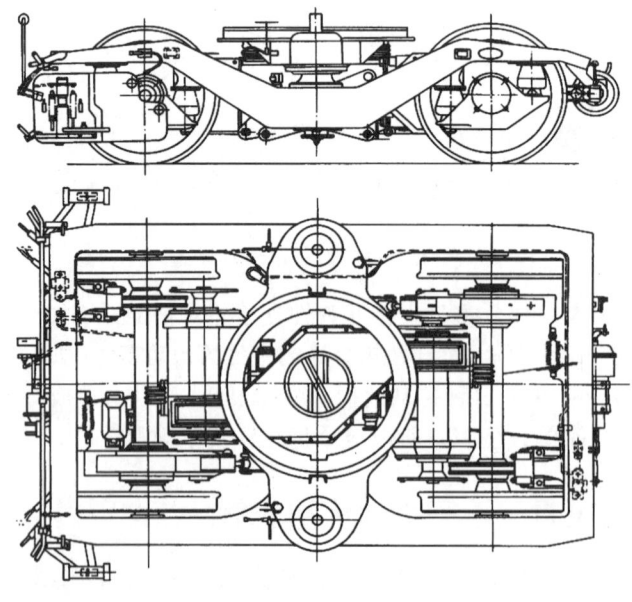

图 4.34　横向牵引电机——空心轴驱动结构装配图

三、两轴-纵向驱动、骑马式结构

沿转向架运动方向配置的牵引电机连同齿轮减速箱组成一组合体跨骑在转向架的两轮对上,牵引电机的两侧与带有法兰的减速箱组成一个自承载的组合体,牵引电机驱动轴经齿轮减速后,借助于空心轴和橡胶联轴器与轮对轴弹性连接,如图 4.35 所示。

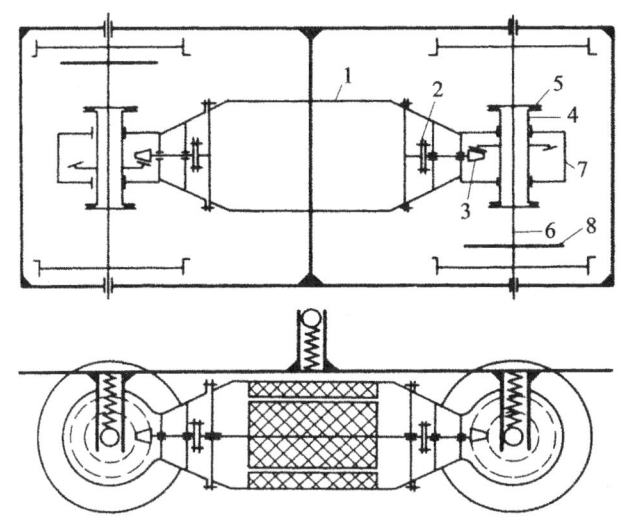

1—牵引电机;2—联轴器;3—驱动伞齿轮;4—空心轴;5—橡胶联轴器;
6—轮轴;7—减速箱;8—制动盘。

图 4.35 两轴-纵向驱动、骑马式结构

两轴纵向驱动的优点为,转向架的轴距比以上两种形式可有较大的减小,有可能在 2 m 以内。另外,当一个轮对的黏着摩擦由于局部的蠕滑效应而遭到破坏时,另一具有良好摩擦条件的轮对能担当起后备保险的作用。同样,在加速和减速时所出现的轮对卸载将不起作用,因为一根轴卸载在另一根轴上就要承担附加的载荷,整个转向架所传递的摩擦力矩总和仍不变。而在单轴分离配置牵引电机时轮对的摩擦极限有被超过的危险,卸载的轮对就有可能打滑空转。

这种结构通过机械连接强制驱动转向架的两个轮对具有相同的角速度,若两轮对的车轮直径存在差异,也会由此造成运行阻力上升和磨耗的增加。另外,它的整个装置均由转向架的两轮对直接支承,增加了簧下重量,加剧了转向架运行的动力作用。

四、全弹性结构的两轴-纵向驱动

这种装置的牵引电机完全弹性地固定于转向架构架的横梁上,电机驱动轴经减速齿轮驱动万向接头空心轴,再经橡胶连杆联轴器将扭矩传递给轮对,如图 4.36 所示。

由于电机的重量由构架全部承担,所以也称为架悬式结构,也由于轮对采用了空心轴,所以又称为轮对空心轴式结构。

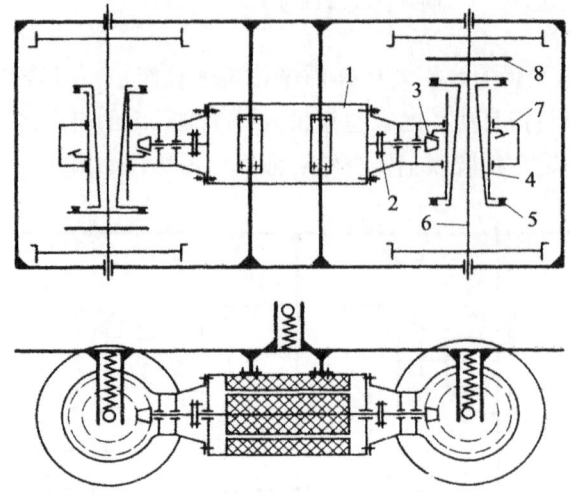

1—牵引电机；2—联轴节；3—驱动伞齿轮；4—万向接头空心轴；
5—联轴器；6—轮轴；7—减速箱；8—制动盘。

图 4.36　全弹性结构的两轴-纵向驱动装置

五、牵引电机对角配置的单独轴-纵向驱动

两牵引电机对角悬挂于转向架构架的两横梁上，电机与齿轮传动装置之间扭矩的传递经由连杆轴实现，如图 4.37 所示。

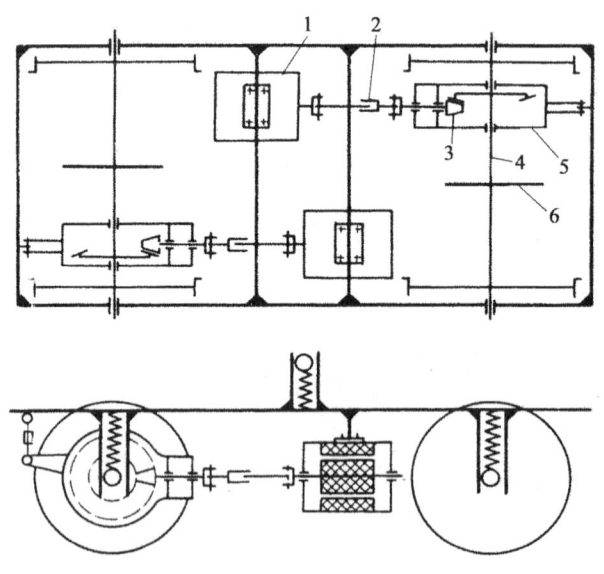

1—牵引电机；2—连杆轴；3—驱动伞齿轮；4—轮对；5—减速箱；6—制动盘。

图 4.37　对角配置的单独轴-纵向驱动装置

齿轮减速箱一端弹性悬挂于构架的端梁，另一端抱在轮对车轴上。转向架上两套电机及其传动装置独立地配置，各自驱动一轮对。

六、牵引电机置于车体上的驱动装置

牵引电机装于车体上，电机驱动轴经万向联轴节将扭矩传递给置于转向架上的减速装置，从而使轮对转动。其驱动装置原理如图4.38所示。由于牵引电机的重量由车体全部承担，所以称为体悬式。该传动方式广泛用于城轨车辆独立旋转车轮车辆的驱动。

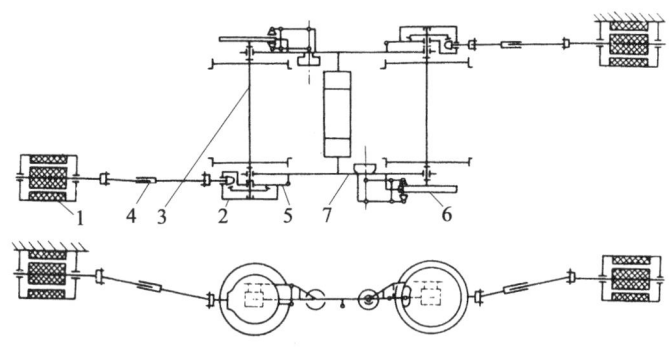

1—牵引电机；2—齿轮传动装置；3—轮轴；4—连杆轴；
5—传动支撑；6—制动盘；7—制动装置。

图4.38 牵引电机置于车体上的驱动装置

第七节 地铁及轻轨车辆转向架

地铁和轻轨车辆是城轨车辆的两种主要形式，它们的转向架技术水平体现了城轨车辆的发展水平。目前地铁、轻轨车辆转向架的种类很多，这里只介绍几种典型转向架的结构和原理。

一、DK型地铁客车转向架

DK型转向架是我国设计制造的用于北京地铁车辆的无摇动台转向架，属于DK系列的有DK_1、DK_2、DK_3、DK_6及DK_7等型号。

图4.39所示为DK_3型地铁客车转向架。它的走行部由轮对轴箱装置1、构架2、摇枕弹簧装置3、纵向拉杆4和基础制动装置5等组成。

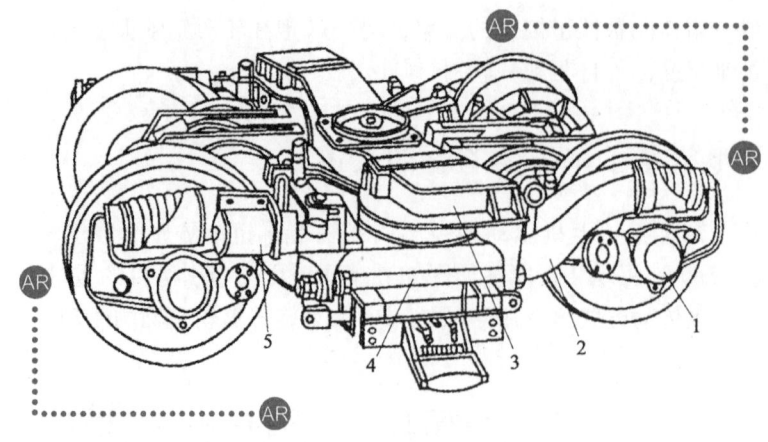

1—轮对轴箱装置；2—构架；3—摇枕弹簧装置；4—纵向拉杆；5—基础制动装置。

图 4.39　DK$_3$型地下铁道客车转向架

1. 轮对轴箱装置

DK$_3$型转向架轴箱装置的特点是轴箱弹簧成水平放置（参见图 4.10），采用金属橡胶弹性铰式轴箱定位结构。

DK$_3$型转向架采用非标准滚动轴承车轴，中央部分加粗并有专门的传动齿轮安装座，供安装牵引设备之用。滚动轴承采用 42724T 和 152724T 型。为了降低车辆重心，并充分利用地铁车辆限界，采用了 840 mm 直径的车轮。

金属橡胶弹性铰式轴箱定位装置的结构比较独特，这种结构允许轴箱绕金属橡胶弹性铰的中心做弹性转动，同时也允许轴箱相对于构架在前后方向有少量位移。轴箱的一侧有一角形弯臂，轴箱弹簧水平地安装在构架和轴箱弯臂之间。当构架的载荷增加时，构架下降，金属硫化橡胶轴套连同心轴也随着下降，于是轴箱绕车轴中心转动，弯臂开始压缩轴箱弹簧。根据几何关系，构架下降量与轴箱弹簧压缩量之比等于车轴中心至硫化橡胶套中心水平距离与车轴中心至弹簧中心线垂直距离之比。

2. 摇枕弹簧装置

DK$_3$型转向架的摇枕弹簧装置采用无摇动台的空气弹簧形式，如图 4.40 所示。

摇枕由钢板焊成空心鱼腹形等强度梁，上下盖板厚 14 mm，腹板厚 8 mm。由于摇枕兼作空气弹簧的附加空气室，因此，做成密封结构。摇枕支承在空气弹簧上，由节流孔与空气弹簧相连通。

DK$_3$型转向架采用自由膜式空气弹簧。它由上盖板、下盖板、碗形橡胶垫和橡胶囊等组成。它的主要特点是橡胶囊和上下盖板之间螺栓连接，靠橡胶囊内的空气压力自封。橡胶囊变形时不受上下盖板的形状约束，故称自由膜式。DK$_3$型转向架利用空气通过节流孔所产生的阻力来衰减振动，故不再设置专门的垂向减振器。空气弹簧上面装有高度控制阀，可以自动控制弹簧的高度。同时，在左右两空气弹簧之间设置差压阀，它可以保证一侧空气弹簧发生故障时车体不发生倾覆。当空气弹簧无法充气时，其上盖板坐落在碗形橡胶垫上，可避免车体遭受硬性冲击。由于膜式空气弹簧具有横向复原力，故 DK$_3$型转向架不再设置振动台，空气弹簧直接坐落在构架的侧梁上。在转向架的摇枕与构架之间有纵向牵引拉杆，其作用是把牵引力传递到摇枕上，但不妨碍摇枕在上下、左右方向的位移。

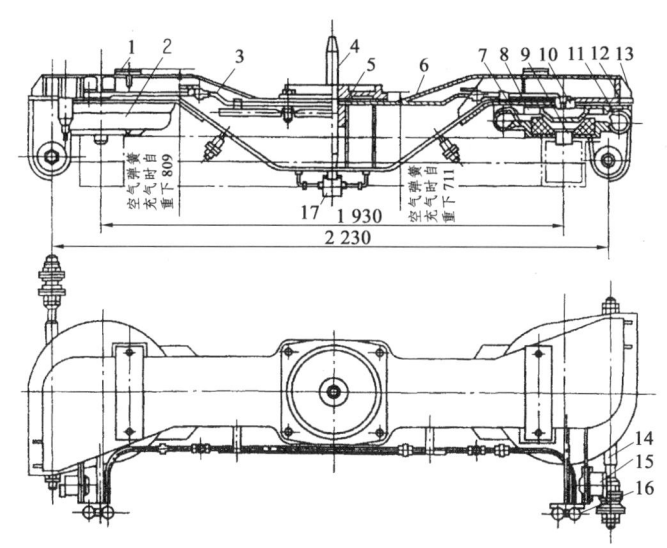

1—下旁承及垫板；2—空气弹簧；3—空气管路；4—中心销；5—下心盘及垫板；
6—摇枕；7—空气弹簧下座；8—碗形橡胶垫；9—定位堵；10—节流孔；
11—橡胶囊；12—橡胶垫；13—弹簧上盖；14—纵向拉杆；
15—高度控制阀；16—电磁阀及止回阀；17—差压阀。

图 4.40　DK$_3$ 型转向架摇枕弹簧装置

DK$_3$ 型转向架采用心盘承载，下心盘直径为 360 mm。下旁承实际上是一块固定在摇枕上的渗碳摩擦板，上下旁承之间的间隙为 3～5 mm，左右旁承间隙之和不超过 8 mm。

3. 牵引电机及传动装置

每台转向架配置两台牵引电机。牵引电机平行于轮轴，其一端通过轴承支于车轴上，另一端悬吊于构架横梁上。牵引电机通过齿轮传动装置将扭矩传递给轮对。齿轮传动装置由齿轮减速箱、齿式联轴节和减速箱悬吊装置三部分组成。齿式联轴节由两个半联轴节、两个齿轮套、一个圆弹簧和 16 个螺栓组成，如图 4.41 所示。

齿式联轴节采用将主动齿轮轴与牵引电机轴连接在一起，从而将牵引电机产生的转矩传递给主动齿轮。

齿轮减速箱由箱体、牵引齿轮和两对轴承组成。牵引齿轮为一对相互啮合（即具有相同的模数、压力角和螺旋角等参数）的圆柱斜齿轮，其作用是通过齿轮的啮合传动，将牵引电机的转矩由主动齿轮传递到从动齿轮上以驱动轮对旋转，同时达到减速和增大转矩的目的。齿轮减速箱体为分箱式结构，箱体内有一定量的润滑油，箱体上设有油针、放油堵、检查盖及透气塞。减速箱悬吊装置将箱体一端弹性地吊挂在构架横梁上，另一端坐落在车轴上。

4. 构　架

DK$_3$ 型转向架的构架是由 20SiMn 低合金钢铸成或采用钢板焊接结构，在水平面成 H 形，属于 H 形构架。它包括两根横梁和两根侧梁，各梁壁厚均为 12 mm。在构架的两根横梁上焊有牵引电动机座、齿轮箱吊座和制动杠杆座等，两根侧梁是转向架构架的主体梁，在两根侧梁上表面各开有一个 $\phi 60^{+0.5}_{+0.2}$ mm 的空气弹簧安装孔，侧梁两端下部各有两个轴箱水平弹簧安装座。另外，侧梁上还焊有牵引拉杆座、制动缸座和受流器插座等，如图 4.42 所示。

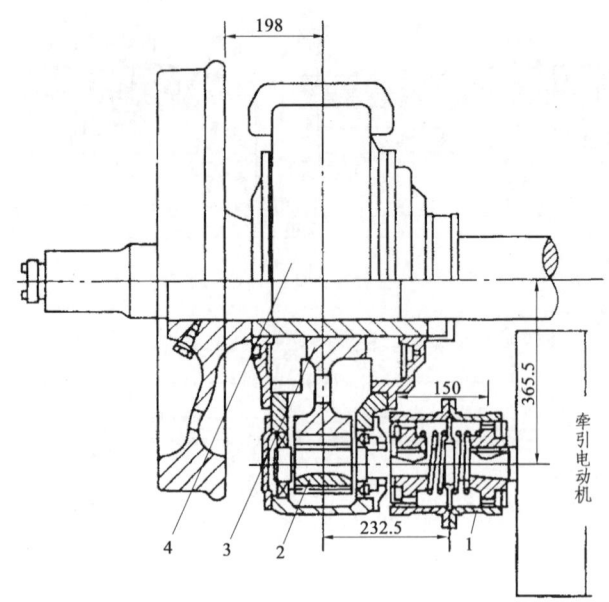

1—齿式联轴节；2—主动齿轮；3—从动齿轮；4—减速箱。

图 4.41 传动齿轮和联轴节

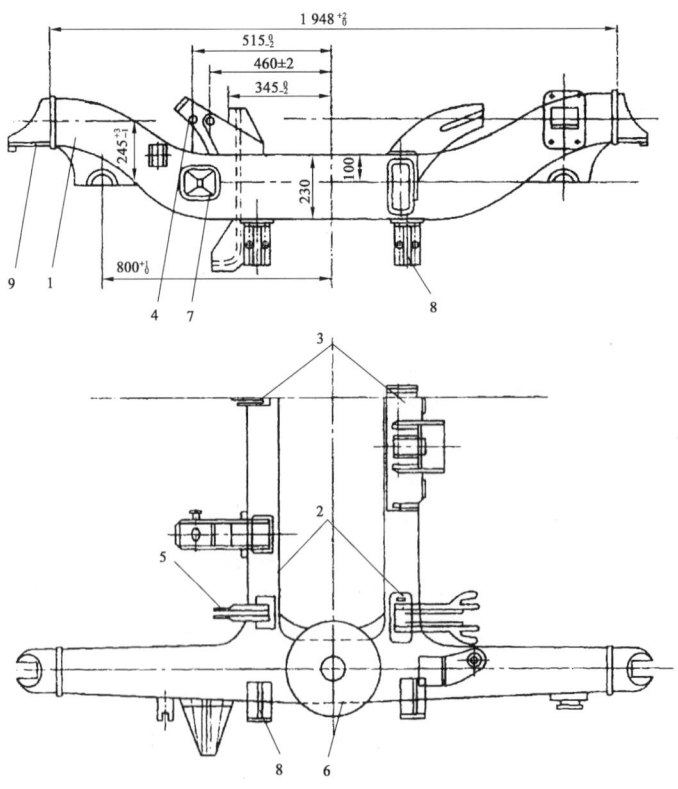

1—侧梁；2—横梁；3—电机吊座；4—齿轮箱吊座；5—制动杠杆座；6—空气弹簧座；7—牵引拉杆座；8—受流器座；9—轴箱水平弹簧座。

图 4.42 转向架构架

5. 基础制动装置

DK₃型转向架基础制动装置采用吊挂式单侧塑料闸瓦踏面制动。有两个直径为 178 mm 的制动缸分别安装在构架侧梁上，每一个制动缸控制转向架一侧车轮的制动。当使用空气制动时，制动缸推动水平杠杆和移动杠杆以及两轮之间的水平下推杆，使移动杠杆中部的塑料闸瓦压紧车轮，产生制动作用。

二、广州、上海地铁车辆转向架

广州地铁一号线和上海地铁一、二号线采用相同结构的转向架，该转向架是由德国杜瓦格（Duewag）公司制造的无摇枕空气弹簧转向架。它采用由二系悬挂装置（一系人字形橡胶弹簧和二系空气弹簧）、液压减振器（两个垂向和一个横向）、抗侧滚扭杆和横向橡胶缓冲挡组成的减振系统。车体和转向架构架通过中心架和中心销相互连接，彼此可相对回转，它们之间还有复合橡胶衬套起隔振作用。在构架横梁下面装有两根牵引拉杆，呈对角配置。牵引拉杆的两端嵌有橡胶件，一端与中心架相连接，另一端安装在构架上，车体与转向架之间的纵向力通过构架、牵引拉杆、中心架、复合橡胶衬套、中心销来传递。

每辆车装有两台转向架，对于动车装设动力转向架，拖车装设非动力转向架，两者的区别为动力转向架上装有两台牵引电机和减速装置。

1. 轮对轴箱装置

轮对由整体辗钢轮和车轴压装而成。转向架的固定轴距为 2 500 mm。车轮直径为 840 mm，采用磨耗形踏面，允许车轮磨耗最小直径为 770 mm。并在轮辋上刻有一沟槽记痕作为警告标记；轮缘根部最小厚度为 26 mm；轮缘角为 70°，由于轮缘角的测量很困难，因此制造商提供了一个以轮缘角和轮缘根部的宽度等因素为依据而制造的专供测量轮缘形状的专用量具，并用该尺的特定的"QR"值来指示轮缘的综合值。轮缘的"QR"值不得超出制造商规定的 6.5～12.5 这个范围，否则应将车轮进行镟削。

轮毂与车轮装配的内孔是锥度为 1∶300 的锥形孔。采用锥形孔主要是为了方便车轮的装卸及在运行时车轮不会因车轴交替的上拱变形而产生向外移动的力。车轮与车轴之间的配合为过盈配合，其过盈量约为 0.30 mm。

动力转向架的轮对轴身上安装有齿轮减速箱，减速箱的大齿轮与车轴的配合也为过盈配合，过盈量为 0.40 mm。

在轮对的两端装有轴箱，采用 SKF 双排单列圆柱滚柱轴承，滚动轴承与车轴的配合为过盈配合，过盈量为 0.55 mm 的过盈配合。在轴承的两侧还装有迷宫密封圈，与车轴的迷宫槽配合后可阻止润滑油的外逸。轴箱为铝制品，其作用为连接轮对与构架，传递和承受车体和钢轨之间的垂直和侧向载荷。在轴箱盖上还有速度传感器和接地装置。

2. 弹簧减振装置

弹簧减振装置包括一系悬挂（人字形叠层橡胶弹簧）、二系悬挂（空气弹簧）、垂向液压减振器、横向液压减振器、抗侧滚扭杆和垂向、横向橡胶缓冲止挡。

人字形叠层橡胶弹簧装设在构架与轮对轴箱之间,它是由四层橡胶和四层钢板及一层铝合金经硫化而制成的弹性元件。根据人字形倾角和橡胶片的层数,可达到所要求的轴箱弹簧的静挠度,并且能做到保证构架和轴箱之间的纵向和横向不同定位刚度的要求。由于拖车和动车本身的自重不同,因此拖车和动车的人字形橡胶弹簧的刚度是不同的,拖车的人字形橡胶弹簧的刚度为 1 120（1±6%）N/mm,并在外层的钢板上根据不同等级涂有各种颜色的标志,以便安装、维修时选配。而动车的人字形叠层橡胶弹簧的刚度为 1 350（1±6%）N/mm,外层的钢板上也涂有各种不同颜色的油漆标志。为了能保持车辆良好的动力性能,在安装人字形橡胶弹簧时应注意同一台转向架的 8 个弹簧的刚度必须在规定的范围内,另外还要注意橡胶的时效蠕变量的影响。当橡胶弹簧性能趋向稳定时,其垂向蠕变量约为 10 mm。

在车体和构架之间装设有空气弹簧和叠层式橡胶弹簧组合而成的弹性元件,它起着传递载荷、减振和消声的作用。当空气弹簧失效时（气囊破裂、泄漏等）,叠层式橡胶弹簧还起着应急维持最低限度运行的要求。在车体和构架之间还装有垂向液压减振器,用来衰减垂向的振动。在转向架的中心架和构架之间设有横向液压减振器,用来衰减车辆横向的振动。为了限制车体和构架之间的横向位移,在构架横梁中部和中心销导架之间设有横向橡胶缓冲止挡。

为了减少缓和车体的侧滚振动,安装有一抗侧滚扭杆,两端装有力臂杆和连杆,并与车体连接。当车体发生侧滚时,转向架两侧的两力臂杆端部作用为一力偶,使抗侧滚扭杆产生转扭变形,对车体的侧滚振动起着抑制作用。

为了使车厢地板面距轨面的高度（1 130 mm）保持不变,在车体与转向架间装有高度控制阀,调节空气弹簧橡胶囊内的压缩空气（充气、放气或保持压力）,可使车辆地板面的高度不受车内乘客的多少和分布不均的影响,始终保持水平,并与轨面及站台面保持规定的距离。

由于转向架上采用了上述多种弹性元件和减振、消声和缓冲的措施,保证了车辆运行的安全性、平稳性和良好的舒适度,并最大限度地降低了车辆运行时的噪声。

3. 构　架

如图 4.2 所示,构架由钢板压制成型后,经焊接而成 H 形,其侧梁和横梁为全封闭箱形结构,并在主要受力部位进行补强处理。侧梁的两端设有轴箱导框,用来安装人字形橡胶弹簧；侧梁的中部设有空气弹簧座；构架的中部设有中心架安装座和牵引电机吊座；在横梁的下部设有牵引拉杆座；在构架上还设有抗侧滚扭杆、单元制动机、高度控制阀等安装座。

在安装一系弹簧和轴箱后,轴箱吊座的下方必须安装轴箱拉杆,这一方面可因轴箱拉杆使轴箱吊座的拱形结构封闭,以提高强度；另一方面,在转向架吊装或运输时,使轮对随转向架整体起吊。

为了节约制造成本和增加互换性,拖车转向架和动车转向架的构架可以互换。

4. 中央牵引连接装置

中央牵引连接装置设于转向架的中部,起着连接车体和转向架的作用,在通过曲线时彼此可做适量转动，并且通过牵引杆传递牵引力和制动力。其结构如图4.29（c）所示，它由中心销、中心销导架、复合橡胶衬套、中心架、牵引杆、横向减振器、横向橡胶止挡、起吊保护螺栓和碗形垫结构等组成。

中心销导架通过螺栓固定于车底架上，在中心销与中心销导架之间设有复合橡胶衬套和碗形垫结构，在安装复合橡胶衬套时，要注意碗形垫上的两个销轴与中心销下部销孔的对齐。碗形垫与中心销的连接结构具有止挡作用，当空气弹簧内部压力异常上升时，抑制车体不断上升，保证安全；还可用于转向架随车体起吊。相对于中心销呈斜对称配置的两个牵引拉杆，其一端与心盘相连，另一端与转向架构架相连，牵引杆的接头设有橡胶弹性缓冲垫。为了限止车体与转向架之间的横向位移，在中心销导架与构架横梁之间装有橡胶横向止挡，每侧自由间隙为10 mm。在构架与中心架之间还设有4个车辆起吊保护螺栓，与中心架的间隙为25 mm，当车轮踏面磨耗造成构架下沉而间隙变小时，必须调整。

5. 牵引电机及齿轮减速箱

每台动力转向架上装有两台牵引电机，用螺栓固定在构架横梁的电机吊座上，为全悬挂结构。每一轮对的轴上装有单级齿轮减速箱，齿轮箱一端吊挂于构架上，另一端通过轴承坐落于车轴上。牵引电机的输出轴经弹性联轴节与齿轮箱的小齿轮相连接，大齿轮通过过盈配合装于车轴上，大、小齿轮装于齿轮箱内，相互啮合。这样，电机的转矩通过联轴节、小齿轮、大齿轮驱动轮对。齿轮箱的传动比为5.95：1。

上海地铁一号线车辆的电机有两种形式，一种是直流牵引电机，另一种是交流牵引电机。而两种电机的功率不同、体积不同，在转向架内部占有的空间也不同。直流电机的体积大，因此给联轴节留出的空间较小，这样直流电机的联轴节只能采用橡胶联轴节。交流传动的车辆由于电机体积较小，给联轴节留出的空间较大，因此可使用对同轴度和轴向窜动要求较低的圆弧齿齿轮联轴节。交流传动车减速箱的安装为抱轴式安装，其大齿轮套在车轴上。为了取得力矩平稳传递的效果，其齿形采用螺旋角为4°的斜齿。整个减速箱为一级减速，只有一对大齿轮，大齿轮为108齿，小齿轮为17齿，传动比为6.353；直流传动车减速箱的大齿轮为113齿，小齿轮为19齿，传动比为5.96。交流传动车的减速箱的箱体为铸铁浇注而成的，而直流传动车的减速箱的箱体为铝合金材料浇注而成。前者的分箱面为垂直的，而后者为水平的，两者各有利弊。

6. 抗侧滚扭杆

为了抑制列车运行时车体所产生的侧滚运动，在每个转向架上都设置了一套抗侧滚扭杆装置。它是由一根扭杆弹簧装在H形构架的横梁中间，然后通过曲柄、调节连杆和铰座与车体相连。要注意其两个曲柄的安装方向是一致的，只能这样才能形成一个反力矩，产生阻尼作用。在车体侧滚时，扭杆两端的曲柄运动方向相反，产生阻尼作用；而在车体的垂向振动时，扭杆两端的曲柄是跟着车体上下运动，方向相同而无阻尼作用。

7. 基础制动装置

广州、上海地铁车辆的制动有两个制动系统——电制动和空气制动，电制动与牵引电机有关，与基础制动装置无关。基础制动装置为单元制动机，是空气制动的执行机构，吊挂在转向架上的制动吊座上。每个转向架上共有 4 个单元制动机,其中 2 个单元制动机带有弹簧制动功能,在转向架上呈对角布置。

三、天津滨海快速轨道交通车辆转向架(见图 4.43)

1. 构 架

构架分为动车转向架构架(见图 4.44)和拖车转向架构架,它们的主要结构相同,属于 H 形构架。主要区别在于所安装的设备不同而有所差别,如动车构架带有电机吊座、齿轮箱吊台等。

为降低构架重量,简化结构,采取如下措施:

(1)横梁用无缝钢管制成。
(2)侧梁作空气弹簧附加气室。
(3)侧梁和无缝钢管焊接处用环形加强板。

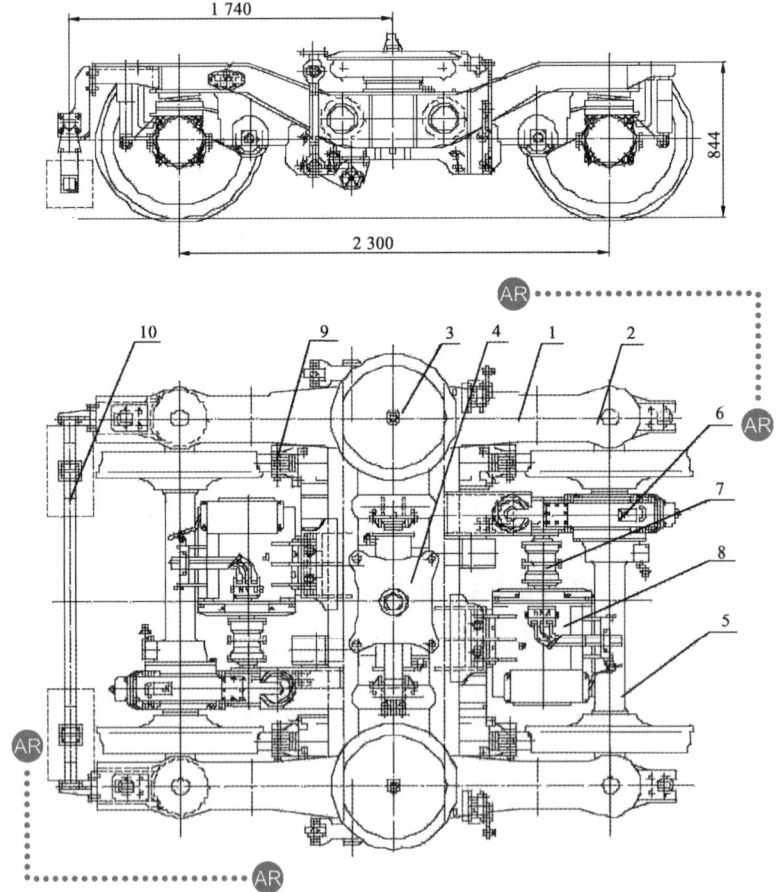

1—转向架构架;2—一系悬挂装置;3—二系悬挂装置;4—牵引装置;5—轮对;
6—齿轮减速箱;7—齿式联轴节;8—牵引电机;
9—基础制动装置;10—ATP 安装梁。

图 4.43 动车转向架

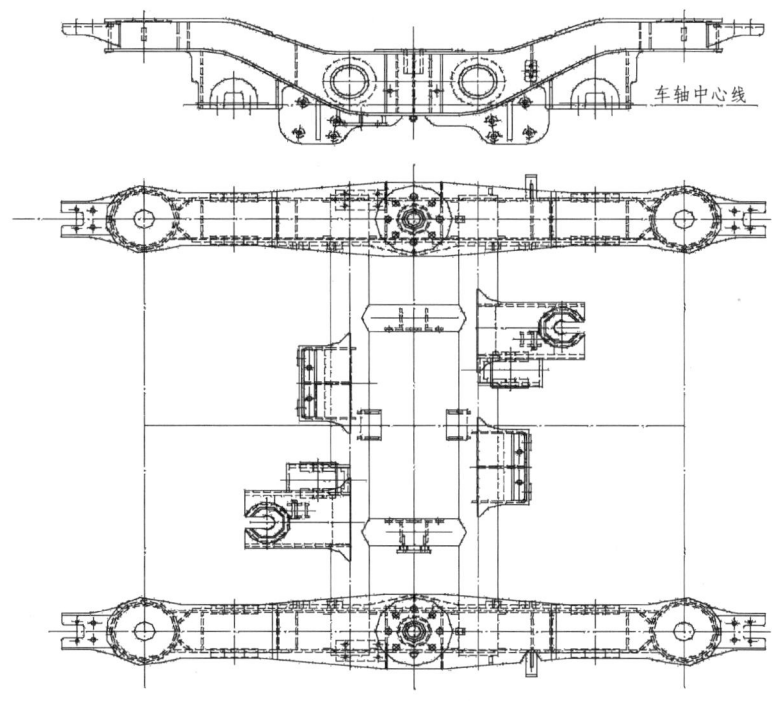

图 4.44　动车构架组成

2. 二系悬挂装置和牵引装置

（1）二系悬挂装置。如图 4.45 所示，主要包括空气弹簧、高度调整阀、水平杠杆、调整杆、压差阀、抗侧滚扭杆等。

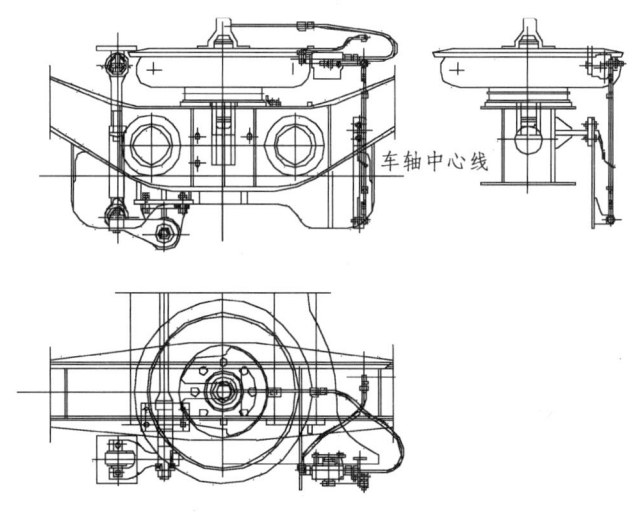

图 4.45　二系悬挂装置

① 空气弹簧。为了改善乘坐舒适性和通过曲线的性能，采用了低横向刚度的新结构空气弹簧，能缓和车体的垂向和横向振动。构架侧梁内腔作空气弹簧的附加气室，空气弹簧的下部通风口与附加空气室连接，上部进风口与车体上的空气弹簧充气管路连接。空气弹簧气

囊与附加气室设有节流孔，对车体的垂向振动起到衰减作用，因此二系悬挂装置不需要加装垂直油压减振器。气囊下部的叠层橡胶堆可以减小车辆通过曲线时气囊的载荷。当空气弹簧内无空气压力时，橡胶堆能起到一定的垂直减振作用，保证车辆安全行驶（需要限速）。空气弹簧的正常工作高度为 (200 ± 2) mm，其高度是通过测量车体底架的工艺块下平面（与空气弹簧上平面共面）与构架的工艺块之间的距离来确定的。

② 高度调整阀。在每辆车的转向架和车体之间安装 4 个高度调整阀，调节空气弹簧的充气、排气。高度调整阀用来检测车体与转向架之间由于乘客负载变化引起的高度变化，使车辆地板面与站台面保持高度一致。它不能用于补偿车轮和转向架等零件的磨损引起的车辆高度变化。高度调整阀不感带为 ± 5 mm。

③ 压差阀。当一个空气弹簧失压，且两空气弹簧内部的压差达到限度时，就会发生动作，将两个附加空气室导通，使另一个空气弹簧也同时卸压，防止车辆倾覆。

④ 抗侧滚扭杆，如图 4.46 所示。抗侧滚扭杆横向贯穿转向架，扭杆臂上端与车体连接，在构架的下方靠近枕梁外侧有其安装座。该装置能抑制车辆的侧滚，对车辆的垂向、横摆、点头、摇头及沉浮等振动不产生影响。

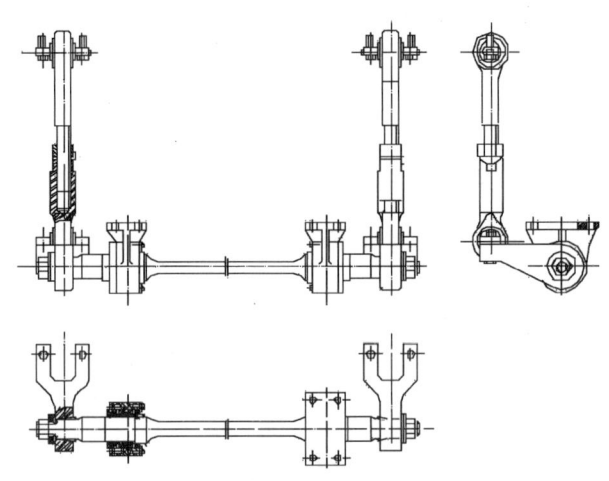

图 4.46 抗侧滚扭杆组成

（2）牵引装置。牵引装置包括横向止挡、中心销、复合弹簧、牵引梁、牵引拉杆、横向减振器等。中心销的上端通过定位脐和 4 个螺栓固定在车体的枕梁中心，下端插入牵引梁内，通过复合弹簧将中心销与牵引梁结合在一起，牵引梁和构架之间通过两个呈 Z 形布置的牵引拉杆连接；复合弹簧是由钢圆弹簧和橡胶硫化在一起，通过挤压复合弹簧，消除中心销、复合弹簧、牵引梁之间的间隙，实现无间隙牵引，复合弹簧的橡胶变形还可以满足车体和转向架之间的相对转动，从而消除磨耗。

① 横向止挡。为适应于低横向刚度的空气弹簧，采用柔性横向缓冲器能有效地抑制车辆的横向振动。横向止挡的特性曲线如图 4.47 所示。

② 牵引梁。牵引梁通过两根拉杆悬挂在构架上。

③ 牵引拉杆。每台转向架使用两个呈 Z 形布置的牵引拉杆。它的两端为弹性橡胶节点。

牵引拉杆的一端与构架相连,另一端与牵引梁相连。

④ 横向减振器。在车辆发生横向振动时,横向减振器会施加适当的阻尼力,来改善车辆的横向特性。横向减振器的阻尼特性曲线可参见图 4.30。

⑤ 整车起吊功能。在牵引梁和构架之间设有垂向止挡,在一系悬挂装置中设有安全吊。车辆起吊时,转向架连同轮对也一同被吊起。

⑥ 车轮踏面磨耗时车体高度的调整。车轮经过镟修后,需要对车辆的地板面高度重新调整,主要是通过增加调整垫来实现的:在空气弹簧和构架上的空气弹簧座之间通过加调整垫,安装调整垫后,缝隙处需填密封胶,以免雨水渗入而引起空气弹簧座生锈;在中心销与车体枕梁之间加调整垫。

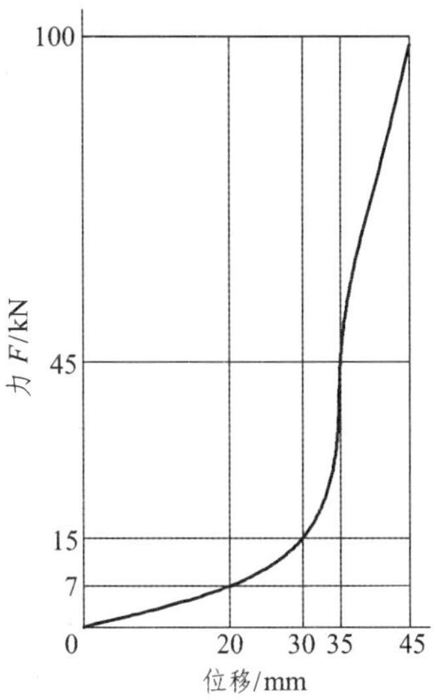

图 4.47 横向止挡的特性曲线

3. 一系悬挂装置

一系悬挂装置主要部件有:转臂节点装置、轴箱弹簧、垂向减振器、安全吊等,如图 4.48 所示。

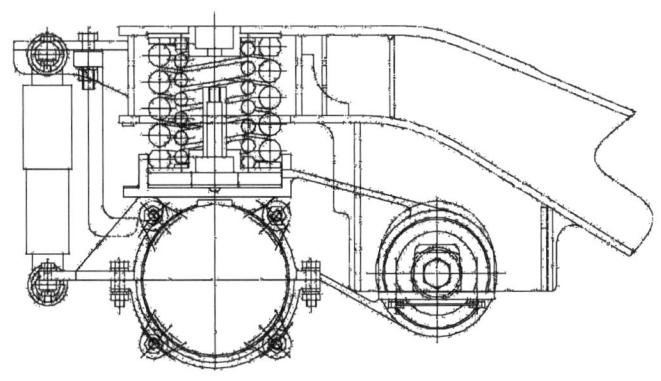

图 4.48 一系悬挂装置

一系悬挂采用双圈螺旋弹簧、转臂式轴箱定位,加装垂向减振器。安全吊在转向架整车起吊时,连接一系簧下部分,将转向架整体起落,保护垂向减振器不受损坏。

4. 轴箱和轴承

轴箱主要由箱体、前盖、轴端压板、防尘挡圈和密封垫等组成,圆柱滚子轴承安装在轴箱内。轴箱结构根据所安装的设备不同有 4 种(见图 4.49 ~ 图 4.52):普通轴箱组成、安装 ATP 测速电机的轴箱组成(ATP)、安装防滑测速装置的轴箱组成(防滑)、安装接地回流的轴箱组成(接地)。动、拖车的每根轴都安有防滑装置。

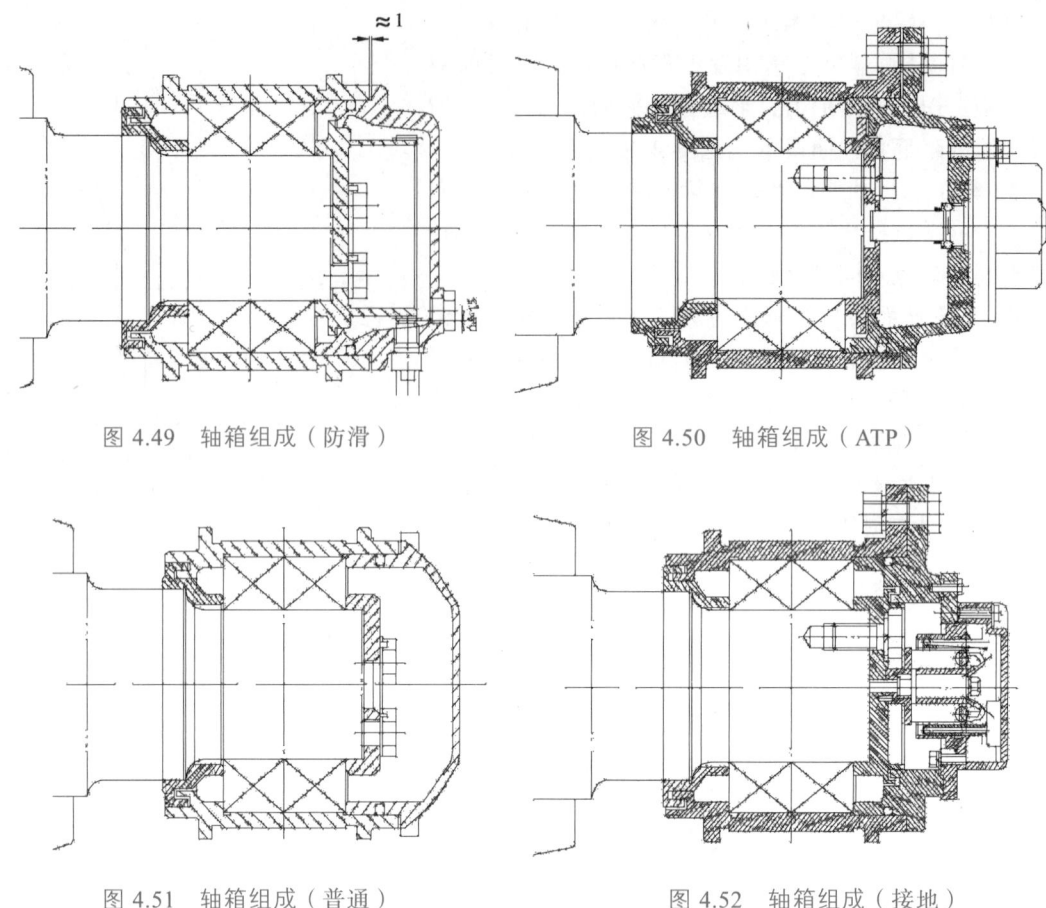

图 4.49 轴箱组成（防滑）　　　图 4.50 轴箱组成（ATP）

图 4.51 轴箱组成（普通）　　　图 4.52 轴箱组成（接地）

5. 轮　对

车轮采用整体辗钢车轮，LM 磨耗形踏面，踏面硬度 256~310 HB，车轮直径 840 mm，公差为（+10，0），其主要目的是为了保证车轮具有 70 mm 的镟修量，保证车轮的使用寿命。4 个车轮为一组，同一转向架的轮径之差不大于 0.5 mm，同一辆车的轮径之差不大于 2 mm，在车轮上钻有一注油孔，在注油压装完成后，在注油孔加注油螺堵，以防污物进入孔内。

对于动车轮对需在动车轴上热装传动齿轮的全套零、部件之后，再注油压装车轮。

6. 基础制动装置

基础制动装置采用单侧踏面单元制动缸。每台转向架设有 4 个单元制动缸，分为两个具有停放功能的单元制动缸和两个不具有停放功能的单元制动缸，使用高摩地铁闸瓦。单元制动缸对闸瓦间隙能自动调整，还设有手动复原装置，通过手动复原装置也可以调整车轮及闸瓦间的间隙，使制动闸瓦和车轮踏面之间的距离保持在 5~10 mm。

7. ATP 安装梁

ATP 安装梁仅安装在动车车辆的一位端转向架，通过螺栓固定，在空载状态下，通过加垫调整 ATP 下端面距轨面的高度，如图 4.53 所示。

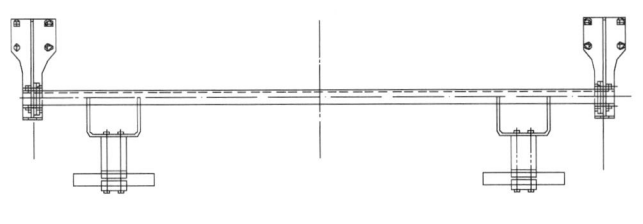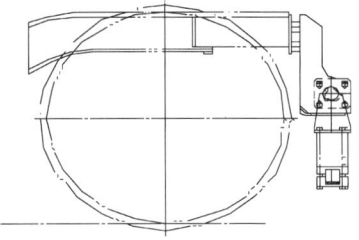

图 4.53 ATP 安装梁

8. 驱动装置

驱动装置安装于动车转向架上，它包括齿轮减速箱、交流电机、齿式联轴节，如图 4.54 所示。

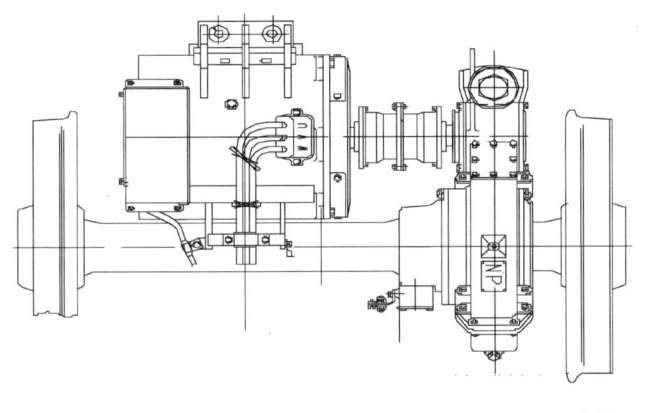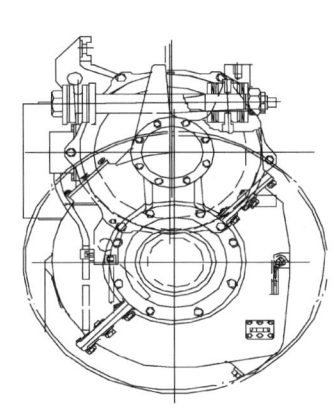

图 4.54 驱动装置

四、独轨车辆转向架

目前，独轨车辆主要有两种，一种是跨座式，另一种是悬挂式，两者的转向架结构有较大的区别。

跨座式独轨车辆转向架为二轴转向架，且全部为动力转向架。该转向架的结构如图 4.55 所示，转向架每根轴上装有 2 个走行轮，走行轮为内部充入氮气的钢套橡胶车轮。为防止走行车轮轮胎放炮，转向架前后两端装有辅助车轮，转向架两侧上方各设 2 个导向轮，下方各设 1 个稳定轮，它们都是内部充入空气的钢套橡胶轮。为防止导向轮和稳定轮轮胎放炮，在相应位置装有钢制备用轮，并设置了车轮轮胎放炮检测器。

该转向架为无摇枕结构，车体的垂向载荷通过空气弹簧直接传至转向架构架，而牵引力和横向力则通过中央牵引销装置进行传递。牵引销的上部固定在车体枕梁上，下部插在能够传递纵向力的牵引梁孔内，能够自如地相互垂直运动和回转。牵引梁与构架横梁之间设有牵引叠层橡胶，其特性是纵向较硬、横向柔软，所以既能有效地传递纵向力，又能随空气弹簧做横向运动。每台转向架的中央牵引销处前后设有 1 组牵引叠层橡胶。

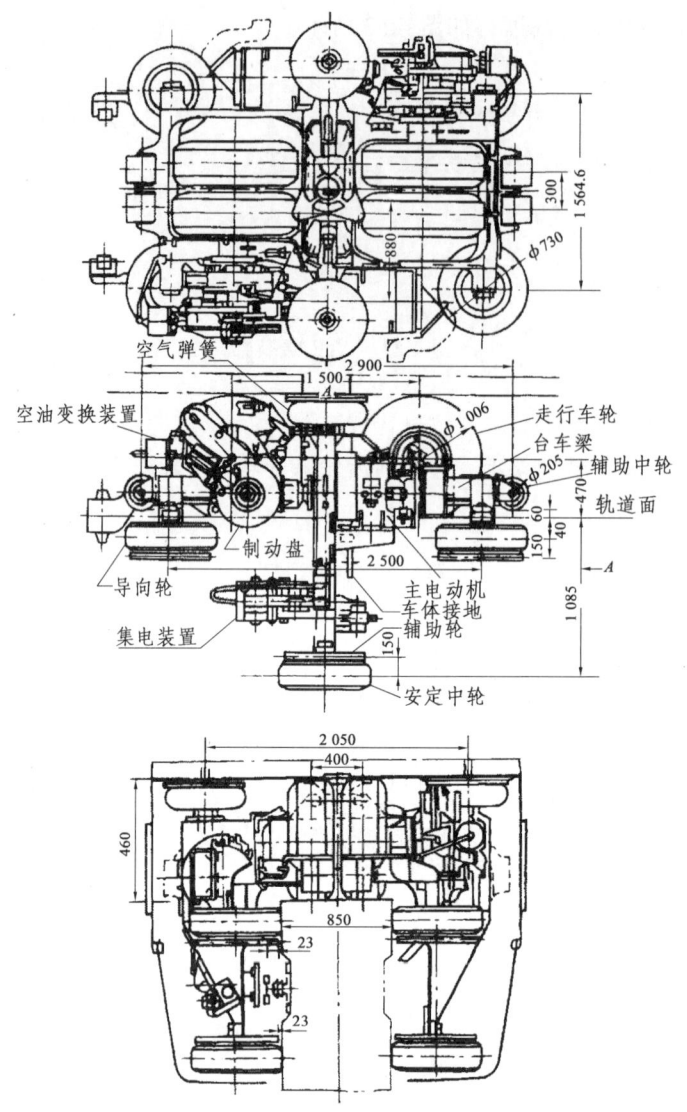

图 4.55 跨座式独轨车辆转向架

驱动装置采用二级减速的直角齿轮传动,即牵引电动机通过联轴节将转矩传至减速箱,经过螺旋伞齿轮减速并直角转向后传给圆柱齿轮进一步减速,最后由驱动轴来转动走行轮,减速箱由输入轴、中间轴、驱动轴组成,输入轴和中间轴之间采用螺旋伞齿轮传动,而中间轴与驱动轴之间采用圆柱齿轮传动减速箱整体固定在转向架构架上。车轴为空心轴,而驱动轴则穿过该空心车轴,并与走行轮相连。在车轴的一端布置有减速箱,另一端则连接轮芯及走行轮。齿轮箱的箱体采用铝合金铸造,在其外表面敷设有降低噪声的减噪材料,如图 4.56 所示。

牵引电动机纵向安装在转向架构架侧梁的外侧,所有质量均由构架承受,属架悬式悬挂(全悬挂)。

基础制动装置采用盘形制动,安装在驱动齿轮减速箱的非驱动侧,制动盘直接安装在驱动轴上。压缩空气通过空油变换器将空气压力变换成油压作用于液压卡钳上,由液压卡钳夹住制动盘实行制动。

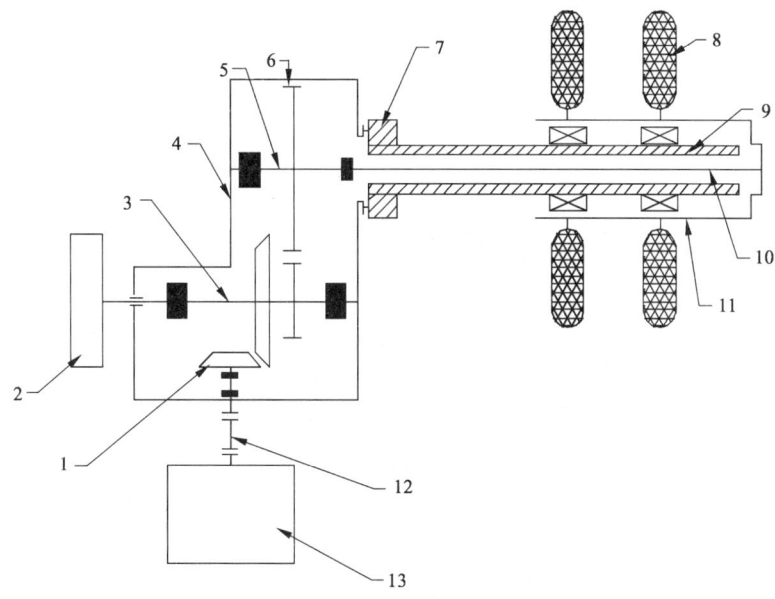

1—弧齿锥齿轮；2—制动盘；3—中间轴；4—减速箱；5—驱动轴；6—圆柱齿轮；
7—构架侧；8—走行车轮（轮胎）；9—空心车轴；10—驱动车轴；
11—轮芯；12—联轴节；13—驱动电机。

图 4.56　驱动装置原理图

悬挂式独轨车辆转向架也为二轴转向架，且全部为动力转向架。其结构如图 4.57 所示，转向架每根轴上装有 2 个走行轮，转向架两侧上方各设 2 个导向轮，装有车轮轮胎放炮检测器和备用轮胎，可及时更换。

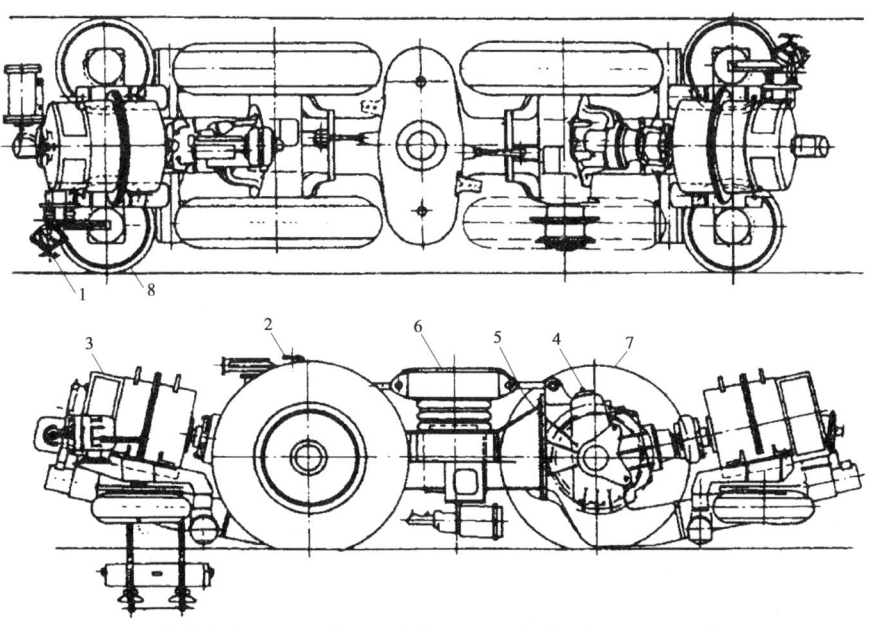

1—正电流受电弓；2—负电流受电弓；3—牵引电机；4—驱动装置；
5—构架；6—减振器；7—走行轮；8—导向轮。

图 4.57　悬挂式独轨车辆转向架

五、法国巴黎地铁带橡胶轮的转向架

为了提高地铁车辆运行的平稳性，最大限度地降低转向架运行所产生的轮轨噪声，法国设计了带橡胶轮的转向架，如图 4.58 所示，广泛应用于巴黎地铁车辆。

图 4.58　法国 RX656 带橡胶轮的地铁转向架

这种转向架的结构特征为，在轮对钢轮的外侧设置橡胶轮胎，在转向架二轮对的外侧装设导向小橡胶轮；相对应地在两钢轨的外侧装设工字形橡胶轮走行滚道，滚道的水平面与轨面平齐，另在线路的两侧与导向小橡胶轮对应位置安装侧向导向轨，以供转向架走行时导向之用。

（1）当车辆在直线段运行时，由于橡胶轮直径大于钢轮，橡胶轮在专用工字形滚道上运行，承受车体的各种载荷。这时钢轮的踏面与轨面脱离接触，并保持一定的间隙，利用导向小橡胶轮沿导向轨接触导向，以保证转向架的横向稳定性。

（2）当车辆进入曲线区段时，橡胶轮专用滚道的水平面逐渐下降，橡胶轮与滚道逐渐脱离接触，而钢轮与钢轨逐渐接触，并依靠轮缘与钢轨接触导向。

（3）转向架采用转盘摇枕梁，螺旋弹簧支承，垂直液压减振器减振。当直线区段运行时，橡胶轮起着轴箱一系弹簧作用，中央弹簧（螺旋弹簧）为二系悬挂系统，动力性能优良，噪声低，比一般转向架可降低 5~8 dB（A）。当曲线运动时，钢轮支承，轮缘钢轨导向成为一系弹簧悬挂系统。

六、低地板转向架

在城市有轨电车中，为便于残疾人车和童车直接从车站站台推入车内，要求整车地板面高设计成为仅 300~350 mm，使车地板与站台平齐，故需将转向架设计成特殊的结构，即所谓的低地板转向架。这种转向架的构架被设计成元宝形，两轮对之间呈下凹形。牵引电机置于车体上，通过十字头联轴节驱动转向架上的减速机构，使轮对转动。低地板转向架的一种结构如图 4.59 所示。

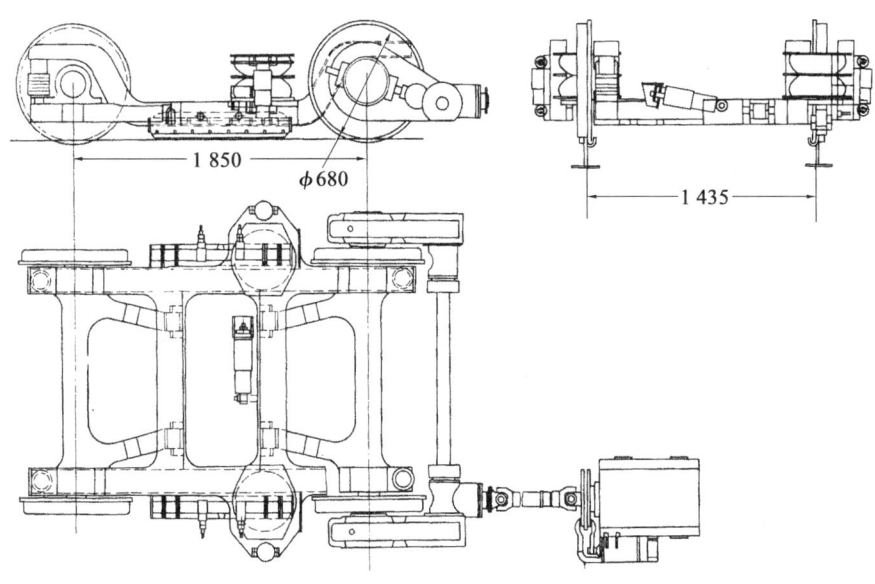

图 4.59 低地板转向架

在欧洲和北美的城市有轨电车上十分流行这种形式的转向架。

七、独立旋转车轮转向架

独立车轮的基本原理是依靠重力产生的复原力对车轮外侧的假设支点形成随偏转角变化的回复力矩,使车轮始终保持与轨道处于平行状态,具有自动调节功能。通常,左右两车轮由1根横向拉杆连接形成类似四连杆机构,使两车轮相互调节。这种由 Duewag/BSI 设计的 EEF 型(Einzelrad Einzelfahrwerk)转向架中得到体现,在实际运用当中也取得了满意的效果。

EEF 型转向架的特点为:左右两车轮有相同的偏转角;左右车轮可以有不同的转速。这种形式独立旋转车轮的核心技术是轴箱装置:在满足与车轮固结的短车轴相对轴箱可以自由转动的同时,还允许产生相对偏转;内部有类似汽车后桥中的差速机构,车轮相对于轴箱可产生 ±15° 的偏转角度。

综上所述,独立车轮轮副结构虽然结构简单,但为了获得良好的曲线通过性能,必须采取必要的强制性导向措施。由于迫导向转向架非常适用于车辆的小半径曲线通过,因而在部分装用独立车轮转向架的轻轨车上被采用,其中最具创新构思的是瑞士辛德勒(Schindler)公司与 SIG 公司联合设计的 Cobra 车组,其转向架主要由2套独立车轮轮副结构组成。车轮导向机构采用了径向装置,利用相邻车与本车在曲线上的相对转角,通过一纵向设置的推拉杆及杠杆使前后两独立车轮轮副处于径向位置。采用这种迫导向方式,可使该车组能够通过的最小曲线半径达 11.8 m。如此小的曲线半径,用传统轮对式转向架是无法实现的。

八、单轮对转向架

单轮对转向架广泛用于轻轨车辆。因为没有驱动装置,所以结构相对简单,主要由构架、一系悬挂装置、二系悬挂装置、牵引装置、转向架基础制动装置等五部分组成。

(1)构架:采用封闭型结构,为箱形梁断面,主要由侧梁、端梁组成。在构架侧梁的两端设两空气弹簧座,内侧端梁下凹,用于安装牵引拉杆座,并设有两盘形制动吊座及横向止挡座,外侧端梁设定位杆座,利用构架内腔作为空气弹簧的附加气室。

(2)一系悬挂装置:车轮形式有两种方案,即橡胶弹性车轮、整体辗钢车轮。采用橡胶弹性车轮的主要目的是降噪和减小轮轨动作用力。城市轻轨车辆的运行速度不高,采用弹性车轮的安全性较容易保证。若采用弹性车轮,则无法采用踏面闸瓦制动;如果采用整体辗钢车轮,对制动方式则没有限制。为了降低簧下质量,车轮直径都选 840 mm。车轴为标准车轴。一系弹簧的形式也有两种方案:一是圆锥形金属橡胶弹簧;二是人字形橡胶弹簧。

(3)二系悬挂装置:主要包括空气弹簧、横向油压减振器、横向止挡、导向杆等。空气弹簧设置于构架四角,其主要目的是为了增加转向架的结构稳定性。空气弹簧的内压可以比只用一个空气弹簧的低,这样可以降低横向刚度。除了在两侧的空气弹簧间设有差压阀,同侧的两空气弹簧也设置差压阀,以均布载荷。为了适应大范围的载重变化,设置了高度调整阀和空重车阀。单轮对转向架构架只有中间一个支点,构架将产生点头振动,为此设置了定位杆来限制或衰减这一振动。

(4)牵引装置:由于只有一个轮对,无法采用中心销牵引方式,采用了单拉杆结构。构架上的牵引点接近或低于车轴中心线高度。

(5)基础制动装置:对于拖车转向架,制动装置主要取决于车轮结构。而动力转向架的车轴上需安装齿轮箱等,采用轮盘制动。由于采用单轮对,制动盘比常规二轴转向架的数量减半,单位制动功率会有明显的增加。采用整体辗钢车轮时,在仅靠盘形制动无法满足要求的情况下,还加设了踏面闸瓦制动,而对采用橡胶弹性的车轮则无法实施,须使用其他制动方式。为避免车轮的滑行或擦伤,还需要设置电子防滑系统。

本 章 小 结

城市轨道车辆走行部主要以转向架的形式出现,并为二轴构架式转向架。转向架的分类有多种方式,如按转向架结构形式分,有构架式和侧架式;按二系悬挂结构分,有摇动台、无摇动台及无摇枕结构转向架等。但不同转向架的基本组成和主要功能是相同的,都由以下几个部分组成:构架、轮对轴箱装置、弹性悬挂装置、制动装置、牵引电机与齿轮变速传动装置等。

构架是转向架的组装基础,主要有铸钢构架和焊接构架等形式。由侧梁、横梁、端梁等组成,还有电机安装座、齿轮箱吊座、制动吊座等。

轮对是由 1 根车轴和两个相同的车轮通过过盈配合组成,其车轮与钢轨的接触面称为踏面。轮对踏面具有一定的斜度,所以称为锥形踏面。如果新造轮踏面制成类似磨耗后相对稳定的形状,即为磨耗形踏面。

地铁、轻轨车辆普遍采用滚动轴承轴箱装置。轴承基本结构由外圈、内圈、滚子、保持架组成。

轴箱定位装置是指约束轮对与轴箱之间相对运动的机构，它对转向架的横向动力性能、抑制蛇行运动具有决定性作用。常见定位装置的结构形式有：拉板式定位、拉杆式定位、转臂式定位、层叠式橡胶弹簧定位、导柱定位等。

弹簧减振装置也称弹性悬挂装置，包括弹性元件及减振器。地铁、轻轨车辆都采用两系悬挂装置。空气弹簧悬挂系统在城轨车辆中广泛用于二系悬挂装置。车辆上采用减振器与弹簧等一起构成弹簧减振悬挂装置。

牵引装置用来实现车体与转向架之间的纵向力传递。普遍采用牵引杆与中心销的弹性连接结构，车体与转向架之间既能传递纵向力，又能做横向的相对运动。

城轨车辆的动力转向架，通过机械减速装置，将电机的扭矩转化为轮对转矩，有多种驱动形式，如爪形轴承的传动、横向牵引电机-空心轴传动、两轴-纵向驱动等。

地铁和轻轨是城轨车辆的两种主要形式，其转向架种类很多，各有特点，如摇动台式、无摇枕式、橡胶轮式、单轮对式、独立旋转车轮式，等等。

复习思考题

1. 城轨车辆转向架的作用有哪些？
2. 城轨车辆转向架是如何分类的？其结构如何？
3. 构架的作用有哪些？如何分类？其结构如何？
4. 什么是踏面？使用磨耗形踏面有何好处？
5. 轴承的基本结构是怎样的？纵、横向力传递顺序又是怎样的？
6. 轴承保养应注意哪些问题？
7. 为什么要进行轴箱定位？如何进行轴箱定位？
8. 简述车辆悬挂装置的作用及分类。
9. 车辆结构中有哪些种类的弹簧？作何用途？
10. 简述空气弹簧悬挂系统的组成、作用原理。
11. 举例说明液压减振器的结构及工作原理。
12. 中央牵引连接装置的作用是什么？有哪几种方式？
13. 动力转向架有哪几种驱动形式？举例说明其驱动过程。
14. 试简述一种地铁、轻轨车辆转向架的结构和性能。

第五章 车门

通过学习车门的作用、种类、结构特点，熟悉几种典型车门开关的工作原理与电气控制过程，掌握常见故障的分析、处理及日常维修保养。

教学目标

能力目标
- 能分析车门的电气控制过程
- 能分析和处理车门常见的故障
- 能完成V形门页、锁钩间隙的调整

知识目标
- 了解车门的种类、作用、结构特点
- 熟悉几种典型车门开关的工作原理与电气控制过程
- 掌握四个行程开关的位置和作用原理

第一节　概　　述

根据城轨交通的特点，城轨车辆的车门应方便乘客，并尽量缩短乘客上、下车时间，以满足列车运行密度的要求。城轨车辆的车门具有以下特点：

（1）要有足够的有效宽度（一般为 1 300 ~ 1 400 mm）。
（2）车门要均匀分布，以方便乘客上下车。
（3）要有足够数量的车门（一般 4 ~ 5 对/辆）。
（4）车门附近要有足够的空间和面积，方便上下车乘客的周转。
（5）要确保乘客的安全。

目前世界各国城轨车辆的车门种类较多，现分类如下：

一、按驱动方式的不同分类

1. 电控风动门

电控风动门由压缩空气驱动传动气缸，再通过机械传动系统和电气控制系统完成车门的开关动作。机械传动系统的作用是将传动气缸活塞杆的运动传递至车门，使车门动作。电气控制系统包括气动门控制、再开门控制、车门动作监视和列车控制电路联锁等。其作用是为了保证车门动作可靠和行车安全。

车门的电气控制系统一般采用电子控制技术，可根据乘客和司机的不同要求编制程序修改操作过程，自动监控装置具有全方位监控车门的系统、自动故障报警和记录等功能。为了防止车门夹伤乘客，现代自动车门还具有防夹功能。根据欧洲标准，规定在关门时的最大挤夹力应小于 250 N。

2. 电传动门

电气驱动车门由电动机、传动装置（轴、磁性离合器、皮带轮和齿形皮带）、控制器、闭锁装置和紧急开门装置组成。齿形皮带与两个门翼相固定，闭锁和解锁所需的扭矩由电动机提供。另一种电气驱动装置为电动机通过一根左右同步的螺杆和球面支承螺母驱动滚珠摆动导向件和与其固定的门翼。

二、按开启方式的不同分类

1. 内藏嵌入式对开侧移门（见图 5.1）

开关车门时门翼在车辆侧墙的外墙与内护板之间的夹层内移动，传动装置设于车厢内侧车门的顶部，装有导轮的门翼可在导轨上移动并与传动装置的钢丝绳或皮带相连接，借助气缸或电动机驱动传动机构，从而使钢丝绳或皮带带动门翼动作。车门机械装置如图 5.1 所示。

它的主要的特点是：气缸的尾部是铰接连接，而活塞杆的头部是球铰连接，因此整个气缸处于浮动状态，不会因车体变形而产生活塞在气缸内卡死的现象。每扇门叶的顶部装有 4 个尼龙轮，吊嵌在 C 字形的导轨内，只要准确地调整好尼龙轮与导轨的间隙，就可使门叶平稳地灵活滑动。尼龙轮（上轮）与导轨的间隙一般在车两端的车门处为 0.3 mm，而在中间的车门处为 0.5 mm。若门叶在运动时有跳动则可适当减小其间隙，但要保证车体在承受最大载荷时，即车体有一定挠度时，车门也能正常地开关。

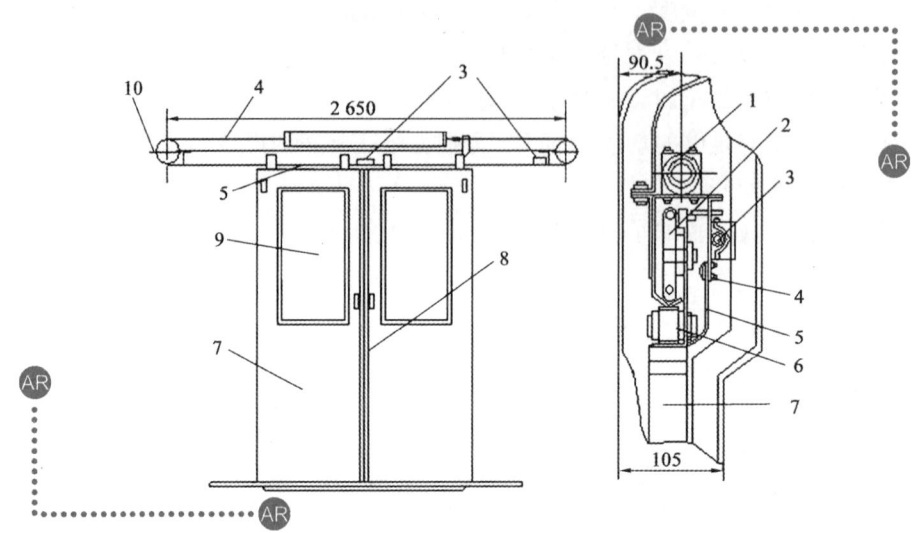

1—气缸；2—滚轮；3—行程开关；4—钢丝绳；5—导轨；6—小滚轮；
7—门页；8—橡胶密封条；9—车门玻璃；10—定滑轮。

图 5.1　内藏嵌入式对开侧移门的结构

如北京地铁车辆的车门就采用了该种形式的车门，其有效开度为 1 900 mm × 1 200 mm。司机可操纵按钮通过电气控制系统实现对列车所有车门的同步动作，也可对没关好的车门单独进行再关门控制。它由两大部分即机械传动系统和电气控制系统组成，机械传动系统包括传动气缸、传动系统和电磁阀等；电气控制系统包括控制电路、信号监视电路等。气动门的风源由总风缸通过总风管供给，总风管的压缩空气压力经减压阀减至 0.5 MPa，通过支管截断塞门、电磁阀（常开阀或常闭阀）充至传动气缸内，推动活塞运动，再经钢丝绳、导轮、滚轮、导轨组成的机械传动部分使门动作。双向对开拉门开门时间为 2～3 s，关门时间为 3～4 s，门移动有快慢两挡速度，通过双重活塞双向作用式传动气缸来实现，门翼快速运动时挤夹力为 740 N，慢速运动时挤夹力为 320 N。

2. 外侧移门（见图 5.2）

与上述内藏嵌入式对开侧移门的区别仅在于开关车门时，门翼均处于侧墙的外侧，而车门驱动机构工作原理与内藏嵌入式对开侧移门相同。

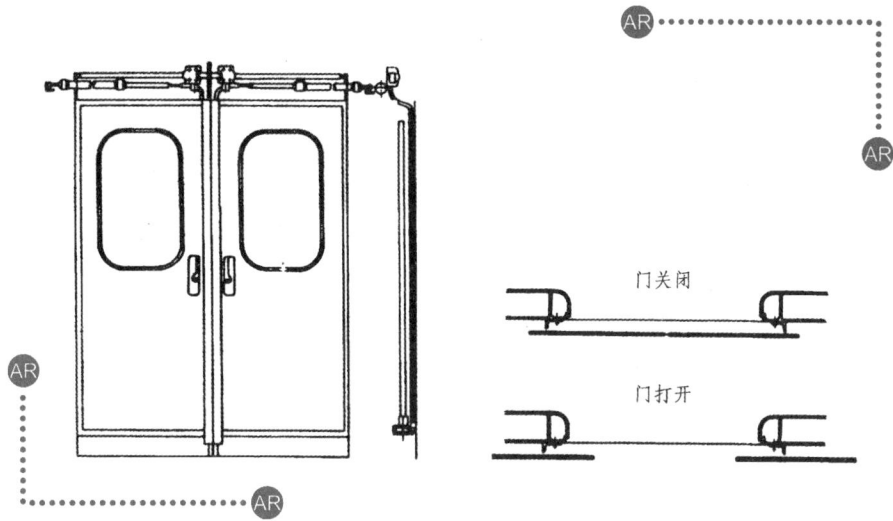

图 5.2　外侧移门

3. 塞拉门（见图 5.3）

借助于车门上端的传动机构和导轨，车门在开启状态时门翼贴靠在侧墙的外侧，车门在关闭状态时门翼外表面与车体外墙成一平面，这不仅使外表美观，而且也有利于在高速行驶时减少空气阻力，车门不会因空气涡流而产生噪声，也便于自动洗车装置对车体的清洗。在车门的上方设有门翼导轨，气缸（或螺杆）带动连杆机构使门翼沿着导轨滑移。

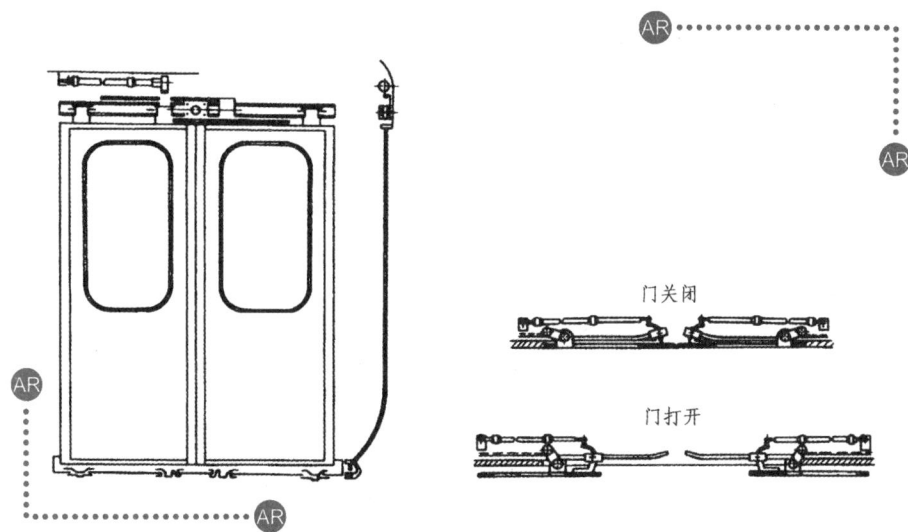

图 5.3　塞拉门

4. 外摆式车门（见图 5.4）

开门时通过转轴和摆杆使车门向外摆出并贴靠在车体外墙板上，门关闭后门翼外表面与车体外墙成一平面。这种车门的结构特点为开门时具有较大的门翼摆动空间。

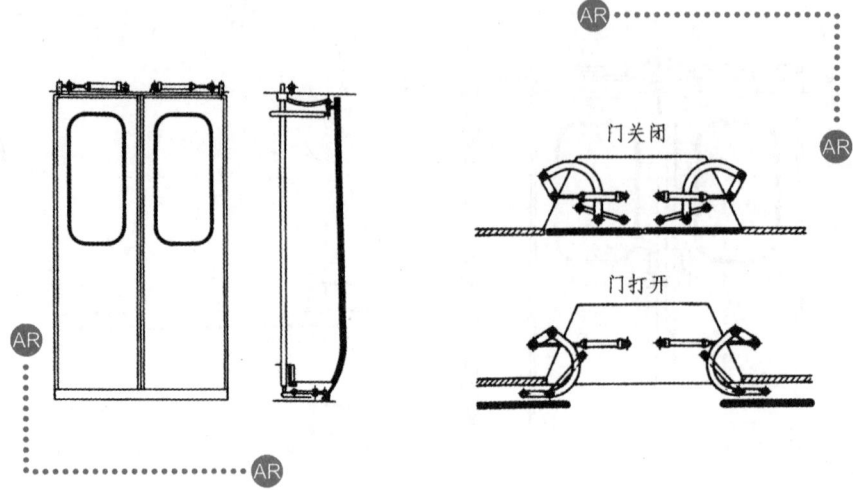

图 5.4 外摆式车门

广州地铁一号线和上海地铁一、二号线车辆均采用内藏嵌入式对开侧移门,采用电控气动控制系统。在每节车两侧各设置了 5 组车门,每组车门由气动系统、机械传动系统、门叶、导轨等组成,并受专门的车门电气控制系统控制。另外,上海地铁三号线(Alstom)车辆采用电控塞拉门,广州地铁二号线车辆采用外侧移门。

三、按用途的不同分类

除了客室车门以外,还有紧急疏散门和司机室车门等。

1. 紧急疏散门(见图 5.5)

列车在隧道内运行一旦发生火灾或其他险性事故时,必须疏散车上的乘客,这时司机可打开设在前后 A 车端墙中间的紧急疏散门,引导乘客通过紧急疏散门走向路基中央,然后向两端的车站疏散。

紧急疏散门为可伸缩的套节式踏级板,两侧设有扶手栏杆,中间铝合金踏板上涂有防滑漆,故乘客在上面行走时不会滑跌。其门锁在驾驶室内或室外都可开启,一旦门锁开启车门能自动倒向路基,并且还有缓冲器,不致使倒下的加速度过大,而使疏散门装置损坏。

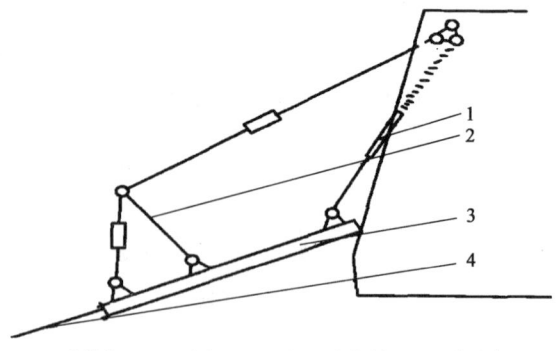

1—弹簧杆;2—连杆;3—安全疏散梯;4—伸缩杆。

图 5.5 紧急疏散门

2. 司机室车门

在司机室两侧墙上各有一扇单叶车门,其结构与客室车门类似,只是没有气动装置,用人工开关,以供司机上、下车。

在司机室背墙中间有一通客室的通道门,是供司机走入客室的通道。它在客室一侧没有开门手把,乘客是不能开启这扇门的。但在其上方有一红色紧急拉手,其用途是当乘客发现司机因突发急病时,可用紧急手柄开启通道门对司机进行抢救。

第二节　客室车门控制

本节主要以电控气动门为例介绍车门的控制。

以广州地铁一号线列车为例,车门系统主要由控制系统、驱动系统、机械传动系统、悬挂和导向系统、锁闭机构、门页以及负责检测的各种行程开关组成。

通常 MV1、MV2、MV3 三个电磁阀及开门速度、关门速度、开门缓冲、关门缓冲节流阀和快速排气阀是集成安装成一体,即为中央控制阀。车门开关是通过中央控制阀的控制来实现的(见图 5.6)。以压缩空气为动力驱动双向作用气缸活塞的前进和后退,再通过钢丝绳等组成的机械传动机构完成对门的开关动作,机械锁闭机构可以使车门可靠地固定在关闭位置。

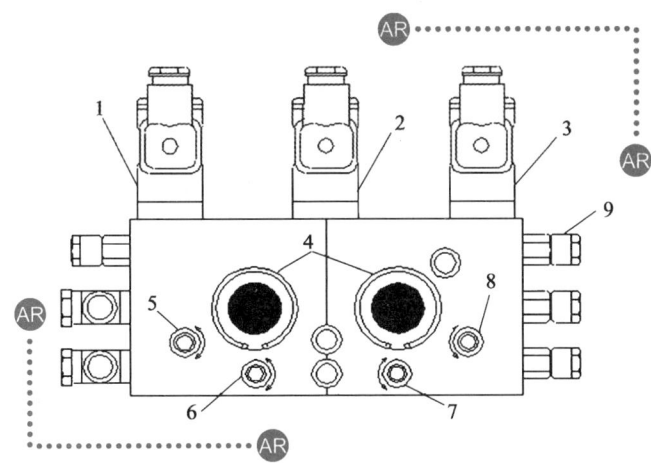

1—关门电磁阀 MV2;2—解锁电磁阀 MV3;3—开门电磁阀 MV1;
4—排气孔消声片;5—关门速度节流阀;6—开门缓冲节流阀;
7—关门缓冲节流阀;8—开门速度节流阀;9—气路连接头。

图 5.6　中央控制阀

车门的开关是通过操作车门按钮,通过电气控制系统控制中央控制阀上的 3 个二位三通电磁阀 MV1(开门电磁阀)、MV2(关门电磁阀)、MV3(解锁电磁阀)的通、断来实现车门的开、关及锁定。在气缸的终端有 150 mm 的缓冲行程。调节中央控制阀上的调节旋钮可调整开、关门速度及缓冲速度。由 4 个限位开关 S1(锁闭行程开关)、S2(关闭行程开关)、S3(切除行程开关)、S4(手动解锁行程开关),给出车门状况信号,司机可以在司机室操纵按钮,通过电气控制系统实现列车所有门的同步动作,也可对没关好的车门单独进行重开门的控制。当列车按 ATP(列车自动保护系统)模式运行时,列车到站停稳后能自动开门。

广州、上海地铁车辆的车门既可在 ATO(列车自动驾驶系统)模式下自动打开也可以由司机进行开关。无论是哪种方式，都要求符合以下 3 种情况：当列车速度大于 5 km/h 时，列车上任何与外界联系的车门都不允许正常打开，一旦被强行打开（如启动紧急开门按钮），列车将紧急制动；当列车上任意与外界联系的车门处于开启或非正常关闭状态时，列车将不能启动；列车开门侧与站台侧要求严格对应。

一、客室车门的气动控制系统及原理

车门的控制是由电控制压缩空气，然后再由压缩空气通过气缸转换成机械动作。每扇门的气动控制原理图如图 5.7 所示。

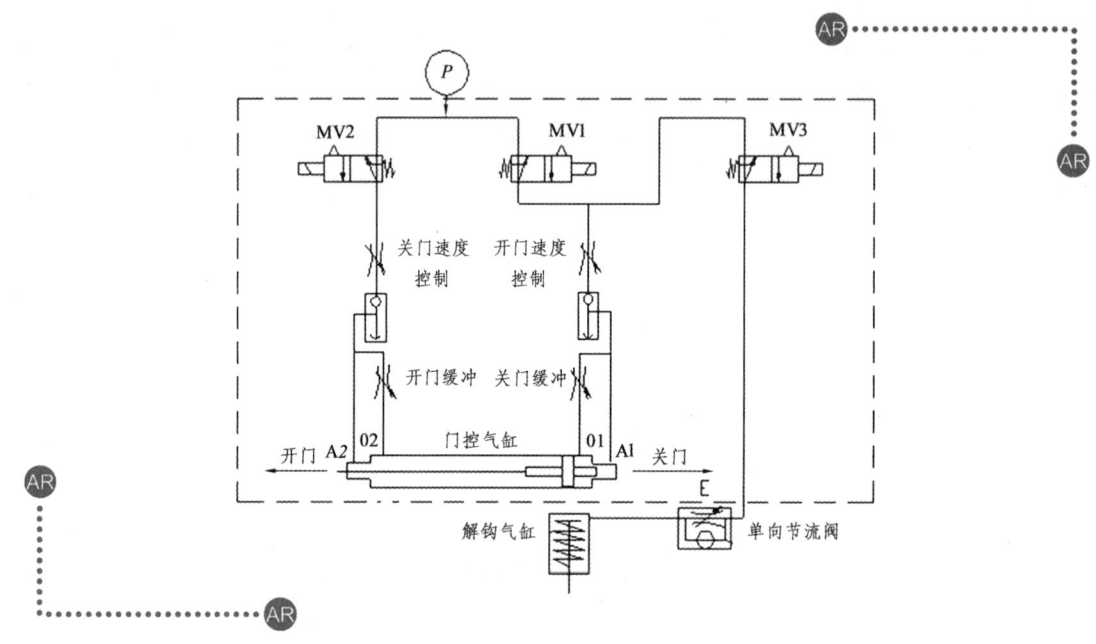

图 5.7　车门的气动控制原理

1. 元　件

（1）电磁阀：MV1、MV2、MV3 三个均为二位三通常开电磁阀，分别为"门开""门关""门解锁"。

"门开"电磁阀的通常状态（即失电），车门驱动风缸及解锁风缸都处于排气状态（通向大气）。

"门关"电磁阀的通常状态（即失电），车门驱动气缸排气。

"门解锁"电磁阀得电时，解锁风缸与气路相连接，当有空气进入，锁钩就会被顶开。当该电磁阀处于通常状态（即失电），解锁风缸排气，活塞缩回，门钩在扭簧的作用下复位。

（2）节流阀：共有 4 个节流阀，其功能分别为调节开门速度、关门速度、开门缓冲、关门缓冲。

（3）快速排气阀：共有 2 个。主气缸两端排气管是通过快速排气阀排向大气的，它相当于一个双向选择阀，它的排气口是常开的，当主气缸通过它充气时，其阀芯将排气口关闭。

(4)气缸：

① 门控气缸：它是开关门动作的执行元件，其中的活塞是一个对称的带有台阶的非等直径的活塞，即两侧直径为 20 mm，中部为 40 mm；其气缸的内径也是非等直径的，两端头的公称内径为 20 mm，中间为 40 mm。这样的结构可使活塞的变速运动。

② 解钩气缸：它是执行门钩解钩动作的（门钩，呈反 S 形，锁住门叶上的圆销使门不能开启）。

(5) S1、S2、S3、S4 行程开关：车门的打开和关闭还置了 4 个行程开关，4 个行程开关分别为锁闭行程开关 S1，主要用于检测车门是否正确锁闭；车门关闭行程开关 S2，主要用于检测车门门页是否关闭到位；门切除行程开关 S3，用于检测车门是否切除集中控制；门解锁行程开关 S4，主要用来在紧急情况下通过拉下紧急解锁手柄，实现紧急开门。

2. 工作原理

压缩空气从 P 口进入集成体，而电磁阀均为失电状态。

下面将分别叙述开、关门时，压缩空气的流程及气缸活塞的动作。

(1) 开门。

开门的空气流程如下：

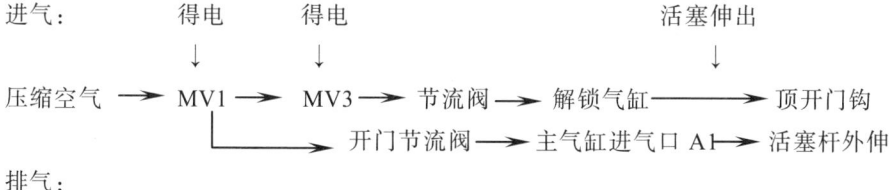

当活塞的左端头进入气缸左端的小直径处侧 A2 出口被封堵，大气缸内的气体只能从 O2 一个出气口并经过缓冲节流阀到快速排气阀最终排至大气。由于 A2 出口的被堵，使得整个排气速度大大降低，从而使开关门的速度有了一个极大的缓冲。

(2) 关门。

关门的空气流程如下：

MV3 —失电→ 门锁气缸排气活塞缩回 → 门钩复位（在扭簧作用下）

进气：

压缩空气 → MV1 MV2 —失电→ 关门节流阀 → 主气缸进气口 A2 → 活塞杆缩回

排气：

活塞杆右移 → 主气缸排气口 A1 → 关门缓冲节流阀 → 快速排气阀 → 大气

关门缓冲的原理与开门缓冲的原理相同。

由于活塞杆的端头与一扇门叶及钢丝绳的一边相连接，而另一扇门叶与钢丝绳的另一边相连接，则使门叶在活塞杆运动时能同步反向移动。而运动的速度则由快速至突然缓慢，最后使门叶完全关闭或打开。

二、客室车门的电气控制

广州地铁一号线车辆的车门为电控气动门，其控制电路为 110 V 有节点电路。车门作为关系到行车安全的主要部件，采取了必要的保护措施确保当车门没有关闭好时，列车无法起动。

车门既可在 ATO 模式下自动打开也可以由司机进行开关。考虑到安全需要，有两种不同的门控信号。

- 门开使能；
- "开门"指令和"重开门"指令。

在通常的操作中车门打开可以由 ATP 来使能。门的电-气命令操纵一个单向作用的气缸去使锁钩打开。这些操作都是在开门过程中通过中央控制阀来进行控制的。

只有当列车静止且在站台正确的位置时，ATP 系统才能给出使能信号。在 URM 模式下操作，可以通过司机室的按钮来实现开门使能。在这种情况下，车门使能与牵引控制单元的 0 km/h 信号互锁。用乘务员钥匙也可以单独打开某扇门。

门只有在司机操纵台启动下才能打开。当列车控制只连接 ATP 系统时，中央开门及关门是不可能的。

1. 车门控制的主要电路

（1）开、关门控制电路：当满足司机台激活、列车速度为"0"、ATP 给出门使能信号后，按下开门按钮，经过整列车、单节车、单个门的相关继电器使单个门的中央控制阀控制车门打开。离站时，按下"关门"按钮，时间继电器延时结束后，中央控制阀控制（详见车门气动控制部分）使车门关闭。

（2）车门的监测电路：由于车门的状态关系到乘客及运营安全，为确保列车运行过程中车门正确锁闭，只要检测到有一个车门没有正确锁闭，列车将无法起动；而在运行过程中，如果有乘客将紧急解锁手柄拉下，列车将触发紧急制动并停车。

（3）重开门：当单个或多个车门没有完全关上时，可以按下"重开门"按钮重新把门打开并关闭（司机操纵台：8S06 是开右侧门；副司机操纵台：8S05 开左侧门）。若按钮一直按下，车门将一直打开直至松开按钮，已锁闭的车门将不会被打开。

（4）自动折返：如果司机操纵台在自动折返线时已锁，在 ATP 控制启动之前，开门命令一直保持有效。如果指令输出"列车控制已开"从列车前端转到尾端，则开门指令被尾端司机室控制取代。打开司机操纵台后，门就可以从该操纵台打开。

（5）用乘务员钥匙开门：每节车的 19/17 门和 20/18 门可以局部打开。主要依赖于列车是否起动（蓄电池连接上）及压缩空气是否可以利用。开门指令是由乘务员旋转钥匙开关（车内及车外）两个中的一个给出。开门命令存储下来了，门一直开着，直到：

- 门上的一个旋转钥匙开关给出局部关门命令；
- 列车该侧给出"开门/关门"指令；
- 列车该侧给出了"重开门"命令。

用乘务员钥匙进行局部开门不依赖 ATP 的释放（或者在 URM 操作模式下速度为 0 km/h），即使列车在驾驶时也可以进行局部开门。当门被切除时不可以用乘务员钥匙来开门。

2. 操作车门的主要设施

（1）位于司机室左侧墙上的"左门开""左门关""重开门"按钮。
（2）位于司机室右侧墙上的"右门开""右门关""重开门"按钮。
（3）位于司机操纵台上的"强行开门"开关、"开门"开关。
（4）位于司机操纵台上的车门开门操作模式选择开关，有"自动"挡及"手动"挡。
（5）车载 ATP 列车自动保护系统。

具有停车保护、速度监督与超速防护、列车间隔控制、测速与测距、车门监督控制、紧急停车、给发车信号和列车倒退控制功能。

（6）车载 ATO 列车自动驾驶系统。

具有停车点目标制动、打开车门、从车站发车、列车加速、区间临时停车、限速区间、手动驾驶与 ATO 随时转换和记录运行信息功能。

（7）RM——受限制人工驾驶模式。

列车运行由司机驾驶，列车的运行速度不能大于 25 km/h。如果列车的速度超过极限速度，则列车产生紧急制动而停车。

（8）SM——ATP 监督下的人工驾驶模式。

列车运行由司机驾驶，列车的运行速度受 ATP 监督，如果列车的极限速度超过了 ATP 允许的速度，则列车会产生紧急制动而停车。

（9）URM——非限制人工驾驶模式。

用 ATP 钥匙开关后才起作用，使用时必须经过批准和登记。列车运行由司机控制，没有限制速度监督。

3. 车门动作调整

1）开、关门速度调节节流阀

将节流阀向"＋"方向旋转，表示供气量增大，开关门速度加快；反之，开关门速度减慢。

2）开、关门终端缓冲调节节流阀

将节流阀向"＋"方向旋转，表示供气量增大，开关门缓冲变小，冲击力增大；反之，开关门缓冲变大，冲击力减小。

车门的开关门速度、开关门终端的缓冲速度的调整均通过中央控制阀进行。在调整开关门速度时，要尽量避免车门在最初运动很快，而在终端缓冲很大的情况出现，此时会导致门页有往复运动，对驱动风缸内部活塞造成损坏。

中央控制阀装置可在温度为 $-12 \sim +40°C$ 之间运行，最大压力为 $3 \sim 6\,\text{bar}$[①]，操作电压范围为 $DC\ 110 \times (1^{+0.25}_{-0.30})\,\text{V}$。

3）车门行程开关调整

（1）锁闭行程开关 S1。

S1 位于驱动器的中央，从车内观察，该开关位于紧急开门手柄的后面，通过锁钩上的凸轮操纵。当车门锁钩被顶开时，凸轮旋转使 S1 动作，03—04 触点接通，单个门的黄色指示灯亮，表示车门没有锁闭；锁钩回落到水平位置后，凸轮回复使 S1 的 01—02 接通，表示车门已锁闭。

注：1 bar = 100 kPa。

如果出现车门关闭及锁好后，指示灯仍不熄灭，需分别检查 S1 及 S2 行程开关动作是否正常并进行调整。

S1 的调整方法：

① 手动关门。

② 使用 7# 小扳手，松开控制凸轮的紧固螺栓，使凸轮可以转动，从而调节切换点。

③ 限位开关"S1"的支架，其高度位置亦可调整，可按需要调整切换点。

④ 调整后，拧紧凸轮的紧固螺钉，用手动关门，用手拨动锁钩模拟开关门时的锁钩动作，这时 S1 行程开关的切换必须正常且声音清脆（若发现声音不清，及时更换 S1）

⑤ 调整结束后，将控制凸轮的紧固螺栓拧紧，并涂 Loctite 243 防松。

（2）车门关闭行程开关 S2。

该行程开关主要用于检测车门门页是否关闭到位，通过安装在右门页上的碰块触发该行程开关的动作。当车门未关闭到位时，S2 的 21—22 触点接通，指示灯指示车门未关闭；当关闭到位后，13—14 触点接通，21—22 断开，当 S2 的 13—14 及 S1 的 01—02 均接通后，指示灯熄灭，表示车门关闭到位并锁好。

如果出现车门关闭及锁好后，指示灯仍不熄灭，需分别检查 S1 及 S2 行程开关动作是否正常。
S2 的调整方法：

手动关上两门页，当 S2 动作时,确保两门页的上部 V 形测量点之间的距离应为 90^{+2}_{0} mm；或者拉下解锁手柄，当门页上的锁销中心与锁钩尖对齐时，S2 应动作。

S2 的功能检验：

① 开启车门，用 60 mm 宽 30 mm 高的测试木块，放在两个防挤压手指橡胶条之间，当车门关闭时将其夹住，此时限位开关 S2 必须不被触发，21—22 接通。

② 当车门关闭时，在两个防挤压手指橡胶条间不放置木块。此时，该限位开关必须可靠地接通（13-14 接通）。

③ 进行此项调整后，反复开关车门，S2 的功能必须执行无误。

④ 检查完毕，拧紧触发块及限位开关 S2 摆臂的紧固螺钉。

（3）门切除行程开关 S3。

S3 用于检测车门是否切除。当单个车门发生电路检测故障时（通常是 S1、S2 接触不良造成），可以通过方孔钥匙切除该车门，S3 行程开关的 03—04 触点接通将该门的 S1、S2 行程开关旁路，S3 在生产厂已经调整，如果功能检查不正常，必须更换 S3 或整组紧急解锁装置。

（4）门解锁行程开关 S4。

S4 安装在驱动器中央的紧急开门手柄上方，由紧急开门手柄上的凸轮操纵。当紧急情况下拉下紧急解锁手柄后，S4 的 01—02 触点应断开，使中央控制阀的关门电磁阀失电，使驱动风缸左腔的压力空气排往大气，这时可以通过双手把门页打开。

S4 的调整方法：

关上车门，将紧急开门手柄拉至最低处，在此位置时，该限位开关必须完全接通。

4）门页 V 形的调整

由于一号线车辆车体在 AW0 时具有上挠度，为保证在 AW3 车体挠度为 0 时客室车门两门页不会相互挤压而导致无法关闭，一般在调整车门时要保证两门页之间存在一个 V 形（见图 5.8）。

为实现这一目的，两门页上方靠近外侧的悬挂滚轮安装了偏心滚轮。具体调整方法如下：

右门页的调整：

（1）在导轨的中央处（即门框中心线处）吊一铅锤，须保证其悬垂自由。

（2）转动右门页后端下滚轮的偏心螺柱，直到门页上顶部与铅垂线的距离比下底部位与铅垂线的距离大 1 mm。

（3）上述调整结束后，用钩形扳手拧紧门页后端偏心滚轮的锁紧螺母，将垫片的突出舌片压入螺母槽内。

左门页的调整步骤与上述右门页的调整过程类似。

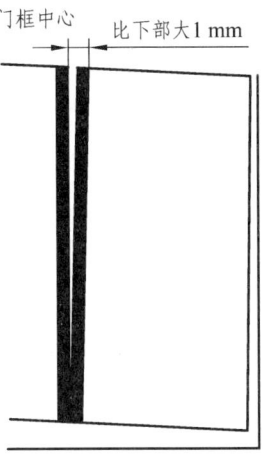

图 5.8　门页 V 形的调整

注意：

◆ 左、右门页的顶部应处于同一水平线（肉眼观察）；

◆ 调整完后门页的上部间距比下部间距大 2 mm。

经确认门页 V 形符合要求后，将偏心滚轮上的圆形垫片打弯使之压紧在门页上。

5）锁钩间隙的调整（见图 5.9）

要使车门开闭正常，一个重要的参数就是锁钩与锁销之间的间隙要适当。锁钩间隙过小将导致锁钩下落困难，S1 行程开关检测不到位，导致列车检测到有车门没有锁闭而无法缓解制动。

在检修过程中，这一尺寸需要重点检查，同时需要在锁钩与锁销上涂润滑脂以保证运动灵活。

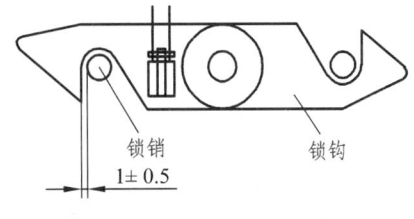

图 5.9　锁钩间隙的调整

锁钩间隙的调整方法如下：

（1）在无电状态下，松开钢丝绳夹，使左门页与右门页脱离；同时将驱动风缸活塞杆与左门页的连接拆开，用手关上左门页并锁闭，用力使左门页与关门止挡压紧，用塞尺检查，此时锁钩与左门页锁销间的间隙应在 1 mm。调整关门止挡直至满足要求，拧紧关门止挡的锁紧螺母。

（2）手动关闭两门页，拧紧左门页拉臂上钢丝绳夹的锁紧螺钉。

（3）有电时检查左、右锁钩与锁销间隙，应满足（1 ± 0.5）mm 的要求，否则重新调整。

6）钢丝绳张紧力的调整

钢丝绳是连接两门页，实现两门页同步运动的一个重要部件。钢丝绳过松容易造成右门页最终的关紧压力不足，锁钩无法下落。所以要定期检查钢丝绳的张紧力，对不符合要求的进行重新调整。

调整方法：

（1）将车门推到 100% 开门位置（手指防挤压橡胶条间距为 $1\,400_{-0}^{+4}$ mm，否则须调整开门止挡）。

（2）将 2 kg 重锤挂到上钢丝绳距门框中央偏左端 165 mm 处（从车内侧观看），如图 5.10 所示。

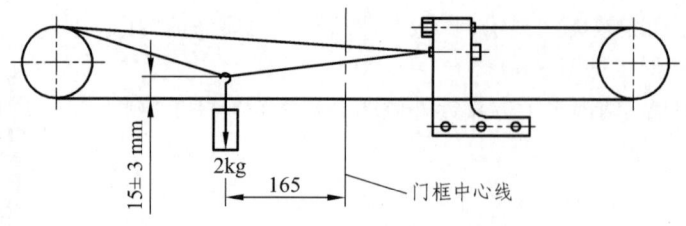

图 5.10 钢丝绳张紧力的调整

(3) 测量两钢丝绳之间距离，尺寸应为（15±3）mm。通过调节钢丝绳端部的调节螺栓以满足要求，用扳手拧紧锁紧螺母。

4. 参与门控的继电器

（1）整列车控制所使用的继电器：
8K01、8K02：左、右侧门的门使能继电器。
8K03、8K04：开门继电器。
8K05、8K06：延时断开继电器。
8K07、8K08：门未锁继电器。
8K09、8K10：整列车所有门关好继电器。
8K41：关门报警启动继电器。
8K42：关门报警电闪继电器。
8K43：关门报警继电器。
8K47：左边门开继电器。
8K48：右边门开继电器。
8K49：门关好监测继电器。

（2）单节车继电器：
8K21、8K22：解锁继电器。
8K23、8K24：开门继电器。
8K25、8K26：重开门继电器。
8K27、8K28：关门监测继电器。
8K29：17/19 门乘务员钥匙开门继电器。
8K30：18/20 门乘务员钥匙关门继电器。
8K45、8K46：关门报警继电器。

（3）每个门的控制继电器：
8K31、8K33、8K35、8K37、8K39：左边门门未切除继电器。
8K11、8K13、8K15、8K17、8K19：左边门开、关门继电器。
8K32、8K34、8K36、8K38、8K40：右边门门未切除继电器。
8K12、8K14、8K16、8K18、8K20：右边门开、关门继电器。

除此以外，每个车门均安装有 S1、S2、S3、S4 4 个行程开关以检测车门的状态。

5. 车门状态及显示

（1）车门状态：列车每个车门（包括紧急逃生门）的车门状态以司机室运行屏中的彩色

符号显示，圆圈的颜色代表车门状态。

① 灰蓝色符号：车门关闭状态。

② 黄色符号：车门打开状态。

③ 黑色符号：紧急打开。

④ 红色闪烁符号：故障。

⑤ 一直红色符号：手动解闭。

（2）车门状态显示：

① 位于司机室左侧墙上及操纵台上的"左门开"指示灯亮——满足车载 ATP 允许的条件或操作 4S04（非正常情况）或列车停车后（URM 模式），且已给出左边门的开门解锁信号，列车左侧门允许打开；"左门关"指示灯亮——列车左边所有车门已经关好且该端司机台已激活。

② 位于司机室右侧墙上的"右门开"指示灯亮——满足车载 ATP 允许的条件或操作 4S04（非正常情况）或列车停车后（URM 模式），且已给出右边门的开门解锁信号，列车右侧门允许打开；"右门关"指示灯亮——列车右边所有车门已经关好且该端司机台已激活。

③ 位于司机室右侧墙上紧急疏散门指示灯亮——至少有一端的疏散门已经解锁或检测出电路故障。

④ 每个客室车门上方的内外侧均有一个橙色指示灯——车门未锁时亮；内侧均有一个红色指示灯——车门切除时亮。

⑤ 位于每节车后端左、右外侧墙上的橙色指示灯——每节车每侧有 1 个以上车门未锁时亮。

⑥ 位于司机操纵台上的"TFT"彩色显示屏——显示车门被紧急解锁的位置及车载 ATP 系统对车门的控制状态。

6. 控制车门开关按钮的作用及使用

（1）左门开按钮：用于指示列车左边门是否有开门信号和开启列车的左边门，有开门示能信号时，按 8S01 按钮。

（2）左门关按钮：用于指示列车左边门是否"关好"和关闭列车的左边门，按 8S03 按钮。

（3）右门开按钮：用于指示列车右边门是否有开门信号和开启列车的右边门，有开门使能信号时，按 8S02 按钮。

（4）右门关按钮：用于指示列车右边门是否"关好"和关闭列车的右边门，按 8S04 按钮。

（5）左门重开按钮：用于重新开启列车左边未完全关闭的客室门，列车左边有开门使能信号和左边至少有一个车门未关好。

（6）右门重开按钮：用于重新开启列车右边未完全关闭的客室门，列车右边有开门使能信号和右边至少有一个车门未关好。

（7）强行开门按钮，其作用将在第三节中详细介绍。

7. TMS 列车管理系统的开门联锁功能

（1）只有列车静止时，开、关门指令才有效。

（2）当列车上任一与外界联系的车门处于开启或非正常关闭状态，列车将不能启动，列车车门没有全部关好，列车无法启动。

（3）当列车速度大于 5 km/h 时，列车上任何与外界联系的车门都不允许正常打开，一旦被强行打开（如启动紧急开门按钮），列车将紧急制动。

（4）当列车牵引时，如车门强行打开：列车将在 ATP 保护下，停止行驶中的车辆，没有 ATP 保护下，VTCU 仅使车辆由牵引转至惰行。

（5）VTCU 接收司机发出/ATP、发出/ATO、发出的开、关门指令，并考虑联锁条件后，发送到 EDCU。

其中：EDCU——车门电子控制单元；VTCU——车辆列车控制单元。

8. 开、关门控制原理

下面以广州地铁一号线车辆某一门（如 A 车 1/3 门）开门、关门为例，其控制原理见图 5.11。

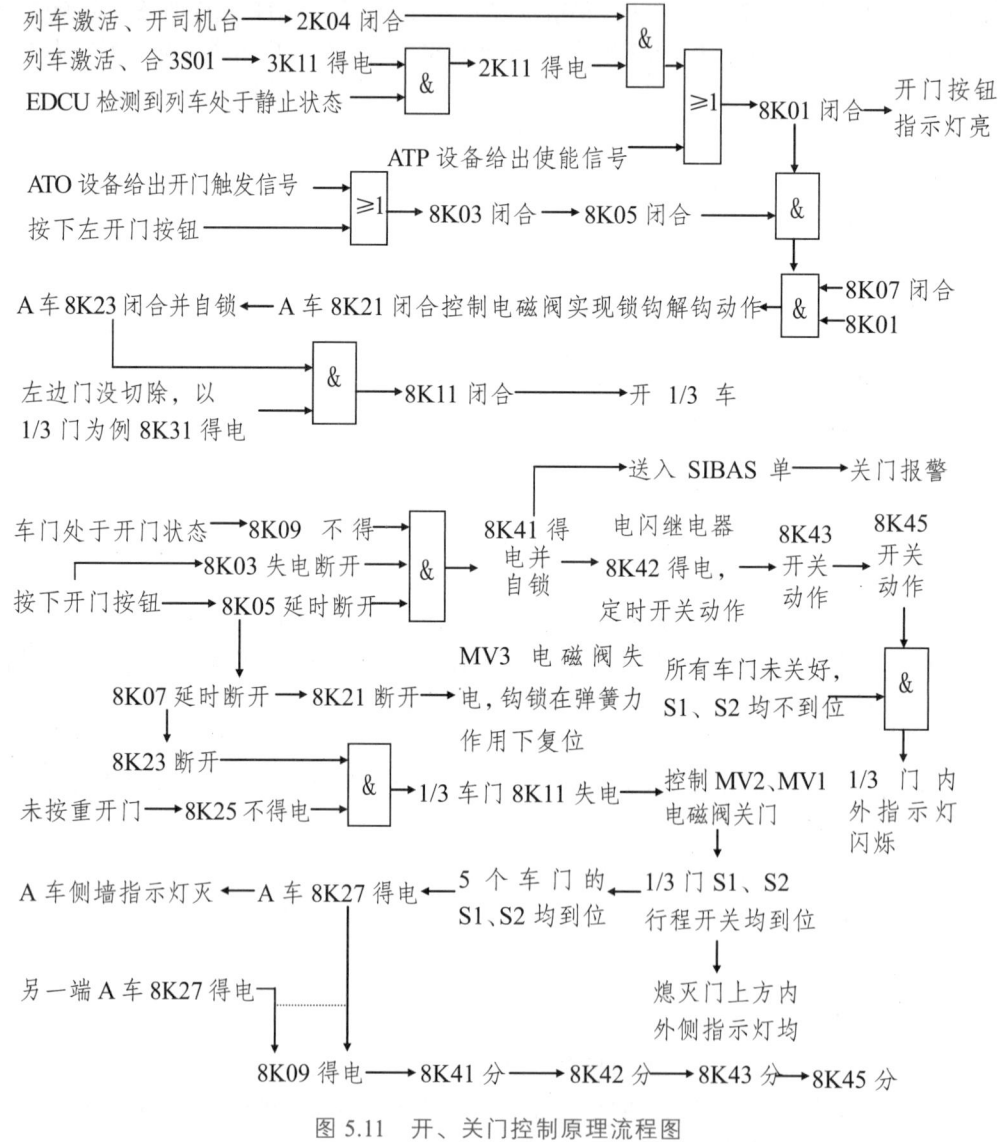

图 5.11　开、关门控制原理流程图

当开门指令发出后，将使中间继电器 8K11 得电，控制电磁阀 MV1、MV3 得电使车门得以打开；当关门指令发出后，使中间继电器 8K21 触点断开，8K11 失电，控制电磁阀 MV1、MV2 使车门关闭。为了行车的安全，车门监控回路的 8K09、8K10 继电器，S1、S2、S3 行程开关还直接或间接地影响车辆的牵引和制动及紧急制动，起到监控和保护作用，用于车门控制的这些中间继电器的型号都是 SH04。

其中，8K01 左侧门的门使能继电器；8K03、8K23 开门继电器；8K05 延时断开继电器；8K07 门未锁继电器；8K09 整列车所有门关好继电器；8K11 左边门开、关继电器；8K21 解锁继电器；8K25 重开门继电器；8K27 关门监测继电器；8K31 左边门未切除继电器；8K41 关门报警启动继电器；8K42 关门报警电闪继电器；8K43、8K45 关门报警继电器；MV 电磁阀；S 行程开关。

第三节　车门故障的检测及处理

一、车门三大系统故障及处理

车门的故障表现复杂繁多，其中既有车门气路系统、机械传动方面的问题，也有车门电气控制及信息检测系统的故障。

1. 车门机械系统故障

车门机械故障主要分两种：一种是零、部件损坏故障；一种是调整不到位故障。

零、部件损坏通常可以通过更换新件解决，但如果同一类零、部件损坏率较大，则应当检查是否存在系统设计问题或调整上的失误。

调整不到位通常表现在尺寸超出该范围，影响车门的正常动作。常见问题有：

（1）锁钩间隙过小或左右不均匀，导致锁钩无法下落，S1 行程开关检测认为车门没有锁好，列车无法起动。

处理方法：为确保锁钩左右间隙满足（1±0.5）mm 的要求，必须按以下方法重新调整。

① 在无电情况下，松开连在左门页上与驱动气缸活塞杆的连接以及钢丝绳夹，使左门叶可以自由运动。

② 调整关门止挡位置，使左门叶锁销与锁钩间隙达 1 mm，同时要保证左门叶与门框中心线之间的距离上部比下部大 1 mm（即左门叶 V 形为 1 mm）。

③ 左门叶位置确定后，固定关门止挡位置，把右门叶推至关闭位，检查左右门叶锁销与锁钩间隙基本均匀，拧紧左门叶的钢丝绳夹，连接驱动气缸活塞杆。

④ 有电状态下进行微调。

（2）S2 行程开关安装位置不准确，使 S2 检测有误。

处理方法：

① 拧松 S2 摆臂的螺钉，拉下摆臂使之于摆臂座之间的齿合脱离。

② 调整 S2 摆臂的角度。

③ 拉下紧急解锁手柄，用手合上两门叶，当锁钩尖对准锁销中心时，S2 必须动作。

④ 调整好以后拧紧摆臂螺钉，有电时检查 S2 的功能。

2. 车门电路故障

车门电路故障主要有继电器卡滞、烧损，行程开关内部弹簧老化造成触头接触不到位等。这类故障均可以通过相关车门电路分析查出并处理。

主要故障：S1/S2 行程开关接触不到位，S1/S2 各有一对常开触点，并连在一起检测单个门的关闭和锁闭状态，一对常闭触点串联在一起用于整节车的车门状态检测。车门关闭并锁好后，如果单个门检测都正常，即 S1/S2 常开触点都已断开，但整节车侧墙黄色指示灯不灭，排除整节车继电器 8K27/8K28 的故障后，说明至少有一个门的 S1/S2 常闭触点没有闭合。在这种情况下，由于单个门指示灯都已熄灭，无法直接判断是哪个门的故障，可以通过逐个切除，即 S3 旁路 S1 和 S2 的串联电路，找到故障的车门。

3. 车门气路故障

车门气路故障主要表现在气动元件调节功能失效、漏气等，可以通过用新件替换查找故障。常见部件失效现象有：

（1）驱动气缸漏气或中央控制阀漏气：这两个部件若发生漏气情况，一般都表现为门关闭或完全开启时，中央控制阀排气口一直有空气排出。通常情况下，驱动气缸漏气情况较为普遍，可采取先更换驱动气缸的处理方法进行检查。

（2）解锁气缸动作不灵活，导致锁钩无法复位，车门无法锁闭；通常情况下，可对解锁气缸的活塞进行清洁并喷涂橡胶保护剂润滑其密封件；若试验多次仍无法恢复正常，可以判断是解锁气缸内部存在故障，一般为内部排气孔堵塞造成，需更换解锁气缸。

（3）中央控制阀速度调节功能失效：旋转各调整针阀，可将针阀拧至"＋"或"－"的极限位置，若开关门速度或缓冲速度没有明显的变化，说明针阀的调节作用已失效，需更换中央控制阀整件。

（4）单向节流阀调节功能失效，导致锁钩下落速度不可调，通常情况下关门逻辑为锁钩先落下，门叶上的锁销撞击锁钩后把门锁上，需要更换节流阀。

二、车门特定故障的检测及处理

1. 列车单个车门不能打开的检测及处理

（1）单/多个车门故障检测处理程序（车辆显示屏在关门状态下有个别车门显示灯显示黄色及红色）：

① 列车在站关门时发现司机室关门指示灯不亮，司机在确认屏蔽门与列车之间的空隙无人后等待 20 s 后，重新开、关门一次，观察能否恢复正常，能恢复正常则确认站台安全、进路正确，可以开车。

② 若不能恢复正常，则通知站台在岗工作人员，要求其确认好故障车门的位置和准备好"此门故障暂停使用"的字条，通过车辆显示屏确认故障车门的位置并记录在手掌上，同时做好乘客广播，将情况报告行调，重新打开屏蔽门、车门，司机带上方孔 T 形钥匙到达故障车门处进行处理。

③ 司机进入客室把故障车门切除。（注：司机到达故障车门时第一时间先检查故障车门

的门槽内有无异物。若开门情况下切除车门，司机必须要用力将车门推至关闭状态，两扇车门之间无缝隙，用力反方向推门，车门打不开，切除指示灯红灯亮。）

④ 切除完毕，要求车站在故障车门张贴"此门故障暂停使用"的告示，从其他车门下车，回到驾驶室后关屏蔽门、关车门。

⑤ 确认站台安全，站台岗给了信号、进路正确，动车后报告行调。

（2）列车在站停车开门时发现某一节车门有一个或多个车门不能打开或关闭，相应车门显示屏显示黑色闪烁：

① 报告行调，同时做好乘客广播安抚乘客。

② 到故障车检查 8F21～8F25 是否跳闸，跳闸则复位，继续维持运营。

③ 若自动开关无跳闸或复位不成功，则报告行调，建议切除故障车门，按行调的指示执行。

其中：

08F21—车门 1/2，微型断路器（MCB）。

08F22—车门 3/4，微型断路器（MCB）。

08F23—车门 5/6，微型断路器（MCB）。

08F24—车门 7/8，微型断路器（MCB）。

08F25—车门 9/10，微型断路器（MCB）。

2. 列车所有左侧/右侧车门不能打开的检测及处理

（1）单节车整边门不能打开。检查相应车的 8F03、8F05、8F09（左边门）或 8F04、8F06、8F10（右边门）是否跳闸。如果是，请复位；如果不是或复位不了，报告 OCC，请求运营到前方终点站退出服务。

（2）单节车整边门不能关闭。检查相应车的 8F09（左边门）或 8F10（右边门）是否跳闸。如果是，请复位；如果不是或复位不了，报告 OCC，请求请客退出服务。

其中：

8F03—左门解锁，保护本车"左门解锁"的继电器。

8F04—右门解锁，保护本车"右门解锁"的继电器。

8F05—左门打开，保护本车"左门开"的继电器。

8F06—右门打开，保护本车"右门开"的继电器。

8F07—左门重开，保护本车"左门重开"的继电器。

8F08—右门重开，保护本车"右门重开"的继电器。

8F09—左门未锁，保护本车左边门的开、关门控制电路和检测电路以及灯显示电路。

8F10—右门未锁，保护本车右边门的开、关门控制电路和检测电路以及灯显示电路。

（3）整列车左侧车门/右侧门不能打开。手动操作有关继电器开门，疏散乘客后报告 OCC（运营控制中心），退出服务。

3. 强行开门按钮的作用

（1）列车停稳后，显示屏没有释放信号，车门不能打开，此时司机按强行开门按钮，ATP 旁路给出两侧门的释放命令，司机根据情况手动开门。

（2）关门后，车门故障、显示车门未关好，显示屏显示门释放信号，司机可按压强行开门按钮一次，在旁路 ATP 对门的监督下，司机正常驾驶列车到下一站停车。

如果显示屏显示切断门的监督，司机必须强行按压强行开门按钮一次，ATP 给出门释放信号后，根据实际情况开门。

如果显示屏没有显示门切断信号，显示屏有门释放命令，在 ATO 下可自动开门。（显示开门与门开关必须打到自动开门挡）

（3）车门在打开的状态下按压强行开门按钮，切断门的监督，使车门自动关闭。

（4）当车门关闭后，显示仍然有一个门释放信号，此时可按压强行开门按钮，切断门监督。

本 章 小 结

城轨车辆的车门分类：按驱动方式的不同分：电控风动门、电传动门等；按其开启方式的不同分：内藏嵌入式对开侧移门、外侧移门、塞拉门、外摆式车门等；按其用途的不同，有客室车门、紧急疏散门和司机室车门等。

电控气动门通过中央控制阀来控制、以压缩空气为动力驱动双向作用的气缸活塞前进和后退，再通过钢丝绳等组成的机械传动机构完成车门的开关动作，机械锁闭机构可以使车门可靠地固定在关闭位置。

车门的故障表现复杂繁多，既有车门气路系统、机械传动方面的问题，也有车门电气控制及信息检测系统的故障。车门机械故障主要分两种：零、部件损坏故障，调整不到位故障；车门电路故障主要有继电器卡滞、烧损，行程开关内部弹簧老化造成触头接触不到位等，这类故障均可以通过相关车门电路分析查出并处理；车门气路故障主要表现在气动元件调节功能失效、漏气等，可以通过用新件替换查找故障。

车门特定故障的检测及处理包括① 列车单个车门不能打开的检测及处理；② 列车所有左侧/右侧门不能打开的检测及处理；③ 强行开门按钮的作用。

复习思考题

1. 城市轨道车辆车门有哪些主要特点？
2. 城市轨道车辆车门的分类及驱动形式有哪些？
3. 简述城市轨道车辆车门的气动控制原理。车门采用了哪些元件？分别起什么作用？
4. 城市轨道车辆车门的主要功能有哪些？
5. 运行屏中车门状态的显示及意义是什么？
6. 司机室车门指示灯的显示意义是什么？
7. 车门机械系统故障有哪些？如何处理？
8. 车门电路系统故障有哪些？如何处理？
9. 车门气路系统故障有哪些？如何处理？
10. 车门有哪些特定故障？如何处理？

第六章

车辆连接装置

通过学习车钩缓冲装置及贯通道装置，了解机车车辆之间的连接与贯通，从而熟悉车钩和缓冲器的连接形式和作用状态，掌握贯通道的分解与连接操纵，掌握密接式车钩和缓冲器的故障处理、日常维护及保养。

教学目标

能力目标
- 能区分车钩、缓冲器、贯通道等部分的结构
- 能操作自动车钩、半自动车钩、半永久性牵引杆、贯通道分解和连接
- 能对自动车钩、半自动车钩、半永久性牵引杆、缓冲器、贯通道等进行日常维护和保养
- 能分析自动车钩、半自动车钩和半永久性牵引杆、缓冲器、贯通道失效原因和故障处理

知识目标
- 了解车钩、缓冲器、贯通道的种类、作用及组成
- 了解不同车钩、缓冲器、贯通道的结构及其特点
- 熟悉自动车钩、半自动车钩、半永久性牵引杆的结构、作用原理、维护与保养

车辆连接装置主要包括车钩缓冲装置和贯通道装置，通过它们使列车中车辆相互连接，实现相邻车辆之间的纵向力传递和通道的连接。

第一节 车钩缓冲装置概述

一、车钩缓冲装置的作用

车钩缓冲装置是连接车辆最基本的部件，也是最重要的部件之一。它是用来连接列车中各车辆使之彼此保持一定的距离，并且传递和缓和列车在运行中或在调车时所产生的纵向力或冲击力。

如果上述的作用是由同一装置来承担的，那么该装置称之为牵引缓冲装置。如果它们分别由不同的装置来承担，则分别称之为牵引连挂装置和缓冲装置。牵引连挂装置用来保证车辆和车辆的彼此连接，并且传递和缓和纵向力的作用。缓冲装置用来传递和缓和压缩力的作用，并且使车辆彼此之间保持一定的距离。

二、分类

按照车辆牵引连挂装置的连接方法的不同，可分为非自动车钩和自动车钩。非自动车钩要由人工来完成车辆的连接，而自动车钩则不需要人参与就能实现连接。

车钩可分为刚性车钩和非刚性车钩。

非刚性车钩如图 6.1（a）所示，允许两个相连接的车钩钩体在垂直方向上有相对位移。当两个车钩的纵轴线存在高度差时，两个车钩呈阶梯形状，并且各自保持水平位置。由于钩体的尾端相当于销接，这就保证了车钩在水平面内的位移。

非刚性车钩较普遍地应用于一般铁路客车、货车上。

刚性车钩如图 6.1（b）所示，也称为密接式车钩，它的连接不允许两连挂车钩存在相对位移，而且对前后的间隙要求应限制在很小的范围之内。如果在车辆连挂之前两车钩的纵向轴线高度已有偏差，那么在连挂后，两车钩的轴线处在同一条直线上并呈倾斜状态。两钩体的尾端具有完全的销接，这就能保证两连挂车辆之间可以具有相对的平移和角位移，保证具有这些位移的必要性是由于线路的水平面及纵剖面是变化的，以及由于车体在弹簧上的振动和作用于车辆上的力所决定的。

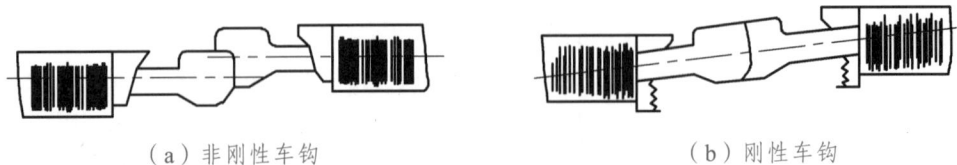

（a）非刚性车钩　　　　　　　　　　（b）刚性车钩

图 6.1　非刚性车钩与刚性车钩

刚性车钩与非刚性车钩相比有如下优点：

（1）减小了两个车钩连接表面之间的间隙，从而也降低了列车中的纵向力，提高了列车运行的平稳性。

（2）由于车钩零件的位移减小了，并且在这些零件上作用的力也减小了，因此改善了自动车钩内部零件的工作条件。

（3）减小了车钩连接表面的磨耗。

（4）减小了由于两连挂车钩相互冲击而产生的噪声，这对于城市轨道车辆和客车尤为重要。

（5）避免在意外撞车事故时，发生一个车辆爬到另一个车辆上的危险。

非刚性车钩与刚性车钩相比有如下优点：

（1）简化了两车钩纵向中心线高度偏差较大的车辆相互连挂的条件（例如，不同类型的车辆，车轮及其他部件磨耗程度不同的车辆，以及空车和重车）。

（2）车钩强度大。

（3）不需要复杂的钩尾销连接结构和复杂的对心装置。

（4）车钩钩体的结构和铸造工艺较为简单。

由于这些特点决定了刚性车钩主要用于城轨车辆以及高速动车组上。我国地铁车辆及部分快速客车采用了密接式车钩。

第二节 车 钩

城轨车辆使用的车钩基本上可分为自动车钩、半自动车钩和半永久性牵引杆三种。

一、自动车钩

自动车钩位于列车端部，其电气和风路连接装置都组装在钩头上。当车辆连挂时，车钩的机械、风路、电路系统都能自动连接；解钩时，可在司机室控制自动解钩或采用手动解钩。解钩后，车钩即处于待挂状态；电气连接器通过盖板自动关闭，以防止水和尘土进入；主风管连接器也自动关闭，防止压缩空气泄漏。

我国城轨车辆用自动车钩主要有两种：一种是柴田式密接式车钩，采用半圆形钩舌；另一种是 Scharfenberg 式自动车钩，采用拉杆式连接结构。

1. 柴田式密接式车钩

柴田式密接式车钩缓冲装置如图 6.2 所示。它主要由车钩钩头、橡胶金属片式缓冲器、风管连接器、电器连接器和风动解钩系统等几部分组成，缓冲器位于钩头的后部。车辆连挂时依靠两车钩相邻钩头上的凸锥和凹锥孔的相互插入，实现两车钩的紧密连接；同时自动将两车之间的电路和空气通路接通。在两车分解时，亦可自动解钩，并自动切断两车之间的电路和空气通路。

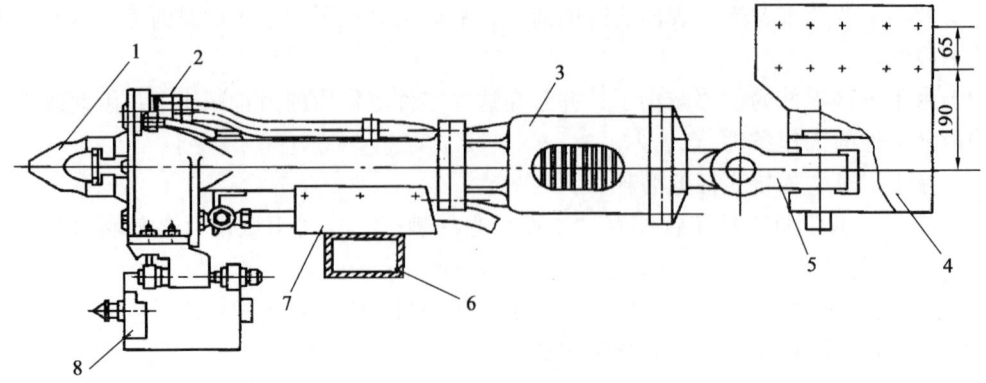

1—密接式车钩钩头；2—风管连接器；3—橡胶缓冲器；4—冲击座；5—十字头；
6—托梁；7—磨耗板；8—电气连接器。

图 6.2　柴田式密接式车钩缓冲装置

在车钩下面有车钩托梁，在缓冲器尾部通过十字头连接器与车体上的冲击座相连，可以实现水平和垂直方向的摆动。

（1）钩头结构。车钩前端为钩头，它有一个凸锥孔和凹锥孔，内部还有钩舌（半圆形）、解钩杆、解钩杆弹簧和解钩风缸组成，如图 6.3 所示。

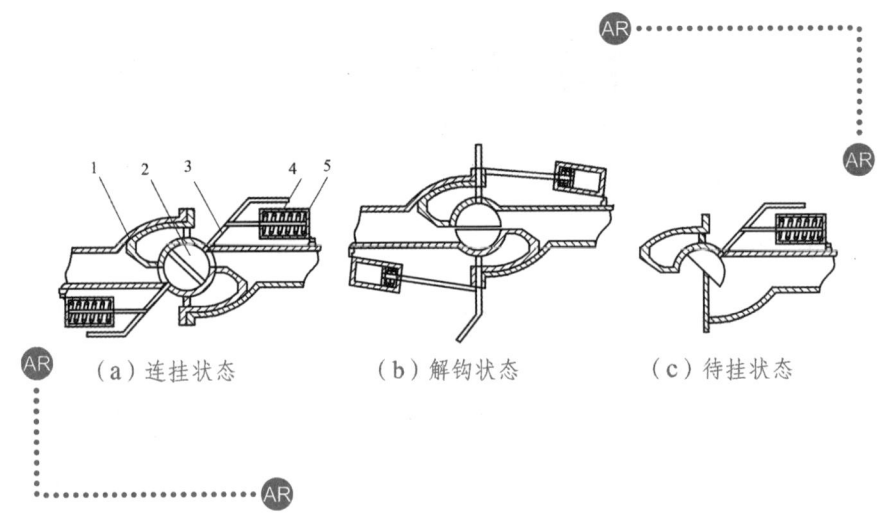

1—钩头；2—钩舌；3—解钩杆；4—反拨弹簧；5—解钩风缸。

图 6.3　柴田式密接式车钩结构及作用原理

（2）作用原理。该车钩有待挂、连接和解钩 3 种状态。

① 待挂状态：为车钩连接前的准备状态，此时钩舌定位杆被固定在待挂位置，解钩风缸活塞杆处于回缩状态，此时半圆形钩舌的连接面与水平面呈 40°角。

② 连挂状态：当两钩连挂推进时，两凸锥分别插入对方车钩相应的凹锥孔中。这时凸锥的内侧面在前进中压迫对方的钩舌转动，使解钩气缸的弹簧受压，钩舌沿逆时针方向旋转 40°。当两钩连接面相接触后，凸锥的内侧面不再压迫对方的钩舌。此时，由于压缩的弹簧作用，使钩舌回复到原来的状态，两钩舌相互锁定对方，达到锁定作用，此时即为锁定状态。

③ 解钩状态：

a. 自动解钩：要使两钩分解，需由司机操纵解钩阀，压缩空气由总风管进入前车（或后车）的解钩气缸，同时经解钩风管连接器送入相连挂的后车（或前车）解钩气缸，解钩风缸活塞杆向前推并带动解钩杆运动，使钩舌转动至开锁位置，此时两钩即可解开。两钩分离后，解钩气缸的压缩空气迅速排出，解钩风缸弹簧得以复原，带动钩舌顺时针方向转动 40° 恢复到待挂状态，为下次连挂做好准备。

b. 手动解钩：如果采用手动解钩，只要用人力扳动解钩杆，也能使钩舌转动至开锁位置，实现两钩的分解。

我国早期的北京地铁和天津地铁车辆采用了这种车钩形式。

2. Scharfenberg 密接式车钩

Scharfenberg 密接式车钩缓冲装置如图 6.4 所示。它主要由车钩钩头、橡胶缓冲器、风管连接器、电器连接器和风动解钩系统等几部分组成，缓冲器位于钩头的后部。车辆连挂时依靠两车钩相邻钩头前端的锥形喇叭口引导彼此精确地对中，实现两车钩的紧密连接；同时自动将两车之间的电气线路和空气通路接通。在两车分解时，也可由司机控制解钩电磁阀自动解钩，并自动切断两车之间的电气线路和空气通路。

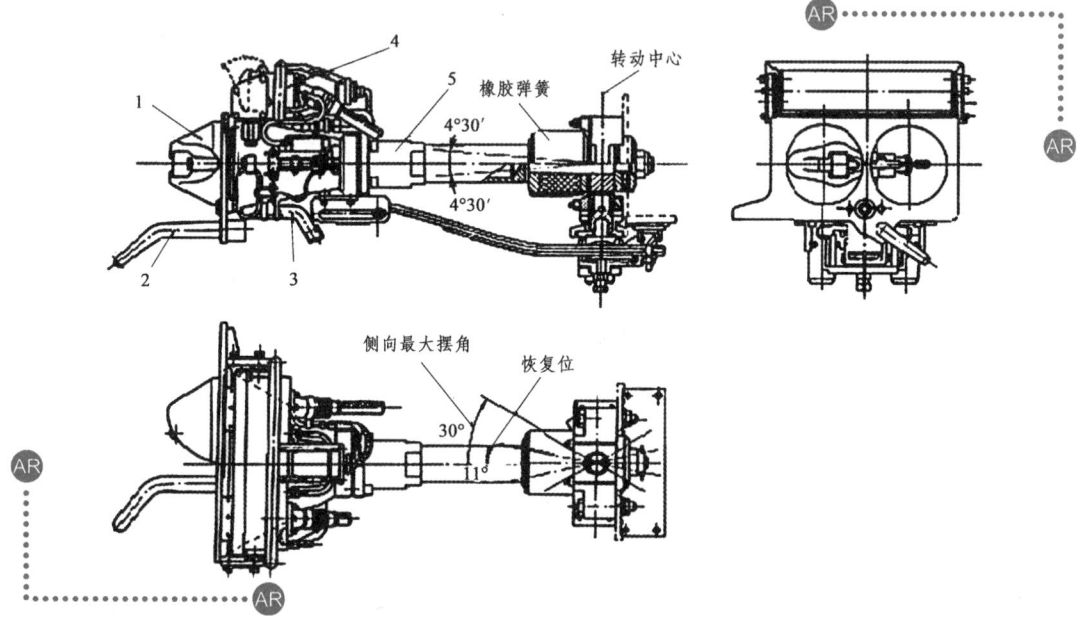

1—密接式车钩；2—引导对准爪把；3—风管连接器；4—电气连接器；5—钩身。

图 6.4 Scharfenberg 密接式车钩缓冲装置

在车钩下面有车钩支撑弹簧支撑，在缓冲器尾部通过转动中心轴与车体上的冲击座相连，并可通过橡胶弹簧的弹性变形及缓冲器与转动中心轴的相对转动实现垂直方向的摆动：垂向最大摆角为 4°30′，最大水平摆角可达 30°。

（1）车钩结构。钩头壳体为焊接件，它由两部分组成，前面为一带有锥体和喇叭口的突出件，后面为连接法兰。当两钩连接时，前面的锥体和喇叭口用来作为引导对准之用，伸出在前面的爪把用来扩展车钩的连接范围。前端的圆孔用来安置空气管路连接器，在钩头壳体中配置有车钩锁闭零件和解钩风缸。借助于钩头壳体后部的法兰将钩头与牵引缓冲装置连成一体。

车钩的闭锁机构由钩舌和钩锁杆组成，两者通过销子彼此可摆动地相连接。

两个弹簧用来保持车钩处在闭锁位。弹簧的一端钩在壳体的锥体上，另一端钩在钩锁杆上。

手动解钩装置设在钩头的侧面，它由横杆通过两解钩杆与钩舌相连接。在该横杆的端部连有一钢丝绳并与手柄连接，手柄挂在钩头壳体的一侧。

（2）工作原理（见图6.5）。

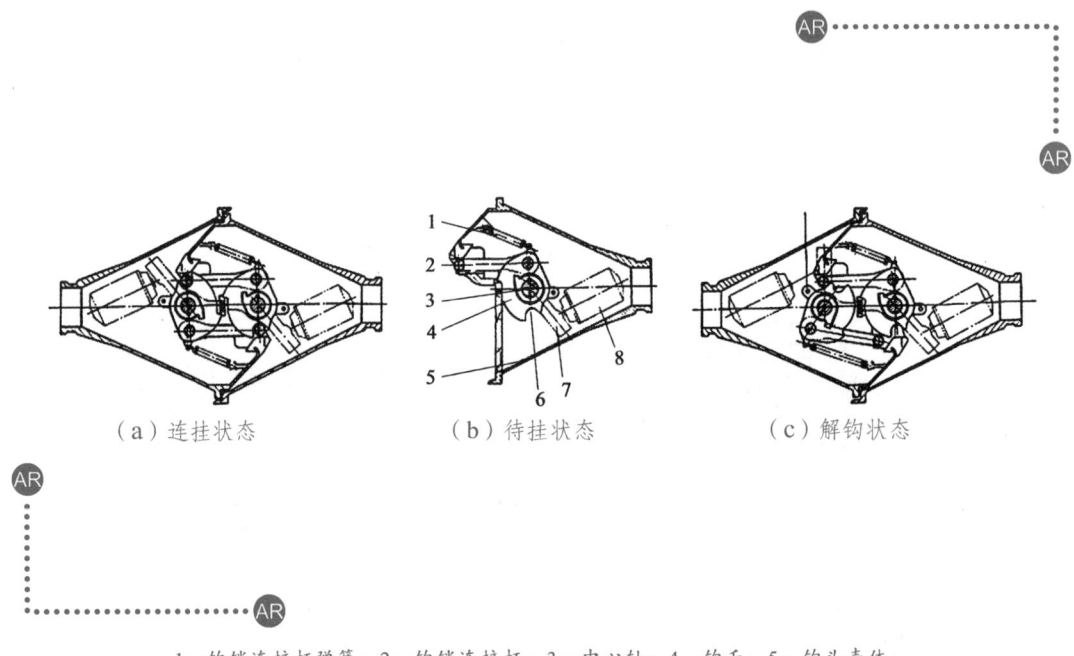

（a）连挂状态　　　　（b）待挂状态　　　　（c）解钩状态

1—钩锁连接杆弹簧；2—钩锁连接杆；3—中心轴；4—钩舌；5—钩头壳体；
6—钩嘴；7—解钩杆；8—解钩风缸。

图6.5　密接式车钩作用原理

① 待挂位：这时钩头中的钩锁杆轴线平行于车钩的轴线，钩锁杆的连接销中心与钩舌中心销连接线垂直于车钩的轴线。弹簧处于松弛状态，该位置为车钩连挂准备位。

② 连挂闭锁位：欲使两钩连挂，原来处于连挂准备位的两钩相互接近并碰撞时，在钩头前端的锥形喇叭口引导下彼此精确地对中，两钩向前伸出的钩锁杆由于受到对方钩舌的阻碍，各自推动钩舌绕顺时针方向转动，直至在弹簧拉力作用下钩锁杆滑入对方钩舌的嘴中，并推动钩舌绕逆时针方向返回到原来位置为止。这时两钩的钩锁杆与两钩的钩舌构成一平行四边形，力处于平衡状态，两钩刚性地无间隙地彼此连接，处于闭锁状态。在连挂闭锁状态时，钩舌和钩锁杆的位置与连挂准备状态完全相同，钩舌在弹簧作用下力图保持处于闭锁位。当两钩受牵拉时，拉力均匀地分配在由钩锁杆和钩舌组成的平行四边形两对边即钩锁杆上。当两钩冲击时，冲击力由两钩壳体喇叭口凸缘传递。

③ 解钩状态：

a. 气动解钩：由司机操作解钩控制阀达到解钩。这时压力空气经过解钩管充入钩头中的解钩风缸中，推动活塞向前运动，压迫在解钩杆上所设置的滚子上，两钩头中的钩舌被同时推至解钩位置。达到解钩后再排气，风缸中受压弹簧使活塞返回到原始位置。

b. 手动解钩：通过拉动钩头一侧的解钩手柄，经钢丝绳、杠杆和解钩杆使两钩的钩舌转动，直至钩锁杆脱出钩舌的嘴口，由此使两钩脱开，处于解钩位。

欧洲地铁大都采用这种车钩形式，我国上海、广州、深圳地铁等也采用这种形式的车钩。

二、半自动车钩

半自动车钩用于两编组单元之间的车辆连挂。

通常半自动车钩的钩头连接形式与自动车钩相同，连挂方式和锁闭方式也相同。两个相同的车钩可以在直线线路和曲线线路上自动连挂。半自动车钩可以实现列车单元之间的机械连接和风管连接自动连接，电气连接只能手动。解钩时机械和气路部分可自动，也可手动操作，但不能在司机室集中控制。在半自动车钩上设有贯通道支撑座，用于车辆运行过程和解钩之后支撑贯通道。支撑座可以承受贯通道及所承受的载荷。

三、半永久性牵引杆

半永久性牵引杆用于同一单元内车辆之间的编组，使之编组成单元。列车单元在运行过程中一般不需要分解，通常只在维修时才分解。当两车连挂时即形成刚性连接，其连接间隙最小。垂向运动和转动也很小。这样的连接形式可以保证列车在出轨时车辆之间仍然可以保持相对位置，防止车辆重叠和颠覆，减少列车启动及制动时的冲动。每个半永久性牵引杆上均有贯通道支撑座，用于车辆运行过程和解钩之后支撑贯通道。支撑座可以承受车辆正常运行时超员情况下贯通道所承受的载荷。

半永久性牵引杆只是将两车的连接方式由车钩连接改为牵引杆连接，取消了风路和电路的连接。风路和电路的连接只能依靠手动连接。不同种类的车辆所安装的半永久性牵引杆的结构可能有所不同，但连接原理是一致的。

图 6.6 所示为国产地铁车辆半永久性牵引杆。其主要特征为半永久牵引杆是将两车的连接方式由车钩连接改为用一根牵引棒代替，将自动车钩中的两个车钩钩体取消，牵引杆的两端直接与两个缓冲器相连，同时取消了风、电路的连接。

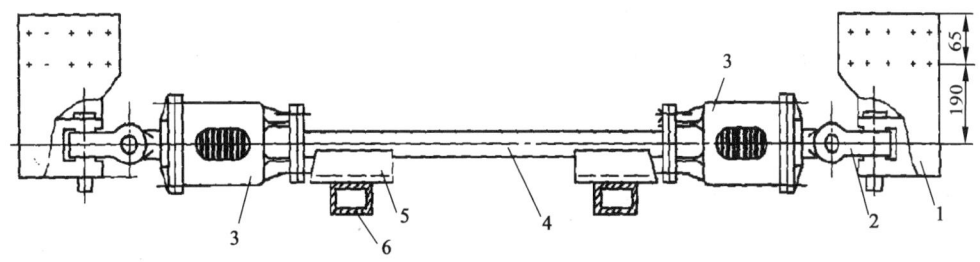

1—连接座；2—十字头；3—缓冲器；4—牵引杆；5—磨耗板；6—车钩托梁。

图 6.6 半永久性牵引杆

上海地铁车辆半永久性牵引杆结构见图 6.7 所示。其主要特征是将两相邻车钩中的一个车钩钩体和另一车钩钩体、缓冲器总成分别由两个牵引杆代替，两牵引杆的端部各有一个锥孔和锥柱，在连挂时起定位作用，通过套筒式联轴器将两个牵引杆刚性相连，其电气、气路通过机械紧固获得永久连接，通常只在维修时才分解。在半永久性牵引杆上设有贯通道支撑座。

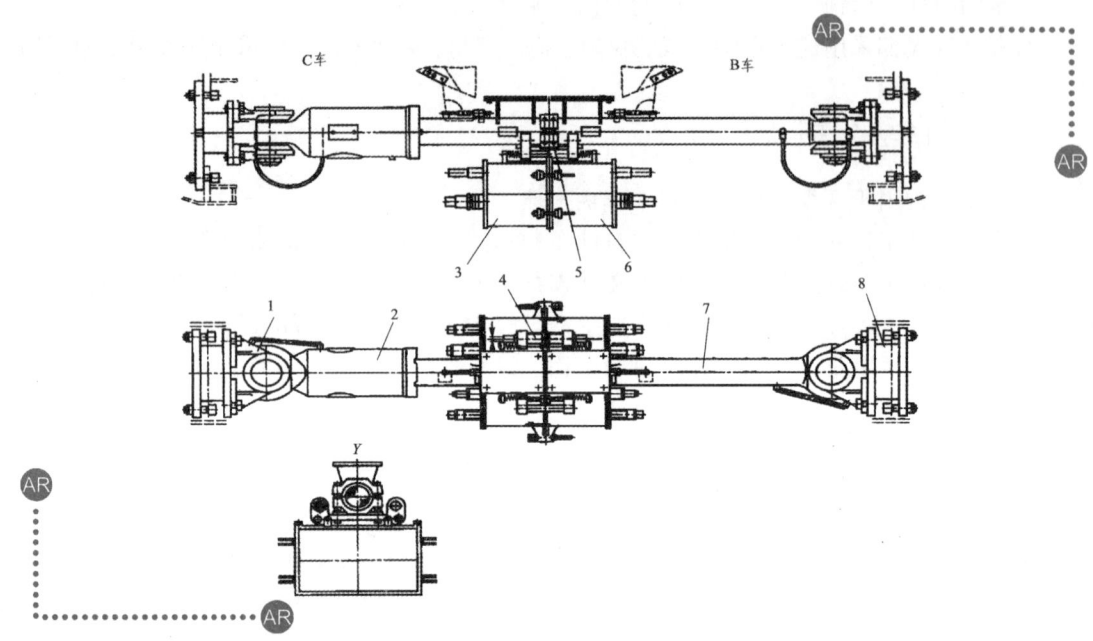

1—支撑座；2—具有双作用环弹簧的牵引杆；3，6—电气连接盒；4—风管；
5—套筒式联轴器；7—牵引杆；8—过渡板。

图 6.7　上海地铁半永久性牵引杆

如图 6.8 所示是深圳地铁车辆半永久性牵引杆的结构形式。它的连接方式与上海地铁相似，其主要特征是在两个半永久牵引杆中设一个能量吸收装置。

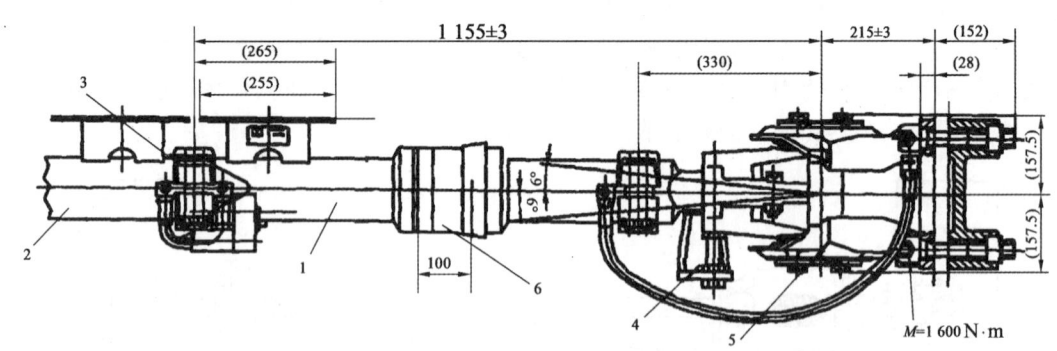

1—牵引杆（1）；2—牵引杆（2）；3—套筒式联轴器；4—垂直支撑装置；
5—橡胶缓冲装置；6—可压溃变形管能量吸收装置。

图 6.8　深圳地铁半永久性牵引杆

第三节　缓冲装置

缓冲装置是车辆牵引连挂装置的重要组成部分，主要用来传递和缓和纵向冲击力。城轨车辆采用的缓冲装置主要有以下几种形式：

一、层叠式橡胶金属片缓冲器

1. 层叠式橡胶金属片缓冲器的结构及原理

如图 6.9 所示，其作用原理是当车辆受到压缩载荷时，缓冲器体和牵引杆受压，此时力的传递方向为：牵引杆压缩后从板→橡胶金属片→前从板和缓冲器的前端。橡胶金属片受到压缩，起到缓冲作用。在牵引载荷工况下，缓冲体和牵引杆受拉，此时力的传递方向为：牵引杆上的滑套压缩前从板→橡胶金属片→后从板和缓冲体后盖，同样起到缓冲作用。此种缓冲器用于国产地铁车辆上。

2. 主要技术参数

最大牵引力	150 kN
最大冲击力	250 kN
允许最大冲击速度	3 km/h
缓冲器容量	5.63 kJ

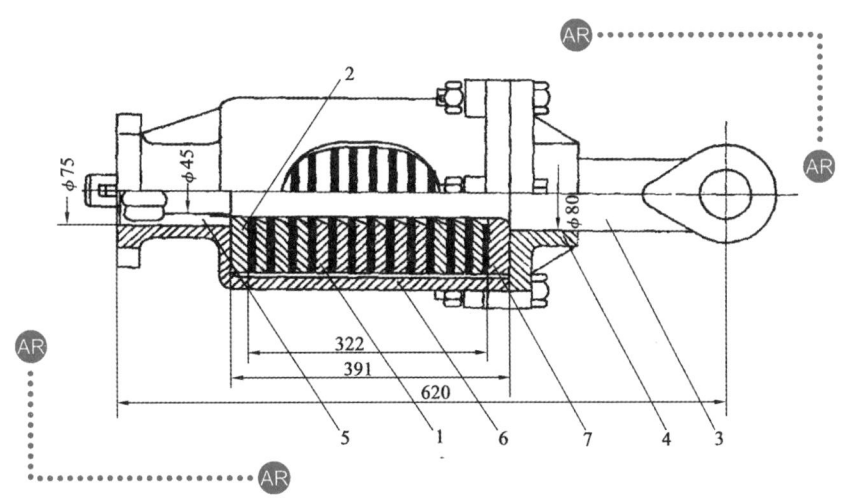

1—橡胶金属片；2—前从板；3—牵引杆；4—缓冲器后盖；
5—滑套；6—缓冲器体；7—后从板。

图 6.9　层叠式橡胶金属片缓冲器

二、环弹簧缓冲器

1. 环弹簧缓冲器的结构及原理

环弹簧缓冲器由弹簧盒、弹簧前后座板、外环弹簧（共 7 片）、内环弹簧（5 片内环弹簧、1 片开口环弹簧和 2 片半环弹簧组成）、端盖、球形支座、牵引杆等组成，其结构如图 6.10 所示。其作用原理是：当车钩受冲击时，牵引杆推动弹簧前从板向后挤压环弹簧；当车钩受牵拉时，拧紧在牵引杆后端的预紧螺母带动弹簧后从板向前挤压环弹簧。所以不论车钩受冲击或牵拉环弹簧，均受压缩作用。由于内、外环弹簧相互接触的接触面均做成 V 形锥面，受压缩相互挤压时，外环扩张，内环压缩，这样就产生了轴向变形，起到缓冲的作用。同时，内、外环弹簧接触面产生相对滑动，摩擦力做功消耗了部分冲击能。

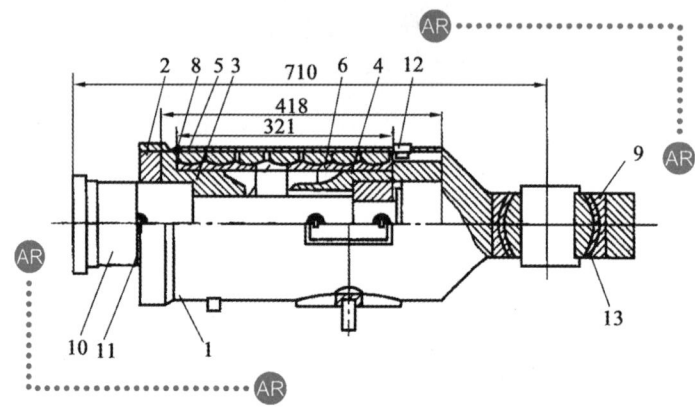

1—弹簧盒；2—端盖；3—弹簧前从板；4—弹簧后从板；5—外环弹簧；
6—内环弹簧；7—开口弹簧；8—半环弹簧；9—球形支座；
10—牵引杆；11—标记环；12—预紧螺母；13—橡胶嵌块。

图 6.10 环弹簧缓冲器

环弹簧缓冲器的前端通过一组对开连接套筒与钩头连接，后端的球形支座通过销轴与车钩支撑座相连接。整个车钩缓冲装置在水平面内可绕销轴左右摆动 40°，在垂直面内借助于球形轴套嵌有橡胶件可上下摆动 5°，以满足车辆运行于水平曲线和竖曲线的要求。上海地铁一号线车辆就采用了这种缓冲装置。

2. 主要技术参数

最大作用力	580 kN
最大行程	58 mm
缓冲器容量	18.7 kJ
水平摆角	±40°
垂直摆角	±5°
能量吸收率	66%

三、环形橡胶缓冲器

1. 环形橡胶缓冲器的结构及原理

该缓冲器主要由牵引杆、缓冲器体、环形橡胶弹簧等几部分组成,属于免维护的橡胶缓冲装置。缓冲器安装在车钩安装座上,可以吸收拉伸和压缩能量,半自动车钩和牵引杆均用相同的方法安装固定,如图 6.11 所示。

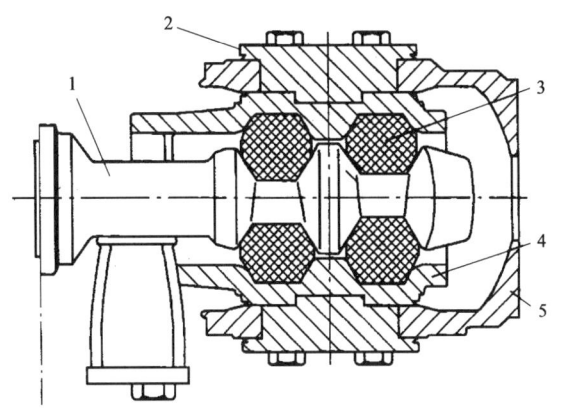

1—牵引杆;2—安装座;3—环形橡胶;4—缓冲器体;5—支撑座。

图 6.11 环形橡胶缓冲装置

缓冲装置间不存在间隙,在承受拉伸和压缩载荷的同时,可以承受较大的剪切力。

缓冲装置允许车钩做垂向摆动和扭转运动。缓冲装置的支撑座用 4 个螺栓固定在车体底架上。该装置用于深圳地铁车辆。

2. 主要技术参数

允许水平最大压缩力	1 250 kN
允许水平最大拉伸力	850 kN
水平摆角	± 11°
垂直摆角	± 5.5°

四、弹性胶泥缓冲器

与传统意义上的缓冲器类似,在列车运行过程中起到吸收冲击能量、缓和纵向冲击和振动的作用。其后端通过钩尾销连接在安装座上,前端通过连接环与连挂系统连接。弹性胶泥缓冲器性能先进,缓冲器的可靠性和动态吸收性能较好。

1. 缓冲器的结构及原理

由牵引杆、弹簧盒、内半筒、端盖和弹性胶泥芯子等组成,其中弹性胶泥芯子是其接受能量的元件。缓冲系统如图 6.12 所示,固定在弹簧盒内。

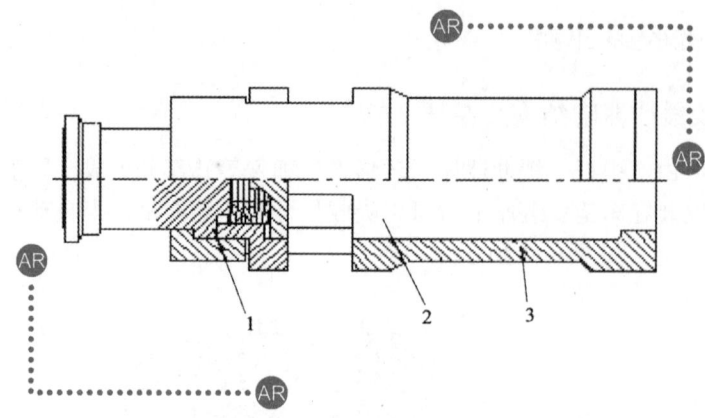

1—牵引杆；2—弹性胶泥芯子；3—内半筒组成。

图 6.12 弹性胶泥缓冲器

车钩受拉时，纵向力传递顺序为：牵引杆→内半筒→弹性胶泥芯子→弹簧盒→车体；车钩受压时，纵向力传递顺序为：牵引杆→弹性胶泥芯子→内半筒→弹簧盒→车体。由此可见，无论车钩受拉或是受压，缓冲器始终受压。

2. 主要技术参数

缓冲器容量	≥30 kJ
缓冲器最大行程	73 mm
缓冲器能量吸收率	≥80%
缓冲器阻抗力	800 kN
车钩连挂最大速度	5 km/h

五、带变形管的橡胶缓冲器

如图 6.13 所示，由拉杆、轴套、锥形环圈、法兰、垫圈、橡胶弹簧以及变形管组成。轴套与钩头壳体螺纹连接，并由法兰紧固使之不致松动，轴套用来作为拉杆、锥形环圈和变形管支承和导向，拉杆穿过两个弹簧 6 和 7，其端部通过蝶形螺母将弹簧压紧。

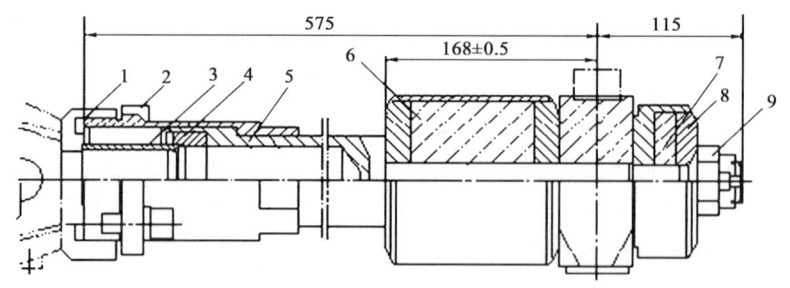

1—轴套；2—法兰；3—变形管；4—锥形环圈；5—拉杆；
6，7—橡胶弹簧；8—垫圈；9—螺母。

图 6.13 带变形管的橡胶缓冲器

在正常运行时，车辆之间所产生的牵引和压缩力主要由两橡胶弹簧来承担。这时车辆连挂冲击速度小于 3 km/h。在图 6.14 所示的力—行程图中作用力小于 100 kN，行程小于 58 mm，橡胶弹簧在变形中所吸收的功如图中所示的阴影线面积。

当车辆在事故冲击时，车辆的碰撞速度超过 5 ~ 8 km/h，这时车钩所受到的冲击压缩力超过橡胶弹簧的承载能力，靠近钩头的冲击吸收装置起作用，变形管 3 与锥形环圈 4 彼此相互挤压，把冲击能转变为变形管和锥形环圈的变形功和摩擦功，变形管产生永久变形，吸收冲击功可达 16.1 kJ，从而达到对乘客和车辆的事故附加防护作用。产生永久变形后的变形管必须予以更换，只要将法兰 2 松开，并将轴套 1 从钩体中拧出，就不难将变形管 3 从锥形环圈 4 中拉出。

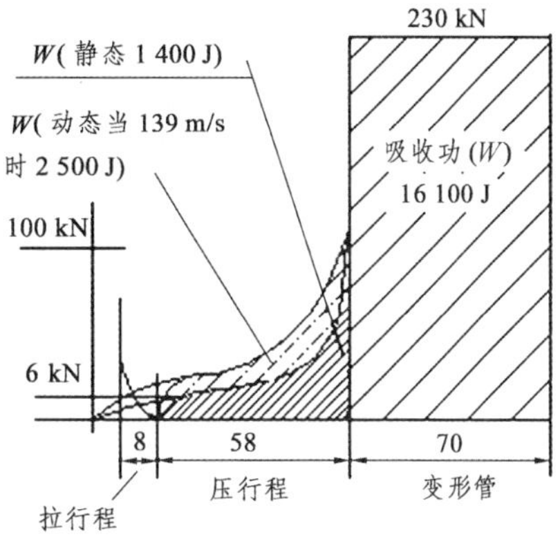

六、可压溃变形管

车钩缓冲装置是车辆冲击能量吸收系统的一部分，可压溃变形管可作为车钩缓冲装置的重要部件，用来吸收车辆冲击能量，如图 6.15 所示。当两列车相撞时，将会产生可恢复的和不可恢复的变形。

能量吸收可分为三级：

第一级，速度最大为 8 km/h 速度时，车钩内的缓冲、吸收装置吸收全部能量，产生的变形可以恢复；第二级，速度为 8 ~ 15 km/h 速度时，可压溃变形管产生的变形不可恢复；第三级，速度超过 15 km/h 速度时，自动车钩的过载保护系统产生不可恢复的变形，车辆前端将参与能量吸收以保护乘客。

同时通过可压溃变形管的能量吸收还可以保护车体钢结构免受破坏。当冲击速度过大，导致可压溃变形管变形时，必须更换。

撞车事故发生后，必须对车辆进行检查，尤其是电气连接和机械连接部分。

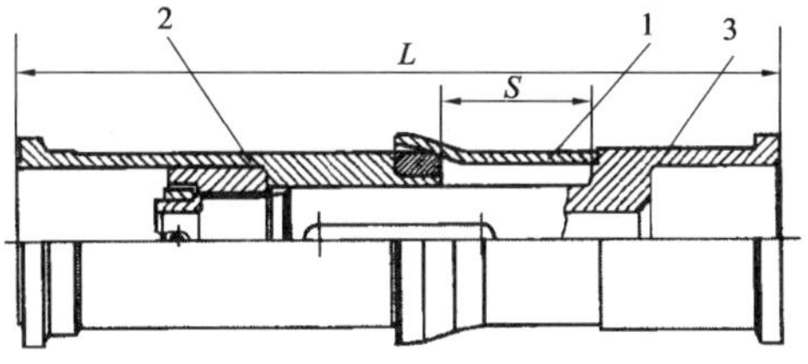

图 6.14　橡胶缓冲器冲击衰减力-行程图

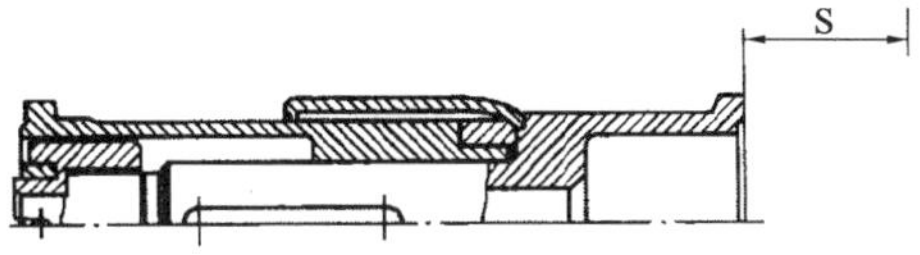

1—可压溃变形管；2，3—可压溃筒体。

图 6.15　可压溃变形管的能量吸收情况

车钩的故障率相对较低，但可压溃变形管是必备的备件，另外如钩舌弹簧、固定和活动触头及风管连接器等也是相对容易损坏的部件。

第四节　附属装置

一、风管连接器

1. 不带自闭装置的风管连接器

如图 6.16 所示，当车钩互相连挂时，密封圈互相接触受压，借助于滑套、橡胶套和前弹簧使压力达到 70 ~ 160 N，保证气路开通时不会泄漏。在制动主管连接器后端的管路上装有一个截止阀。正常解钩时,首先将截止阀关闭,以防止制动主管排风而产生紧急制动。

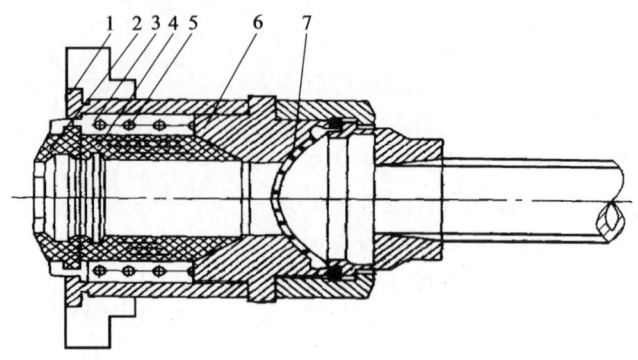

1—阀壳;2—密封圈;3—滑套;4—橡胶套;5—前弹簧;
6—后接头;7—滤尘网。

图 6.16 制动主管连接器

2. 自动开闭式风管连接器

图 6.17 所示为自动开闭式风管连接器,该装置具有自动开闭装置。当两车钩连挂时,顶杆与密封圈同时受压,密封圈在防止泄漏的同时,顶杆压缩阀垫、滑阀和顶杆弹簧,阀垫和滑阀后退,使阀垫与阀体脱开,气路开通。解钩时由于密封圈和顶杆失去压力,在弹簧的作用下,各部件恢复原位,风路断开。

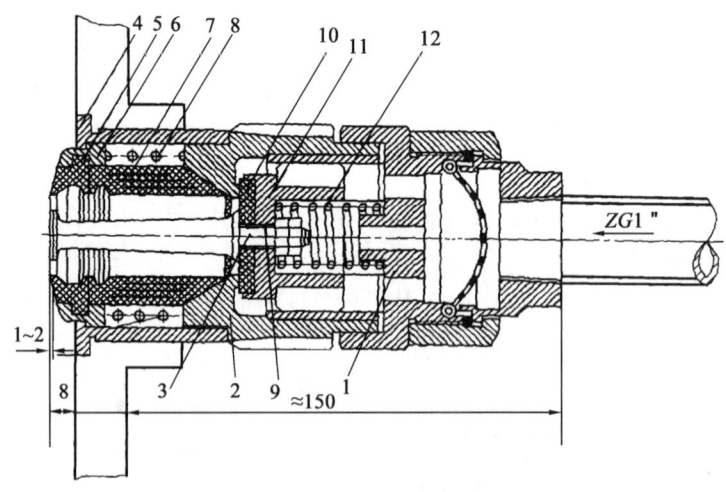

1—后接头;2—阀体;3—顶杆;4—阀壳;5—密封圈;6—滑套;
7—橡胶套;8—前弹簧;9—调整垫片;10—阀垫;
11—滑阀;12—顶杆弹簧。

图 6.17 自动开闭式风管连接器

二、电气连接器

电气连接器如图 6.18 所示，通过悬吊装置使钩体与电气连接器成弹性连接。两车钩连挂时，箱体可退缩 3~4 mm，靠弹簧压力，保证良好接触；触头上焊有银片，以减小电阻。它与箱体成弹性连接，靠弹簧压力保证触头处于可伸缩状态，相互接触良好，保证电流畅通。箱体的一侧有一个定位销，对称侧有定位孔，两钩连挂时定位销插入对应的定位孔，以保证触头的准确连接；密封条是防雨水和灰尘的。解钩时，将盖盖好，防止触头损坏。箱体内还设有接线板，使触头的引线和从车上来的引入线对应相连；在它后部有电线孔，为防止电线磨损，设有塑料套。

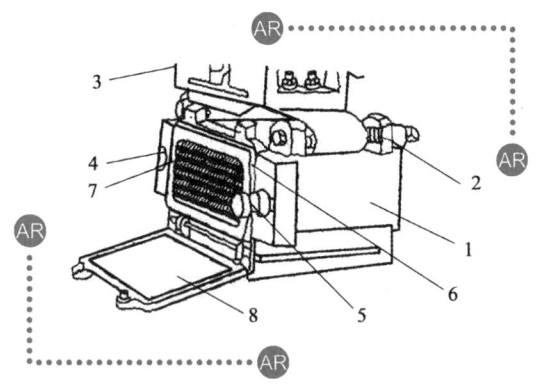

1—箱体；2—悬吊装置；3—车钩；4—定位孔；
5—定位销；6—密封条；7—触头；8—箱盖。

图 6.18 电气连接器

电气箱外装有保护罩，当两钩连接时，电气箱可推出使其端面高于车钩端面，此时保护罩自动开启；当解钩后，电气箱退回至原位置，保护罩自动关闭。电气箱内的触点分别为固定触点和弹性触点，保证电气连接时密接可靠。主要应用于自动车钩上。

三、车钩对中装置

如图 6.19 所示，在缓冲器的尾部下方左、右各设有一个对中气缸，它的活塞头部安有一个水平滚轮，当气缸充气活塞向外伸出时，能自动嵌入固定在球铰座下方的一块呈桃子形凸轮板左、右的两个缺口内，从而达到使车钩自动对中的目的，也就是使车钩缓冲装置的中心线与车体中心线在一个垂直平面内，以便使一个车钩钩头对准对方车钩的钩坑。

对中气缸的充气和排气是通过钩头心轴顶部的凸轮来驱动二位五通阀的阀芯，从而使对中气缸进行充气或排气。当车钩处于待挂状态时，对中气缸

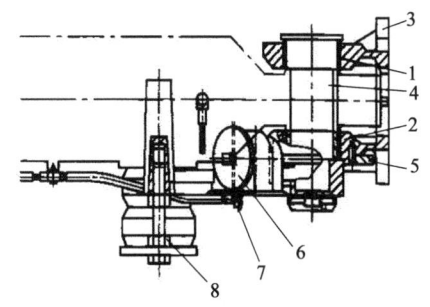

1、2—轴套；3—安装座；4—中心销；5—凸轮盘；
6—对中作用气缸；7—活接式气接头；
8—垂向支撑橡胶弹簧。

图 6.19 支撑座

充气使车钩自动对中；当车钩处于连接状态时，对中气缸处于排气状态；对中气缸排气，车钩则可自由转动，则有利于列车过弯道。

当车辆在弯道上进行连挂时，则必须将对中装置关闭，否则无法进行连挂。这时只需将车钩下方的进气阀门关闭即可使对中气缸排气，使车钩处于自由状态，而在进行连挂时可利用钩头法兰前的导向杆（俗称象鼻子）进行对中，从而顺利地进行连挂。

四、安装吊挂系统

安装吊挂系统的作用是为整个车钩缓装置提供安装和支撑，保证列车通过所有平竖曲线所需的各个方向自由度，保证整套装置在不连挂状态时保持水平，车钩中心线与车辆中心线重合，以便于连挂。车钩通过该装置可以方便地调整车钩中心线的高度。

第五节　贯通道及渡板

一、概　述

贯通道装置也就是风挡装置，位于两节车厢的连接处，是两车辆通道连接的部分，它具有良好的防雨、防风、防尘、隔音、隔热等功能，能够使旅客安全地穿行于车厢之间。风挡装置分为整体式和分体式。深圳地铁采用的是分体式风挡装置，即风挡装置的一半装在每辆车的端部，在该装置的下部还设有分开式渡板，渡板连接处有车钩支撑。

上海地铁一、二号线，广州地铁一号线均选用这种风挡装置，其内部高度为 1 900 mm，宽 1 500 mm。

二、贯通道的结构（见图 6.20）

1. 波纹折棚组成

折棚由多折环状篷布缝制而成，每折环的下部设有 2 个排水孔。折棚体选用特制的阻燃、高强度、耐老化人造革制作，在 $-45 \sim +100°C$ 能够正常使用，抗拉强度不小于 3 000 N/cm^2。棚布采用双层夹心结构，大大提高了风挡的隔音、隔热性能。折棚体各折缝合边用铝合金型材镶嵌，折棚体的一端连接在车体端部，另一端与连接座连接固定。

2. 紧固框架

紧固框架是由铝型材焊接而成，通过固定在框架上的螺钉将波浪式风挡牢固地与车辆端部连接。在该部件的上面还设有固定内墙板和内顶板的连接装置。

3. 连接框架

连接框架也是由铝合金骨架焊接而成，与紧固框架外形相似，但其内部结构和实现的功能是不同的,如图 6.21 所示。

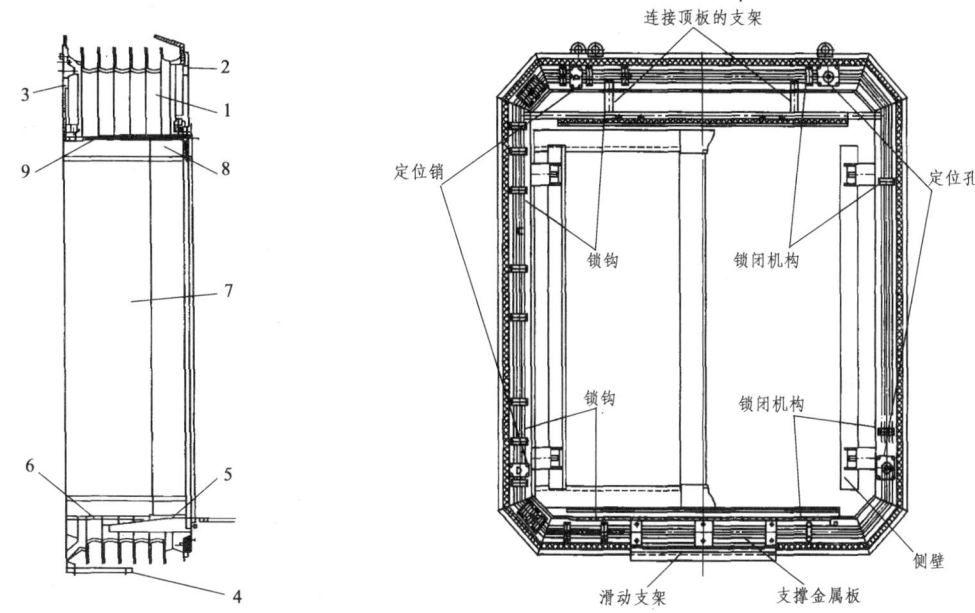

1—波纹折棚;2—紧固框架;3—连接框架;4—滑动支架;
5—渡板组成(1);6—渡板组成(2);7—内侧板;
8—单层顶板;9—顶板。

图 6.20 风挡侧向断面图　　　　　图 6.21 连接框架结构

(1) 在框架的侧面和顶部设有两个定位孔和定位销,当连挂时,定位销插入对应框架的定位孔中而实现准确连挂。

(2) 在框架上设有 4 个锁钩和锁钩机构,连挂后用手工将锁钩插入对应锁闭机构中,实现风挡的惯性连接。

4. 滑动支架

采用钢板焊接而成,落在车钩的贯通道支座上,实现支撑贯通道的功能。它的上部与支撑金属板相连。

5. 侧护板组成

侧护板的通道表面为镶有凯德板的罩板,内有铝型材与弧面橡胶条镶嵌而成的边护板,可实现拉伸和压缩,护板内表面设有连杆支承机构,使护板有足够的刚度,旅客可依靠护板;护板的两端与车体端部连接,可用专用钥匙快速打开、拆卸护板。

6. 顶板组成

每个通道顶板由两个边护板和一个中间护板组成,顶板内侧设有连杆机构,使车辆运行时中间护板始终保持在中间位置,不会偏移,顶板组成通过边框用螺钉固定在车体端墙上。

该设备的锁钩、滑动支架、活动地板和镶边及波纹折棚都是容易损坏的部件。

北京地铁车辆之间不是采用直接贯通道的形式,而是在车辆端墙中部设有端门,早期的车辆只在门口下部设有渡板，门口两边加装扶手，在复八线上又增加了一个整体式波纹式折棚。

三、渡板装置组成

渡板的详细结构如图 6.22 所示，在紧固框架和连接框架侧各有一组渡板，在紧固框架一侧的渡板组成靠托架支撑，而在连接框架一侧的渡板一端通过安全支撑座与支撑金属板相连接，另一端支撑在渡板组成上。渡板组成由车厢侧相互铰接的固定连接板和活动连接板组成，渡板由地板、活动地板和镶边组成。地板为不锈钢板，活动地板为花纹不锈钢板，各相对滑动面间设有磨耗板。渡板装置能够保证追随与适应连挂车辆运行过程中的各种复杂运动，具有足够的强度与刚度，能够确保乘客安全通过，并为站立的旅客提供安全地方。能承受 9 人/m^2 的压力负荷，表面无凸起物及障碍物。

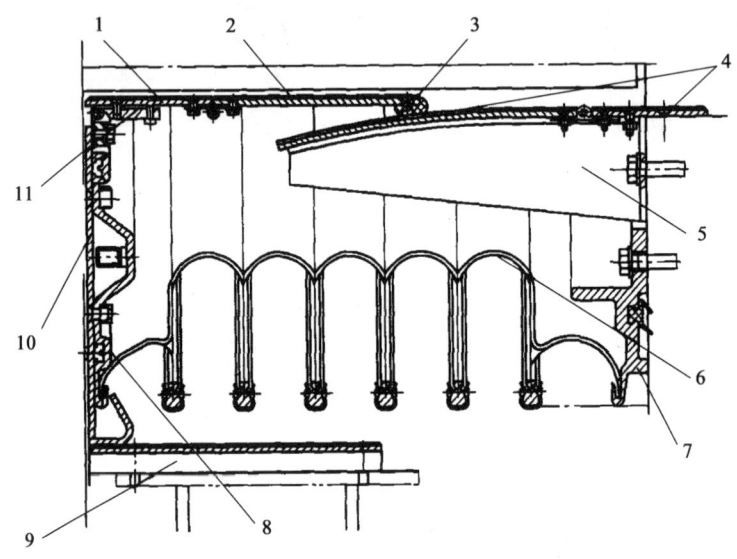

1—地板；2—活动地板；3—镶边；4—固定连接板和活动连接板；5—托架；
6—衬油毡的纤维织物；7—旋紧架；8—连接架；9—活动支架；
10—支撑金属板；11—安全支撑座。

图 6.22　渡板装置组成简图

四、主要尺寸及技术性能

连接长度　　　　　　　　　　　　520 mm
净通过宽度　　　　　　　　　　　1 300 ~ 1 500 mm
净通过高度　　　　　　　　　　　1 900 mm
渡板距轨面高度　　　　　　　　　1 100 mm
隔热系数　　　　　　　　　　　　<5.0W/（$m^2 \cdot K$）
隔声量　　　　　　　　　　　　　≥30 dB（A）
气密性　　　压力从 3 600 Pa 降至 1 350 Pa 的泄漏时间在 50 s 以上
阻燃性　　　所有非金属部件应符合 TB/T 2402—93《铁路客车用非金属材料阻燃要求》

使用寿命　　主要金属件寿命30年，折棚布寿命15年

本 章 小 结

　　车钩缓冲装置是车辆实现编组连挂以及缓和纵向冲击力的重要装置。车钩有两种基本类型：非刚性车钩和刚性车钩。按照车钩连接的自动化程度还可分为非自动车钩和自动车钩。城道车辆上车钩缓冲装置中，常采用刚性车钩（密接式车钩），分为：自动车钩、半自动车钩和半永久性牵引杆。

　　自动车钩主要用于编组列车的端部，必要时与其他车辆进行快速自动对接。根据自动车钩之间的连接方式不同主要分为国产动车组密接式车钩、Scharfenberg密接式车钩等几种。

　　半自动车钩用于城轨车辆两编组单元之间的连挂。半自动车钩和自动车钩的结构和作用原理基本相同。

　　半永久牵引杆主要用于同一列车单元中车辆之间连接，运用过程中，一般不需要分解。其优点是结构简单，缺点是耗费人力，不易拆装。各种结构的半永久牵引杆的基本原理相同，主要区别在于接头形式和是否设有其他附属装置等。

　　车钩缓冲装置附设有电气连接器、风管连接器、十字头及车钩托梁、钩尾冲击座与车钩支撑座等附属装置。

　　缓冲器是车钩缓冲装置的组成部分之一，其作用是连接车钩与车体，缓和列车纵向冲动。

　　贯通道装置位于两节车厢的连接处，具有良好的防雨、防风、防尘、隔音、隔热等功能，能够使旅客安全地穿行于车厢之间。贯通道分为整体式和分体式，上海、广州、深圳地铁等采用宽体分体式贯通道。贯通道及渡板组成包括：波纹折棚、紧固框架、连接框架、滑动支架、渡板组成、内侧板和内顶板等。

复 习 思 考 题

1. 简述城市轨道车辆车钩缓冲装置的用途及分类。
2. 简述柴田式密接式车钩和Scharfenberg密接式车钩的基本结构及作用原理。
3. 简述半永久性牵引杆的结构及作用原理。
4. 缓冲装置有哪些种类？其结构及作用原理如何？
5. 举例说明车钩缓冲装置附属装置的作用。
6. 简述贯通道装置的结构及用途。

第七章

车辆设备及其布置

通过学习车辆设备及其布置，了解车辆设备的种类、作用、组成，熟悉设备布置的基本原则，以及设备布置与车辆检查及设备使用的安全性和方便性的必然联系，掌握几种典型城轨车辆设备布置特点、各项设备布置位置的合理性、科学性。

教学目标

能力目标
- 能正确理解车辆设备布置的原则
- 能理解典型城轨车辆设备布置的合理性、科学性
- 能结合设备的性能、使用、检查、检修等合理安排车载设备的布置位置

知识目标
- 了解车辆设备的种类和作用
- 了解车辆设备的组成及其布置的基本原则
- 熟悉车辆设备的布置位置、使用及养护过程
- 掌握几种典型城轨车辆设备布置特点及其合理性、科学性

第一节　概　述

一、车辆设备的作用和分类

按照设备的用途，车辆设备包括车用设备和服务于乘客的设备两大类。车用设备主要有：牵引动力设备（如受电弓、逆变器、牵引电机）、计算机控制设备（如微机控制单元及总线、传感器）、制动设备、风源设备等，它们用于满足列车运行要求。服务于乘客的设备主要有：旅客乘坐设备（如座席、扶手、吊环等）、照明设备、信息广播设备（包括信息显示牌和列车广播）、空气调节设备等，它们用于为旅客提供方便和服务，保证乘客良好的乘车环境。

城轨车辆体现了先进的计算机控制技术，是集机械和电气于一体的典型机电设备，按照其设备的性质分类有：机械设备、电气及控制设备。

按照设备的布置位置，车辆设备分为：车顶设备、车内设备和车底设备。一般城轨车辆以动车组的形式出现，车内空间尽量用于容纳乘客，设备的布置应使客室环境安全、舒适，与乘客无直接关系的车辆运营所需设备尽可能悬挂于车底，以使车内空间最大化。

二、车辆机电设备及电、气管线布置的原则

我国城轨交通中多种车辆及多国车辆并存，车辆电机、电气设备的品种繁多，车辆的管线布置应符合本身设备单元定位的要求，因此城轨车辆的机电设备及电、气管线的布置不尽相同，但一般应兼顾以下原则：

1. 重量分配均匀

同一单元中，各车辆重量尽量接近，有利于牵引力和制动力的发挥和得到良好的列车运行平稳性；同一车辆中，一般采用对称布置，使载荷分布均匀，避免偏载。

2. 安装和维修方便

设备尽可能成模块组装，容易接近，可操作性强。在运用过程中经常接触的设备，应布置留有足够的维护空间，如车辆的主电路、辅助电路、控制电路和信号（指示）电路应有可靠的保护，并且设有故障信号显示和故障设备的切除装置。

3. 安全可靠

由于城轨车辆多为动力分散型车辆，因此设备及管线的布置要以乘客的人身安全为量度，要有足够的防护措施，如不耐热的设备和器件应与热源远离或隔离，高压电器设备及线路应充分绝缘处理。

4. 经　济

设备布置时，充分利用空间，大截面的电缆或母线尽可能短，少迂回，风管、风道尽量

短，以简化施工和节约材料。

5. 车内空间最大化

设备及管线的布置总原则是给车辆提供足够大的承载空间和舒适的乘坐环境。车内设备要求不影响乘客的视觉角度和少噪声，特别是带司机室车辆要有一个安全操纵列车的工作环境，有合适的作业空间，操作方便，易于观察仪器、仪表及信号，并远离噪声源。

6. 设备安装牢固

设备安装牢固，应能承受一定的冲击力，并有足够的隔振防松措施。

7. 在整车电路布置时，应符合的技术规定

（1）各电路应能经受耐压试验，试验电压值为受试电路中的电气设备试验电压最低者的85%。

（2）各电路的电气设备连接导线应采用多股铜芯电缆，其耐压等级、导电性能、阻燃性均应符合有关规范要求。

（3）电线电缆的布放应合理排列汇集，不得已交叉时，高压线缆的接触部分应有绝缘加强。线缆应纳入专用管槽，并用线卡、扎带等捆扎卡牢。电缆管槽要安装稳固，防止车辆运行引起振动损伤。穿越电器箱壳的线缆应用线夹卡牢，与接头压接应牢固、导电良好。

（4）接地连接线应有足够的截面积，汇集点合理布放、可靠地传导回路电流并保护轮对轴承免受接地电流的不良作用。

第二节 车顶设备

一、受电弓

受电弓包括基础框架、框架、集流头、压力弹簧和升降弓装置，如图7.1所示。受电弓一般通过基础框架安装在车顶上，并尽量靠近转向架回转中心，以避免车辆通过曲线时引起受电弓偏离接触网导线。广州及上海地铁等城轨列车通常为升双弓运行，考虑接触网振动波的传播速度对后受电弓受流质量的影响，一般柔性接触网供电系统中的运营车辆受电弓布置在头车（可能是拖车）上，而刚性接触网供电系统不必考虑此影响，受电弓一般安放在动车上，以减少高压线路在车辆之间驳接和对拖车乘客造成安全隐患。广州地铁二号线（刚性接触网）车辆的受电弓布置在动车B车的2位端，广州地铁三号线（刚性接触网）车辆编组是A-B-A形式，其受电弓置于动车A车的2位端，而广州地铁一号线（柔性接触网）车辆的受电弓置于拖车A车的2位端。

脚踏泵：在正常情况下，受电弓的升起由主风缸内的压缩空气驱动，如果主风缸没有可用的压缩空气，可用脚踏泵升弓。广州地铁二号线车辆的脚踏泵安装在B车2位端的电气柜中；广州地铁三号线车辆的受电弓驱动设备及脚踏泵布置在图7.2（a）A车1指示位置，其组成如图7.2（b）所示。

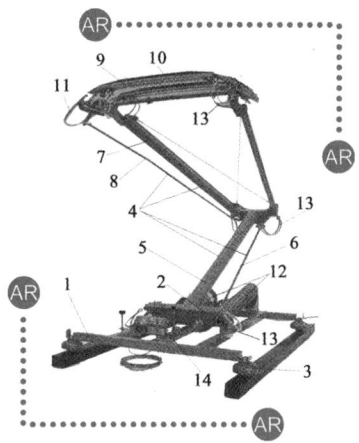

1—基础框架；2—高度止挡；3—绝缘子；4—框架；5—下部支杆；
6—下部导杆；7—上部支杆；8—上部导杆；9—集流头；
10—接触带；11—端角；12—升高和降低装置；
13—电流传送装置；14—吊钩闭锁器。

图 7.1 受电弓结构

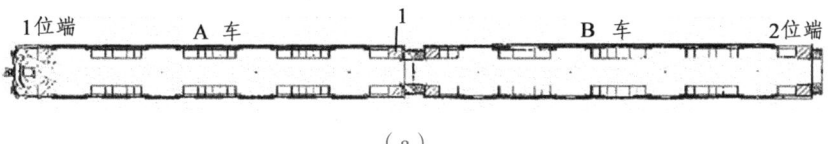

（a）

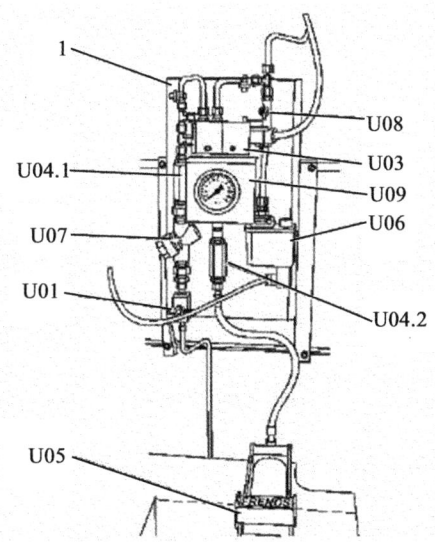

（b）

1—受电弓模块；U01—隔离塞门；U03—电磁阀；U04.1，U04.2—止回阀；U05—脚踏泵；
U06—调压器；U07—空气过滤器；U08—测试接头；U09—压力表。

图 7.2 广州地铁三号线车辆受电弓驱动系统

受电弓由电磁阀 U03 操作，在没有蓄电池电压的情况下，该阀也可以由一个手动开关控制。如果在主风缸 B00A06 中没有可用空气，则驱动受电弓所用的空气可以通过操作脚踏泵 U05 来提供。受电弓管线中的压力可以由压力表 U09 监控。

交流传动车辆的受流过程：受电弓从架空接触线获得电流，通过高速短路器传导到车辆牵引逆变器 VVVF，再驱动交流牵引电机。如广州地铁一号线车辆的受电弓使 1 500 V 直流电源通过受电弓上的终端流向位于车底的高速断路器，再到 B 车、C 车的牵引逆变器 VVVF，而 A、B、C 车上的辅助逆变器 DC/AC 及 A 车上的 DC/DC 变换器直接从受电弓上得电，电流回路通过轴箱上的接地碳刷闭合。

另外，避雷浪涌吸收器安装在每个受电弓的旁边，用来保护电气设备，防止来自供电系统不允许的车辆外部的过电压（如雷击等）和车辆内部的操作过电压对车辆电气设备的破坏。浪涌吸收器的保护值范围应与变电所过电压保护相协调。

二、空调单元

空调系统的作用就是确保车内有一个舒适的环境温度、湿度和充足的新鲜空气。像广州地铁二号线车辆（见图 7.3）一样，一般城轨车辆每车的车顶都安装两个车顶一体式空调单元。位于 1 位端的空调单元称作空调单元 Ⅰ，位于 2 位端的空调单元称作空调单元 Ⅱ。

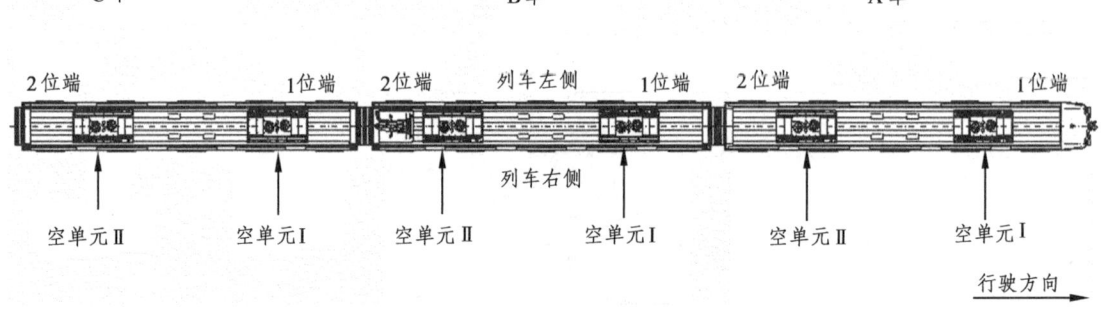

图 7.3　广州地铁二号线车辆空调单元布置图

在通风机作用下，新风从吸风口吸入，与从客室来的回风混合，再经过过滤和冷却后，在风道里按整车长度均匀分配，并通过安装在车顶上的空气隔栅吹入客室，如图 7.4 所示。带司机室车辆，除了有客室通风系统外，还安装了单独的司机室通风单元，如图 7.5 所示。它与风道系统相连，通过人工控制。

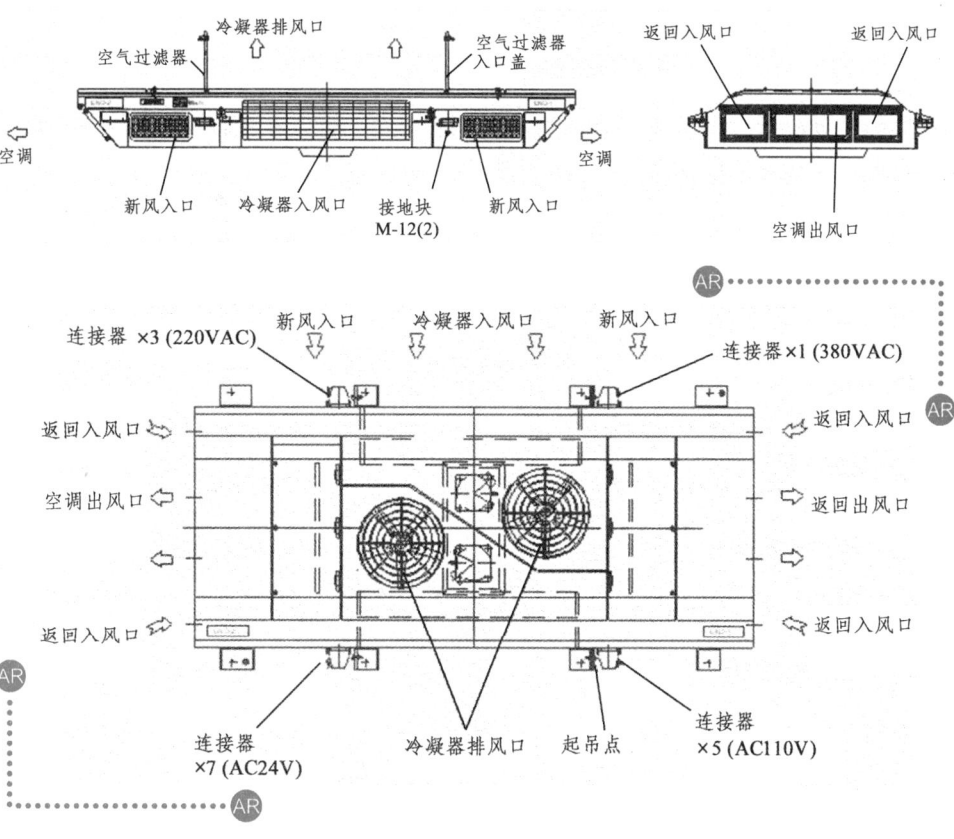

图 7.4 车顶一体式空调单元

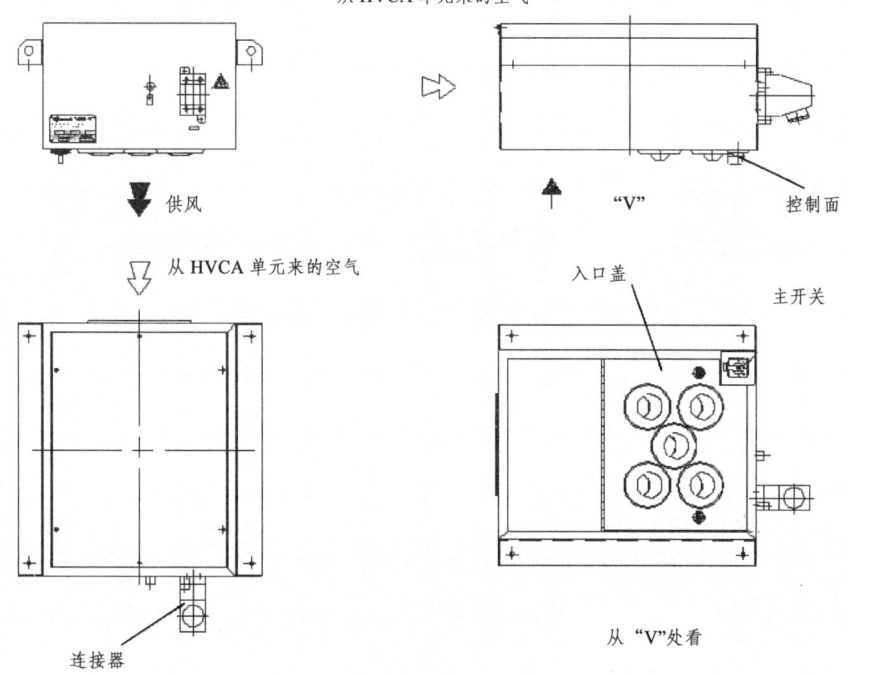

图 7.5 司机室通风单元

第三节 车底设备

车底设备一般包括供风设备、制动设备和电器设备。图 7.6 和图 7.7 为广州地铁一号线车辆底架设备的分布图，各组成部分的作用如下：

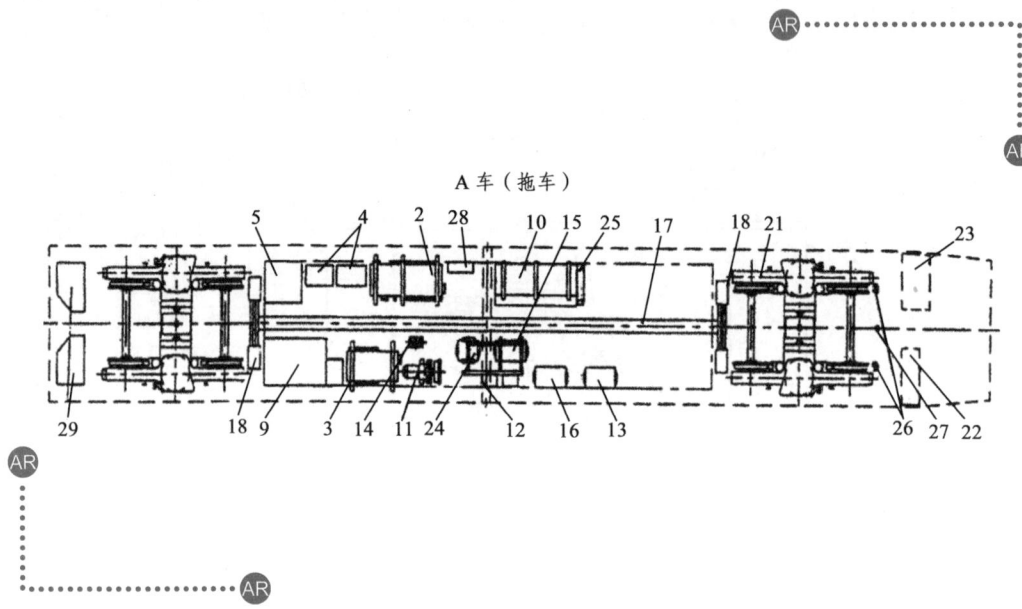

图 7.6　广州地铁一号线拖车底架设备分布图（图注见图 7.7 下）

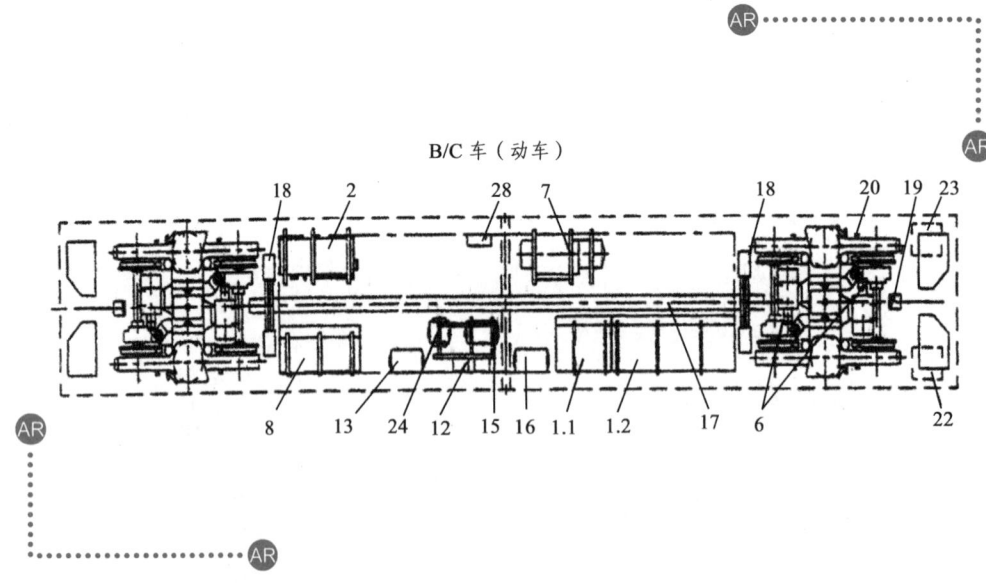

1.1—线路滤波器；1.2—牵引逆变器 VVVF；2—DC/AC 逆变器；3—DC/DC 转换器；4—高速断路器；5—车间电源；6—牵引单元；7—制动电阻；8—辅助设备柜，B/C 车；9—蓄电池；10—辅助设备柜，A 柜；11—空压机单元；12—空气控制屏；13—主风缸；14—空气干燥器；15—制动风缸；16—空气弹簧供风缸；17—电缆槽；18—电缆分布槽；19—电机连线；20—动车转向架；21—拖车转向架；22—A 车电气柜；23—A 车电阻柜；24—门控风缸；25—空压机启动电阻；26—ATC 天线；27—通信天线；28—接地装置；29—车钩盒。

图 7.7　广州地铁一号线动车底架设备分布图

1. 高压设备

地铁 1 500 V 的供电电源是通过受电弓从架空电网上得到的,电流从受电弓终端流到位于动车底架下部的逆变器箱(PH 箱—牵引—高压)。

PH 箱的高压部分(参见图 7.8 打开状态的高压部分,无顶板俯视)包括大部分用于高压分配的元件。主要元件有:隔离和接地开关、2 个高速断路器(线路断路器)、车间电源插座、车间电源接触器、高压保险、解耦二极管、测量和控制设备。

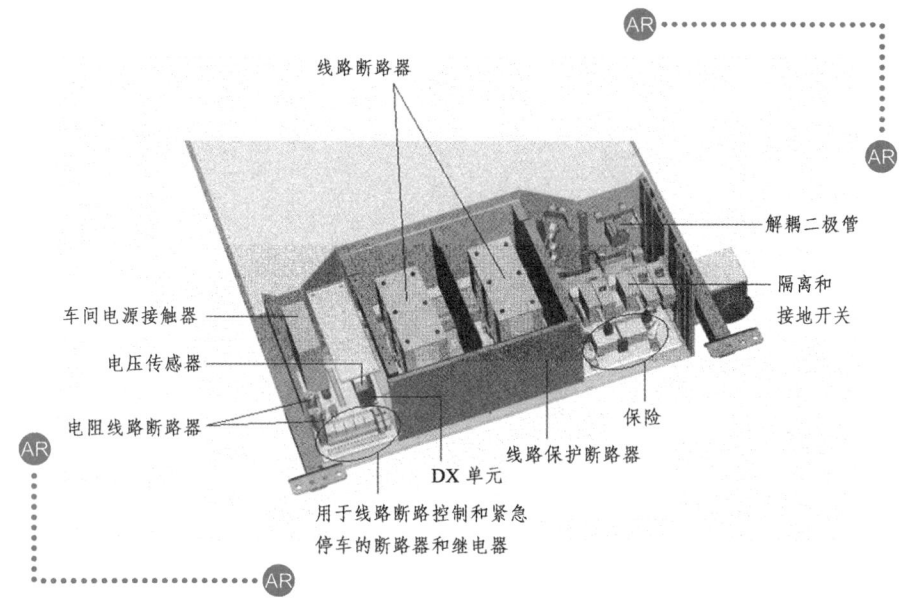

图 7.8　PH 箱结构

一般动车的牵引逆变器从高速断路器处获得供电。辅助逆变器(输出 3 N/AC 380 V)和蓄电池充电器(输出 DC110 V)也由 PH 箱供电,并带有保险保护,而其电流回路是通过接地刷闭合。

(1)车间电源。由 PH 逆变器箱右侧的车间电源插座供给 DC1 500 V 车间电源。车间电源的电气元件是与其他高压电气元件一起集成在这个 PH 箱中。这些元件包括:隔离和接地开关、车间电源接触器、提供 DC1 500 V 电源的车间电源插座(在右侧),如图 7.9 所示。

(2)隔离和接地开关。它位于工作舱口下面,线路断路器室的右侧(见图 7.8)。

此开关有两个功能:它用于在正常模式(架空电网供电)和车间供电模式(通过 PH 箱处的车间供电插座供电)以及系统接地之间切换。

此开关实际上是两个分别带有手柄的开关,每个开关的手柄有两个位置,而这两个开关机械连接在一起,相当于带有 3 个位置的一个开关,如图 7.10 所示。开关的机械互锁使开关手柄不能打到第四种组合("禁止")的位置。

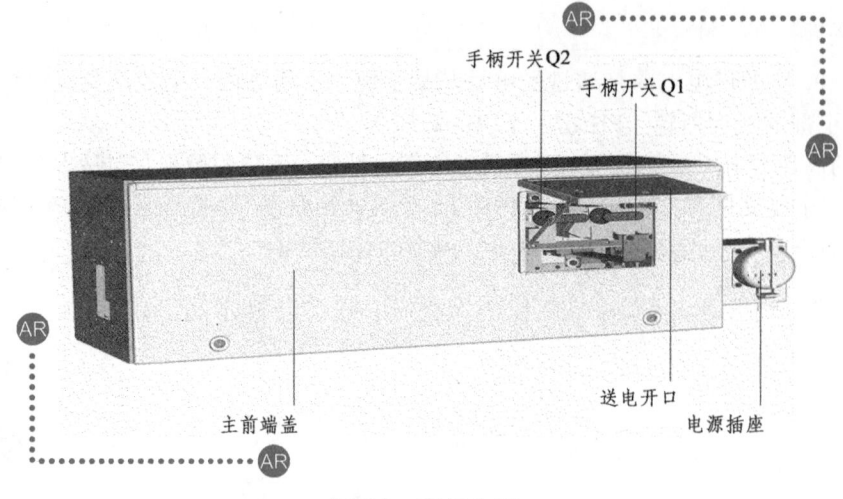

图 7.9 车间电源

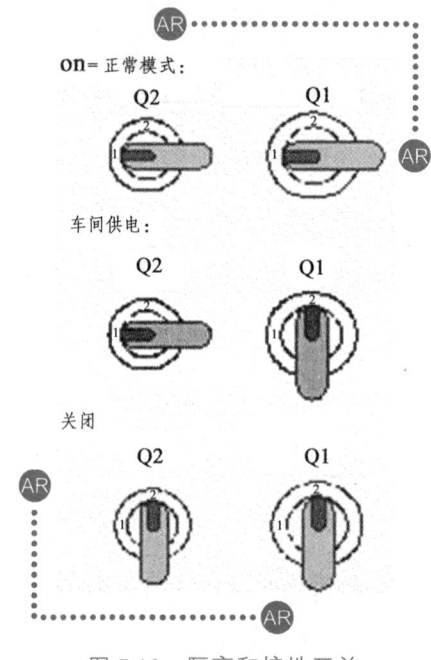

图 7:10 隔离和接地开关

（3）高速断路器（HSCB）。是对过电流（如短路、接地）的迅速高效保护装置，此断路器设计为一旦检测到过流即迅速反应，通过电弧发生时间内产生的瞬间过电压将电弧抑制。广州地铁一号线车辆的每单元 A 车装有两台高速断路器，分别与本单元的 B 车和 C 车连接。

高速断路器是一个单极的直流断路器，带有电磁控制和自然冷却。它包括自身的直接瞬时过流释放，其值是可调的。高速断路器是专门设计用于半导体逆变器驱动的车辆，并且遵循 IEC 60077。每个牵引逆变器都分别设置一个 HSCB。HSCB 安装在 B 车的逆变器箱（PH 箱）中。集成安装在箱中的主要优点是可以节省车下空间用于其他设备安装，并且使 HSCB 与外界环境隔绝。

在正常运行时，HSCB 用于接通、关断电源回路和保护牵引设备。它的限流特性和高速切断能力能防止由于短路或过载而引起的毁坏。HSCB 用恒定的过电压来灭弧，此过电压是瞬间产生的并且持续在整个电弧出现的过程中。HSCB 的分断能力是双向的，所以它既能从电网隔离设备也可用于在再生制动过程中使设备隔离。短路和过流将会在几毫秒内切断。当它从高速断路器中跳开后，可由司机室遥控再次闭合。

2. 线路滤波器

线路滤波器是由电容和电感组成的一种能量储放装置，可以在斩波器导通和关断时吸收和释放能量，使电机电流平滑，并减少车辆在牵引和电制动时对接触网电压的影响。

3. 牵引逆变器

接触网直流供电——车辆交流传动时必须采用牵引逆变器，如广州地铁一号线车辆的牵引逆变器是电压源连接逆变器，通过 3 000 A/4 500 V 斩波器 GTO 与逆变器相连接，驱动四个并联的三相交流牵引电机，它还能执行电阻制动和再生制动。

运行工况：VVVF 将接触网得到的直流电源转换为三相变频变压电源，驱动牵引电机。

制动工况：VVVF 将电机产生的三相交流电转换为直流电，反馈回接触网，此为再生制动。由于网压过高，未被吸收的电能由制动电阻转换为热能散逸，这就是电阻制动。

4. 制动电阻

在电阻制动时，制动电阻将未能再生部分的电能吸收过去，转换为热能散逸到大气中。

5. 牵引单元

牵引单元包括牵引电机、联轴节和齿轮箱等。三相牵引电机的转矩通过联轴节和齿轮箱驱动轮对。

6. 辅助设备

（1）DC/AC 逆变器：广州地铁二号线 6 辆编组的列车设计了 PH 箱和 PA 箱牵引逆变器。每个逆变器箱里安装一个牵引逆变器和一个高压设备（PH 箱）或辅助逆变器（PA 箱）。牵引逆变器驱动 4 个三相牵引电机，这些电机分别驱动两个转向架的四个轴。车辆通过车顶的受电弓由架空电网供电。

① 运行模式。电压源 DPXH 逆变器用于牵引、再生制动和电阻制动。

静态的 DC/AC 辅助逆变器安装位置如图 7.11 所示，车辆通过辅助逆变器从架空网上受电用作辅助电源。输出 3N/AC 380/220 V 50 Hz，正弦电压，较少的谐波畸变，为风扇电机、空气压缩机、空调装置和车内其他所有交流负载供电。交流电压可从端子对 U1 和 U2，V1 和 V2，W1 和 W2（相）和 N（中性）上获得。输入与输出隔离开来，辅助逆变器机械地与牵引逆变器一起集成在 PA 箱中，PA 箱安装在 C 车的底架上，为 6 辆编组列车的一半供电。

整列车安装了两个 DC/AC 逆变器以使运行时有足够的余量。

② 紧急模式——车载供电系统故障时。如果车载供电系统故障，空调无法使用。为了保持向客室内供应新鲜空气，地板下的一个静止逆变器（见图 7.12）启动，由蓄电池供电，给供风风扇供电。同时，循环空气的盖被关闭，只有外部空气供向车内。

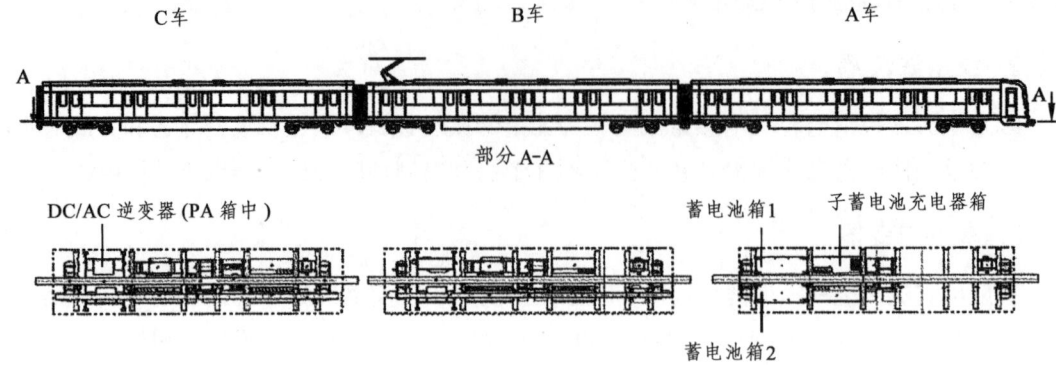

图 7.11　广州地铁二号线车辆设备分布

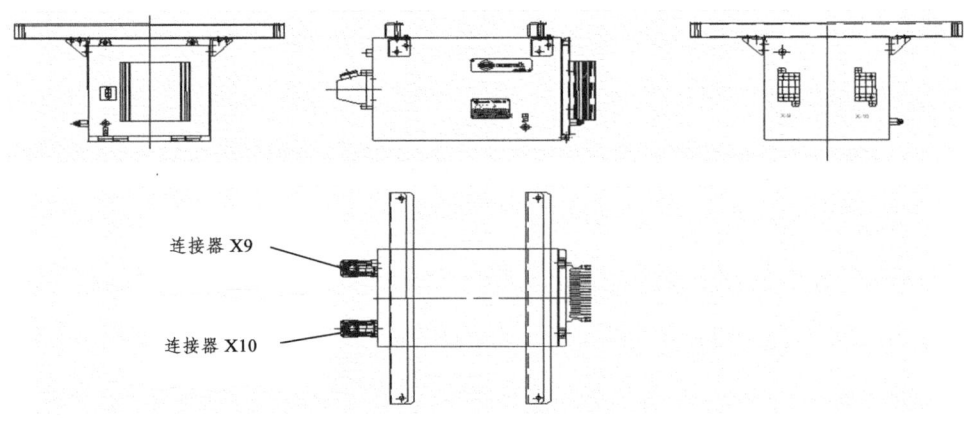

图 7.12　静止逆变器外形

（2）蓄电池箱充电器：蓄电池充电器用作供应车载直流电，广州地铁二号线车辆蓄电池充电器安装位置如图 7.11 所示。它由架空网供电，从输入到输出有一个直流电的隔离。在端子上，有一个额定直流 126 V 的电压供应低压负载端子＋BN 和为蓄电池充电端子+B。蓄电池充电遵循 CVCC（恒压/恒流）曲线。

（3）蓄电池箱：每列车单元必须配有一定数量蓄电池箱，由于车辆配重的要求，通常置于拖车车底架上。

如广州地铁二号线每列车单元配有两个蓄电池箱，安装在 A 车车底架上，如图 7.11 所示。该蓄电池包括 80 个镍-镉电池单元，类型为 FNC 232 MR。每个电池单元的额定电压是 1.2 V，并且当放电率为 5 h 时，容量为 140 A·h。安装形式是 80 个电池单元串联在 16 个不锈钢的隔栅中，用镀镍铜板连接隔栅内部的电池单元，串联的隔栅之间是用无卤的铜线连接的，隔栅连接和布线如图 7.13 所示。

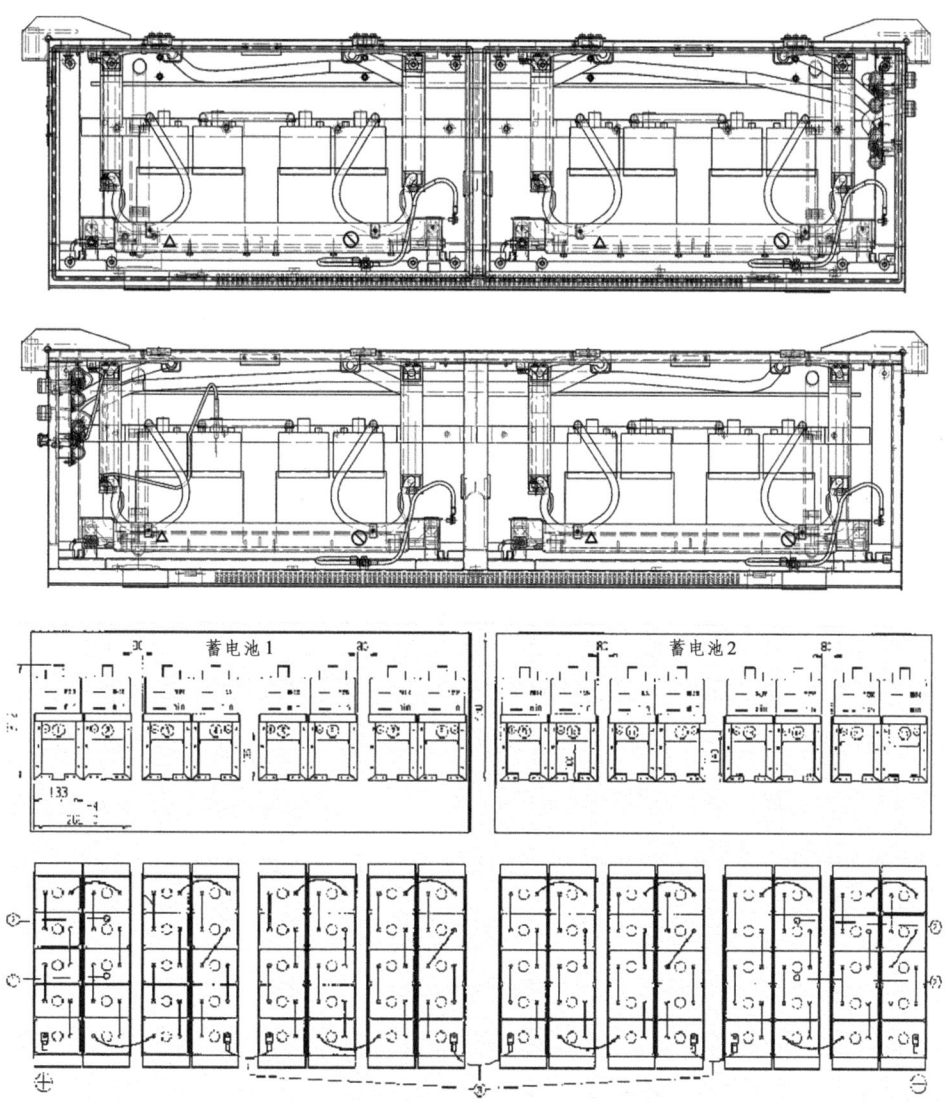

图 7.13 蓄电池隔栅连接和布线

7. DC/DC 变换器

静态辅助电源变换器（完全静态结构）输出直流 110 V 电压，驱动所有 110 V 直流负载。如照明、牵引控制单元等，包括对蓄电池充电，为其提供冗余量。

8. 空气制动系统

包括空压机单元、空气控制屏、空气干燥器、贮风缸（主风缸、制动供风缸、空气弹簧缸、门控风缸等）和装在转向架上的基础制动单元。

9. 列车自动控制装置（ATC）

ATC 系统包括微机自动驾驶（ATO）、自动监控（ATS）和自动保护（ATP）。

ATO 将执行除"启动"外的列车自动运行（自动调速、自动停车、定点停车）。

ATP 将执行列车安全速度和列车安全间隔的功能，当潜在的不安全条件产生时，ATP 将施加紧急制动。ATP 车辆接口设备将包括：速度计、天线、司机室显示器、控制器、电源适配器和 ATO/ATO 车载控制设备。

ATS 将执行自动转换道岔、排列进路。

10. 列车故障自诊断系统

列车采用微机故障自诊断系统，用便携式数据采集器采集各种有关数据。

另外在轴箱上还装有速度传感器、接地装置；在列车前端装有 ATC 传感器安装架；还有轮缘润滑装置等。

第四节 车内设备

客室是容纳旅客的场所，其设备主要为乘客提供服务，设备布置应保证车内安全舒适。在客室两侧设有车门，两辆车客室之间通过贯通道连接。

司机室是列车驾驶的工作场所，其主要设备与列车操纵有关，设备布置应方便司机操纵列车和提供舒适的工作环境。带司机室车辆位于列车前端部，前端设有紧急疏散梯等设施。

一、司机室

司机室内设备布置各有差异，但一般遵循一定的规律，如正司机台放在右侧，副司机台在左侧，在与客室的隔墙上设有隔门，左右侧各设有一扇侧门，前端一般设有紧急疏散门，司机座椅与地板固定，可前后及上下调整，前端挡风玻璃设有电阻丝加热装置、刮雨器和遮光板。

在司机室内正司机台是比较复杂的部件，在该台上设有牵引和制动手柄、相关仪器、指示灯、各种按钮和显示屏等。

驾驶室前车窗玻璃为高强度的挡风玻璃，正驾驶室前车窗玻璃内埋有电加热丝，以供加热除霜去雾，另外在玻璃外侧还设有刮雨器。

1. 紧急疏散门（或称紧急逃生门）

如图 7.14 所示，该门设置在正、副驾驶台中间的前端墙上，包括一个在顶部铰接的大窗和位于两个司机台中间的一个梯子，正常情况该梯子是折叠并隐藏起来的，紧急时用于疏散乘客。

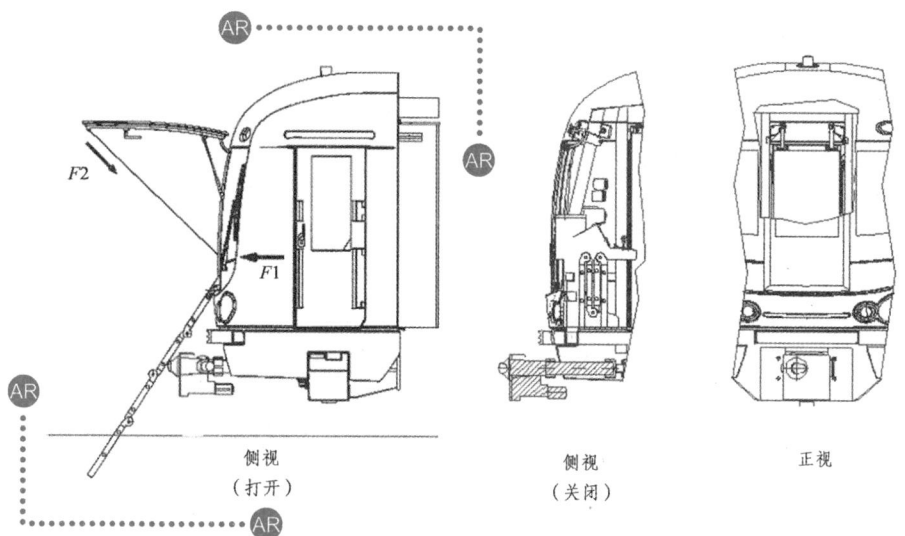

图 7.14　紧急疏散门

该装置限制了司机台的可用空间。因此，不经常使用的指示元件和操作设备就设置在副司机台上（它位于司机台的左部）和司机身后间壁上的设备箱里。电子柜放在左侧间壁上，如图 7.15 所示。

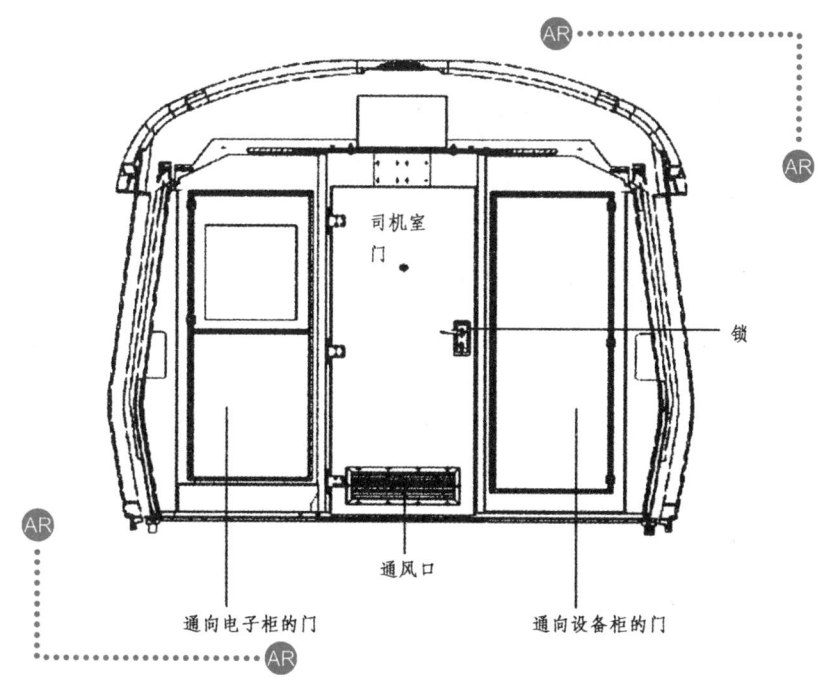

图 7.15　司机室间壁

2. 列车操纵设备

图 7.16 所示是广州地铁三号线列车司机室的列车操纵设备和控制按钮。

3. 司机室座椅

司机室内设供司机乘坐的座椅。司机坐椅是按人体工程学原理专门设计的司机专用座椅，可根据司机的体重和身材进行调节。由坐垫、靠背、前后调整装置、升降调整装置、左右旋转装置、折叠滑座装置、固定座等组成，以螺栓固定在安装座上。

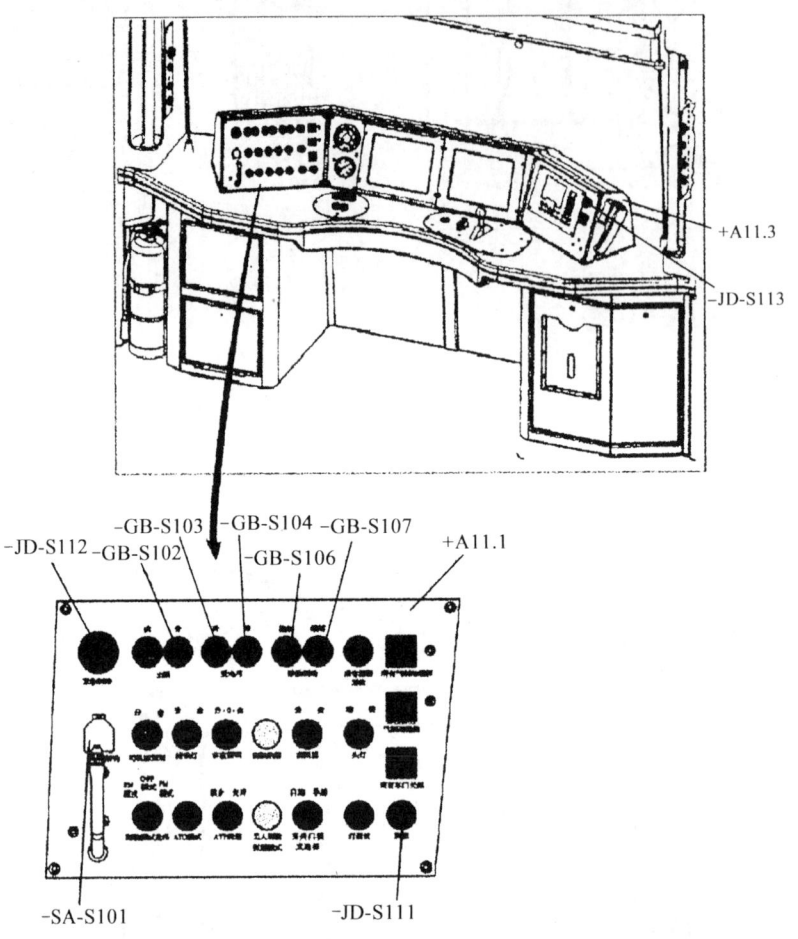

+A11.1—开关面板；+A11.3—无线电面板；-GB-S103—受电弓升弓按钮；-GB-S102—高速断路器断路按钮；-GB-S104—受电弓落弓按钮；-GB-S106—停车制动施加按钮；-GB-S107—停车制动缓解按钮；-JD-S111—汽笛按钮；-JD-S112，-JD-S113—紧急停车蘑菇形按钮；-SA-S101—解钩按钮。

图 7.16　广州地铁三号线列车司机室设备

二、客　室

车辆客室设有车门、车窗、座椅和挡风板、扶手栏杆、安全锤、灭火器、排水管罩等设备。

1. 客室座椅

为了适应城轨交通短途、大运量的特点，客室座椅一般靠侧墙纵向布置在两侧车门之间，图 7.17 所示为深圳地铁车辆客室局部视图。

图 7.17 深圳地铁车辆客室局部视图

2. 立柱、扶手

为了让站立乘客扶稳，一般在客室内设有立柱、纵向扶手和吊环等设施。

3. 客室车窗

一般在客室侧门之间都设有车窗，就其结构形式而言，由单层玻璃、双层玻璃之分；有楣窗与无楣窗之分；又有连续式与分连续式之分。如上海地铁一号线就是有楣窗、有窗框的结构，而广州地铁一号线就是无楣窗、有窗框的结构，它们都是用氯丁橡胶条固定在车体上。香港机场快速线、深圳地铁采用连续式车窗。

如上海地铁一、二号线车辆中，直流传动车辆的客室每侧均匀布置四扇楣窗式车窗，车窗的大小为 1 540 mm × 880 mm。装有中空双层玻璃，具有隔热、隔音功能。直流车辆的客室车窗上部 1/3 为可向内旋转开启的应急通风窗，以备通风设备发生故障时开启，实施紧急自然通风。应急通风窗装有锁紧机构，要用方孔钥匙才能开启，即必须由乘务员操作，乘客不得随意打开。窗下部分为固定式车窗玻璃，用环型氯丁橡胶条嵌入装配在侧墙内，双层玻璃的内侧四周还安放吸湿剂。由于应急通风窗使用的概率极低，况且在事故状态下由蓄电池供电的事故通风装置能维持 45 min。因此交流传动车在设计时就将其取消了，交流传动车的车窗有一整块大玻璃。

4. 贯通道

贯通道处于车辆与车辆的连接部。设置贯通道：一是使车内的客流密度自动调节；二是当某节车的空调出故障时，列车启动和制动可以使车间的空气经贯通道流动；三是当末班车或晚间车内乘客较少时，对暴力犯罪有一定的抑制作用。

5. 消防设施

每个客室必须设置灭火器、安全锤等消防设施，放置在规定的地方。如上海地铁直流车每个客室设置两个灭火器，放置在两端控制柜下部，每个客室设置两个安全锤放置在两侧顶内，并有明显标志，以便紧急时使用。

三、车辆灯光

车辆的灯光从布置处所上一般可分为司机室灯光、中间车辆灯光和其他灯光。从用途上可分为指示灯和照明灯。

1. 带司机室车辆灯光

在每列车司机室车辆的前端部有照明灯和指示灯,如图 7.18 所示。司机室内部也有照明灯等,司机室灯由 DC110 V 或蓄电池供电。

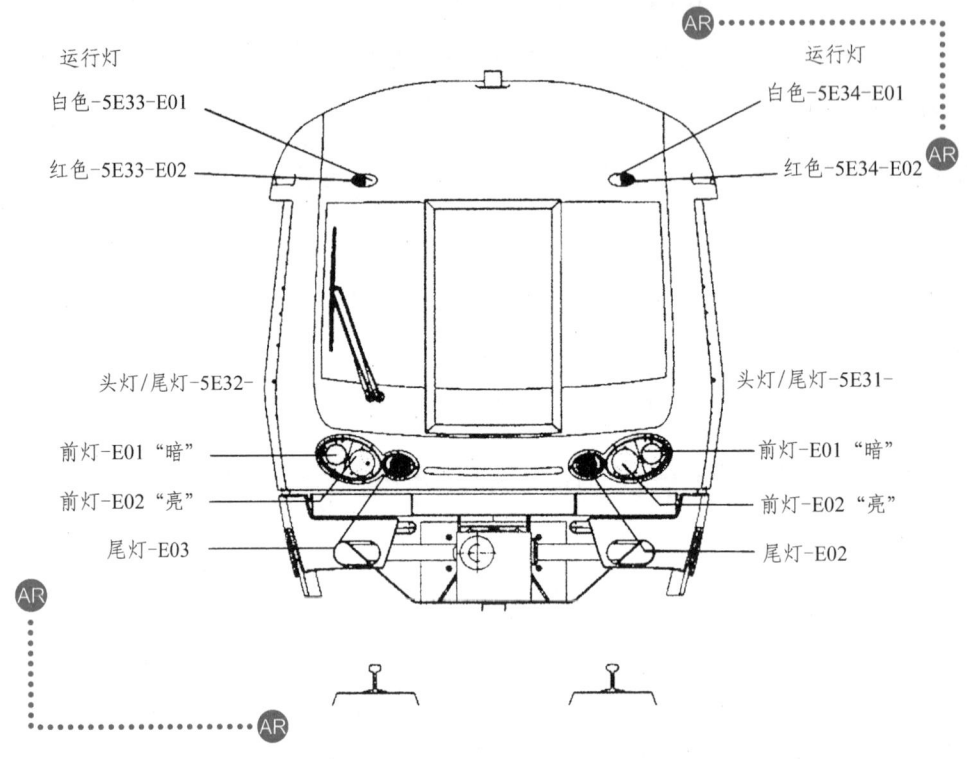

图 7.18 司机室车辆前端灯光

(1)车端灯:带有 2 个强度水平(暗或亮)的 2 个白色的头灯、2 个红色的尾灯、2 个白色的运行灯、2 个红色的运行灯。

(2)车内顶灯:司机室内的天棚灯包括两个荧光管 TL 18 W,在 DC 110 V 主电压下工作。灯的开关是一个在司机桌上的旋钮开关(05S03)。在紧急情况下它也工作。

(3)阅读灯:阅读灯是为了司机桌的照明,它是一个柱形的荧光灯 TL 6 W 带有一个 DC 24 V/6 W 的镇流器。它安装在司机显示器上面,自身带有开关。

2. 中间车辆灯光

中间车辆的日光灯由 DC/DC 变换器供电,照明应由 110 V 直流列车线经逆变器镇流器进行供电。

（1）车外指示灯：

在每辆车侧面各有一个车外指示灯，在下列情况下点亮：

橙色灯亮——该车有任一个侧门没有关上

绿色灯亮——该车所有的制动已缓解

蓝色灯亮——已施加停车制动

红色灯亮——该车至少有一个转向架已施加气制动

白色灯亮——自动控制系统 ATC 被切除（仅 A 车有）

（2）客室照明：图 7.19 所示为广州地铁二号线中间车辆客室灯光布置图，每辆车的客室的左侧和右侧都有一排照明。它们通过司机室中的开关进行控制。如果电源有故障，每辆 A 车中的 6 个紧急照明灯和每辆 B 车和每辆 C 车中的 7 个紧急照明灯将投入使用。

（3）车门指示灯："门打开"指示灯与"门关闭"指示灯一起安装在车门上部的侧顶板里。三辆车相应的车门使用相同的信号名称，如图 7.20、7.21 所示。

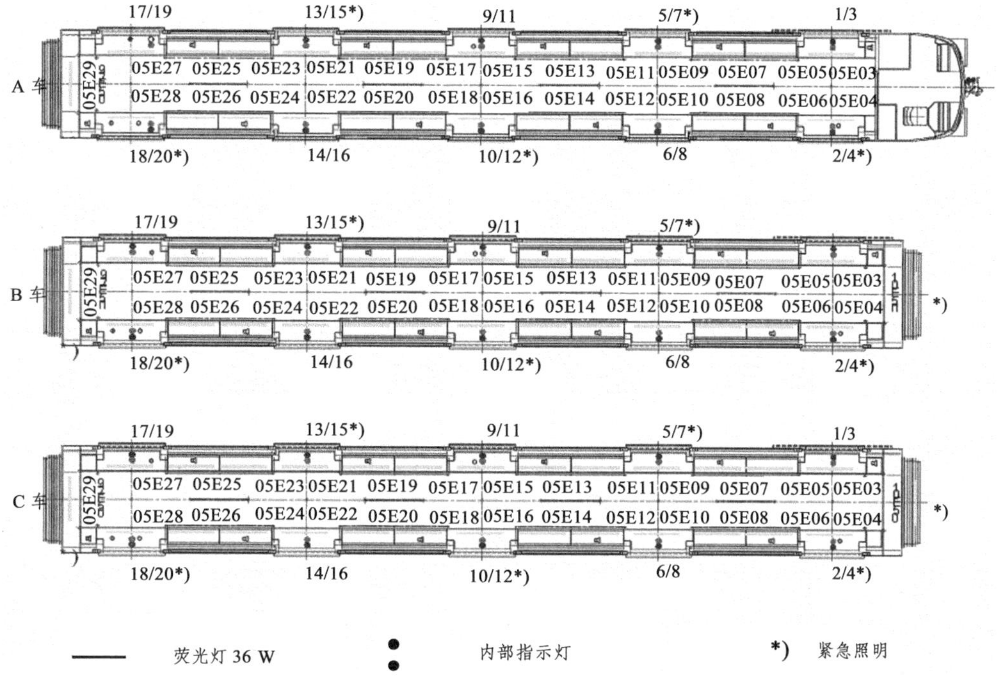

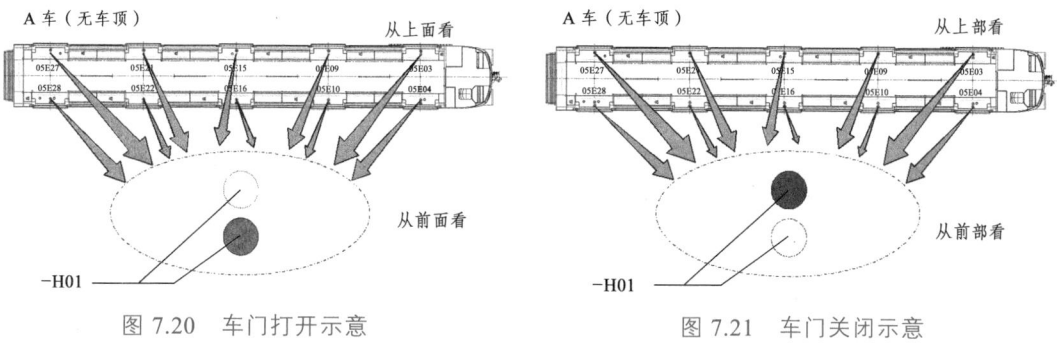

图 7.19　客室灯光分布

图 7.20　车门打开示意　　　　　　　图 7.21　车门关闭示意

四、乘客信息设备

为了方便乘客知悉列车信息，特别是弱视和弱听乘客的上下车，一般客室安装了扬声器和显示屏可以广播和显示站名等信息。

图 7.22 是广州地铁二号线车辆的扬声器和显示屏的安装位置，其扬声器经由变压器与 100 V 车辆线并联连接，且由车辆控制器（SACU）供电。扬声器安装在车顶板格栅的后面；显示器安装在车辆贯通道上部的中间端，它是一个 LED 点阵显示器，在 4 mm 中心处使用 3 mm 直径的黄色 LED 的等高线。LED 矩阵，24 LED 单元高，192 LED 单元宽。显示器的显示区域高 95 mm，宽 767 mm。客室显示器由 DC 110 V 供电并且不卸载显示器通过客室控制单元（SACU）接收到连续的数据，并且此单元在车辆数据总线上更新数据，由激活司机室的 PISC 来提供。SACU 的输出叫做车辆数据总线，作为客室显示器的输入输出线。线路是贯通连接的，信号无缓冲，因此无论中间的显示器处于什么状态，信号都将传到下一个显示器。

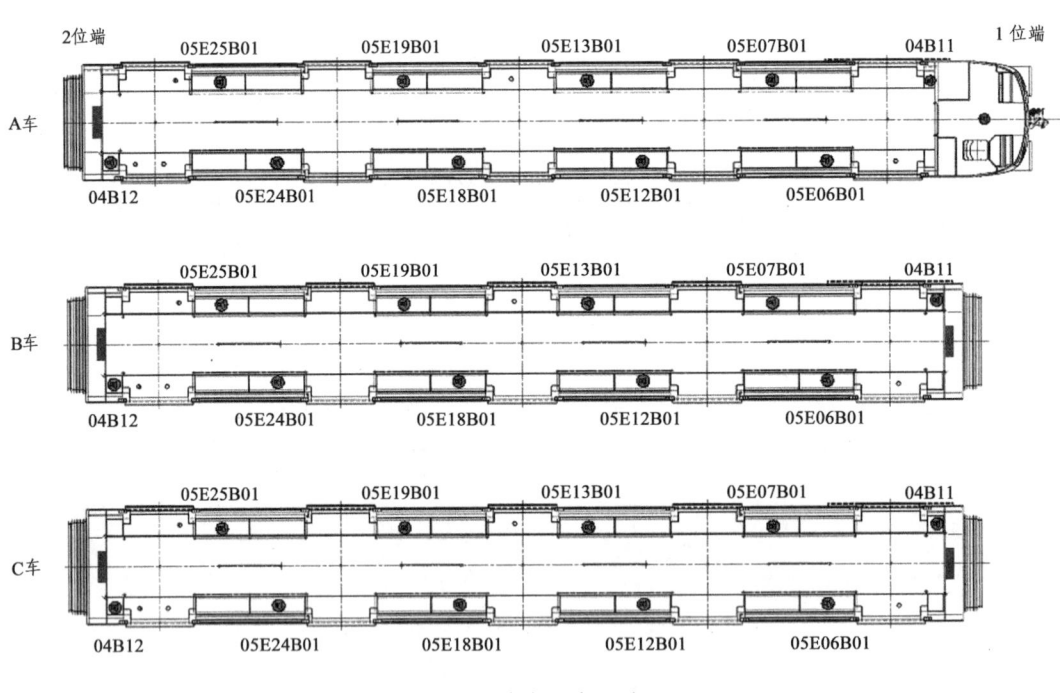

图 7.22 信息设备示意图

为了用内部显示器显示信息和通过扬声器进行广播，列车中必须有一个司机室被激活。基本上有两种方法向乘客传递信息，通过广播或者广播和显示信息。在被激活的司机室中，按下司机台上 PIS 控制板 04A33 的 PA 按钮之后，司机可以用麦克风（信号名为 04B04）向乘客广播。在这种情况下，只有广播而没有信息显示。

在另一个手动触发模式中，司机可以通过司机台上的彩色显示器（04A25）选择特定的信息。信息将被广播并显示在客室的显示器上。

如果列车运行在 ATO 模式下，信息将自动由 ATO 系统触发，不用司机操作。

此外，OCC（操作控制中心）能够通过列车无线电向乘客提供信息。如果列车无线电接收器接收到了有特殊编码的信息，信号将被送到 PIS 系统中，来自 OCC 的信息将直接向乘客广播。

本 章 小 结

按照设备的用途，车辆设备包括车用设备和服务于乘客的设备两大类。按照设备的性质分类有：机械设备、电气及控制设备；按照设备的布置位置，车辆设备分为：车顶设备、车内设备和车底设备。一般城轨车辆以动车组的形式出现，车内空间尽量用于容纳乘客，设备的布置应使客室环境安全、舒适，与乘客无直接关系的车辆运营所需设备尽可能悬挂于车底，以使车内空间最大化。

城轨车辆的机电设备及电、气管线的布置应兼顾以下原则：重量分配均匀、安装和维修方便、安全可靠等。

车顶设备主要有受电弓、空调单元等。

受电弓：包括基础框架、框架、集流头、压力弹簧和降低装置等。一般通过基础框架安装在车顶上，并尽量靠近转向架回转中心。

空调单元：确保车内有一个舒适的环境温度、湿度和充足的新鲜空气。一般城轨车辆每车的车顶都安装两个车顶一体式空调单元，位于车顶两端。

车底设备一般包括有供风设备、制动系统设备和电器设备。

高压设备：PH 箱的高压部分包括大部分用于高压分配的元件。主要的元件有：隔离和接地开关、两个高速断路器（HSCB）（线路断路器）、车间电源插座、车间电源接触器、高压保险、解耦二极管、测量和控制设备。动车的牵引逆变器从高速断路器处获得供电。辅助逆变器和蓄电池充电器也由 PH 箱供电，并带有保险保护，而其电流回路是通过接地刷闭合。车间电源的电气元件是与其他高压电气元件一起集成在 PH 箱中。隔离和接地开关位于工作舱口下面，线路断路器室的右侧。高速断路器是一个单极的直流断路器，带有电磁控制和自然冷却。每个牵引逆变器都分别设置一个 HSCB，安装在 B 车的逆变器箱（PH 箱）中。

制动设备包括空压机单元、空气控制屏、空气干燥器、贮风缸（主风缸、制动供风缸、空气弹簧缸、门控风缸等）和装在转向架上的基础制动单元。

客室是容纳旅客的场所，其设备主要为乘客提供服务，有座席、扶手、照明、广播系统等设施。设备布置应保证车内安全舒适。在客室两侧设有车门，两辆车的客室之间通过贯通道连接。

司机室是列车驾驶员的工作场所，其主要设备与列车操纵有关，设备布置应方便司机操纵列车和提供舒适的工作环境。带司机室车辆位于列车两端，前端设有紧急疏散梯等设施。

复习思考题

1. 城轨车辆车用设备主要有哪些？
2. 城轨车辆服务于旅客的设备主要有哪些？
3. 客室布置设备有哪些？有何功能？
4. 车顶设备主要有哪些？有何功能？
5. 车底设备主要有哪些？有何功能？
6. 你认为车辆还应该增加哪些设备？
7. 你认为车辆现有设备如何布置更合理？

第三篇

城市轨道交通车辆控制部分

- 第八章　电力传动与控制系统
- 第九章　微机控制系统
- 第十章　风源及电空制动系统
- 第十一章　空气调节系统

第八章

电力传动与控制系统

通过学习城轨车辆传动与控制系统，了解其种类和发展沿革，熟悉几种典型车辆的传动与控制系统的组成及工作过程，重点掌握交流调压变频车辆的传动与控制系统的组成及控制原理。

教学目标

能力目标
- 能正确理解城轨车辆传动与控制系统基本原理
- 能正确理解交流调压变频车辆的传动与控制系统的组成及控制原理
- 能完成交流调压变频车辆的传动与控制系统的检查、日常维护和保养

知识目标
- 了解城轨车辆传动与控制系统的发展及其种类
- 熟悉城轨车辆传动与控制系统的基本组成和控制原理
- 掌握交流调压变频车辆的传动与控制系统的组成及控制原理

第一节 概 述

城轨车辆一般以电动车组的形式出现,受流器从架空接触网或第三轨接收电能,由动车中的牵引电动机将电能转变为机械能,驱动列车运行并控制其运行速度。

一、城轨车辆电力传动系统的特点与发展

轨道交通发展的初期是地面有轨电车,其网压制式为 DC600 V。发展中期进入地下,网压制式为 DC750 V。为满足大客流量的需要,在 20 世纪 80 年代后期,地铁采用 DC1500 V 供电方式。

从牵引电机的角度来说,直流牵引电动机结构复杂,但其控制原理简单;交流异步电动机结构简单,但要实现广范围、高性能的调速控制是相当复杂与困难的。直流传动进步为交流传动的过程是电力电子器件、微处理器芯片及交流电机调速理论的发展过程。晶闸管使直流斩波调压与相控调压的直流传动得到一次飞跃发展,与此同时,德国地铁车辆中采用电流型逆变器供电异步电机的交流传动系统已获开发并应用。GTO 的问世与发展,使采用电压型逆变器的变压变频(VVVF)的交流传动得到迅速的发展,欧洲的先进国家在 20 世纪 90 年代的中后期已停止生产直流传动的机车车辆,转而生产先进的交流传动的机车车辆。从电流驱动全控型电力电子器件(GTO 和 BJT)发展为电压驱动全控型器件(IGBT 和 IPM),使器件(或模块)的性能进一步提高,交流传动的优良性能也进一步得到发挥。IGBT 模块的阻断电压与器件容量的不断提高,也使它逐步替代了 GTO 在机车车辆上的应用。上海与广州地铁初期进口的国外交流传动车辆上采用 GTO 器件,而现在的地铁或轻轨交流传动车辆已改为采用高压 IGBT 模块,从这一点就可看出性能优越的电压驱动全控型 IGBT 模块,不仅在城轨车辆静止辅助电源系统中被应用,而且在主传动系统中也被广泛应用。

二、城轨车辆电力传动系统的分类

城轨车辆按电力传动与控制方式可分为:直流调阻车辆、直流斩波车辆和交流调压变频(VVVF)车辆,如图 8.1 所示。

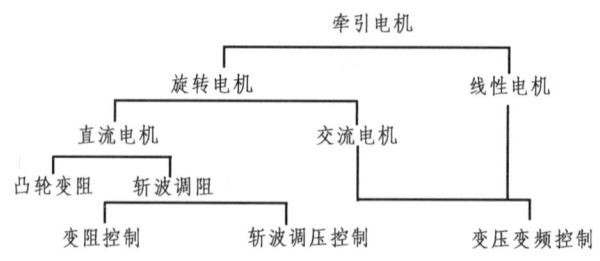

图 8.1　牵引电机及控制方式

直流调阻车辆，典型代表是北京地铁 BJ-4 型和 BJ-6 型两种车型。这两种车辆全部采用动轴，各由一台 76 kW 的直流牵引电动机驱动，每台牵引电动机额定电压为 750 V/2，额定电流为 230 A，在每一节车组的 4 台牵引电动机中，同一转向架的两台牵引电动机串联成一个机组，在牵引工况下，同一车辆的两个机组串联或并联。BJ-4 型和 BJ-6 型地铁车辆的根本区别在于前者采用变阻控制器进行主回路中电阻的切换，以实现调速，而后者利用可控硅斩波器调阻调速，实现无级平滑调节。

直流斩波车辆的典型代表是上海地铁一号线车辆。该车辆每单元由 A、B、C 3 节车组成，A 车是拖车，B、C 车为动车。每一动轴由一台全悬挂的牵引电动机——CUS5668B 型直流串励电动机驱动，额定功率为 207 kW，额定电流为 302 A，额定电压为 1 500 V/2，同一动车中 4 台牵引电动机接成两串两并连接，故加在每台牵引电动机上的实际额定电压为 750 V，额定转速 1 470 r/min，利用可控硅斩波器调阻调速。在电阻制动工况下，最大制动电流为 360 A。

对于交流调压变频控制，主要经历了以下 3 个阶段：

1. 滑差频率控制

滑差频率控制是 VVVF 的早期应用。其特点是保持压频比 U/f 恒定，控制滑差就可以调节转矩。由调速理论可知，U/f 恒定，即保持气隙磁通近似不变，当滑差不变时，便可实现恒转矩启动与调速。滑差频率控制属于稳态量控制，因而调节时有一个进入稳态的过渡过程，因而其动态性能不够好。采用这种方式控制的典型代表有日本早期的地铁。

2. 矢量控制

矢量控制概念是由 Hasse 于 1969 年提出，后由 Blaschke 于 1971 年给予发展，形成一个完善的转子磁场定向的旋转矢量控制理论与方法。目前在城轨车辆交流传动系统上应用的有两个典型的代表，都是采用直接转子磁场定向控制方法：一个是德国 Siemens 公司开发完善的矢量控制方案，上海地铁二号线车辆、广州地铁一号线车辆就是例子；另一个是法国 Alsthom 公司推出的矢量控制方案，上海明珠线车辆是一个例子。

采用矢量控制的电力传动系统，其动态性能和稳定性较好。但矢量控制需要对电磁关系进行解耦，必须进行复杂的坐标转换计算。

3. 直接转矩控制

直接转矩控制是由德国 Depenbrock 于 20 世纪 80 年代提出。该控制方法以简明物理过程为基础，借助离散两点式调节（Band-Band 控制）产生 PWM 信号，对逆变器的开关状态进行控制，不需像矢量控制那样要进行复杂的坐标转换计算，直接在定子坐标系中计算定子磁链与电机转矩，克服了矢量控制系统对电机转子参数的依赖和控制系统复杂的缺点，并实现磁链与转矩的闭环控制，获得高动态响应调速性能。当然，这种控制方法目前还不成熟，在起动和低速阶段也存在瑕疵。广州地铁一号线 VVVF 逆变器的国产化产品就是采用直接转矩控制的方法。

第二节　直流调阻车辆的传动与控制

早期城轨车辆的传动与控制主要采用直流调阻的方式，现以 BJ-4 型车辆为例来介绍直流调阻方式。

1. BJ-4 型（DK_{16} 型）车辆传动系统的组成及功能

BJ-4 型（DK_{16} 型）车辆的主回路原理电路如图 8.2 所示，其主要电气元件及其功能如下：

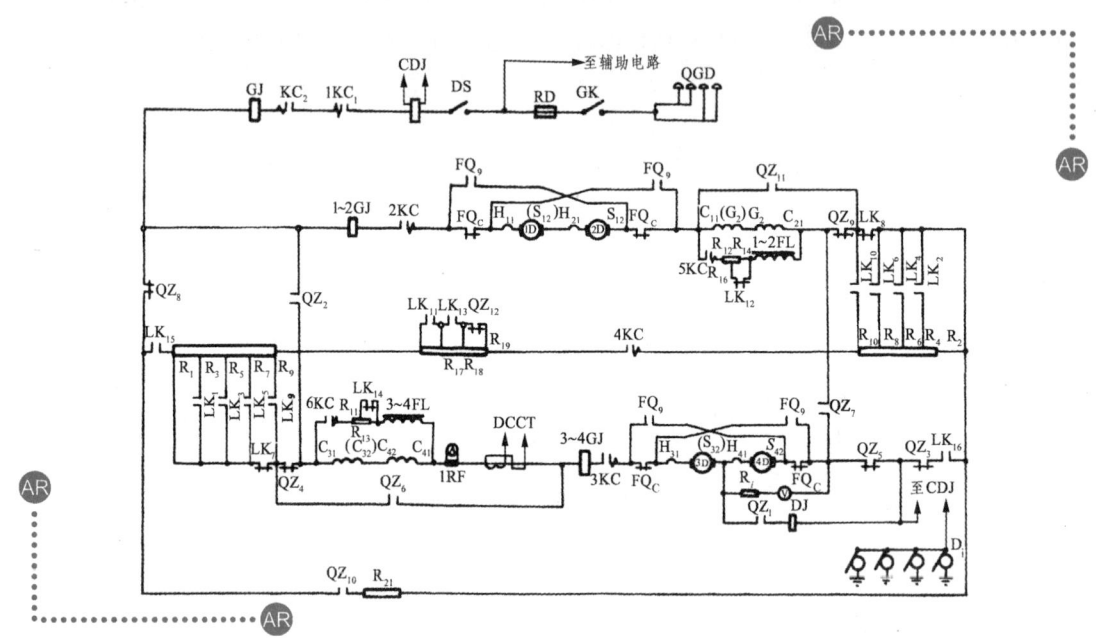

图 8.2　BJ-4 型车辆主回路原理电路

（1）1D～4D——直流串励牵引电动机。

（2）QGD——受流器，借助第三轨将电源引入。

（3）GK——主隔离开关，用于无载分断第三轨电源。

（4）RD——下熔断器，用于主回路短路保护，动作值 500～1 200 A。

（5）DS——快速断路器，对主回路起过载及短路保护作用。

（6）CDJ——差动继电器，作为主回路牵引工况下的接地保护电器，其动作值为电流差值 80 A。

（7）KC——电空接触器。

（8）GJ——总过载继电器，动作值 980 A；分过载为 1～3 GJ 及 2～4 GJ，动作值 490 A，用于主回路过载保护。

（9）FQ——前进后退转换开关主触头，用于改变车辆的运行方向（8 个主触头）。

（10）QZ——牵引制动转换开关，用于改变车辆牵引或电阻制动工况（12 个主触头）。

（11）RF——直流电流表分流器，用以提高电流表量程。

（12）$C_{11,12}$、$C_{22,21}$ 及 $C_{31,32}$、$C_{42,41}$——电动机串励主极绕组。

（13）1~2FL 及 3~4FL——感应分流器。在磁场削弱时，与磁场削弱分路电阻一起接入，利用电感具有阻碍电流变化的特性，使磁场削弱时分路电流变化不致过快，防止引起瞬时磁场削弱系数过深的可能。

（14）LK——变阻控制器，用以进行电阻的切换及与 KC 配合进行主回路的串并联转换。

（15）R——起制动电阻，限制启动电流过大以及满足电机的调速要求，并限制制动电流过大而设置。

（16）DJ——接地继电器，用于主回路电阻制动工况下的接地保护。动作值 0.2 A，它动作后 KC 跳开，切断主回路。

（17）DC——直流电流互感器，用作主回路电流检测，它将检测的电流信号传送到磁放大器中，然后去控制加速度继电器的输出从而控制可控硅 S1 与 S2 的触发导通或截止，使 LK 上的两个电磁阀ⅠLK 和ⅡLK 线圈得电或失电，最后完成 LK 变阻控制器的进级过程。

（18）D_i——接地装置。

（19）R_i——电压表倍率器，用以扩大电压表量程。

2. BJ-4 型（DK_{16}型）车辆电力传动系统主回路原理

从图 8.2 中可以看出在牵引工况及电阻制动工况 BJ-4 型车辆传动及其控制情况。

牵引工况分Ⅰ、Ⅱ、Ⅲ 3 个工作位；制动工况分Ⅰ、Ⅱ、Ⅲ 3 个工作位。

在牵引Ⅰ位时，通过控制电器按合表的规定自动闭合或断开，使牵引电动机 1D~4D 串联在一起工作，为限制启动电流过大，而将全部启、制动的电阻串联在主回路中。

同时，为了降低启动转矩，使启动平稳而不发生冲动或引起空转而进行了最深的磁场削弱 β_{min} 为 45%，在这一工作位，列车速度最高可达 8~13 km/h，电流整定值为 250 A，此工作位为启动或调车位，不能久留（1 min）。

牵引Ⅱ位，通过控制磁放大器、可控硅及电磁阀最终由变阻控制器 LK 通过切电阻来完成 1~11 级的进级过程。在 12 级时磁场削弱 $\beta_1=65\%$，在 13 级磁场削弱 $\beta_2=45\%$（即达 β_{min}）。此Ⅱ级内 4 台牵引电动机全串联，列车速度可达 40~50 km/h，电流整定值为 350 A 左右。

牵引Ⅲ位，牵引电动机改为两串两并接法，并在两并联支路中逐级切电阻，最后进级是实行二级磁场削弱，最深的磁场削弱系数为 45%，列车速度可达 65~80 km/h，电流整定值为 350 A 左右。

制动Ⅰ位，通过牵引制动转换开关的闭合，电空接触器和变阻控制器的闭合。首先形成了两组牵引电动机的交叉励磁，交差励磁的好处是能使这两个电阻制动主回路中的负载平衡。进一级，全部电阻接入，电动机作发电机运行。

制动Ⅱ位，这一制动位从二级开始自动进级，自中间后两边依次轮流切除起制动的电阻，以实现对制动电流的恒流控制。制动Ⅱ位从 2 级开始进级到 19 级，制动Ⅱ位的制动电流整定值大于制动Ⅰ位,因此,制动力大,制动效果明显。

制动Ⅲ位,工作过程与制动Ⅱ位相似,进级过程也与制动Ⅱ位时一样,所不同的是制动电流整定值加大,使制动过程加快,制动力更大,因此制动Ⅲ位又称快速制动位,列车很快会停下。

第三节　直流斩波车辆的传动与控制

1. BJ-6 型车辆主回路组成结构和工作原理

BJ-6 型车辆主电路及其控制与 BJ-4 型不同之处在于,前者不用变阻控制器 LK 来切换电阻,而是采用了可控硅斩波器无级平滑地调节电阻,这样不但调节平稳,而且去掉了 LK,在主回路中减少了许多触头,从而减少了因此引起的故障次数及维修工作量。

BJ-6 型车辆主回路原理电路如图 8.3 所示。其主要电气元件及功能如下:

(1) SL——受流器,每节车 4 个,借助于第三轨为车体引入电能。

(2) RD——熔断器,直接保护受流器,以防止第三轨直接与走行轨之间构成短路,造成危害。

(3) GK——主隔离开关,供专人手动无载分断第三轨电源用。

(4) ZRD——主回路总熔断器,用以对主回路进行短路保护。

(5) HB_1——霍尔传感器,控制主回路电流,供电度表 KWH 使用。

(6) DS——直流快速断器(开关),对主回路起过载保护作用。

(7) CDJ——差动继电器,作为主回路在牵引工况下的接地保护。动作值为电流差值 80 A。

(8) KC——电空接触器。

(9) GJ——总过载继电器,动作值 980 A。

(10) FQ——前进后退转换开关主触头,FQ_g 向前,FQ_n 向后,其作用为改变电枢电流方向以改变牵引电动机转向,最终改变车辆的运行方向。

(11) H——牵引电动机换向极绕组。

(12) D——牵引电动机,共 4 台,1D~3D 为一组;2D~4D 为另一组。

(13) CC——电动机的主极绕组。

(14) A_1,A_2——电路中的 2 只电流表,R_{f1}、R_{f2} 为分流器。

(15) FL——感应分流器,用于防止磁场削弱过渡过程中磁场削弱过深而设置。

(16) 1Z,2Z——桥式转换二极管,供电机进行串并联转换用。

(17) QZ——牵引制动转换开关,供牵引及制动工况转换用,共 8 个触头。

(18) DCCT——直流互感器,检测主回路中电流,达到触发箱内,控制副脉冲的发出时刻,以控制主可控硅导通角 α 的大小,从而对电阻进行切换控制。

(19) DJ——接地继电器,用于主回路在制动工况下的接地保护。

(20) V_2——电压表。

(21) BL2——电压表倍率器,扩展电压表量程之用。

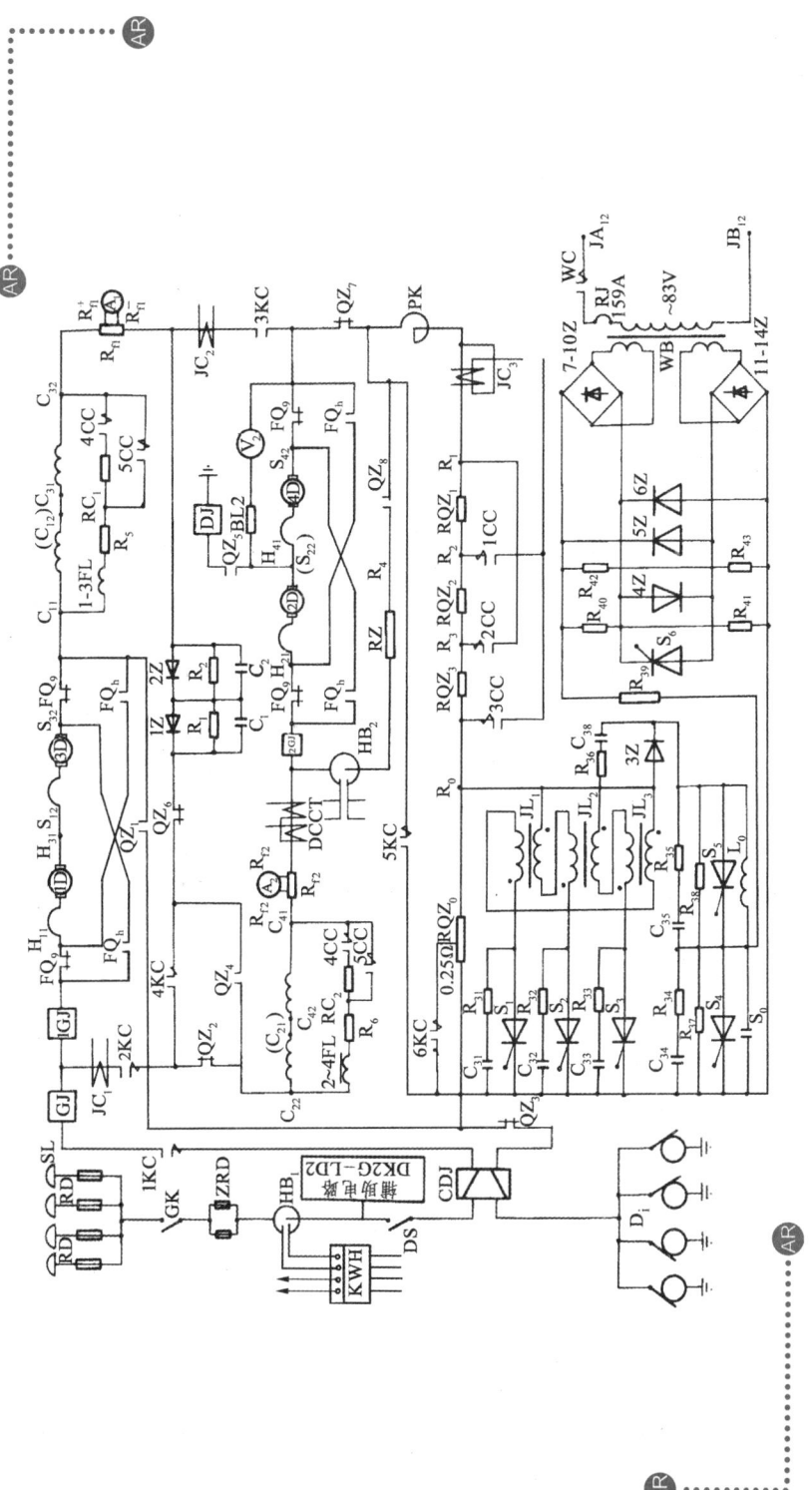

图 8.3 BJ-6 型车辆主回路原理电路图

S_1、S_2、S_3—主可控硅；S_4、S_5—副可控硅；C_0—换流电容；L_0—换流电感；R_3、R_{38}—静态均压保护电阻；$3Z$—旁路二极管；R_3、$R_{31,32,33,34,35,36}$—动态均压电阻；C_{31-36}—动态均压保护电容；R_{39}—预充电电阻；$JL_{1,2,3}$—均流电感；WC—预充电接触器；RJ—热继电器；WB—变压器；7-10Z、11-14Z—全波整流桥路；$R_{41,42}$—$4Z$、$5Z$ 的均压电阻；S_6—可控硅；$R_{40,43}$—单相全波整流桥路输出负载。

（22）$JC_{1,2,3}$——检测磁环。用以检测主回路的电流变化送入触发箱，控制斩波器的导通角。$JC_{1,2}$ 检测牵引 Ⅱ 位到牵引 Ⅲ 位时的电流变化，JC_3 检测切换电阻过程中的电流变化。

（23）PK——平波电抗器，用以敷平电流的脉冲，减小电流的脉冲系数，以改善电机的换向。

（24）HB_2——霍尔传感器，用以控制制动工况下的制动力，即它将检测出的电流信号，送往 SD 制动机的控制阀系统，将电信号转变为空气压力信号，决定空气制动投入的多少，从而使这两种制动方式很好地配合，既有足够的制动力，又不致使二者制动力叠加，以防抱死擦伤轮缘。

（25）$RQZ_{0,1,2,3}$——启动电阻。其他电阻为：均压电阻及感应分路电阻等。

（26）D_i——接地装置。

（27）CH——斩波器，用以切换调节电阻。

调阻斩波器的工作原理如下：

在主副可控硅关断的状态下，首先经过两条回路向换流电容器 C_0 充上右正左负的电压，其充电回路是：

① R_0—3Z—L_0—C_0—地。

② 变压器 WB—单相全波整流装置—R_{39}—C_0—地。

C_0 上电源极性右正左负，大小为 600～1 120 V（1 200 V），使主副可控硅皆处于正向偏置状态。当触发主可控硅导通时，电阻 RQZ_0 被短接，主回路的电流电路是：

R_0—主可控硅 $S_1 \sim S_3$—QZ_3—地。

经过一定的时间后触发副可控硅使其导通，预先充上右正左负的电容器 C_0 经换流电感 L_0 及副可控硅 S_4、S_5 开始放电，并在 L_0C_0 串联谐振作用下反向充上左正右负的电压。当电容器 C_0 上的反向电压达到一定值时，它将直接加于主副可控硅的两端且造成反向偏压而使主副可控硅关断。电阻 RQZ_0 重新接入回路，这时 C_0 的放电及反向充电回路是：

$$C_0—RQZ_0—3Z—L_0—C_0$$

这又是一个由 RQZ_0、L_0 及 C_0 组成的串联谐振电路，其谐振的半周期 $T_1 = \pi\sqrt{L_0C_0}$。经过 T_1 时间，电容器 C_0 经放电及反向充电后，又被充上右正左负且数值一定的电压。此电压重新加于主、副可控硅两端，使它们重新承受正向电压，为下一周期的工作做好准备。

BJ-6 型车辆的主回路也同样具有 Ⅰ、Ⅱ、Ⅲ 3 个牵引位和 3 个制动位，每个工作位都有自己的电流整定值，并使用斩波器 $S_1 \sim S_2$ 代替 LK，切除（调节）电阻。

由于斩波器的容量有限，所以在电路中只用以调节一段电阻，经过与接触器等其他电器部件的配合，有效地调节了所有的起制动电阻，从而达到了调节电机（列车）速度的目的，其调节电路原理如图 8.4 所示。

令斩波器工作周期为 T，则 $T = T_{on} + T_{off}$，当 $t = T_{on}$（导通时间）时，R_0 被短路（即切除），记作 $R_0 = 0$；

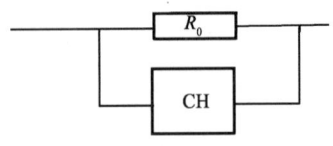

图 8.4 斩波器调阻原理电路图

当 $t=T_{off}$ 时，CH 断开，R_0 被接入主回路。在 T 时间内 R_0 的平均值为 $\overline{R}_0$，为：

$$\overline{R}_0 = \frac{T_{off}}{T} R_0 = \frac{T-T_{on}}{T} R_0 = (1-\alpha) R_0 \tag{8.10}$$

式中 α——斩波器中主可控硅导通角（T_{on}/T）。

在上述公式中可见，改变 α 即可改变 $\overline{R}_0$。如前所述，对电阻的调节也如同对电压的调节一样，可以采取定频调宽或定宽调频的方法。在 BJ-6 型车辆的主回路中采用了前者即工作周期 T 不变，而改变导通时间，最终按上述公式得到了不同的 $\overline{R}_0$。

当 T_{on} 逐渐增加时，即 $\alpha_{min} \to \alpha_{max}$，则 $\overline{R}_0$ 从 $\to \overline{R}_{0\,min}$（$R_0$ 电阻从接入到切除）。

2. 上海地铁一号线直流车辆传动与控制

上海地铁一号线直流车辆的电力传动与控制采用了直流斩波方式，主回路原理如图 8.5 所示。

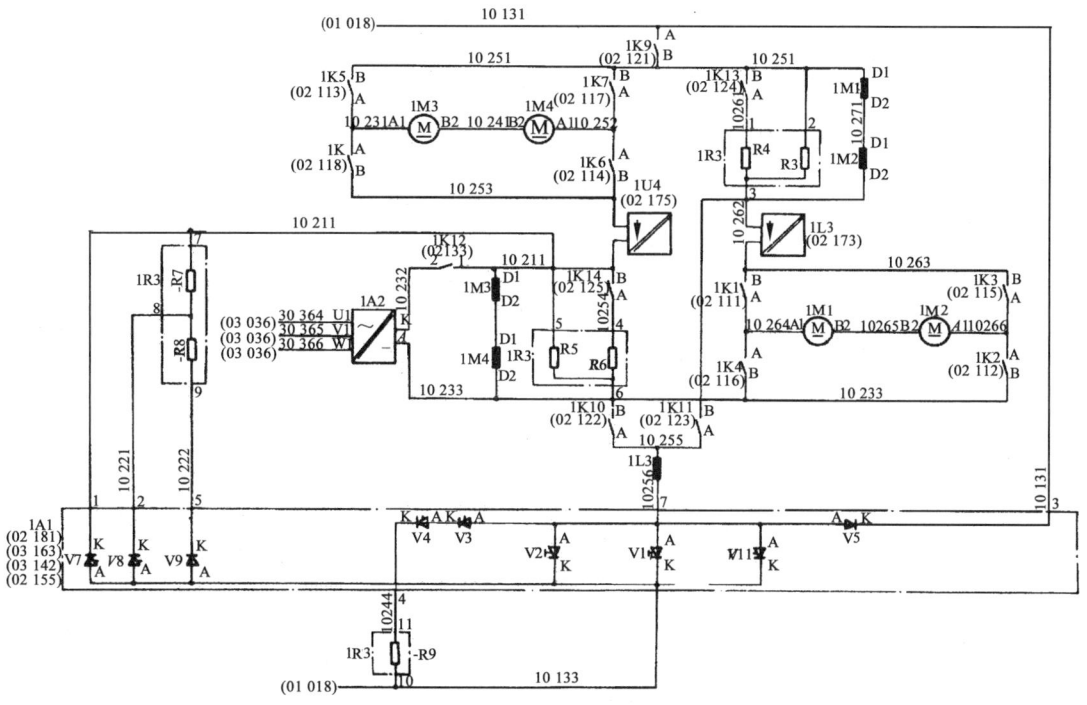

图 8.5 上海地铁一号线直流车辆的主回路原理图

图中 1K1~1K14——电空接触器（1 000 V、600 A）。

1M1Ⓜ~1M4Ⓜ——直流串励牵引电动机（CUS5668B 型）。

1M1（01-02）~1M4（01-02）——电动机的励磁绕组。

R3，R4，R5，R6——磁场削弱分流电阻。

R7，R8——电阻制动电阻。

1L3——平波电抗器。

1A2——电阻制动预励磁整流器。

V1~V4，V7，V8，V11——可控硅。

（1）牵引工况前进工况。在牵引工况下电空接触器1K9、1K5、1K6、1K10、1K3、1K4闭合，电源电流自电网经滤波后经1K9的主触头进入，其电路是：

1K9—1K5 主触头—牵引电动机 1M3 电枢—牵引电动机 1M4 电枢—1K6 主触头—$\begin{bmatrix} --1M3和1M4电枢绕组-- \\ --削磁分流电阻R5-- \end{bmatrix}$—1K10 主触头—平波电抗器 1L3—GTO 可控硅斩波器 V1—电源负端。牵引电动机 1M1、1M2 的主电路同理。

（2）牵引工况后进工况。

在后进工况下，电空接触器1K7、1K8、1K9、1K10、1K1、1K2等闭合，电源自电网经滤波后由1K9的主触头进入，其电路是：

1K9 主触头—1K7 主触头—牵引电动机 1M4 电枢—牵引电动机 1M3 电枢—1K8 主触头—$\begin{bmatrix} --1M3和1M4电枢绕组-- \\ --削磁分流电阻R5-- \end{bmatrix}$—1K10 主触头—平波电抗器 1L3—GTO 可控硅斩波器 V1—电源负端。

牵引电动机 1M1、1M2 的主电路同理。

改变牵引电动机转动方向（即改变机车的运行方向）的方法有两种，即单独地改变电枢电流或励磁电流的方向，上海地铁动车组采用单独改变电枢电流方向的方法；而电力传动内燃机车采用电枢电流方向不变的情况下改变励磁电流的方向。

在制动过程中车辆具有三种不同的制动工况，即电阻制动、再生制动和空气制动。在整个制动过程中的基本制动方式为电阻制动，其电路将在下面说明。

（3）前进方向的电阻制动。当车辆处于电阻制动工况时，主电路中的牵引电空接触器 1K10 主触头断开，而电阻制动接触器主触头 1K11 闭合。两组电动机（1M3、1M4 和 1M1、1M2）相互交叉励磁，其目的是为了求得电的稳定，即力求使此两组制动主回路中的电流均衡。这种交叉励磁电路具有他励（对每一组的电枢绕组而言）的形式和串励的特性。所以仍可按串励电动机的电阻制动分析。前进方向电阻制动的主电路如下：

1M3 电枢—1K5 主触头—$\begin{bmatrix} --1M1和1M2励磁绕组-- \\ --削磁电阻R3-- \end{bmatrix}$—电阻制动电空接触器主触头 1K11—平波电抗器 1L3—GTO 斩波器 V1—二极管 V9—制动电阻 R8、R9—1K6 主触头—1M4 电枢—1M3 电枢。

另一组牵引电机构成的电阻制动主回路是：

1M1 电枢（A1）—1K1 主触头—1K11 主触头—平波电抗器 1L3—GTO 可控硅斩波器 V1—二极管 V9—制动电阻 R8、R7—$\begin{bmatrix} --1M3和1M4励磁绕组-- \\ --削磁电阻R5-- \end{bmatrix}$—1K2 主触头—1M2 电枢—1M1 电枢。

在电阻制动开始时，由于励磁绕组中的剩磁很小，且原来牵引工况下流过励磁绕组中电流方向与制动工况相反，即使原来有微小的剩磁也会被抵消为零。为了建立起制动时由牵引电动机改接为牵引发电机的端电压，故在制动开始初期先由整流器 1A2 提供预先的励磁电流，当励磁绕组压降大于整流器 1A2 提供的直流电源压降时，1A2 停止工作。

（4）再生制动。如前所述，再生制动是牵引电动机处于发电机工况且向电网反馈电能。当发电机电压小于电网电压时方可施行再生制动，施行再生制动的步骤是当斩波器导通时，一部分电能以磁能的形式储存在平波电抗器 1L3 上，然后当斩波器关断时，发电机的电能和平波电抗器磁能转变成的电能，共同向电网反馈，其电路是：

① 当 GTO 可控硅斩波器 V 导通时：

1M4、1M3 电枢—1K5 主触头—$\left[\begin{array}{c}--1M1、1M2 励磁绕组--\\--削磁电阻 R3--\end{array}\right]$—1K11 主触头—平波电抗器 1L3—GTO 可控硅斩波器 V1—可控硅 V8—电阻 R7—1K6 主触头—1M4、1M3 电枢电枢电动机 1M1 与 1M2 回路：

1M2、1M1 电枢—1K1 主触头—1K11 主触头—平波电抗器 1L3—GTO 可控硅斩波器 V1—可控硅 V8—电阻 R7—$\left[\begin{array}{c}--1M3、1M4 励磁绕组--\\--削磁电阻 R5--\end{array}\right]$—1K2 主触头—1M2、1M1 电枢。

② 当 GTO 可控硅斩波器 V1 关断时：

改接为发电机的牵引电动机 1M1～1M4 及平波电抗器 1L3 向电网的馈电电路：

1M4、1M3 电枢—1K5 主触头—$\left[\begin{array}{c}--1M1 和 1M2 励磁绕组--\\--削磁电阻 R3--\end{array}\right]$—1K11 主触头—平波电抗器 1L3—二极管 V5—电网—地（01018）—可控硅 V8—电阻 R7—1K6 主触头—1M4、1M3 电枢。

1M2、1M1 电枢—1K1 主触头—1K11 主触头—平波电抗器 1L3—二极管 V5—电网—地（01018）—可控硅 V8—电阻 R7—$\left[\begin{array}{c}--1M3、1M4 励磁绕组--\\--削磁电阻 R5--\end{array}\right]$—1K2 主触头—1M2、1M1 电枢。

（5）主回路各种工况的控制。

上海地铁车辆采用了先进的 SIBAS16 计算机控制单元（亦称 TCU 牵引控制单元），司机控制的指令信号经计算机转变为执行驱动信号，自动地根据所需的电路进行控制。例如，在不同的工况，接触器主触头的闭合与断开、可控硅的导通与关断及导通角 α 变化等都由 SIBAS16 控制单元控制。

在牵引和制动工况下，对应于司机控制器主手柄或换向手柄任意一个固定的位置，由 SIBAS16 控制作用面形成一个相应的恒流控制，如将主手柄上推至最大位置，主回路中的电流 I_D 恒定在 302 A，这时牵引电动机的电磁转矩 M_D（转换成车辆的牵引力）就达到牵引工况下的最大值。如果此时外界阻力矩 $M_阻 < M_D$，列车就会加速运行。在牵引工况运行过程中，为了配合 GTO 可控硅斩波器使主回路中电流增加，电动机从电网上吸取的功率加大而使动车组迅速加速到规定的最高速度，SIBAS16 控制牵引电动机自动地进行磁场削弱，即 K13、K14 主触头自动闭合，使电阻 R6 与 R5，R4 与 R3 并联。励磁绕组中的电流被更多地分流，牵引电动机 1M1～1M4 的反电势减小，电流增大，从电网上吸取

的电能迅速增加，这就使列车的加速更快。另外，励磁绕组中的电流减少，能够减轻励磁绕组的发热。

电阻 R3 与 R5 在电路中一直与励磁绕组并联，这样做是为了减小启动时的电磁转矩，以避免因启动电流过大而引起启动过程中车辆的冲动。

电阻制动与再生制动既可以单独控制又能够自动转换，例如，在再生制动过程中，由于某种原因使电网电压突然低于电动机（发电机工况）电压 U_D，这时，在 SIBAS16 控制单元作用下，自动地将再生制动工况转为电阻制动工况。

在电阻制动工况下，当车辆速度降低而为了配合 GTO 可控硅更好地对制动力进行控制时，则可以通过可控硅 V8 的闭合，将制动电阻 1R3 中的 R8 短路，使制动电流和制动力增大，从而增加了（扩大了）低速下电阻制动的应用范围。当车辆的速度继续降低而低于 10 km/h 时，由 SIBAS16 控制单元发出指令，由电阻制动工况转变为空气制动工况。

电路中 V1 是一个 GTO 可控硅斩波器，它是一个由 SIBAS16 控制单元控制的由可关断可控硅组成的定频调宽斩波器，可控硅斩波器的关断频率（即周期）是固定的，而导通时间 T_{on} 是可调的，通过对斩波器导通角 α 的调节，从而获得对应于某一手柄位的恒流控制。由于采用了 SIBAS16（TCU）单元，对整个主电路的控制变得既可靠又简单了。

第四节　交流调压变频车辆的传动与控制

上海地铁二号线、广州地铁、深圳地铁、南京地铁和武汉轻轨等城轨车辆电力传动系统都已经采用了调压变频控制方式。

广州地铁一号线车辆传动与控制系统由受电弓、高速断路器 IISCB、VVVF 牵引逆变器、DCU/UNAS（牵引控制单元）、牵引电机、制动电阻等组成，并采用微机控制系统。其主电路电力电子器件采用 GTO。众所周知，GTO 是电流控制器件，最大的缺陷是关断时其门极负脉冲电流幅值为 GTO 被判断的最大阳极电流的 1/5～1/3。广州地铁二号线主电路系统与广州地铁一号线十分相似，但用 IGBT 取代了 GTO。

例如，广州地铁二号线的三车单元牵引系统，列车受电弓从接触网受流，通过高速断路器后，主要分成 3 路：

第一路将 DC 1 500 V 送入 VVVF 牵引逆变器。VVVF 牵引逆变器将 1 500 V 直流电逆变成频率、电压可调的三相交流电，平行供给车辆 4 台鼠笼式异步牵引电机，对电机进行调速，实现列车的牵引、制动控制。其电力电子器件采用 3 300 V/1 200 A 的 IGBT。

第二路将 DC 1 500 V 送入辅助逆变器，逆变成 380 V、50 Hz 的交流电供辅助机组用。

第三路将 DC 1 500 V 经过斩波器向蓄电池充电，同时供给控制电路。

本 章 小 结

城轨车辆的传动与控制方式可分为：直流调阻车辆、直流斩波车辆和交流调压变频

（VVVF）车辆等。广州地铁等城轨车辆普遍采用了交流牵引电动机驱动，并利用交流调压变频（VVVF）的方式控制。

城轨车辆采用变阻控制器进行变阻调压（如 BJ-4 型）或可控硅斩波器进行斩波调压（如 BJ-6 型车辆）来控制直流牵引电机，交流牵引电机采用了变压变频的控制原理。

BJ-6 型车辆主电路及其控制与 BJ-4 型不同，前者不用变阻控制器 LK 来切换电阻，而是采用了可控硅斩波器无级平滑地调节电阻，这样不但调节平稳，而且去掉了 LK，在主回路中减少了许多触头，从而减少了因此引起的故障次数及维修工作量。

交流调压变频车辆的传动与控制系统由受电弓、高速断路器 HSCB、VVVF 牵引逆变器、DCU/UNAS（牵引控制单元）、牵引电机、制动电阻等组成，并采用微机控制系统。其中，VVVF 牵引逆变器采用 PWM 脉宽调制模式，将直流电逆变成频率、电压可调的三相交流电，平行供给车辆 4 台交流鼠笼式异步牵引电机，对电机进行调速，实现列车的牵引、制动功能。

复习思考题

1. 试比较 BJ-4 型及 BJ-6 型地铁车辆的传动及控制原理。
2. 试述上海地铁直流车辆的电力传动与控制原理。
3. 试述广州地铁车辆交流传动系统的控制原理和优越性。

第九章

微机控制系统

通过微机控制系统的学习，我们可以了解车载微机控制的发展，熟悉其在城轨车辆控制系统中的应用，掌握以广州地铁一号线车辆控制系统为代表的微机控制系统的组成、工作原理及其应用。

教学目标

能力目标
- 能正确理解城轨车辆控制系统的基本原理
- 能正确理解广州地铁一号线车辆控制系统的组成及控制原理
- 能完成广州地铁一号线车辆控制系统的应用与维护

知识目标
- 了解微型计算机 CPU 技术的发展及应用前景
- 熟悉城轨车辆控制系统的种类、组成和控制原理
- 掌握广州地铁一号线车辆微机控制系统的组成及控制原理
- 掌握广州地铁一号线车辆微机控制系统的应用、日常维护与保养

随着计算机科学和现代控制技术的发展，微机控制已经成为现代城轨交通的最重要的组成部分。如列车自动控制（ATC，Automatic Train Control）、列车自动监控（ATS，Automatic Train Supervision）、列车自动防护（ATP，Automatic Train Protection）、列车自动运行（ATO，Automatic Train Operation）等系统几乎成为现今先进的城轨交通系统的标志。同样，微机控制系统也是城轨车辆的中枢神经系统，下面仅以广州、上海地铁车辆为例对城轨车辆的微机控制系统进行介绍。

第一节 概述

一、微型计算机系统概述

20 世纪 70 年代初期，由于微电子技术的发展，产生了超大规模集成电路，从而导致以微处理器为核心的微型计算机的诞生。微型计算机与其他计算机的区别在于它的中央处理器 CPU 是采用大规模（或超大规模）技术集成在一块硅片而不是由相当多的集成电路组成。为了与其他计算机的 CPU 区别，称微型计算机的 CPU 芯片为微处理器或简称 MPU。

微型计算机的发展是以微处理器的发展为特征的。主要微处理器及微机发展情况归纳介绍如下：

1971—1973 年：代表产品为 Intel 4004。字长 4 位，集成度约 2 300 管/片，时钟频率 1 MHz。

1973—1977 年：代表产品有 Intel 8080/8085、Rockwell 6502、Motorola 6800、ZilogZ80。字长 8 位，地址 16 位，集成度 1 万管/片，时钟频率 2~4 MHz。主要微机有 Apple II、TRS80 等。

1978—1980 年：代表产品有 Intel 8086/8088、Motorola 68000。字长 16 位，地址 16 位，集成度 2 万~6 万管/片，时钟频率 4~8 MHz。主要微机有 IBM PC、IBM PC-XT 等。

1981—1984 年：代表产品有 Intel 80286、Motorola 68010。字长 16 位，地址 24 位，集成度 13 万管/片，时钟频率 6~10 MHz。主要微机有 IBM PC-AT 等。

1985—1989 年：代表产品有 Intel 80386、Motorola 68020。字长 32 位，地址 32 位，集成度 15 万~50 万管/片，时钟频率 16~50 MHz。

1989—1992 年：代表产品有 Intel 及 AMD、Cyrix 的 80486、IBM Power PC 601。字长 32 位，地址 32 位，集成度 120 万管/片，时钟频率 50~100 MHz。

1993—1994 年：代表产品有 Intel 公司的 Pentium（80586）、IBM 公司的 Power PC 604、DEC 公司的 Alpha 21064。处理器 32 位，数据通道 64 位，地址 32 位，集成度 350 万管/片，时钟频率 100~166 MHz。

1995—1996 年：代表产品有 Intel 公司的 Pentium Pro（P6）、IBM 公司的 Power PC 620、DEC 公司的 Alpha 21164、AMD K5。处理器 64 位，数据通道 64 位，地址 64 位，集成度 550 万管/片，时钟频率 133~300 MHz。

1997 年至今，由 Intel 公司陆续推出了内置多媒体等功能的 Pentium II、Pentium III、Pentium IV 系列以及酷睿系列。

二、城轨车辆微机控制系统

广州地铁一号线在车辆的自动控制中采用的是 80386 微处理器。上海地铁一号线在车辆的自动控制中采用的是 SAB80186 微处理器，类似于 Intel8086。即上海和广州地铁车辆的自动控制系统是一种微型计算机控制系统，即微机控制系统。

上海地铁一号线车辆是德国进口的车辆，它通过微机的控制实现了列车的自动控制。该微机系统被称为 SIBAS16 系统，是以 SAB80186 微处理器为核心的微型计算机实时控制系统。SAB80186 微处理器是一种 16 位机，能寻址 20 位地址线。

广州地铁一号线的微机控制系统是 SIBAS32 系统，其微处理器 80386 是 32 位的微处理器，具有多任务支持、存储器管理、流水线、地址转换 Cache（计算机中央处理单元中的快速缓冲存储器）和高速总线接口等功能。为了适应各种应用场合的要求，CPU 设计中提供了两种工作模式，即最小工作模式和最大工作模式。CPU 工作在何种工作模式，根据需要由硬件连接决定。

所谓最小工作模式，就是系统中只有一个微处理器。在这种系统中，所有的总线控制信号都直接由该微处理器产生，系统中总线控制逻辑电路最少，这些特征就是最小工作模式的由来。

如果系统中包括两个或两个以上处理器，其中一个作主处理器，其他处理器作为协调处理器，这样的系统称为最大工作模式系统。一般应用在较复杂的大中型系统中。城轨车辆微机控制系统采用双微机的模式。

三、微机控制系统的组成及基本功能

SIBAS16 含义如下：

SI	B	A	S	16
西门子	轨道交通	自动控制	系统	16 位机

城轨车辆微机控制系统包括：

1. 信息及诊断系统

（1）信息及诊断系统包括以下 3 部分：
① 中央故障存储单元 CFSU。
② 智能输入/输出终端 SIBAS-KLIP。
③ 故障显示器。

（2）信息及诊断系统用途如下：
① 接受来自外围设备的信号。
② 储存故障信息和故障发生时间。
③ 评估和分析故障信号。

2. 牵引控制单元

（1）牵引控制单元包括以下部分：

① 牵引控制单元 DCU 及逆变器保护监控单元 UNAS。
② 参考值转换器 RVC。
（2）牵引控制单元用途如下：
① 处理由司机发出的指令、参考值设置、牵引控制电路的数据和应答信号，并根据相应程序对牵引电路进行控制。
② 控制单元还具有控制监控及故障存储功能。

四、微机控制系统主要部件在车辆上的分布与关系

1. SIBAS16 的几个主要构成部件在每节车辆上的分布（见表 9.1）。

表 9.1　SIBAS16 的几个主要构成部件在每节车辆上的分布

主要构成部件	车辆名称					
	A	B	C	B	C	A
CFSU		1		1		
KLIP	1	1	1	1	1	1
DCU		1	1	1	1	
故障显示器	1					1
RVC	1					1

2. SIBAS16 的几个主要构成部件之间的关系

由图 9.1 可知 SIBAS16 的几个主要构成部件之间的关系：

（1）牵引控制单元 DCU 处理由司机发出的命令和参考值设置；处理来自控制电路（如接触器、继电器、斩波器等）的数据和应答信号；并将控制信号通过存储器内的各种程序再输出到牵引控制电路中。

（2）信号分站 SIBAS-KLIP 服务于 SIBAS 计算机的数字和模拟信号，并使这些信号按分配地输入、输出。每一个故障信号产生（包括来自牵引控制单元 DCU，制动控制单元 ECU 等信号）都是先送至 SIBAS-KLIP，再由 SIBAS-KLIP 分站将信号送至中央故障存储单元 CFSU。

（3）中央故障存储单元 CFSU 主要是对来自各方的故障信息记录、评估，并经过故障显示器显示出来。

（4）参考值转换器 RVC。司机在牵引或制动时，通过手柄改变主控制器上的可变电阻值，参考值转换器通过分析可变电阻上的信号，会产生相应的脉宽调制信号（PWM）。在列车自动控制 ATC 模式时，由 ATC 设备直接通过参考值转换器 RVC 来产生相应的脉宽调制信号（PWM），信号被送到所有牵引控制单元 DCU 和所有空气制动的电子控制单元。

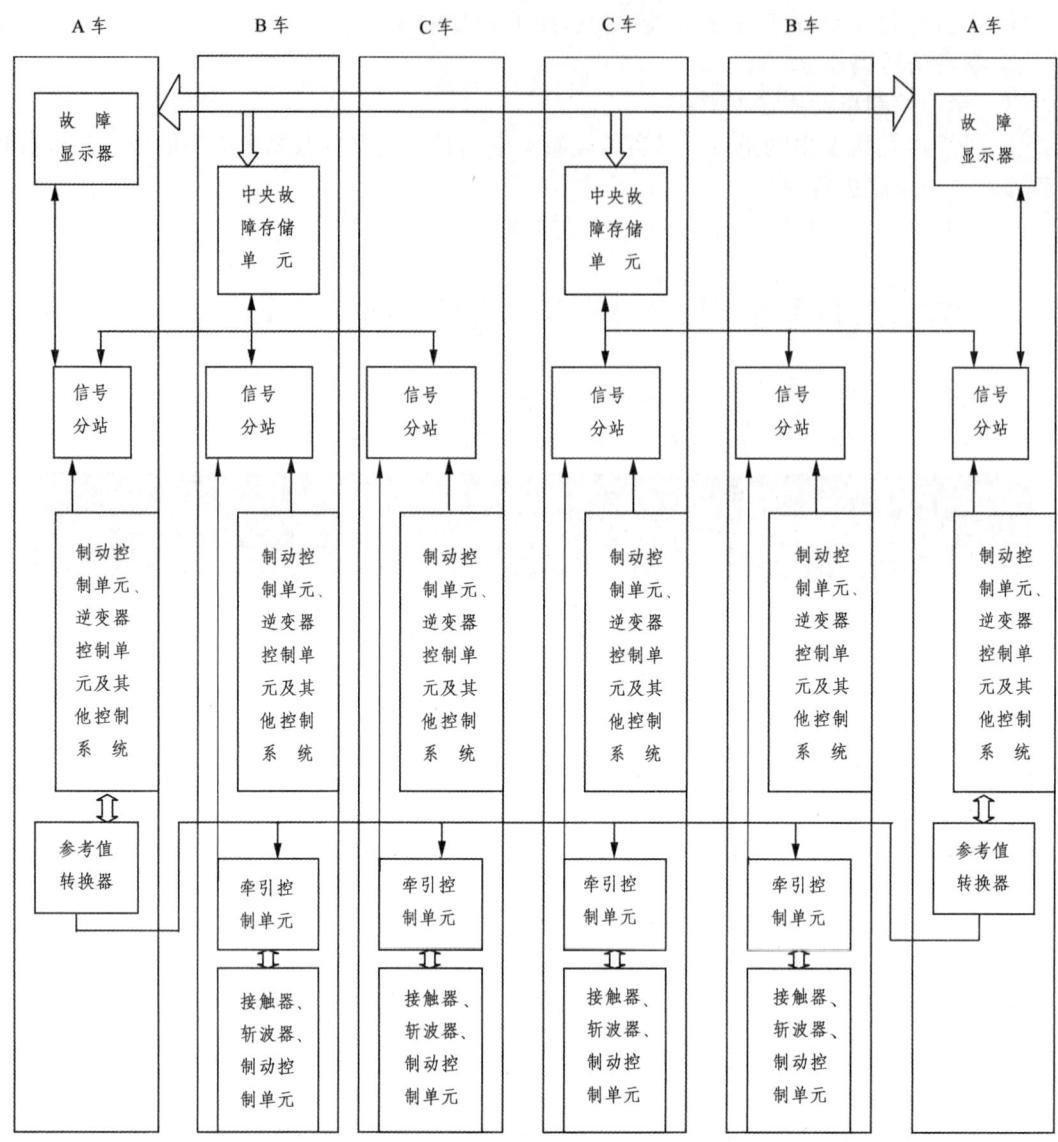

图 9.1 SIBAS16 构成部件之间的关系

第二节 DIN-BUS 总线控制原理

一、总线概念

1. 总线概念

所谓总线，就是微机控制系统中模块与模块之间传递信息的一束信号线的集合。它为模块和模块间各部件提供了标准信息通路。

2. 微机控制系统总线结构的类型

目前,各类微机控制系统的总线结构可以分为以微处理器为中心的、面向处理器的结构和以总线为中心的、面向总线的结构两大类。

以微处理器为中心的、面向处理器的结构这一类应用在计算机工业发展的早期,是在这些需要交换信息的所有模块之间建立点到点的直接联系,如图 9.2 所示。以总线为中心的、面向总线的结构这一类是 20 世纪 70 年代开始采用的结构,如图 9.3 所示。

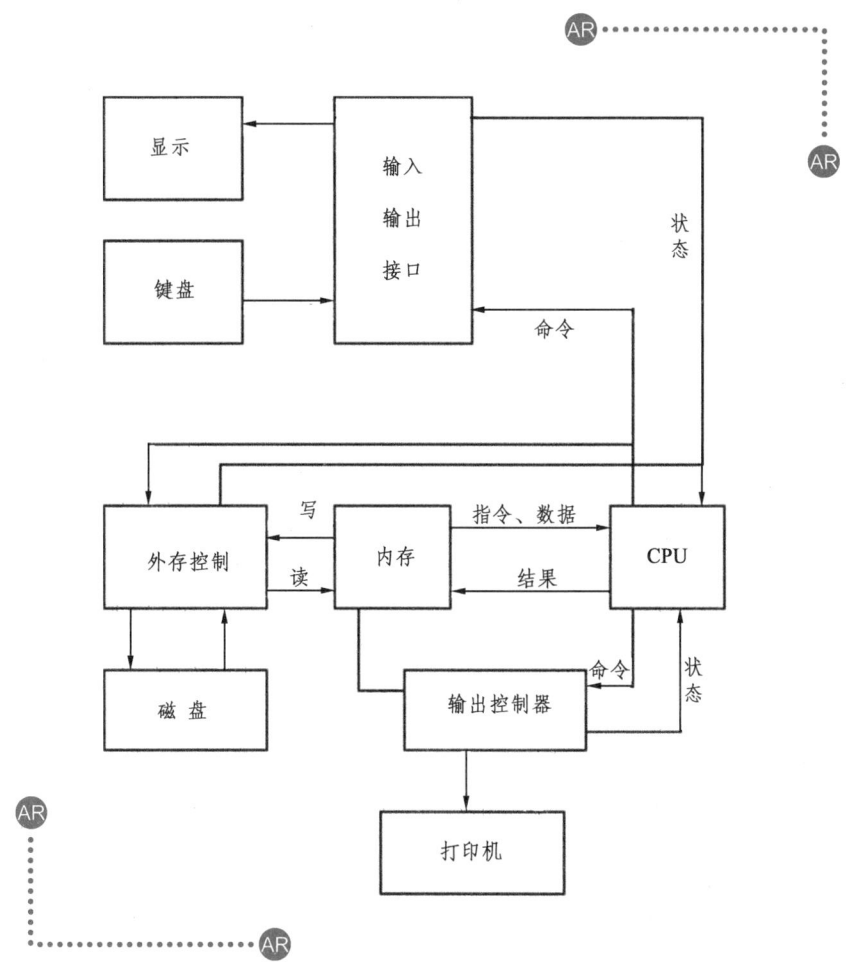

图 9.2 直接联系的模块结构

将这两类结构进行比较可以得出,面向总线的结构具有以下优点:

(1)简化了系统结构。面向总线的结构节省连接线,使系统清晰明了。

(2)简化了硬件和软件的设计。采用面向总线的结构,由于总线是严格定义的,所以只需将具体规定的 CPU、存储器和 I/O 设备以插件形式挂入总线,并辅以相应软件即可工作,而不需要对存储器和 I/O 进行专门设计。

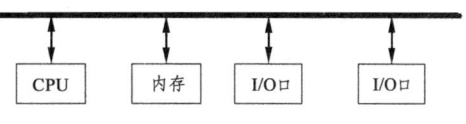

图 9.3 面向总线的系统结构

（3）便于系统的扩充和更新。由于各厂家的插件、芯片都按标准化生产，因此便于从功能和规模上进行扩充，并且可随工作的进展不断得到补充和扩展。

3. 总线分类

根据总线的用途和应用场合，通常把总线分为三类：

（1）片总线：又称芯片总线或元件总线。它是用微处理器构成的中央处理器模块或是一个很小的系统所用的总线。对于一般微处理器来讲，通常包括数据总线、地址总线和控制总线三类。

数据总线（Data Bus，DB）：是各功能部件之间用来相互传递数据、状态特征、标志等信息的总线，总线的宽度一般和微机的字长一致。

地址总线（Address Bus，AB）：是用来传送 CPU 发出的地址信息的总线，总线的宽度由 CPU 对存储器或外围设备的寻址范围确定。

控制总线（Control Bus，CB）：是用来传送读命令、写命令等控制信息的总线。

（2）内总线：又称系统总线或板级总线。它用于微机系统中各模块之间的通信。

（3）外总线：又称通信总线。它用于各微机系统之间或微机系统与其他仪表仪器等的通信。这种总线不是计算机所专有的，它通常是借用电子工业或其他领域已有的总线标准并加以应用而形成。

二、DIN 总线

在城轨车辆的微机控制系统上所用的总线是 DIN 总线，DIN 总线分为列车总线和车辆总线。DIN 总线是 SIBAS32 系统内部的信息交换和与外部接口的信息交换的重要信号传输通道。

三、数据（报文）种类

1. 过程数据

车辆总线和列车总线各部分周期性地（50 ms）传送一个可在同一总线上读出其他各部分的代码（20 Hz），代码第一个有效位为 12 字节（byte），并总是立即增加（递进）。该字节接收器同时透视传送文件，识别有效性。最大传送量达 128 byte。

给所有与之相连的单元传送数据，包括所有环境参数，如速度值（还包括车辆总线、列车总线所有部分）等。

2. 信息数据

信息数据在 DIN-BUS 各部件间传送，带有故障保护及重复传送功能。需要两个地址、列车/车辆总线、接收单元。

若从一单元传送到另一单元，RS485 模块采用以下几种方式：

① 列车总线主控（TBM）和车辆总线主控（VBM）。
② 列车总线从属（TBS）和车辆总线主控（VBM）。
③ 列车总线从属（TBS）和车辆总线从属（VBS）。

车辆总线主控 VBM 对应于车辆总线（vehicle bus）从属控制（VBS），由以下几部分组成：总线初始化、在 VBS 间的数据分布、故障监测与诊断。

列车总线主控 TBM 与车辆总线主控 VBM 任务相同，唯一的不同是设计从属列车总线的地址。

对于整列车而言，第一次激活、升弓、CFSU 工作的司机台所在 A 车为 Master（主控），只要不降弓，关不关司机台，CFSU 和与系统电缆连接的传送部件均工作，该车均为 Master（主控）。

四、接　口

1. 接口概念

在微机系统中，各类设备是通过各自的接口电路连接到微机系统的总线上的，也就是说，接口是 CPU 与外界连接的部件，是 CPU 和外界交换信息的通道。

2. 接口的必要性

早期的微机系统中并没有设置独立的接口部件，对外设的控制和管理均又由 CPU 直接承担。这在外设种类少，操作功能简单的情况下，还可以勉强维持。但随着微机技术的发展，外设品种的增多以及操作性能要求的提高，接口的设置就逐渐从需要变成了必要。这是因为：

一方面，如果仍由 CPU 直接管理外设，则会使 CPU 完全陷入与外设打交道的沉重负担中。因为 CPU 要控制外设，包括选定设备、转换信息、装配与拆卸数据、修改外设地址、检测和判断信息是否结束等，这些操作都由主机按程序进行，而且每交换一次信息就需要按上述过程循环一次，直到所交换的信息完成之后，主机才能做下一步的工作，大大降低了 CPU 的工作效率。

另一方面，不同种类的外设提供的信息格式、电平高低和逻辑关系不相同。例如，需要将串行设备提供的串行信息转换成并行信息，才能送给 CPU。对模拟量信息也必须经过转换电路，变成数字信息。因此，在 CPU 与外部设备之间必须有起信息转换作用的接口。

除此之外，外设种类多，并且外设的速度通常比 CPU 速度低得多，而某一时刻 CPU 只能与一个外设交换数据，所以需要解决 CPU 对于外设的选中问题及速度匹配问题，即设置起缓冲与联络作用的接口电路。

3. 端　口

通常，主机每连接一个 I/O 接口电路（有时一个接口可接几台同类型 I/O 设备）。在 I/O 接口电路中有一组 CPU 可寻址的寄存器，它们用来存放完成数据传送所必需的信息——数据、状态和控制信息，这些寄存器被称为端口。

对来自 CPU 或送往 CPU、内在的数据起缓冲作用的端口，称为数据端口；用来存放 I/O 设备或接口本身状态的端口，称为状态端口；用来存放由 CPU 发出的命令的端口，称为控制端口。当然，并不是说每个接口都必须有上述 3 个端口，各接口电路根据需要设置相应端口。

对 CPU 来说，状态信息、控制信息也是一种数据信息，需要通过数据总线送往 CPU 或从 CPU 输出。CPU 对各种端口的操作稍有区别，对数据端口可进行读写操作，对控制端口通常只进行写操作，而对状态端口只进行读操作。

综上所述，主机与 I/O 设备之间的通信是通过 I/O 接口电路的端口进行的。通常，每一个端口都有一个地址码，CPU 可以通过不同的指令或访问不同的端口来区分它们。

五、RS485 模块

RS485 是美国电气工业协会推广使用的一种串行通信总线标准，是 DCE（数据通信设备，如微机）和 DTE（数据终端设备。如 CRT）间传输串行数据的接口总线。

RS485 为半双工，采用一对平衡差分信号线。RS458A 对于多站互连是十分方便的。RS485 标准允许最多并联 32 台驱动器和 32 台接收器。总线两端接匹配电阻（100 Ω 左右），驱动器负载为 54 Ω。驱动器输出电平在 -1.5 V 以下时为逻辑"1"，在 $+1.5$ V 以上时为逻辑"0"，接收器输入电平在 -0.2 V 以下时为逻辑"1"，在 $+0.2$ V 以上时为逻辑"0"。RS485 传输速率最高为 10 Mbps，最大电缆长度 1 200 m。

RS485 模块是通过背部的插头与 SIBAS32 总线连接。通过这个总线，SIBAS32 系统的主机（80386）可以读取或写入数据到 RS485 模块的双向口 RAM 存储器，RS485 模块上的 80188 微处理器也可以进入这个双向口 RAM 存储器。这样就是使主机与 RS485 模块上中的微处理器进行数据交换。

RS485 模块配备一个 HDLC 通信控制器，控制通道的分配，控制两个全双工通道 A 通道和 B 通道。A 通道连接列车总线，B 通道连接车辆总线。车辆总线通过两针的串行接口（RS485 模块前端面板上）连接显示器，车载信号设备（ATO/ATP）、中央故障存储单元 CFSU；列车总线接口板通过 RS485 模块背部 X1 插头相连，并连接到 A 通道；列车总线通过列车总线连接板上的 2 针串行口连接到另一单元列车的列车总线连接板，列车总线接口模块通过背部总线与列车总线接口连接。

六、DIN-BUS 总线数据传输

1. 接收数据

来自列车总线或车辆总线的对称的串行信号在 MED（Manchester 编码/译码器）中解码，并转换成 TTL 电平的时钟信号或数据信号。HDLC 通信控制器此时将串行信号变换为并行信号，数据存储在 64 字节的可接收 FIFO（First In/First Out 存储器）存储器中。FIFO 分成两个 32 字节的缓冲器（first FIFO Half 和 second FIFO Half），一旦一个缓冲器存储满了，80188 微处理器将收到一个中断信号，80188 微处理器从 first FIFO half 缓冲器读出数据，再写入数据到 second FIFO half 缓冲器，否则数据将会丢失。

在数据被传送到双口 RAM 之前，存于 RAM 的缓冲器中，双口 RAM 中的数据用户可使用。

2. 串行数据的传送

被传送的数据必须存储在双口 RAM 存储器之中，80188 微处理器将数据传送到中间缓冲器（RAM），再送入 64 字节的数据到 FIFO 存储器中。FIFO 存储器被分成两个 32 字节的缓冲器，无论何时一个"Half 缓冲器"满了，80188 微处理器送传送命令到 HDLC 通信控制器，HDLC 通信控制器传送这半个缓冲器并且处理器写入数据到另半个缓冲器中。串行输出信号在 MED 编码并转换成对称的变换信号。

七、SIBAS-32 总线接口

1. 列车总线连接板（列车总线连接 RS485（TC485）6FH9336-3B）（见图9.4）

用于连接位于列车两个驾驶室内的 SIBAS 总线控制单元，通过屏蔽双绞线实现 SIBAS 列车总线的硬件连接。

TC485 模块包括：DIN-BUS 的电压发生器、列车总线接口 RS485 的 15 V 电压发生器和初始化列车总线必需的继电器。

借助于列车总线继电器，列车总线被初始化、延长或缩短。当列车总线被断开，120 Ω 的终止电阻可激活 X2/X3 串行 9 针接口。

通过电容可将串行信号与列车总线电压隔离。

2. 列车总线接口 [RS485（TI485）6FH9335-3A]

用于连接车辆接口 RS485 模块和列车总线连接板 RS485（TC485）模块，实现 SIBAS 控制单元列车级的数据交换。

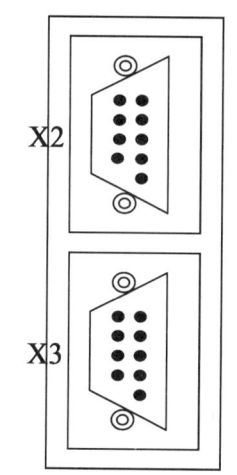

图 9.4 列车总线连接板

TI485 模块包括：列车总线电压的实时监控；对由列车总线连接板 RS485（TC485）输入的信号进行解码和存储；列车总线静态监测；带有用于路由选择的多路转换器连接的 RS485 收发器；传送 RTS 信号的开关继电器。

列车总线接口面板上方有两个并排 LED 指示灯（黄色）。

左侧灯亮表示：TRAIN BUS 1 OK（列车总线 1 正常）

右侧灯亮表示：TRAIN BUS 2 OK（列车总线 2 正常）

可以理解为激活列车行驶的方向端（R1 或 R2）

列车总线接口面板下方有四个测试孔：两个输出信号 TE1（左上）、TE2（左下），两个接收信号 RE1（右上）、RE2（右下）。

3. 车辆总线接口板（串行接口 RS485 6FH9311-3A，见图9.5）

用于列车总线与各种车辆总线通信协议的变换及数据格式的转换，类似于网关。悬挂在车辆总线及列车总线上的各种设备通过串行接口 RS485 与 CPU 板进行通信。该模块采用 80C188 微处理器、必要的 8 位数据总线、6 位地址总线及控制总线，1 个 EPROM、1 个 RAM、1 个双端口 RAM、可编程控制的串行接口模块、2 个 Manchester 编/译码器和可编程的波特率发生器。

采用传输协议为 HDLC（高级链路控制通信协议）通信控制器，通过 2-wire 线或 4-wire 线以半双工模式产生，在系统总线上最大可连接 32 个用户。串行信号采用 Manchester 编译码器，经过变压器隔离后便于信号传送。

传送率：列车总线 125 Kbps，车辆总线 250 Kbps

处理器时钟频率为 8 MHz，中断控制器集成在 80C188 微处

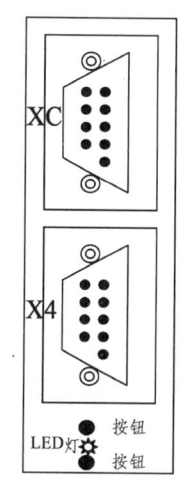

图 9.5 车辆总线接口板

理器中。XC 为 9 针串行口用于连接车辆总线；X4 为 9 针串行口用于连接车辆总线或端接插头；LED 灯表示通信正常；按钮未使用。

4. 控制总线接口板 [KLIP 串行总线接口（SBS）6FH9316-3B]

用于连接 SIBAS 控制单元和 SIBAS KLIP 子站，输入/输出模块通过 RS485 总线实现与 SIBAS 总线控制单元的硬件连接，可离散地采集、处理数字和模拟信号。最大可连接 32 个 SIBAS KLIP 子站。

在系统激活后，SBS 为主控设备，负责采集存储在 SIBAS KLIP 子站内的 AS318 板内的信息数据，负责 SIBAS KLIP 系统的通信控制。

SBS 包括 80C31 微处理器、必要的数据总线、地址总线、1 个 EPROM、1 个双端口 RAM 和 1 个 RS485 接口。

控制总线由 SIBAS 控制单元通过控制总线接口板控制，由双绞屏蔽线组成；从控制总线接口板开始，终止于 120 Ω 断接器；控制总线接口板通过背部总线与 SIBAS 总线连接，实现 SIBAS KLIP 子站系统与 SIBAS 中央控制单元的通信。

面板上有 1 个 LED 指示灯（黄色），灯亮表示 DPRAM 被 80C31 微处理器占用，灯灭表示 DPRAM 被 CPU 占用。

第三节　牵引控制单元 DCU/UNAS

一、牵引/制动系统组成和工作原理

1. 牵引/制动系统组成

以广州地铁一号线车辆为例，牵引和电制动系统由受电弓、高速短路器 HSCB、VVVF 牵引逆变器、DCU/UNAS 牵引控制单元、牵引电机和制动电阻等组成，如图 9.6 所示。

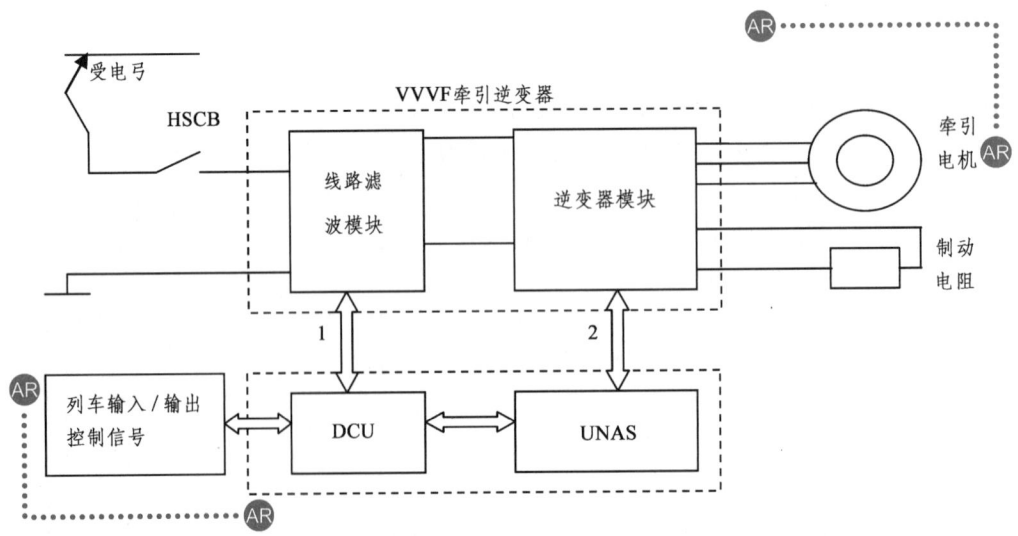

1—DCU 对 VVVF 逆变器的线路电容器充/放电控制；2—DCU/UNAS 对 VVVF 逆变器及电机转矩控制。

图 9.6　牵引/制动系统组成

列车受电弓从接触网受流，通过高速断路器后，将 1 500 V 的 DC 直流电送入 VVVF 牵引逆变器。VVVF 牵引逆变器采用 PWM 脉宽调制模式，将 1 500 V 的 DC 直流电逆变成频率和电压可调的三相交流电，平行供给车辆四台交流鼠笼式异步牵引电机，对电机进行调速，实现列车的牵引和制动功能，其半导体交流元件采用 4 500 V/3 000 A 的 GTO，最大斩波频率为 450 Hz。VVVF 输出电压的频率调节范围为 0～112 Hz，幅值调节范围为 0～1 147 V 的交流电。

2. 牵引/制动系统基本工作原理

整个控制系统由输入值设定、速度测量、电机控制、脉冲发生器、能量反馈各环节构成。

（1）输入值设定。DCU 通过列车线接受来自控制系统的牵引/制动力绝对值（以百分比的形式），与此同时还接受司机发出牵引或制动指令，来决定是施加牵引或制动力。在给定值进行实际电机控制前，给定值必须经过以下处理：

① 载荷校验：DCU 根据相应动车的载荷状况来调整实际的牵引/制动力，这是由于采用了动力分散型控制，为了保持车钩之间的相对运动最小，并且使整车达到相同的动态特性。

② 冲击限制：不同的给定值大小的改变速率必须符合冲击限制的规定，但在防滑/防空转功能激活的时候不受此限制。

③ 速度限制（牵引时）：速度控制的优先级高于电机控制。以广州地铁一号线车辆为例，它规定了 3 个速度限制：

正常速度：80 km/h

倒车速度：10 km/h

慢行速度：3 km/h

④ 线电流限制（牵引时）：在牵引工况时，线电流控制的优先级高于电机控制，出于功耗的考虑，该限制值为不超过每节车 720 A。

⑤ 欠压保护（制动时）：在制动时，网压一直受到检测，当网压降到 1 500 V 以下时，制动力矩随速度和网压相应地减少，这时不足的制动力由空气制动补充。

⑥ 空转滑行保护：空转/滑行保护通过比较拖车与动车之间的速度差异来实现，通过减少力矩设定值，该保护能确保输出最大所要求的牵引/制动力，当速度检测失败时，该保护还可以通过仿真计算拖车速度来保证正常功能。

（2）速度检测。每个牵引电机带一个速度传感器，每个牵引控制单元连接 3 个速度传感器，在正常情况下，该数值直接送入 DCU 进行牵引控制。除了电机速度，DCU 还检测拖车的速度。

（3）电机控制。采用空间矢量控制，电机的磁通大小和方向（空间矢量）通过逆变器输出线电压和相电流，电机速度等参数近似得到。绕组中的电流和电机电压与作为空间矢量的磁通量有关，该解耦过程使得可以单独控制磁通和力矩，称为磁场定向控制。

（4）脉冲模式发生器。脉冲模式发生器有 3 个输入变量，分别是相控因数、定子频率和校正角。这 3 个变量是由电机控制环节提供的。脉冲模式发生器可根据这 3 个输入变量实时计算牵引逆变器中的 GTO 触发脉冲。

逆变器每相 GTO 按照以下原则触发：在一个 GTO 导通期间，另一个关断。脉冲模式发生器于是为每相提供了一个叫作潜在调整指令的指令，当逆变器应该关断而没有关断时候，该指令迅速导通该相两个 GTO 来保护逆变器。

脉冲发生器发送触发脉冲到逆变器保护单元 UNAS，必须先通过逆变器保护单元设定的保护和禁止功能进行过滤，再以光脉冲信号的形式控制逆变器。

为了同步电机控制与逆变器开关周期，脉冲模式发生器在下一个电机控制周期前输出一个同步脉冲。

（5）能量反馈。在电机的能量反馈中，能量是反馈到电网上去的。如果在电制动的情况下，能量不能被电网完全吸收，多余的能量必须转换为热能消耗在制动电阻上，否则电网电压将抬高到不能承受的水平。制动斩波器的存在确保大部分的能量能反馈回电网，同时又保护了电网上的其他设备。

由于采用动车组的编组形式，必须确保一节动车不能吸收另一节动车的制动能量，因此在制动的时候必须监测线电流的方向。例如，由于电压传感器误差的原因，电流流向列车，这时可通过一个比例积分器来调节线电压传感器的误差。

在制动时，电网电压一直被检测。如果网压降低到 1 500 V 以下，制动力矩随速度和网压相应受限制，不足的电制动由空气制动补充；如果网压降低到回馈制动的保护值 1 000 V 时，电制动切除，列车制动完全由空气制动承担。

二、牵引控制单元结构

牵引控制单元 DCU 和逆变器保护单元 UNAS 设计成一上下两层的机箱，共装有 25 块电子板。各电子板为标准 19 英寸 3U 印刷电路板，使用多层板技术，电子板上的元件采用表面封装（SMD）或插装（DIL）。

DCU 的 A314 和 A315 板、UNAS 的 A329 和 A330 板的前面板上，通过 48 针的接插件与外部电路连接。

三、牵引控制单元 DCU 的基本功能及工作原理

牵引控制单元 DCU 为牵引逆变器 VVVF 提供脉宽调制信号 PWM，为牵引电机提供矢量控制，采用空间磁场矢量控制的转矩控制模式。DCU 主要负责牵引/制动控制、脉冲模式产生、逆变器保护、速度测量、牵引/制动指令参考值处理、转矩控制、电压电流控制等。

1. DCU 的基本功能

（1）牵引系统的控制与调整。

（2）脉冲模式的产生与优化。

（3）VVVF 与牵引电机的控制与保护。

（4）对列车状态（包括 HSCB 高速断路器、K1、K3 和 K4 接触器、车门状态、空气制动缓解、牵引/制动、列车向前/向后及慢行等状态）的监测与保护；为其他控制系统提供列车状态信号。

（5）再生制动与电阻制动的控制与调节。

（6）电制动与空气制动的自动转换及列车保压制动的实现。

（7）防滑/防空转保护及载荷调整。

（8）逆变器线路的滤波电容器的充放电控制。

（9）列车速度的获取与处理及自动计算停车距离。
（10）列车牵引控制系统的故障诊断与存储。
（11）提供串行接口与PTU连接，进行监测与控制。
（12）提供"黑匣子"功能，记录U、I、V、列车状态、走行距离。

2. DCU的基本工作原理

DCU从列车线和外部控制系统（ATO）接收司机指令及RVC参考值转换器的指令参考值，接收本车的3个电机速度信号、拖车的一个转轴速度信号、各个模拟信号测量值，根据参考值和实际检测值进行计算，由DCU中的脉冲模式发生器A303板产生脉冲模式指令信号（A相脉冲模式指令PMA、B相脉冲模式指令PMB、C相脉冲模式指令PMC、斩波器脉冲模式指令PMBS）送入逆变器保护单元UNAS处理后再向VVVF的逆变模块和制动斩波模块发出。

为了故障和状态显示的需要，DCU的3个等级的故障信号和3个列车模拟信号值（包括速度、网压和牵引力）输出到中央故障存储单元CFSU；为了满足列车制动的需求，DCU向电子制动单元ECU输出3个电制动信号，3个电制动信号包括电制动力矩，电制动正常和滑行保护作用的信号。

UNAS向DCU提供牵引电机控制所需的所有测量值（如电机电流、电容电压等）及UNAS的保护动作信息。VVVF内的线路滤波电容由DCU直接控制充放电。通过一个V24接口，可用PTU（Parallel Transmission Unit，平行传输设备）读取过程数据存储器PDA和"黑匣子"KWR中的数据。

3. DCU的软件介绍

DCU的软件主要分为车辆控制软件、牵引/制动控制软件和故障诊断软件。

牵引/制动控制软件主要包括以下几个模块：线路电容器充放电控制模块、牵引/制动指令参考值处理模块、转矩矢量控制模块、电阻制动控制模块等。

（1）线路电容器充放电控制模块。控制充电接触器K3、放电接触器K4和线路接触器K1的动作及电容器的充放电。该模块在软件和硬件中均设有联锁，保证K3和K4不会同时闭合，以避免主电路短路。

（2）牵引/制动指令参考值处理模块。DCU接收输入的牵引/制动指令、方向指令、限速指令及指令参考值等，在牵引/制动工况下对参考值进行转矩特性调整，使转矩参考值与车辆的牵引/制动转矩特性相适应，并经过冲击极限、最大速度限制、最大线电流、防滑/防空转黏着保护计算等，形成最终的牵引/制动转矩参考值，传送到转矩矢量控制模块。

（3）转矩矢量控制模块。转矩控制采用矢量控制模式，基本思想是将交流电机等效为直流电机，按直流电机的控制理论来实现对交流电机的控制，以获得与直流电机一样的良好动态特性。应用坐标变换方法，根据电机的相电流、线电压和转速，通过磁场观测器，计算出电机转子的实际磁场矢量、实际转矩等。通过适量变换，实现对异步交流电机转换和磁场的完全解耦，控制电机的转子磁场。转矩矢量控制模块是DCU控制软件中核心部分。

（4）电阻制动控制模块。列车制动时，一般优先进行再生制动。该模块检测电容电压XUD，一旦超过设定值（1 800 V），由再生制动转入电阻制动，并计算制动斩波器的开通占空比，输出斩波器通断指令信号。

故障诊断软件对 DCU/UNAS、VVVF 及各种外围设备的故障进行诊断，将故障数记录在处理数据存储单元 PDA 中。

四、逆变器保护单元 UNAS 的基本功能及工作原理

逆变器保护单元 UNAS 负责 VVVF 牵引逆变器的保护，与 DCU 一起组成车辆的牵引/制动控制系统。

1. UNAS 的基本功能

（1）对 VVVF 逆变器进行监测与保护，包括电压电流保护、温度保护等；保护等级分为 3 级。

（2）为 GTO 进行脉冲分配。

（3）电压电流的获取值处理，将 LEM 传感器输出的 0～20 mA 电流值转换成 －10～＋10 V 电压信号送入 DCU。

（4）对 VVVF 进行初始化，开钥匙后，UNAS 启动板向 GTO 发出"关断→导通→关断→导通"指令（800 ms），否则发出"严重故障"信号。

（5）监测 GTO 开/关状态。

（6）VVVF 及 UNAS 本身的故障诊断及存储。

2. UNAS 的基本工作原理

逆变器保护单元 UNAS 处理 DCU 的脉冲模式发生器 A303 板产生的脉冲模式指令信号和控制微机 A304 板发出的使能信号，转化成各个 GTO 的通断指令；通过控制 GTO 的通断，在 VVVF 工作过程中进行保护（软保护），防止电过载和热过载，并实现模块中 GTO 的联锁逻辑保护。

UNAS 与 GTO 之间的开关指令和通断状态反馈信号的传输采用光纤以防止电磁干扰，在有 GTO 通断故障时，实施与电源的隔离；向 DCU 发出线路接触器 K1 分断指令。

UNAS 的诊断微处理器存储保护动作信息可用 PTU 经 RS232 串行接口读取存储的数据。另外，UNAS 通过 4 根故障信号线可向 DCU 发送 16 个故障信息代码，存入过程数据存储器 PDA 中。

在 UNAS 的中央处理诊断板 A325 上提供了与 PTU 通信的串行接口，可对 VVVF 和 UNAS 进行监测。

第四节　牵引控制单元 DCU/UNAS 的 PCB 插件板

一、DCU/UNAS 插件板的组成

1. DCU 的 PCB 插件板按功能分

（1）A301、A302、A321、A322：电源板。

（2）A303：中央控制板、脉冲模式发生板。

（3）A304：中央处理板、控制/调整/检测板。

（4）A305、A306：速度信号处理和中断控制板。

（5）A307：PDA 数据存储板。

（6）A308：测量值调整板。

（7）A309：温度测量及 U/I 转换板。

（8）A310：PWM 指令参考值处理板。

（9）A311、A312：输入信号调整板。

（10）A313：输出信号调整板。

（11）A314、A315：输入/输出接口板。

2. UNAS 的 PCB 插件板按功能分

（1）A323、A329、A330：接口板。

（2）A324：联锁逻辑控制板。

（3）A325：微处理单元、UNAS 诊断板。

（4）A326：测量值处理/调整板。

（5）A327：测量值预处理板。

（6）A328：启动监测板。

二、DCU 插件板

本节只分析 DCU 插件板中的电源板、主微机板、数据存储板和输入/输出接口板，DCU 的其余板块会在下一节微机过程控制环节里继续分析。

1. 电源板

牵引控制单元 DCU/UNAS 的电源板共有 4 块，分别是 A301、A302、A321 和 A322 板。

A301 板：+24 V/50 W。

A321 板：−24 V/50 W。

±24 V 电源供给 LEM 电压电流传感器和压力开关。当无±24 V 电源时，DCU 本身能工作。

A302 板：±15 V/60 W　　供给速度传感器和光纤插头转换器。

A322 板：±5 V/80 W　　供给 DCU 的 CPU 板。

2. DCU 的主微机板

DCU 为双微机工作方式，其 CPU 采用 16 位中央处理器 80C166，工作频率 20 MHz。主控微机板 A304 负责车辆控制和牵引/制动控制，处理所有的数字/模拟信号，产生相应的控制信号；另一个微机 A303 板接收主控微机 A304 传来的控制信号，计算产生 VVVF 逆变器的脉冲模式，经 UNAS 保护程序控制 GTO 的通/断状态。

（1）主微机板（A303 与 A304）的主要组成：

① 80C166 控制微机。

② 6 个脉宽调制通道；A303 板的其中 4 个用作脉宽发生器。

③ 10 个 10 位的 A/D 模拟/数字转换器（0～+5 V）。

④ 8个8位D/A数字/模拟转换器（0～+10 V）。
⑤ GEATRAC-M总线接口、串行接口。
⑥ 一个10 Mbps的快速串行通信Link（链接）适配模块。
⑦ 用于模拟信号调整的5 V和10 V参考电压电源。
⑧ 32 K SMD RAM、8 K DIP EEPROM、128 K LCC EPROM存储器。
⑨ LCA-programmable logic component可编程逻辑单元，用于产生中断处理、GEATRAC-M控制信号、等待状态。
⑩ 面板上有9针的串行接口插座，可用于诊断目的；6个LED显示灯，其中一个为看门狗，闪动频率为1.6 s。

（2）主微机板（A303与A304）的工作通信。两微机之间的通信通过一专门设计的通信模块进行，如图9.7所示，其传输速率达到10 Mbps，通信速率很高，以实现其控制功能。

DCU启动时，A303板和A304板内的两个微机开始初始化和同步化，对系统进行自检。启动正常完成后，DCU中的A307 PDA数据存储板的LED显示器将显示"CHECK OK"。

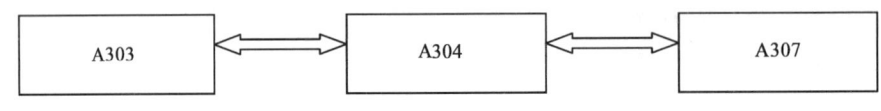

图9.7 主微机板通信示意图

在每一次时钟脉冲（50 ms）结束时，A304板向A303板发送信息：
① 逆变器相控因数；
② 电机定子频率；
③ 角度调整；
④ 脉冲发生器使能。

A303根据收到的信息，计算得出所需要的脉冲模式，向A304板反馈信息：
① 现时采样间隔长度；
② 当前的电压向量角度变化；
③ 下个采样点的电压向量角度位置；
④ 当前脉冲模式的数字代码。

3. DCU的数据存储板

DCU的数据存储板为A307 PDA数据存储板，其PCB板有2个存储区，分别有多个RAM、EPROM和EEPROM存储器，用于过程数据存储器PDA和"黑匣子"KWR的列车状态和故障信息存储。A304板的微机处理完的信息和列车状态存入A307板。在列车停电后，由自带的电池供电，保证数据能够保存下来及时让时钟继续工作。

PCB板内装一个写保护逻辑单元(硬保护)。逻辑单元保护存储的数据不被非规范写入，数据只能以固定的模式存入存储器中。由于总线系统每写入一次后会自动重新启动写保护，因此写保护逻辑必须在每写入一个字节之前打开。

面板上有一个V24接口、2个4位数的LED显示器、2个10位数的选码开关和2个功能键。通过操作选码开关和功能键可进行一些参数的设定，如日期和时间等，也可查看牵引系统的故障信息代码，实时观察列车的状态和变量值，读取一些信号参数的记录值，完成牵引系统的部分检测试验。

PCB 板的元件还包括一个可编程的实时时钟、2 节 3.6 V/1.9 A 锂电池、带写保护的 PAL 地址解码器、内部电压监测模块。

4. DCU 的输入/输出接口板

DCU 的输入/输出接口板为 A314 板和 A315 板。所有 DCU 与外围设备的输入/输出信号都经过 2 个 PCB 面板上的 48 针接插件与外部连通，仅作连接过渡作用。

A314 板传送 110 V 数字信号，A315 板传送模拟信号、速度信号、+24 V 和 +15 V 电源。

三、UNAS 的 PCB 板

1. 接口板

逆变器保护单元 UNAS 共有 3 块接口板，分别是 A323 板、A329 板和 A330 板。

A323 板为 UNAS 与 DCU 的信号接口板。所有 UNAS 与 DCU 之间传送的数字信号都要经过 A323 板，其数字信号高电平值为 5 V。A323 面板上有其全部 14 个信号的 LED 显示灯。

A329 和 A330 仅作连接过渡作用，除了通过光纤传输的脉冲指令信号和 GTO 通断反馈信号外，所有 UNAS 与外围设备的输入/输出信号都经过 2 个 PCB 面板上的 48 针接插件与外部连通。

2. 启动监测板

逆变器保护单元 UNAS 的启动监测板为 A328 板。

开机后首先监测 +15 V 电源，接着检测 +5 V 电源，再进行 GTO 的初始化，发出 800 ms 的 GTO 初始化命令，监测 GTO 的驱动板、光纤等是否正常。

如出现 GTO 故障、驱动板故障、+15 V 电源故障和由于光纤导线、光电转换接头等故障而造成的指令信号传输故障，都会造成 GTO 初始化故障。

3. 测量值预处理板

逆变器保护单元 UNAS 的测量值预处理板为 A327 板。

A327 板有 16 个模拟信号放大器通道，每个通道由放大器、可编程电位器、5 V 电压限制器、RC 滤波块和负载电阻组成。

来自 VVVF 的模拟信号经过 A327 板进行预处理，即进行 I/V 转换，由 0~20 mA 转为 −10~+10 V 后，分别送入到 UNAS 的测量值的处理调整板 A326 和输出到 DCU 的测量值的调整板 A308 板。

4. 测量值处理/调整板

逆变器保护单元 UNAS 的测量值处理/调整板为 A326 板。

A326 板由输入电压值范围为 −10~+10 V 的模拟信号比较器通道、输入电压值为 +15 V 或 +24 V 的 12 个数字信号转换器、一个可编程逻辑单元、GEATRAC-M 总线接口和 5 个寄存器组成。

转换器处理来自 VVVF 及制动电阻输入的数字信号，将 +15 V 或 +24 V 的电平信号转换为 5 V 信号送入寄存器。

比较器通道首先对经 A327 板处理过的测量值模拟信号进行再处理，将其由 −10 ~ +10 V 转换为 0 ~ 5 V 后再送入比较器。比较器将 VVVF 的电容电压、相电流、制动斩波电流、电流上升率和三相电流之和等实际测量值与保护门槛参考值比较后给出信息，存入寄存器，同时面板的 LED 显示灯有显示。

可编程逻辑单元将比较器和转换器按要求的逻辑关系连接起来。

转换器和比较器的状态存放在电路板的 5 个寄存器内，通过 GEATRAC-M 总线访问。

5. 联锁逻辑控制板

逆变器保护单元 UNAS 的联锁逻辑控制板为 A324 板。

A324 板由分别负责 VVVF 逆变器 A、B、C 相和斩波器监测保护的 4 个可编程逻辑单元 D16、D19、D22、D25 和一个负责整个逆变器的监测保护的可编程逻辑单元并产生外围设备的保护动作触发指令的可编程逻辑单元 D13、6 个寄存器和 GEATRAC-M 总线接口组成。

DCU 送入 UNAS 进入 A324 板的指令信号，主要执行 2 个功能：

（1）监测逆变器 VVVF 的状态，必要时封锁 GTO 触发脉冲指令，或发出高速断路器跳断指令，对 VVVF 进行保护。

A324 板通过 GEATRAC-M 总线接收到测量值处理/调整 A326 板寄存器中的信息，如有异常其可编程逻辑单元按照预设程序产生保护动作。A324 板接收的状态信息和保护动作信息存放在 6 个寄存器内。

（2）负责 GTO 的脉冲分配及开关状态监测、桥臂联锁逻辑控制。将 DCU 发出的脉冲模式指令信号附加上最小间隔时间限制后，转化成给 GTO 的开关指令信号。在 A324：X229 光电转换插头，电指令信号将转换成脉冲信号，通过光纤传送到 GTO 的驱动模块。GTO 的开关反馈信号又会传回给 UNAS。

6. 微处理单元、UNAS 诊断板

UNAS 的微处理单元、诊断板为 A325 板。

（1）A325 板的基本功能。A325 板的微机以事件中断的方式将联锁逻辑控制板 A324 板的 6 个寄存器和测量值处理/调整板 A326 板的 5 个寄存器中的内容通过 GEATRAC-M 总线存入其由备用电池支持的永久寄存器 RAM 存储器中。对由联锁逻辑控制板 A324 板送入的 VVVF 故障信号和保护动作指令进行故障诊断和存储。

存储的数据可以 PTU 经 RS232 串行接口读取下载。另外，通过 4 根信号线，将 16 个故障代码送到 DCU 中。

（2）A325 板的工作原理。UNAS 的当前状态取决于相关的数字信号。这些数字信号——即状态字节，暂时存放在 A326 测量调整板和 A324 联锁逻辑控制板的寄存器内。每个寄存器包含 8 个存储单元，可以分配存放 8 个数字信号的信号值。状态字节的任何改变都会产生一个中断信号，在收到中断信号后 A325 板的微机逐个读取这些 8 单元寄存器内的 UNAS 状态字节，将其存入 RAM 存储器，并重置寄存器。同时，A325 微机对状态字节进行诊断处理，处理后产生相应的事件代码存入永久存储器中。

由于状态字节信号可能以 1 ~ 2 ms 的间隔快速出现，为了能在前一个信号处理并存储完成之前进行下一个信号的处理，使用 RAM 存储器作为缓存区，该缓存区可同时存 100 个信号。如果 RAM 的存储区间被存满，A325 板微机发出一个/MCE1B 的信息。

当列车到达终点站换端时，DCU/UNAS 失电，会产生电源故障信息，此时 UNAS 的诊断会忽略这些信息，以免存储器被过多的"辅助电源电压过低"的信息装满。这些故障信息只有在列车速度大于 5 km/h 时才开始存储。

第五节　微机过程控制

一、微机过程控制基础

微机牵引控制单元是一个微型计算机实时测控系统。微机在测控系统中负着实时数据检测和实时控制的双重任务。一方面，要实时采集现场设备的运行工况和过程参数的大小变化；另一方面，要对采集数据进行处理，以保证被控对象能安全、可靠、合理地运行。

1. 微机测控硬件组成

一个典型的微机测控硬件组成如图 9.8 所示。

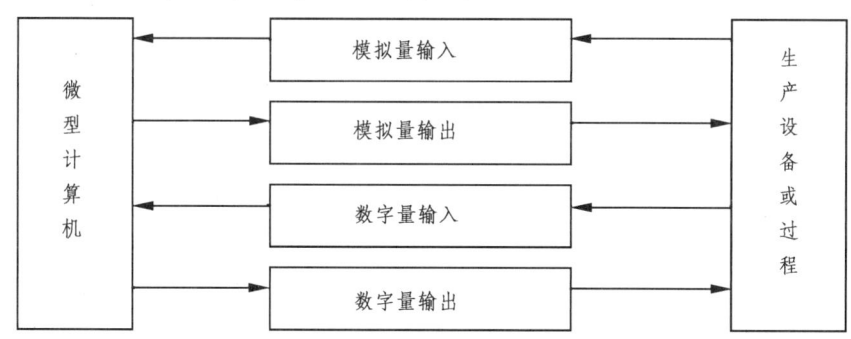

图 9.8　微机测控系统硬件组成框图

在微机应用系统中，微机要与种类繁多地检测和控制对象进行连接，实现通信。而微机所面临的测控信号种类繁多，性能千差万别，所以这些被测控的信号不能直接与微机相连，在微机和测控对象之间要有一个起连接作用的"接口"，习惯上把这种"接口"称为输入/输出过程通道。它是在微机和测控对象之间进行信息测量、传送、加工和变换的连接通道。

过程通道主要包括信号测量和放大，多路转换与采样保护，以及模/数（A/D）和数/模（D/A）转换与接口。

从图 9.8 中可以看出，输入/输出过程通道是微机与生产过程之间进行信息传递和变换的有连接通道。其作用在两个方面：一方面，将生产设备的运转状态或生产过程的各种运行参数取出，并经过转换，变成微机能够接收和识别的代码，以便微机进行运算和处理；另一方面，把微机输出的运算结果和控制命令变成操作执行机构的控制信号，以实现对生产设备的有效控制。

2. 输入/输出过程通道分类

输入/输出过程通道按它们的功能不同及传送物理量性质不同，可以分成四大类：模拟量输入通道、模拟量输出通道、数字量输入通道和数字量输出通道。

（1）模拟量输入通道。它把从生产过程中检测到的模拟信号，经过一系列处理后，再转换成二进制数字信号，最后经由 I/O 接口电路送入微机，进行处理。

其功能主要包括：

① 通过传感器检测被控物理量，并变成统一的电信号。

② 将采集的电信号进行适当调整，以满足模/数（A/D）转换器的要求。

③ 经过模/数（A/D）转换器将模拟信号转换成相应的数字值，送入微机处理。

④ 具有必要的抗干扰措施，以确保有用信号的正确输入。

（2）模拟量输出通道。它将微机输出的数字量转换成相应的模拟量（电压或电流），经功率放大，推动执行机构，作用到被控对象上。

模拟量输出通道，主要由数/模（D/A）转换器和保持器组成。保持器的作用是在新的信号到来之前，使本次控制信号保持不变。

（3）数字量输入通道。它是把反映生产过程的两态开关量输入到计算机中去的过程通道。它的特点是开关量"1"或"0"。

（4）数字量输出通道。它是为控制对象提供产生开关量的控制信号和动作。

生产现场许多机构需要开关量控制信号。CPU 可以通过 I/O 接口电路直接对执行机构控制，但有时输出电路还要有很好的隔离和抗干扰措施。

二、DCU 工作流程分析

整个牵引控制单元 DCU 系统的局部总线采用 ADtranz 公司设计的 GERTRAC 总线，连接主控微机（A304 板）、速度信号处理和中断控制板（A305 板、A306 板）、数据存储板（A307 板）。DCU 的工作流程如图 9.9 所示。

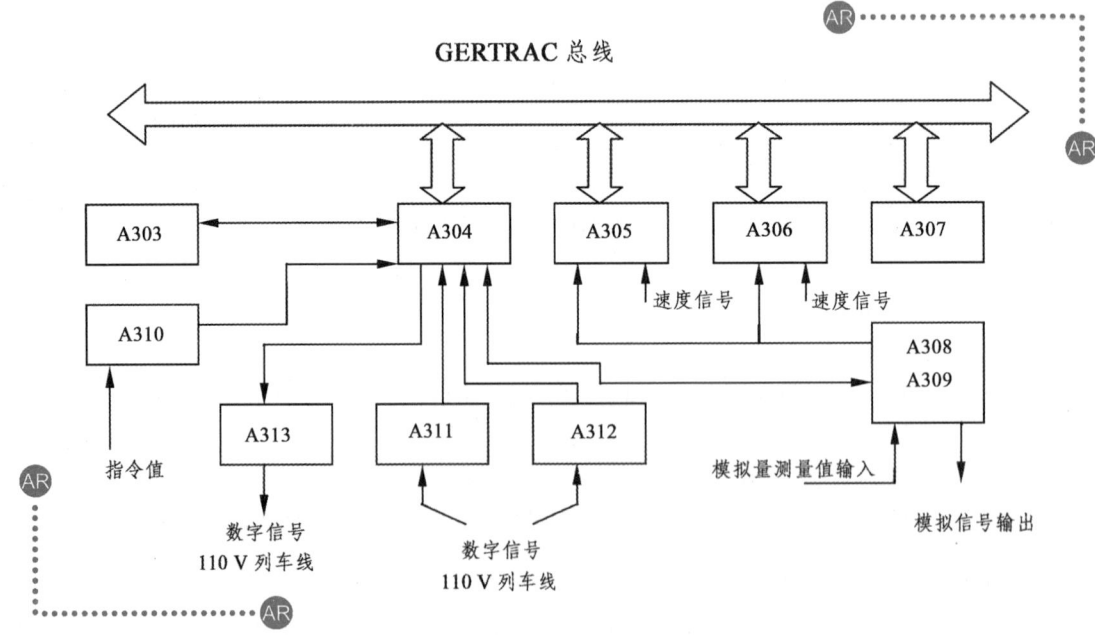

图 9.9　DCU 的工作流程

1. 速度信号处理

每个牵引电机带一个速度传感器，输出两个通道，每个通道为相差 90° 的方波，电机每转为 256 个脉冲，通过判断相差可以确定旋转的方向。每个牵引控制单元连接 3 个速度传感器，在正常情况下，该数值直接送入 DCU 进行牵引控制。在进行速度测量时，如果出现各速度值不相等的情况，或 DCU 监控逻辑系统发现有一个速度传感器故障时，马上封锁该速度信号，以免对牵引控制造成严重影响。只有一个电机的速度信息对牵引控制来说足够了。

除了电机速度，在 DCU 中同样检测拖车的速度，在拖车一个轴上装有一个编码速度传感器。该编码速度传感器与电机速度传感器不同，是单通道的，每周为 111 个脉冲。

在牵引控制单元 DCU 中，有两块电路板，分别是 A305 板和 A306 板，全称为"中断控制与速度信号处理板"。A305 和 A306 是由可编程中断控制器、2 个用于电压测量的 U/F 电压模拟信号输入端、2 个转速测量器、可达 20 MHz 的可编程参考脉冲和 GEATRAC-M 总线接口组成。

其中 A305 板处理电机速度传感器 1 和 3 的信号，A306 板处理电机速度传感器 4 和拖车速度传感器的信号。

转速信号经速度信号处理板 A305 和 A306 中的可编程测量参考脉冲重复计数，确定出转速，而且还测出方向和旋转角。处理完的速度信号经 GEATRAC-M 总线传送到 A304 中央控制板。如果测出输入的转速信号两相中有一相错误，将转到单相测量。每次 DCU 启动后，第一次接到列车运行牵引指令时，如检测到某轴的速度传感器故障，即将该速度信号切除，如 DCU 再次启动，则重新检测。

另外，A305 和 A306 中的可编程中断控制器的用途是：可编程中断控制器将 10 个中断信号合成一个共用中断，经 GEATRAC-M 总线传送到 A304 中央控制板。

2. 指令参考值的处理

A310 板为 PWM 指令参考值处理板，主要功能是将 400 Hz、60 V、脉宽占空比为 7.5% ~ 44.1% 的脉冲信号转换成 0 ~ 5 V 的电压信号，送入 304 板。

经 A310 板输入的牵引/制动指令参考值需经过以下的限制与调整：

（1）载荷调整。车辆的载荷由制动微机控制单元 ECU 通过装在空气弹簧内的压力传感器获取，并转送到 DCU，各个动车的 DCU 只接受本车 ECU 的载荷信号。当 $v=0$ km/h，DCU 接收到牵引指令时，将载荷信号值存入作为牵引/制动的校正值。如果未收到 ECU 的载荷信号，DCU 牵引时用 AW2 的载荷值代替，制动时用 AW3 的载荷值代替。

（2）冲击限制。冲击限制为 0.75 m/s^3，空转/滑行保护时或列车紧急制动时，冲击极限的限制不起作用。

（3）牵引速度限制：

13 km/h 慢行限速，将最大力矩定为本身力矩的 75%；

10 km/h 退行限速；

80 km/h 限速，切除牵引，进行惰行。

3 种速度限制中，退行 10 km/h 和慢行 3 km/h 两种限速指令来自列车线，80 km/h 限速指令由 DCU 发出。

（4）牵引线电流限制。牵引线电流限制为每节动车 720 A。

（5）制动电网电压不足。制动期间，如电网电压在 1 500 V 以下，根据速度和网压的不同具体值，电制动力矩可能不能满足制动要求，需由空气制动补充；如网压降到 1 000 V 以下，电制动完全由空气制动代替。

（6）空转/滑行保护：

空转：牵引力大于黏着力，发生空转的轮对线速度大于列车速度。

滑行：制动力大于黏着力，发生滑行的轮对线速度小于列车速度。

列车的实际速度由 A 车轮轴上速度传感器提供，与动车上的电机速度信号分别比较，判断轮对是否发生空转/滑行。即使在无 A 车轮轴的速度信号时，DCU 仍可采用对 3 个电机速度信号的计算值，作为列车的实际速度。

由于一号线车辆是一节动车的一台 VVVF 逆变器并联向 4 台牵引电机供电，当 DCU 监测到任一轮对出现电制动滑行时，会向 VVVF 发出降低电制动力的指令，使本车的 4 个轮对的制动力矩同时下降，待滑行消除后再恢复。

电制动滑行时，如果黏着力小于 50% 超过 3 s，DCU 将切除电制动，由 ECU 补充空气制动。

3. 模拟量的输入与输出

由于 A304 中央处理板的模拟/数字（A/D）变换器只能处理 0～5 V 的信号，故由逆变器保护单元 UNAS 送入的 -10～$+10$ V 模拟信号 XIN（线电流）、XUD（电容电压）、XUN（电网电压）、XISA（A 相电流）、XISB（B 相电流）经测量值调整板 A308 转换成 0～5 V 的信号再送入中央处理板 A304。

另外，A305 和 A306 板上还有可编程中断控制器和 2 个电压输入测量端的 U/F 转换器。U/F 转换器和计数器串联，将牵引逆变器 VVVF 的输出线电压 XUAB（电机 A、B 相间的线电压 -10～$+10$ V）和 XUBC（电机 B、C 相间的线电压 -10～$+10$ V）转换成正比于电压值的频率信号，经 GEATRAC 总线传送到 A304 中央控制板。A308 的测试插孔也可测得电机 A、B 相及 B、C 相间的线电压，其值 -5～$+5$ V，需经 405 V/V 进行换算。

A309 温度测量及 U/I 转换板将由牵引逆变器 VVVF 送入的 -10～$+10$ V 的电网电压信号 XUN 等转换成 4～20 mA 的电流信号，输出到信息及诊断系统 SIBAS32 的中央故障存储单元 CFSU。由 A309 转换输出的信号还有列车速度、牵引/制动力矩实际值和电制动力矩值。

4. 数字量的输入与输出

（1）数字量的输入。A311 和 A312 为输入信号的调整板。每快 PCB 板由 12 个光耦电隔离转换通道、12 个 LED 指示灯和 12 个面板测试插孔组成。其功能是把输入 DCU 的 110 V、60 V、24 V 的数字信号经光耦隔离器转换成 5 V 信号，再送到中央控制板 A304。

A311 和 A312 面板上各有 12 个通道，可处理 12 个信号，通过面板上的 LED 指示灯显示通道的状态。对于每个输入信号而言，除了得到一个同相的直接输出外，还可以通过变换器得到一个反相的输出，即输入的信号为"1"，直接输出为"1"，反相输出为"0"，面板上的 LED 指示灯亮。在面板的测试插孔施加 0 V 或 5 V 电压，可模仿输入信号控制反相输出，而实际的输入信号此时不起作用。

经 A311 板输入的信号有 3 km/h 慢行指令 BSLF、10 km/h 限速指令 BV10、差动电流大于 1 A 信息 IDIFF1、差动电流大于 50 A 信息 IDIFF2 和时间同步信号 TSYNC。

经 A312 板输入的信号有牵引指令 BF、制动指令/BB、快速制动指令/BSB、紧急制动指令/BNB、方向 1 指令（前行）BF1、方向 2 指令（后退）BF2、K1 闭合信号 QNS、K3 闭合信号 QVS、K4 断开信号 QES、HSCB 高速短路器 HSCB 闭合反馈信号 QSS、列车空气制动缓解信号 MBG 和线路接触器 K1 使能信号 FNS。

（2）数字量的输出。A313 为输出信号调整板。其功能是通过微型继电器，将 DCU 的 5 V 数字信号隔离转换成 110 V 或 24 V 信号，输出到列车的其他设备。共有 12 个通道，通过面板上的 LED 指示灯显示通道状态。

每个通道的输出微继电器都可由面板上的测试插孔控制，这时实际的输入信号不发生作用。在无信号输入时，在测试插孔施加 5 V 电压，可触发微继电器动作。在有输入信号时，测试插孔施加 0 V 电压，微继电器不动作。

经 A313 输出的信号有 K1 闭合指令 ENS、K3 闭合指令 EVS、K4 断开指令 AES、保压制动缓解指令 BHL、电制动故障信号/MSEB、空转/滑行信号 MGS、电制动信号 MEB、速度大与零信号 MV>0、严重故障信号 MF1、中等故障信号 MF2、轻微故障信号 MF3。

三、执行元件

城轨车辆的列车控制有两种方法，一种是传统的有接点电路控制方式，通过一系列开关元件的"接通"和"断开"来传递控制与检测信号，从而实现列车级控制；另一种是总线控制方法，该总线控制包括列车总线 WTB 和车辆总线 MVB，实现总线控制后，列车所有的控制监测信号（包括车门控制和监测信号、空气制动检测信号等）均可通过总线传输，并由列车控制系统通过软件实现启动和联锁保护功能。

以广州地铁一号线为例，在列车控制电路中，要用到一些电器执行元件，这些电器执行元件主要有电磁继电器、时间继电器、欠压继电器、开关、按钮、电磁阀和接触器等。

四、高速断路器控制

每节 A 车有两个高速断路器，其中一个连接本单元 B 车 VVVF 逆变器，另一个连接本单元 C 车的 VVVF 逆变器。高速断路器能够断开大电流，保护 VVVF 逆变器。当电流大于 1 500 A 时，高速断路器的主触头自动跳开。

高速断路器的"闭合"和"断开"由激活端的副司机台控制。在副司机台上有两个带显示灯的按钮，分别用来控制高速断路器的"闭合"和"断开"。当按下"主断合"时，2K34 得电→2K36（时间继电器）得电→2K38 得电→高速断路器线圈得电，主断闭合，高速断路器辅助触头 A3—A4 和 B3—B4 闭合；当按下"主断分"时，2K35 得电，其常闭触头断开，高速断路器线圈失电，高速断路器主触头断开。

由于 2K36 时间继电器得电时，常开触头闭合，经过一定时间后，常开触头又断开，使 2K38 得电一段时间后又失电，此时高速断路器线圈由串接了限流电阻的电路供电。以 B 车为例，高速断路器控制如图 9.10 所示。

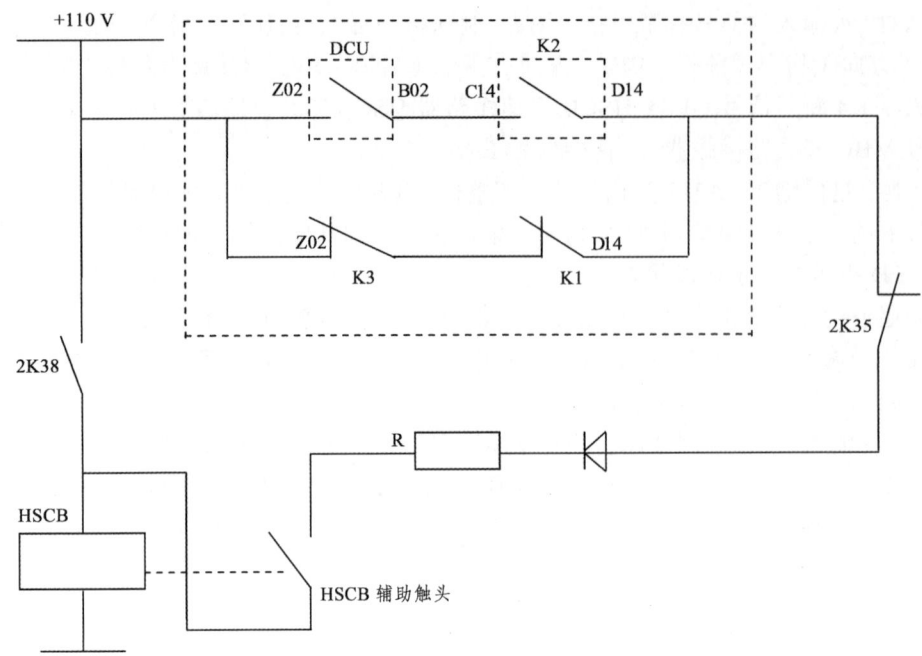

图 9.10 高速断路器控制

图中 DCU 内的触头实际上是 A328 板的一个小继电器，当 DCU 通电时该触头闭合。K2 的触头是在差动电流不大于 50 A 时闭合。所以，在正常情况下，激活司机台后，这两对触头都是闭合的。当列车处于牵引状态时，K1 得电动作，它的常闭触头断开，电流只能通过 DCU 和 K2 的常开触头，使高速断路器保持闭合。若 DCU 检测到某种严重故障，需要断开高速断路器时，其内部的小继电器常开触头就会断开，从而导致高速断路器失电跳开，所以，DCU 也能断开高速断路器。另外，若差动电流大于 50 A，K2 的常开触头断开，也会导致高速断路器的失电跳开。

高速断路器的状态可以从按钮灯上判断，当"主断合"按钮绿灯亮时，表示所有的高速断路器已处于闭合状态；当"主断分"按钮红灯亮时，表示所有的高速断路器已处于断开状态。若"主断合"按钮绿灯和"主断分"按钮红灯都不亮时，则表示所有高速断路器不处于同一状态，例如所有高速断路器中有 1 个发生跳闸。

五、牵引/制动控制

1. 牵引/制动控制设备

牵引/制动控制设备主要包括司机控制器、列车自动驾驶系统 ATO/列车自动保护系统 ATP、参考值转换器 RVC、制动控制单元 ECU 和牵引控制单元 DCU。这些设备在列车上的布置如图 9.11 所示。

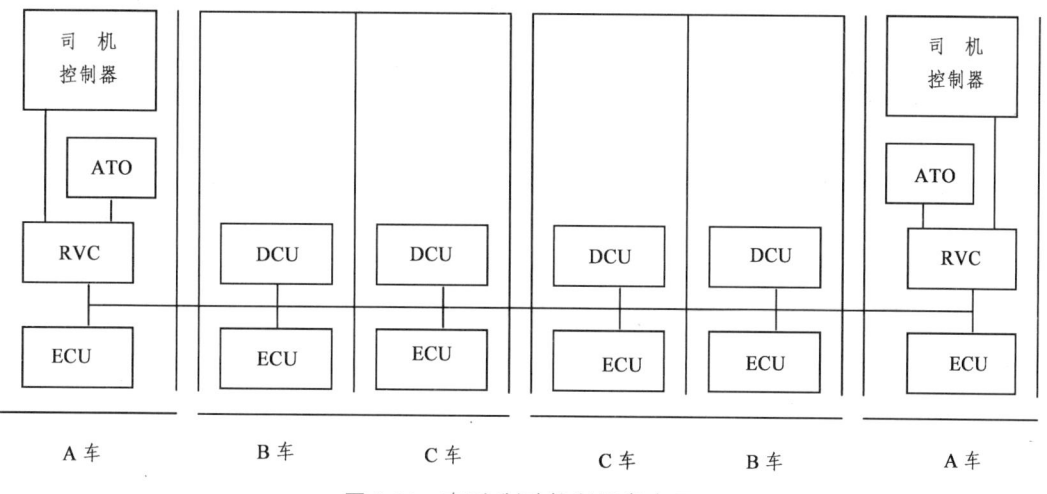

图 9.11 牵引/制动控制设备布置

2. 列车牵引控制

列车即能人工驾驶,也能够自动驾驶。列车上安装了列车自动控制系统 ATC,列车自动控制系统包括列车自动驾驶系统 ATO/列车自动保护系统 ATP。

牵引控制电路采用继电器联锁方式,对车门、停放制动、疏散门、空气制动等实行联锁控制保护。要实现列车牵引,必须给定牵引方向、牵应指令和牵引参考值。

(1)牵引方向。列车牵引方向由司机控制器方向手柄给定。在动车之前必须先推动方向手柄。如果在列车运行过程中改变方向手柄的位置,DCU 将会封锁牵引指令,与此同时,"电制动准备好"信号也会被 DCU 取消,不能施加电制动,但空气制动仍然有效。如果把方向手柄重新推回原来牵引时的位置,列车将恢复到原来的牵引状态。

(2)牵引指令。列车通过牵引控制保护电路输出牵引指令,如图 9.12 所示。

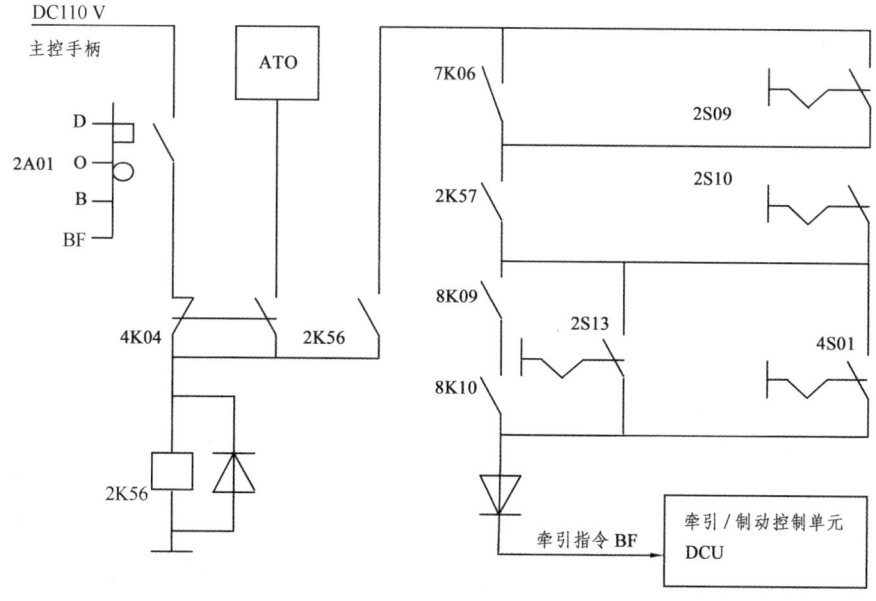

图 9.12 牵引控制保护电路

图中，继电器 2K56 为列车主风缸压力监测继电器，7K06 为疏散门检测继电器，2K57 为停车制动检测继电器，8K09 为列车左边车门监测继电器，8K10 为列车右边车门监测继电器，2S09 为疏散门旁路开关，2S10 为停车制动旁路开关，2S13 为车门旁路开关，4S01 为 ATP 切除开关，BF 为列车牵引指令。

由图可看出，列车牵引指令的发出需要经过 4 个联锁：列车主风缸压力需要大于 6.0 bar、所有列车的停车制动均已经缓解、列车疏散门已经关好和所有列车门已经关好。只有当这四个条件都已满足时，列车牵引指令才可发出。另外，出于对列车的保护，列车牵引控制系统将对列车空气制动压力进行监测，如果空气制动不能缓解，列车同样无法启动，所以列车牵引条件实际上是有 5 个联锁关系。

（3）牵引制动参考值。牵引制动参考值是 DC 60 V、400 Hz 的脉宽调制信号，脉宽范围 7.5% ~ 45%。当列车在自动驾驶时，ATO 给出 0 ~ 20 mA 的电流，经 RVC 转换成脉宽调制信号；当列车在人工驾驶时，牵引/制动参考值的大小由牵引手柄的位置决定。

3. 列车制动控制

列车能够进行电制动和空气制动，在正常情况下，列车载荷为 AW0 ~ AW2 时，电制动优先，能提供 100% 的制动力。但是如果出现电网电压过低或轮对打滑，仅仅靠电制动力就不能满足制动要求，这时要求施加空气制动，以补充制动力。

在列车的停车过程中施加保压制动，电制动逐渐减小，空气制动逐渐增加。保压制动指令是由 DCU 传给 ECU 的，列车上所有 ECU 和 DCU 的 "Release Holding Brake" 信号线是并联在一起的。只要有一个 DCU 发出 "Release Holding Brake" 指令，列车线就为高电平，此时所有 ECU 缓解保压制动；当所有 DCU 取消 "Release Holding Brake" 指令时，列车线为低电平，ECU 施加保压制动。

当列车施加制动，且速度小于 8 km/h（此速度可在 DCU 软件中更改）时将会出现制动转换：电制动向空气制动转换。因为此时 DCU 取消 "Release Holding Brake" 信号，所以 ECU 开始施加保压制动，电制动逐渐减小，空气制动逐渐增加。

第六节　信息及诊断系统

一、SIBAS32 系统

广州地铁车辆列车信息系统由信息及诊断系统、有线广播、目的地/车次号指示器 3 部分组成，其中以信息及诊断系统所含的技术成分最高，也最为重要。

信息及诊断系统中运用 DINBUS 总线控制系统，其通信协议为 SIBAS32，是由 SIEMENS 自行定义、开发的。系统包括中央故障存储单元 CFSU 和智能化外围接口 SIBAS-KLIP 子站和故障显示器 3 大部分。

SIBAS32 系统用于控制、监测、保护地铁车辆中的各个子系统，作为中央控制单元执行列车控制和信息处理功能，集成有自诊断功能，为列车通信及车辆维护提供了必要的辅助工具。

1. 系统性能

（1）该系统采用模块化设计，按功能设计成不同的模块，便于系统设计及系统维护。

（2）系统内集成诊断系统，用于列车故障状态下，列车状态信息，故障信息及控制指令的记录分析。

（3）通过诊断接口及服务软件可在兼容机上读出故障内容。

（4）采用背部总线连接板及面板插头连接，通过插头及总线连接板传递各类输入/输出信号。

（5）RFI射屏干扰屏蔽和坚固的机械设计均符合国际标准。

（6）整个总线控制模块安装有接地装置，并利用金属外壳与车辆其他接地设备相连，屏蔽整个总线控制模块，防止电磁干扰。符合EMC（电磁兼容性）的要求。

2. 模　块

（1）模块的分类。模块分为基本模块和定型模块。

① 基本模块。在模块提供了安装编码或独立设置了电气参数之前，这类模块在加工过程中被视为基本模块。

② 定型模块。该模块来自于基本模块，设置了符合用户要求的电气参数和安装位置编码。

（2）模块的标识：

① 基本模块的图文标签。标识在位于PCB背部的插头上，由12个数字组成。例如：

463	124	9295	01
产品组	标识号	模块类型	产品版本指示

② 基本模块的连续标签。该标签可确切标识模块的唯一性，位于模块背部的接头处。例如：A-942734630001。

③ 基本模块和定型模块的产品改进标识。产品的不断发展，要按照用户的要求不断改进模块的电气参数等功能，因此也要给模块加上产品改进标识。该标签位于背部的插头上，其中字母为基本产品号，数字为最终产品号。若只在工艺上有小的改进又不涉及功能变化的，增加其基本产品号；若模块本质改进或增加功能，则在模块指示号的第九位改进。例如：

原 6FH9288-3A　改进后变为　6FH9288-3B。

④ 模块类型指示。模块类型指示为12位或16位的编码构成，如图9.13所示。

图9.13中，6FH使用于SIBAS地铁自动系统。序列号按顺序排列并用于确定模块类型。编码中还显示改进状态发展和向下兼容性。特定面板设计用于满足一些模块特殊的电气参数标识要求，若无电气参数编码，则在12位编码中的第10、第11位以Y2、Y3或Y4代替；如果仅为人为编码，则以Y6代替。相同面板上，使用大量模块，有不同的整数设定或编码可在第12位上标识。

⑤ 可程序化部件的标识：由12位的编码组成，如图9.14所示。

此外，用于SIBAS32系统的模块标识还有模块测试图章和ESP标签。

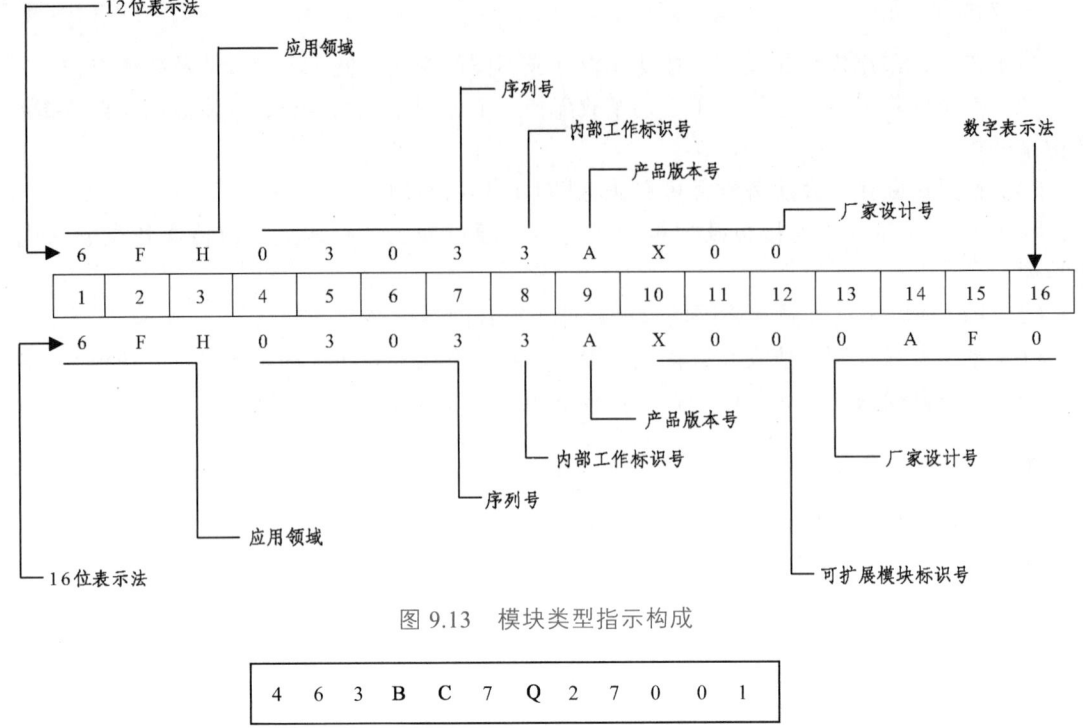

图 9.13 模块类型指示构成

图 9.14 可程序化部件标识

（3）模块的编码系统。

模块编码系统是为防止模块被安装在错误位置而设置的。模块的编码由两部分组成：安装支架的上下部和模块固定部件的上下部。模块编码与支架编码形成镜像，其系统如图 9.15 所示。

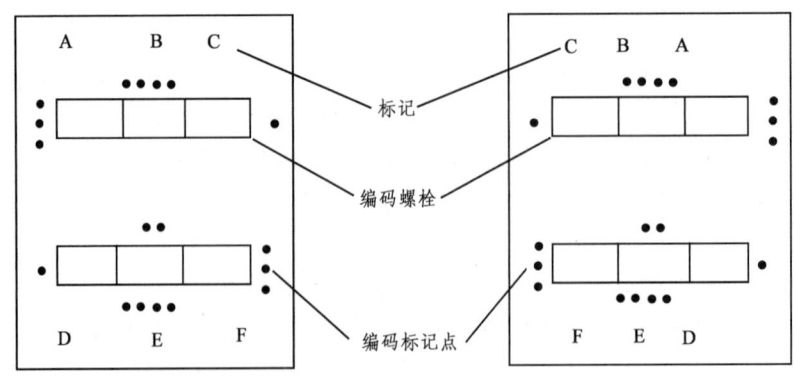

图 9.15 模块编码系统

上图中，有 3 个小腔，每个小腔有一个编码螺栓，可借助螺栓旋转 90°。每个小腔有标记字母，4 条边标有点；模块小腔上端有 A、B、C 标记，下端有 D、E、F 标记。

支架的标签号位于每个支架左横截面的上部。例如：

<u>466</u>　　　<u>024</u>　　　<u>7262</u>　　　<u>.00</u>
产品组　　支架 ID　　支架类型　　产品版本设计

模块标签号安装位置在左手边。例如：

<u>6FH</u>　　　<u>4262</u>　　　　<u>2</u>　　　　　<u>A</u>
应用领域　　控制类型序号　　应用子区域　　产品版本设计

层和层的标签分为两部分，包括数字标尺和字母定位。以 1/10 inch 为单位，1/10 inch＝2.54 mm。

（4）模块的安装。

各模块间的数据通信采用背部总线 PCB 板，不存在独立的接线，数据总线为 16 位总线，采用图 9.16 的接口方式。

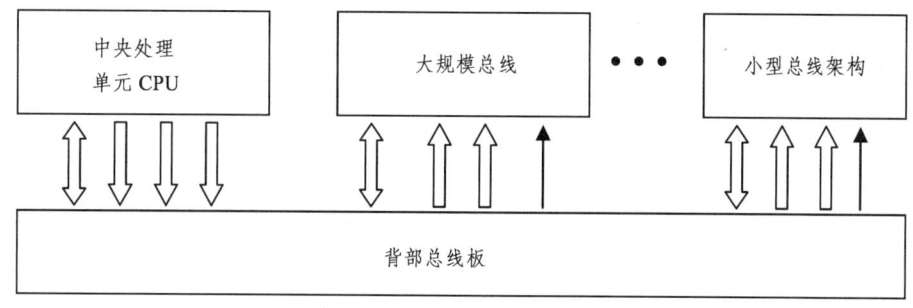

图 9.16　接口方式

SIBAS32 系统连接上主要采用 Faston 插头连接，连接线采用扁铜线。整体上有 4 条总线栅组成，在任一个总线栅端部接有两个 Faston 插头。接线修正设计时，任何一次改动，均要在支架左边固定条上贴上修正设计标签。为了达到正确连接接线，插头与相应模块在安装时，其齿行的编码梳要相互啮合。

在替换或维修模块时必须符合以下要求：

① 更换电池之前，必须先读出存储在中央控制板内的存储数据，更换电池后须重新初始化相应的存储单元和程序变量。

② 系统必须断电，才能取出或安装模块及面板上的安装插头。

③ 每个模块上下都有一个把手，关断电源后才可松开该模块上的固定螺丝，取出模块；安装模块时，应将模块插入导轨中，用力插入相应的模块，确保模块电气连接良好。

二、CFSU 中央故障存储单元的 PCB 板

1. 中央处理单元 CPU 板

CPU 板为 6 层电路板，采用双欧洲标准尺寸，采用 80386 微处理器，包括大量的逻辑控制模块、内存模块及外围设备。模块通过两个背部插口 X1 和 X2 与系统相连。X1 为 SIBAS

总线（16 位数据总线，2MB 地址总线），当一端激活后，该端的 CPU 为 SIBAS 总线主控制端，此时，通过 X2 与外围信号相连。

为了增大其存储容量，在其 FLASH EPROM 中包括了 384 kb 的 RAM。

CPU 面板如图 9.17 所示，包括以下几个部分：

① 两个小孔：对 FLASH EPROM 的程序初始化时，必须在这两个小孔上插入跳线。

② 七段管显示器：用于读出程序状态。

③ 黄色 LED 灯：灯亮指示"无复位信号"。

④ 红色 LED 灯：灯亮指示看门狗电路正常工作中。

⑤ BCD 开关：用于输入程序，即程序开发用。

⑥ 黑色帽按钮：仅在 PTU 监测状态下复位。

⑦ 红色帽按钮（内嵌）：用于复位。

⑧ 黑色帽按钮（内嵌）：用于根目录下的复位。

⑨ 9 针串行口（RS232）：用于连接 PTU（传输设备）。

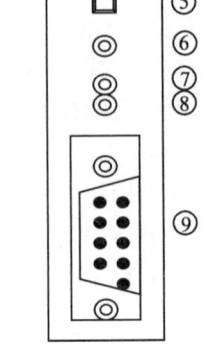

图 9.17　CPU 面板

2. 变换器

（1）110 V/5 V 变换器（PCS 5 V）：用于给 SIBAS 控制单元供电。输入 110 V 的直流电，输出 5 V、60 W、12 A。

（2）110 V/±15 V 变换器（PCS±15 V）：用于给 SIBAS 控制系统供电。输入 110 V 的直流电，输出±15 V、60 W、2 A。

（3）110 V/24 V 变换器（PCS 24 V）：用于给 SIBAS 控制系统供电，主要用于 SIBAS-KLIP 单元。输入 110 V 的直流电，输出 24 V、100 W、4 A。

3 种变换器均采用电气隔离，输入极性反转保护，采用背部插头连接，通过背部总线传送电源信号。

3. 电源滤波器（RDF 110 V）

用于保护 SIBAS32 控制单元，尤其是受到高频干扰，可桥式连接短时瞬态尖锋电压时，连接车辆蓄电池和控制单元的供电系统，提供额外通道，可确保触发车辆的内部启动信号的接口和滤波功能。

电源滤波器有两个传输通道：

（1）传输通道 1：输入电压滤波。该输入电压是整个车辆电气系统的源头，电源滤波器的传输通道 1 提供输入电压在一般干扰下的保护。

（2）传输通道 2：过滤启动信号。启动信号由二极管保护，其基准电势为负。

两个传输通道是以其前面的 15 针插头连接的。

4. 电源启动单元（PSU 110 V）

电源启动单元 PSU 模块用于主、副单元的低压监测，系统的启动和关闭控制，所连接的控制器由该模块面板接头获得电源电压。

5. RVC 参考值转换器

在列车牵引/制动过程中，司机控制器给出的是电流信号，而牵引控制单元 DCU 和制动控制单元 ECU 接收的是脉冲信号，RVC 就是把电流信号转换成脉冲信号的器件。RVC 输出的是 60 V/400 Hz 的脉宽调制信号，脉宽范围是 7.5% ~ 45%，分别对应输入 0 ~ 20 mA。

6. CFSU 风扇

安装于 SIBAS32 系统底部支架中。

三、SIBAS-KLIP 子站

1. 组成及功能

SIBAS-KLIP 是西门子地铁自动系统且集 I/O 于一体的缩写。

每一个 SIBAS-KLIP 子站包括：标准的安装轨、AS318 接口板、总线模块 BM700（一个总线模块可插 2 个输入/输出插卡）、I/O 接口。在 AS318 板中有一个电源变换模块，将 24 V 变换为 9 V，为 SIBAS-KLIP 子站提供信号变换电源，外围信号与系统信号采用光电隔离。

SIBAS-KLIP 为智能化输入/输出设备，与所在车辆的外围设备进行故障信息和车辆信息的传送。列车外围设备（如 DCU）独立地连接在 SIBAS-KLIP 子站，而 SIBAS-KLIP 子站通过 AS318 板及控制总线接口板 SBS 与 SIBAS 控制单元通信。

通信协议基于 RS485，由控制总线接口板 SBS 控制，其端接电阻大小为 120 Ω。控制总线接口板 SBS 周期循环访问 SIBAS-KLIP 子站，采用"广播"的通信方式，数据传递的时间和每个子站的尺寸和子站的数目有关。

2. 检测原理

（1）SIBAS-KLIP 初始化：开电源时，CPU 和 SBS 均会复位，KLIP 子站会自动打开。自检时，SBS 会自动检查 RAM 和 EPRAM，若同时有故障，则产生中断，关断直到再次复位。

（2）结构测试：SIBAS-KLIP 总线中数据传递采用开放式执行结构，每一个 KLIP 都会检测存在和顺序，当顺序不对或 16 位输入信息没有插入则封锁。

（3）主从原理：SBS 为主控器，KLIP 子站为从属设备。KLIP 子站通过设置位于 AS318 板的 DIP 开关来设置 KLIP 子站的地址，从动单元只响应主控单元的命令。DIP 开关也可用来设置总线通信速率。

SBS 通过轮询的方式与 KLIP 子站通信，此类通信方式称为"广播"通信方式。当 KLIP 子站被 SBS 询问时才可以发送数据，输入数据通过 BM700 总线通信模块传递到 AS318 板，再通过 AS318 板内的输入/输出缓冲器将数据传送给 SBS，由 SBS 处理，再传送给 CPU 控制板。实现外围设备与主机系统的信息传送。

AS318 在初始化时执行辨认过程，确定每个输入/输出板的位置及类型，并检测内置于 BM700 总线模块内的 4 位移位寄存器的状态及大小，并将所有信息传递给 SBS；AS318 板将周期检测 I/O 设备，并传递给 SBS。SBS 在启动时检测所有 KLIP 子站的状态，并周期检测由 AS318 板传递来的检测信息，并产生出一个字节的诊断信号，将此送给 CPU，判断各子站的状态。

（4）总线监测：每个 KLIP 子站都会监测总线的数据传递，若在规定的时间内，没有收到 SBS 的信号，则封锁输出（SBS 两次发送信号后，则报告故障）。任何一个 KLIP 通过输入数据和诊断信息来响应 SBS，而 CPU 也会通过 SBS 的中断请求和通过系统软件给 SBS 看门狗电路一个启动运行信号，来检测 CPU。若系统故障，则 KLIP 全部被封锁。

第七节 故障与显示

一、故障等级

故障根据其对子系统、列车的性能或安全性的影响划分为不同的等级，且所有的故障都有声光信息显示给司机。

1. 列车诊断的故障

（1）故障 1 级：当前故障不影响列车的正常运行，列车可在计划维修时处理该故障。
（2）故障 2 级：当前故障影响列车的正常功能，列车可在运营结束后回库维修。
（3）故障 3 级：当前故障严重影响列车的正常运营，在大多数情况下，若故障不消失，列车需回库进行维修。

2. 子部件故障

（1）轻微故障：不影响部件系统功能
（2）中等故障：限制部件系统功能
（3）严重故障：严重影响系统的故障，系统将自动关闭。
并非所有的子部件都有 3 个故障等级，如列车辅助系统只有中等故障和严重故障，而没有轻微故障。

二、信息及诊断系统故障的读取

信息及诊断系统故障的读取，可利用便携式手提电脑与系统连接，读出系统存储记录的故障信息，也可具备软件测试功能。

1. 服务接口（见图 9.18）

具体要求：
（1）与 AT 机兼容的，并携带 Win3.1 或以上版本的系统平台，配备鼠标。
（2）RS232C 同步接口：8 个数据位、2 个停止位，不需权限检查，可选择的传输速率有 9 600/19 200/38 400/57 600/115 000 bps。符合 DIN66003 标准、美国信息交换标准码标准及 ISO 国际标准。RS232 接口采用电磁隔离，专用的数据连接线与 SIBAS 控制单元接口（9 针）连接也可与 SIBAS 模块中 CPU 板连接，数据连接线允许最长 10 m。

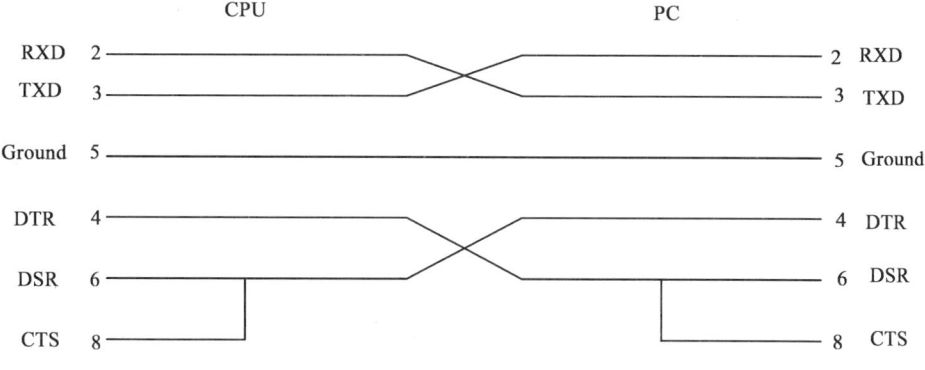

图 9.18 服务接口

2. PTU 的使用

（1）启动 PTU，并运行 intersrv 软件。

（2）将列车显示屏设置在装载屏，并点击列车显示屏上的"数据存储"，完成后，点击"装载数据"。

（3）PTU 软件界面将出现"*"形图标，待该图标消失后，列车显示屏显示"写盘"，完成后，退出 intersrv 软件，并在 C:\DATA 目录下找到该文件（1X1.TIS），可将该文件改名，通常命名的规则为：车号＋读取数据当天的月日。

三、SIBAS-KLIP 子站诊断字节的结构

该诊断字节包括 SIBAS-KLIP 子站的状态信息，Bit0～4 表示故障信号；当 SIBAS-KLIP 子站功能正常时，若出现整体封锁（由控制总线接口 SBS 的控制单元触发），该位就会被设置。该诊断字节可在 CPU 板中通过服务软件读出。诊断字节含义如下：

Bit0：单元未编址

控制总线接口（SBS）三次连接 SIBAS-KLIP 子站未响应，SIBAS-KLIP 子站的所有输入在输入缓冲器中被清零。

Bit1：部分故障

负载电压故障、短路。相应的 SIBAS-KLIP 子站处于整体封锁状态

Bit2：部分设备检测不到（I/O 卡）

SIBAS-KLIP 子站若仅仅输出一个信号，仍可持续正常操作；若丢失卡为输入卡，则输入缓冲器相应值被置为 0。

Bit3：结构故障（不正确或设备故障）

相应的 SIBAS-KLIP 子站保持封锁，且用 LED 指示灯指示故障

Bit4：严重故障（＋24 V 短路），整体封锁，被置为 0。

Bit5、Bit6：一直被置为 0。

Bit7：BASP 输出封锁。

四、彩色显示器

1. 显示器的外部接口

显示器的外部接口如图 9.19 所示。其中接口 X101 用于连接电源线，X102 用于连接外接键盘，X103/X104 用于连接车辆总线接口，X105 为串行接口（COM1），X106 为并行接口（LPT1），X107 用于连接外接软驱。

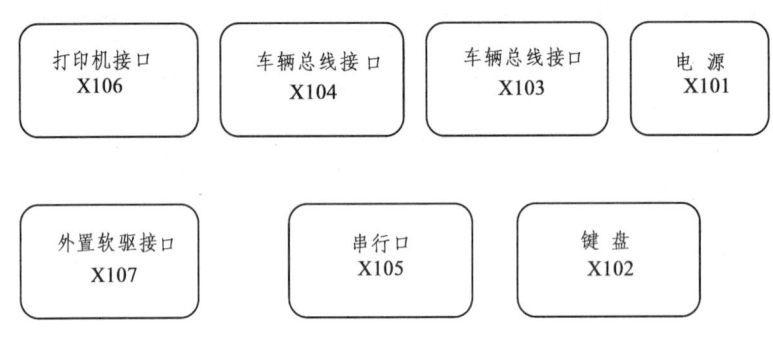

图 9.19 显示器的外部接口

2. 显示屏的界面分为两种基本模式

（1）司机模式。包括事件信息屏、事件清单屏、浏览屏、设置屏、运行屏和菜单屏。

（2）检查模式。包括装载屏、更新屏、状态屏、修改屏、观察器屏和系统屏。

两种显示模式通过菜单屏进行选择，由于系统设置有密码保护，因此只有经过授权的维修人员才能进入检查模式。列车启动后，显示屏自动锁定在运行屏。

3. 显示器应用的注意事项

显示器前端有一 LED 工作指示灯和光亮传感器。特别要注意 LED 工作指示灯的状态。LED 工作指示灯的状态有不亮、长亮和闪烁。长亮表示显示器和 TIS（热成像系统）软件正在工作，此时若显示屏不亮，而 LED 灯亮表示显示屏工作在 TIS 应用程序下，另一端司机室为激活端，显示器工作在后台运行状态；闪烁表示正在读写中或 TIS 软件还未启动完毕；不亮表示显示器关闭或电源中断（没有电源或掉电）。

一般情况下出现白屏多为系统尚未启动或主引导分区启动时死机；若显示器出现黑屏等故障时，此时工作指示灯长亮表示死机。若工作指示灯闪烁，表示系统未收到司机台钥匙开关"开"信号或显示器未收到该信号，可通过 SIBAS Monitor 软件连接 CPU 板查找。

显示器与 CFSU 通过车辆总线上的 RS485 总线模块连接，它们之间通信是以"握手方式"进行的。

CFSU 通过总线获取、分类检测并处理各类过程数据或信息数据，并对所获取的信息、故障类型进行故障等级定义，然后给出相应的代码传输到各自单元内的显示屏中，进行故障分类及存储，并在激活司机台上的显示器上显示故障信息，但有些故障信息涉及整车性能，此类故障只存储在列车总线主控端的显示器内，这也是为什么要读取两端故障数据的缘由。

4. 显示屏的操作与说明

显示屏的操作方法：点击屏幕上相应按钮即可。

（1）菜单屏：用于选择司机模式或检查模式，如图 9.20 所示。

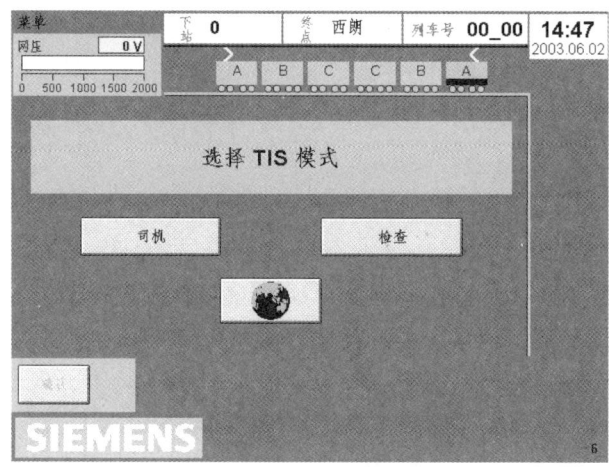

图 9.20　菜单屏

（2）语言选择屏：有中文（Chinese）或英语（English）两种，如图 9.21 所示。

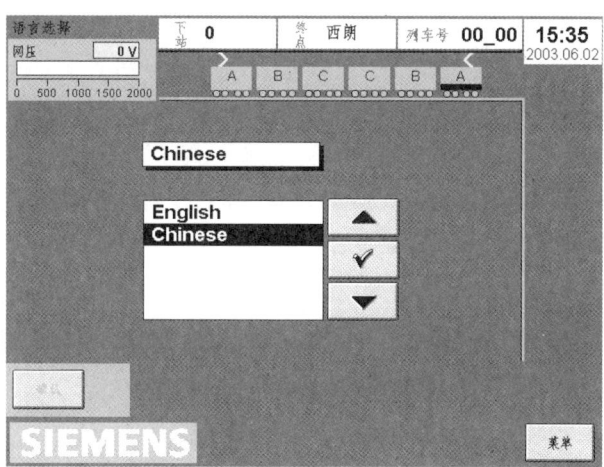

图 9.21　语言选择屏

（3）运行屏

显示屏显示的主要信息有网压、实时速度、推荐速度、进出库图标、驾驶模式、自动折返图标、门释放信号图标、紧急制动图标、空转/滑行、距停车点距离、建议速度、列车驾驶状态（牵引、惰行、制动）等，如图 9.22 所示。

（4）设置屏：用于乘务组号、列车号和终点站号的设置。

① 设置总屏，如图 9.23 所示。

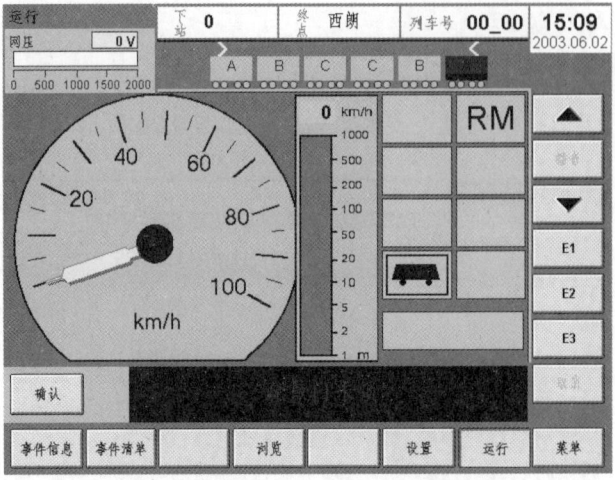

图 9.22 运行屏

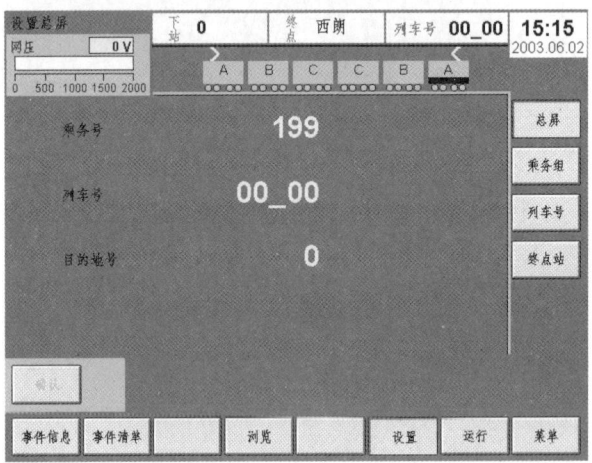

图 9.23 设置总屏

② 设置乘务组号，如图 9.24 所示。

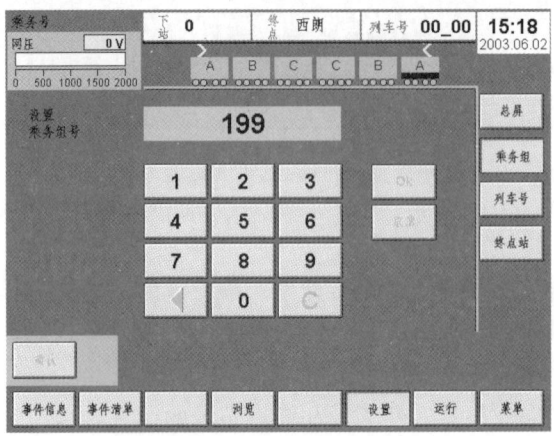

图 9.24 设置乘务组号

③ 设置列车号（即列车服务号），如图 9.25 所示。
④ 设置终点站号，如图 9.26 所示。

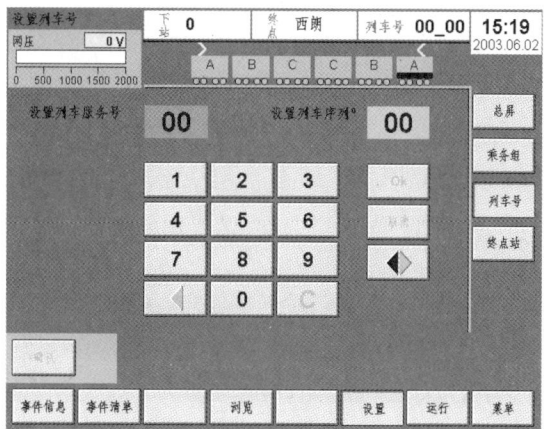

图 9.25　设置列车号

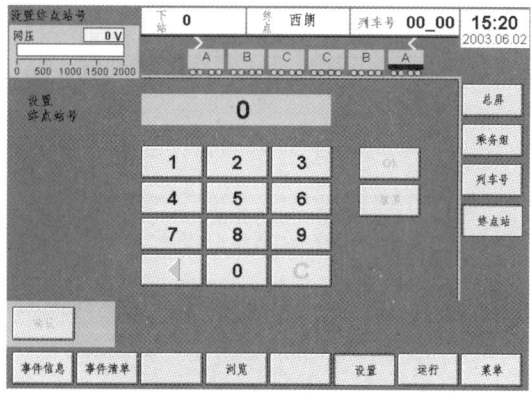

图 9.26　设置终点站号

（5）浏览屏：显示发生故障的子系统故障并以红点表示，如图 9.27 所示。

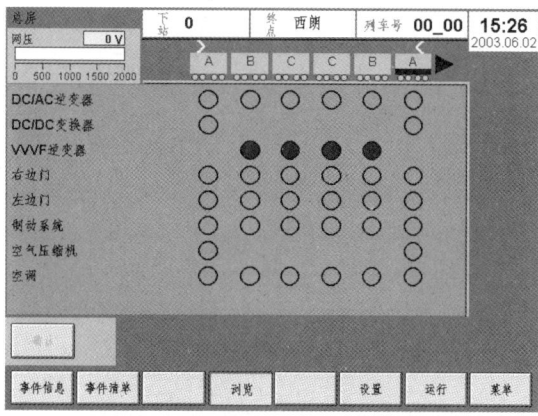

图 9.27　浏览屏

（6）事件清单屏：显示故障信息的出现时间、名称、等级，如图9.28所示。

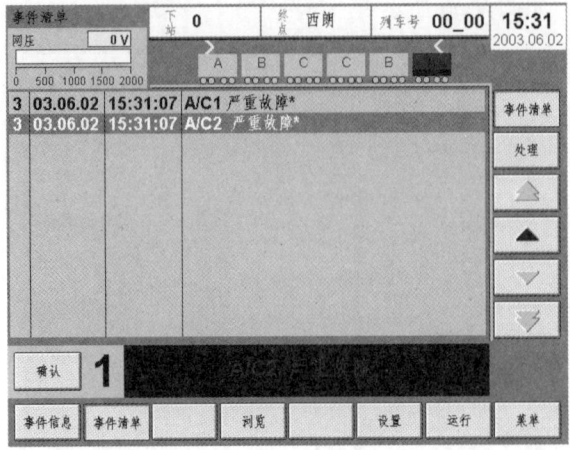

图9.28　事件清单屏

（7）事件信息屏，显示出现的故障信息和处理建议，如图9.29所示。

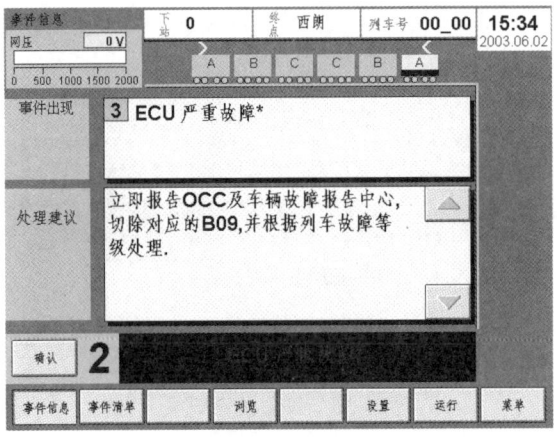

图9.29　事件信息屏

（8）密码校验屏：用于进入检查模式，如图9.30所示。

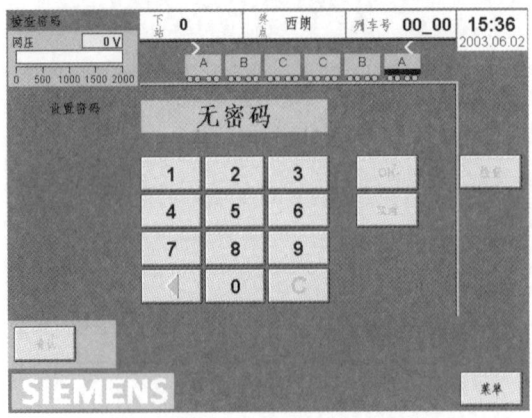

图9.30　密码校验屏

（9）系统屏：处于检查模式下，显示版本号和装载时间，如图 9.31 所示。

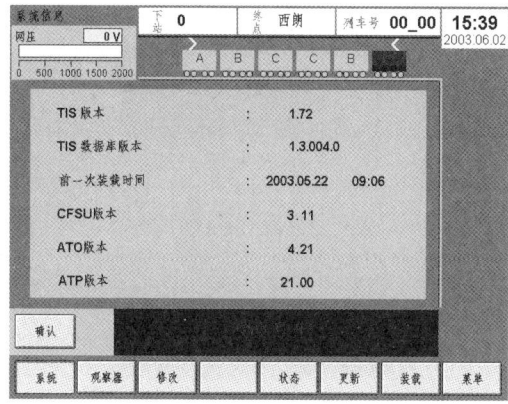

图 9.31　系统屏

（10）观察器：处于检查模式下。有检查清单和检查细节。

① 检查清单，如图 9.32 所示。

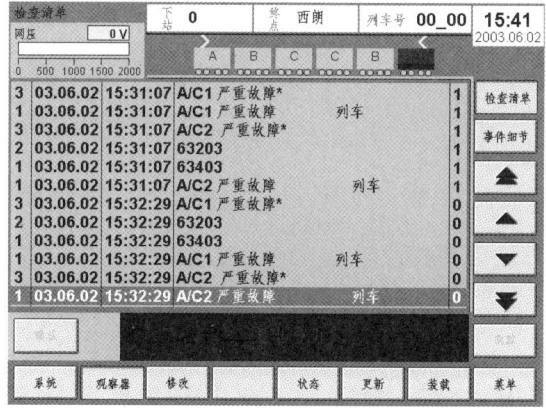

图 9.32　检查清单

② 事件细节（即检查细节），如图 9.33 所示。

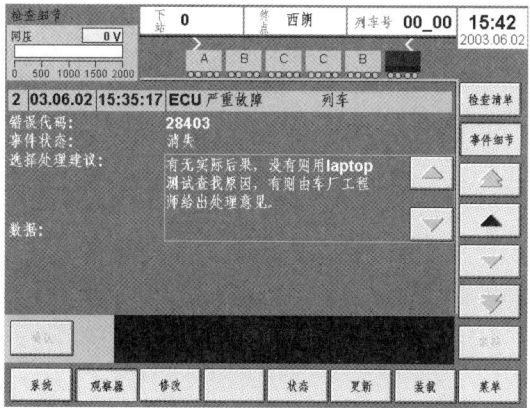

图 9.33　检查细节

(11)状态屏:处于检查模式下,如图9.34所示。

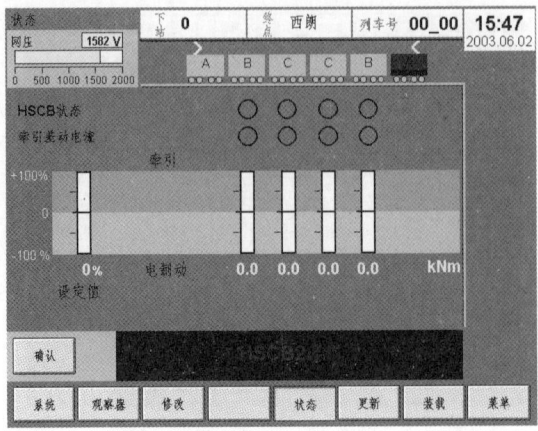

图 9.34　状态屏

(12)修改屏:处于检查模式下。可修改时间、日期、ATP值和车号。

① 修改总屏,如图9.35所示。

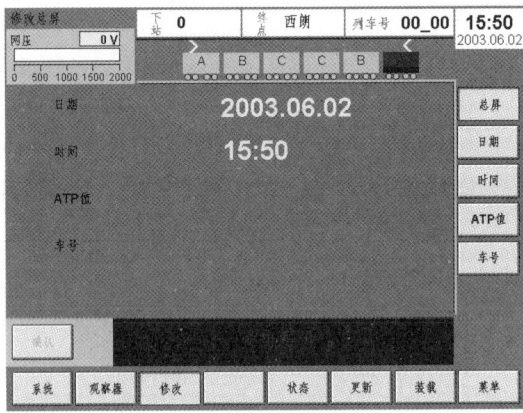

图 9.35　修改总屏

② 修改日期,如图9.36所示。

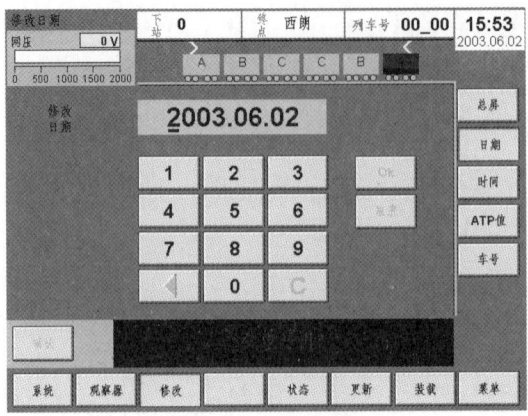

图 9.36　修改日期

③ 修改时间，如图 9.37 所示。

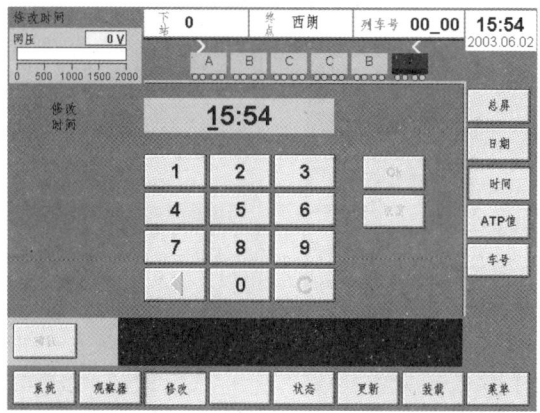

图 9.37　修改时间

④ 修改 ATP 值，如图 9.38 所示。

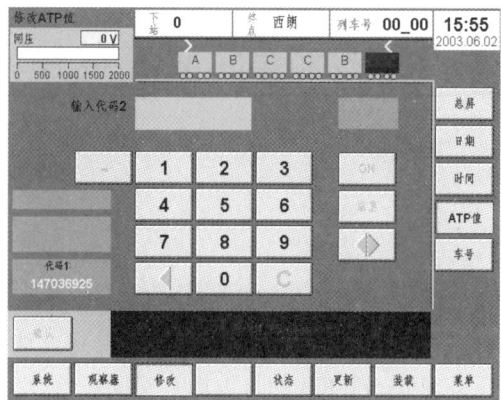

图 9.38　修改 ATP 值

⑤ 修改车号：
首先将车号选择开关移动到要输入的车号，如图 9.39 所示。

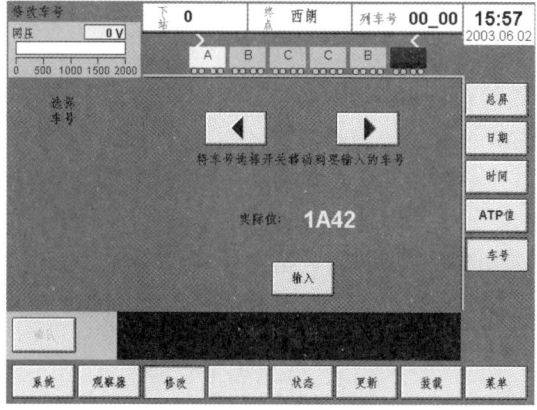

图 9.39　修改车号 步骤一

然后进入修改输入车号屏输入车号即可，如图 9.40 所示。

（13）装载屏：用于读取存储在显示器内的故障数据，如图 9.41 所示。

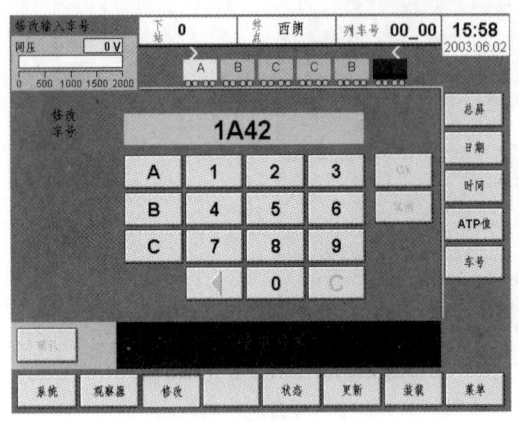 

图 9.40　修改车号　步骤二　　　　　　　图 9.41　装载屏

第八节　牵引控制单元 PTU 软件及应用

一、要　求

1. 硬件要求

程序可以运行在任何 IBM-PC 或是兼容机上。MAINTAIN 程序必须在一个适当的工作硬盘上，因为程序运行时，所有工具文件都必须能够虚拟地得到。计算机至少应有 640 KB 的常规内存。在启动程序前，必须有 560 KB 的自由内存空间。

2. 软件要求

程序可以运行在 MS-DOS5.0 以上版本。

二、MAINTAIN 软件包

基本的 MAINTAIN 软件包括下列文件：
（1）MAINTAIN.EXE　　　　菜单系统。
（2）MAINTAIN.CFG　　　　配置文件。
（3）GETDATA.EXE　　　　通信程序。
（4）GETDATA.INF　　　　控制数据文件。

如果程序有自动产生文件名的功能，则软件包中还要求附带有以下文件：
（1）AUTONAME.EXE　　　　文件名产生程序。
（2）AUTONAME.CFG　　　　配置文件。
（3）SETDATA.EXE　　　　写入控制系统的程序。

（4）BACKUP.EXE　　　　　　备份/恢复程序。
（5）BACKUP.CFG　　　　　　配置文件。

三、故障数据的读取与分析

（1）在 DOS 提示符下输入“maintain”就可以启动 MAINTAIN 程序，进入 MAINTAIN 程序，初始界面见图 9.42，在 CONFIG 配置菜单中选择 ASG（读取 DCU 数据时，数据线与 A304 板相连；读取 UNAS 数据时，数据线与 A325 板相连）。

（2）选中 DATA CHOOSE 菜单，选中 pda-info，这时屏幕会出现一个进度的工具条，读取完成后，数据就下载到当前的目录下，默认的文件名为“Aeg.pdbi”，可修改文件名。

（3）进入 PROGRAM STAR，选中 PDA-INFO，选择 CURRENTLY，进入数据分析界面。数据分析界面见图 9.43。

（4）在数据分析界面中选择“option”，“source file”中选择要查看的数据，就可以进行数据分析了。

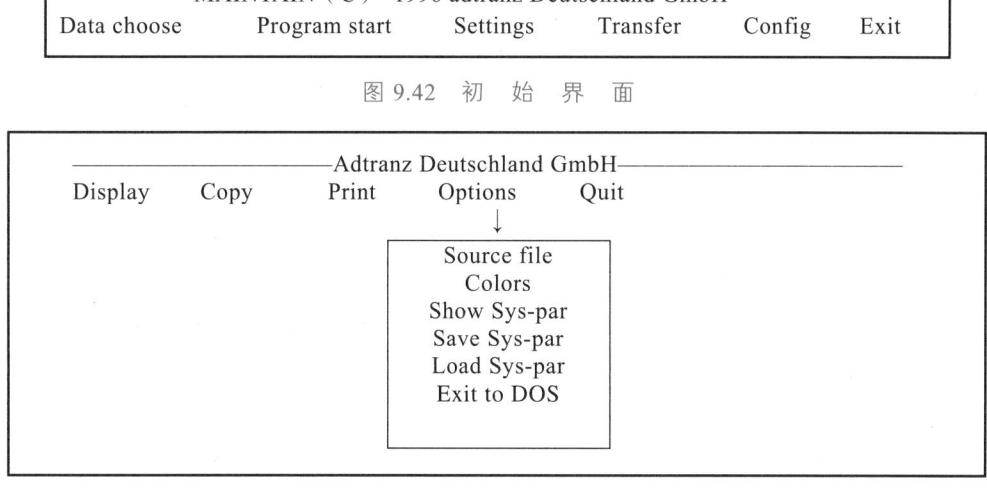

```
Start the evaluation of files from the steering
————————MAINTAIN（C） 1996 adtranz Deutschland GmbH————————
Data choose     Program start     Settings     Transfer     Config     Exit
```

图 9.42　初　始　界　面

```
——————————————Adtranz Deutschland GmbH——————————————
Display     Copy     Print     Options     Quit
                                  ↓
                            Source file
                              Colors
                           Show Sys-par
                           Save Sys-par
                           Load Sys-par
                            Exit to DOS
```

图 9.43　数据分析界面

四、牵引控制单元 DCU/UNAS 故障案例分析

案例一：

时间：2002 年 8 月 21 日

故障列车：1314

晚点时间数：172 s

事件经过：1314 车在正线出现 1B14“主断合”灯不亮，及 VVVF 红点，同时引起接触网跳闸。

故障处理过程：数据读取与分析，回库后读取数据发现 1B14DCU 严重故障，DCU 信息

为 incorrect value motorcurrent。故障代码，E105，E103。UNAS 信息为 GTO triggering in PCI B phase V2 ok。

处理过程：首先更换 1B14 车 X3 光纤插头、B 相 V2 门控板，开司机强钥匙后发现 A313 板 307 灯还不亮。再仔细检查发现 A303、A304、A324 板灯不正常，将 1B14 车 A303、A304、A324 板与 1C13 互换，库内动车发现 1B14 与 1C13 均有故障。再将 A303、A304、A324 板逐一换回 1B14，最后确定 1B14 车 A324 板和 DCU 机箱 A324 板插槽均已坏。

故障原因分析：此故障是由于 A324 板已坏，发出错误信号触发 GTO 导通，引发贯通保护（E107），造成接触网跳闸。

采取措施：更换 A324 板。

案例二：

时间：1999 年 4 月 9 日

故障列车：0304

造成影响：晚点 286 s

事件经过：7：13 OCC 报 0304 车东站下行出站时出现 1B03、1B04、1C03 三个 DCU 严重故障。五个 ECU（1C04 除外）轻微故障。列车状态指示灯一切正常，微动开关无跳闸。17：17 询问 OCC：列车速度很慢。SME 建议在前方车站清客，退出服务。17：30 0304 车在公园前站清客，退出服务。17：55 0304 车回运用库。该故障造成正线晚点 286 s。

故障处理过程：4 月 14 日，技术室派人上车检查，没发现异常，上试车线，列车正常。

故障原因分析：根据司机所描述列车故障状态，以及列车故障记录，发现为列车 3 个车 DCU +/−24 V 电源板由于保护而不能工作。此种情况一般是在列车主控关后又马上激活，电源板由于开关太快而进行保护，此种情况一般用主控钥匙复位，故障即可消除。技术员在车上进行多次试验，即快速开关主控钥匙，可出现上述故障现象。由于当时列车在广州东折返时出现故障，故怀疑为列车在自动折返换端时，由于某种原因（如 4K03 转换速度太快），列车换端太快引起的。

采取措施：对于出现 3 个 DCU 严重故障和 5 个 ECU 轻微故障的情况，可进行复位处理。如恢复正常，则可继续运营。

案例三：

时间：2000 年 4 月 5 日

故障列车：1314

造成影响：救援

事件经过：6：47 OCC 报 1314D 车下行西门口站时出现 3 个 DCU 中等故障和四个 VVVF 红点。6：52 检调与司机直接通话获悉：司机室的列车状态指示灯一切正常，微动开关无跳闸，警惕按钮正常，用钥匙转换 URM 制动还是不能缓解，要求换端牵引。6：55 OCC 决定救援，0109 车将 1314 顶回库。

故障处理过程：列车回库后，技术室人员上车检查发现 1A13 端停车制动缓解继电器 2K57 烧损，更换继电器后列车恢复正常。

故障原因分析：2K57 是所有车停车制动缓解继电器，列车正常运营时该继电器是电闭合的，牵引指令通过 2K57 的 13 和 14 脚发出。如果由于 2K57 故障，13 和 14 脚就会断开，牵引指令送不出，列车出现惰行，但由于停车制动缓解指示灯和 2K57 是并联输出的，所以司机室内指示灯是正常的。

采取措施：更换 2K57 继电器；该故障出现时，司机打停车制动旁路可继续运营。

本 章 小 结

微型计算机 CPU 是采用大规模技术集成，称为微处理器或简称 MPU。

广州地铁一号线车辆控制系统采用的是 80386 微处理器，上海地铁一号线车辆则采用 SAB80186 微处理器，类似于 INTEL8086。这些微机控制系统包括：信息及诊断系统和牵引控制单元。

信息及诊断系统包括以下 3 个部分：中央故障存储单元 CFSU、智能输入/输出终端 SIBAS-KLIP 和故障显示器。SIBAS32 系统用于控制、监测、保护地铁车辆中的各个子系统，作为中央控制单元执行列车控制和信息处理功能，集成有自诊断功能，为列车通信及车辆维护提供了必要的辅助工具。

牵引控制单元包括以下部分：牵引控制单元 DCU 及逆变器保护监控单元 UNAS 和参考值转换器 RVC。DCU 为牵引逆变器 VVVF 提供脉宽调制信号 PWM，为牵引电机提供矢量控制，采用空间磁场矢量控制的转矩控制模式；逆变器保护单元 UNAS 负责 VVVF 牵引逆变器的保护，与 DCU 一起组成车辆的牵引/制动控制系统。

列车总线与车辆总线合起来又叫作 DIN 总线，是 SIBAS32 系统内部的信息交换和与外部接口的信息交换的重要信号传输通道。SIBAS32 总线接口有列车总线连接板、列车总线接口、车辆总线接口板和控制总线接口板。牵引控制单元 DCU/UNAS 的 PCB 插件板有电源板、主微机板、数据存储板、输入/输出接口板、启动监测板、测量值预处理板、测量值处理/调整板、联锁逻辑控制板和微处理单元、UNAS 诊断板。故障根据其对子系统、列车的性能或安全性的影响划分为不同的等级，且所有的故障都有声光信息显示给司机。

显示屏的界面分为两种基本模式：司机模式和检查模式。

复 习 思 考 题

1. 广州及上海地铁一号线车辆的微机控制系统分别采用何种微处理器？
2. 简述城轨车辆微机控制系统的组成和功能。
3. 什么叫 DIN 总线？DIN-BUS 总线数据如何传输？
4. 数据种类有几种？是如何划分的？
5. SIBAS32 总线接口板有几个？各自的作用是什么？
6. 简述牵引/制动系统的组成及原理。
7. 牵引控制单元 DCU/UNAS 共有几块电子板？各有什么作用？
8. 简述微机测控系统硬件组成。
9. 画图分析速度信号的处理过程。
10. 什么叫 RVC 参考值转换器？
11. 故障等级如何划分？信息及诊断系统的故障如何读取？
12. 如何使用 PTU 软件读取牵引控制单元的故障信息？

第十章

风源及电空制动系统

通过学习风源及电空制动系统，了解列车制动的重要性、制动的基本原理和典型制动方式，熟悉城轨车辆制动系统的组成、工作原理，掌握风源系统及克诺尔电空制动机的结构及使用、日常维护与保养。

教学目标

能力目标
- 能分辨城轨车辆制动系统的种类，认识其各组成部件
- 能操纵克诺尔电空制动机，并分析其各项作用过程
- 掌握典型城轨车辆制动系统的检查、日常维护与保养

知识目标
- 了解制动机的作用及其发展历程
- 熟悉城轨车辆制动系统的种类、组成和作用原理
- 熟悉 SD 型电空制动机的组成及控制原理
- 掌握克诺尔电空制动机的组成及控制原理

第一节 概　述

一、制动装置的作用及其特点

制动是指人为地使列车减速或阻止其加速的过程。使列车减速或阻止其加速的力称为制动力，而产生并控制这个制动力的装置叫作制动机，也称制动装置。从能量的角度看，制动过程是一个能量的转移过程，是将列车运行具有的动能人为地控制转变成其他形式能量的过程，因此列车的制动过程必须具备两个基本条件：① 实现能量转换；② 控制能量转换。此时，制动装置也就是用以实现和控制列车动能转换的一整套装置。制动装置包括 3 个部分：制动控制装置和制动执行装置。制动控制装置由制动信号发生与传输装置和控制装置组成，有空气制动机、电空制动机、手制动机等种类。制动执行装置就是基础制动装置，主要有闸瓦制动装置、盘形制动装置、磁轨制动等形式。

列车的制动能力是指制动装置能使列车在规定的制动距离内安全停车的能力，它与列车的运行安全直接相关，所以列车的运行速度与列车的牵引功率有关，也受列车制动能力的限制。和其他轨道车辆一样，制动装置是城轨车辆的重要组成部分。

城轨车辆制动装置的特点和要求：

（1）城轨交通的站距很短，一般都在 1 km 左右。例如，上海地铁一号线从虹梅南路到上海火车站，长 16.67 km，有 13 座车站，平均站间距离 1.39 km。由于站间距离短，列车加速、减速及停车都比较频繁。为了提高运行速度，增加列车密度，必须使列车起动快、制动快、制动距离短。这就要求其制动装置具有操纵灵活、动作迅速、停车平稳准确、制动率及制动功率相对较大等特点。

（2）城轨交通的客流量波动大，空载时列车重量仅为自重，而满载时列车重量却很大。例如，广州地铁的每辆动车空车重量为 380 kN，而满载（超员，载客 432 人）时总重为 639.2 kN。因此，载客量对列车的重量有较大的影响，对列车制动时保证一定的列车减速度、防止车轮滑行及减轻车辆间纵向冲动都是不利的。因此，制动装置应具备在各种载荷工况下车辆制动力自动调整的性能，使车辆制动率基本不变，从而实现制动的准确性和停车的平稳性。

（3）城轨车辆在部分车辆甚至全部车辆上具有独立的牵引电动机，这就为采用电制动提供了基本条件。电制动的功率大，尤其是在较高速度范围内，能承担大部分的制动负荷，可以满足城轨车辆轴制动功率大的要求；电制动是非摩擦制动，没有摩擦副零件的磨耗和噪声，减少了维护保养和对环境的污染，因而比较经济；使用再生制动可以节约能源，具有一定的经济和社会效益，所以，采用电制动具有积极的意义。但电制动在低速时制动力小，而且要保证电制动失效和紧急情况下的行车安全，又要满足停车和停放的要求，所以摩擦制动是一种必备的制动方式。在几种制动方式同时安装和使用时，要充分发挥它们的最佳作用，需要一套完善的制动控制装置来控制，使它们协调配合。

（4）城轨车辆一般运行在人口稠密地区，并用于承载旅客，行车安全非常重要。因而，其制动机应具有如下功能：① 具有紧急制动性能，遇有紧急情况时，能使列车在规定距离内安全停车；② 列车在运行中发生诸如列车分离、制动装置故障等情况时，应能产生紧急制动作用；③ 紧急制动作用除可由司机操纵外，必要时还可由行车人员利用紧急按钮（紧急阀）等进行操纵。

二、制动方式

制动方式可按制动时列车动能转移方式、制动力获取方式或制动源动力的不同进行分类。

1. 按列车动能转移方式分类

按照制动时列车动能的转移方式不同可以分为摩擦制动和动力制动。

（1）摩擦制动。通过摩擦副的摩擦将列车的运动动能转变为热能，逸散于大气，从而产生制动作用。城轨车辆常用的摩擦制动方式主要有闸瓦制动、盘形制动和磁轨制动。

① 闸瓦制动。又称为踏面制动，它是最常用的一种制动方式，如图10.1所示。制动时闸瓦压紧车轮，轮、瓦间发生摩擦，将列车的运动动能通过轮、瓦间的摩擦转变为热能，逸散于空气中。

在闸瓦与车轮这一对摩擦副中，由于车轮主要承担着车辆走行功能，因此其材料不能随意改变。要改善闸瓦制动的性能，只能通过改变闸瓦材料的方法。早期的闸瓦材料主要是铸铁。为了改善摩擦性能和增加耐磨性，目前城轨车辆中大多采用合成闸瓦，但合成闸瓦的导热性较差，因此目前也有采用导热性能良好，且具有较好的摩擦性能的粉末冶金闸瓦。

在闸瓦制动中，当制动功率较大时，有可能使产生的热量来不及逸散于大气，造成闸瓦与车轮热负荷增加，温度升高，轮、瓦间摩擦力下降，严重时导致闸瓦熔化（铸铁闸瓦）和轮毂松弛等。因此，在采用闸瓦制动时，对制动功率要有限制。

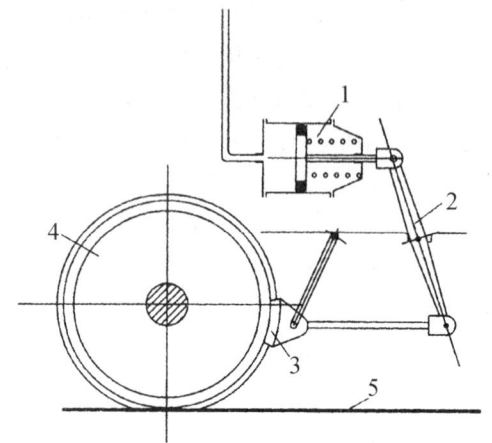

1—制动缸；2—基础制动装置；3—闸瓦；
4—车轮；5—钢轨。

图 10.1 闸瓦制动

② 盘形制动。如图10.2所示，有轴盘式和轮盘式之分。非动力转向架一般采用轴盘式，当动力转向架轮对中间由于牵引电机等设备使制动盘安装发生困难时，可采用轮盘式。制动时，制动缸通过制动夹钳使闸片夹紧制动盘，使闸片与制动盘间产生摩擦，把列车的动能转变为热能，热能通过制动盘与闸片逸散于大气。

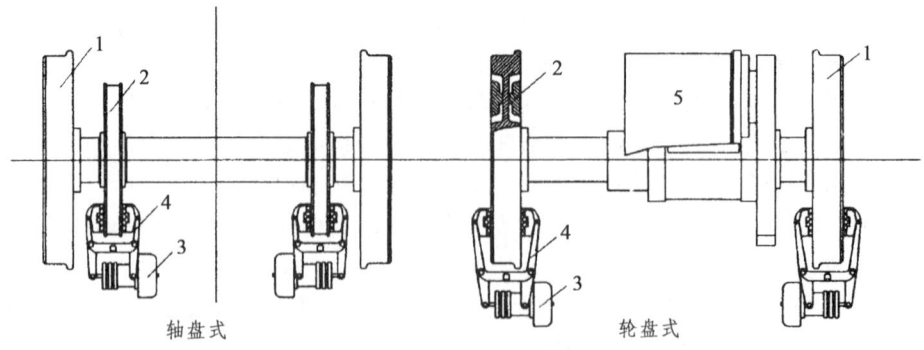

1—轮对；2—制动盘；3—单元制动缸；4—制动夹钳；5—牵引电机。

图 10.2 盘形制动

盘形制动方式能选择高性能的摩擦副材料和良好的散热结构，可以获得比闸瓦制动大得多的制动功率。

③ 轨道电磁制动，也叫磁轨制动，如图 10.3 所示。在转向架构架侧梁 4 下通过升降风缸 2 安装有电磁铁 1，电磁铁下设有磨耗板 5。制动时将电磁铁放下，使磨耗板与钢轨 3 吸住，列车的动能通过磨耗板与钢轨的摩擦转化为热能，逸散于大气。由于轨道电磁制动能得到较大的制动力，因此常被用作紧急制动时的一种补充制动手段。

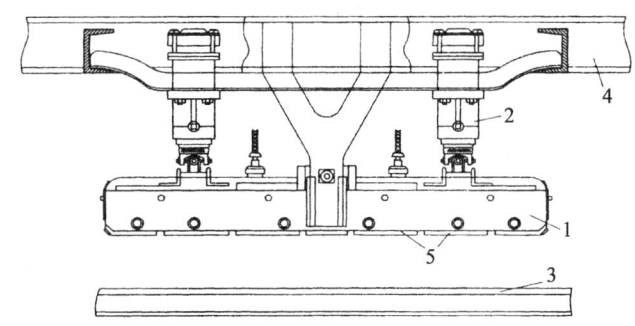

1—电磁铁；2—升降风缸；3—钢轨；4—转向架构架侧梁；5—磨耗板。

图 10.3　磁轨制动

（2）动力制动。也称电制动，列车制动时，将牵引电机变为发电机，使动能转化为电能，对这些电能的不同处理方式形成了不同方式的动力制动。城轨车辆上采用的动力制动形式主要有再生制动和电阻制动，都是非接触式制动方式。

① 再生制动。再生制动是把列车的动能通过电机转化为电能后，再使电能反馈回电网。显然这种方式既能节约能源，又减少制动时对环境的污染，并且基本上无磨耗。因此这是一种理想的制动方式。

② 电阻制动。将发电机发出的电能加于电阻器中，使电阻器发热，即电能转变为热能，也称能耗制动。电阻器上的热能靠风扇强迫通风而散于大气中。电阻制动一般能提供较稳定的制动力，但车辆底架下需要安装体积较大的电阻箱。

2. 制动力形成方式分类

根据列车制动力的获取方式不同，可分为黏着制动与非黏着制动。

（1）黏着制动。制动时，（以闸瓦制动为例）车轮与钢轨之间有 3 种可能的状态：

① 纯滚动状态。车轮与钢轨的接触点无相对滑动，车轮在钢轨上做纯滚动。这时，车轮与闸瓦之间为动摩擦，车轮与钢轨之间为静摩擦，车轮与钢轨之间可能实现的最大制动力是轮轨之间的最大静摩擦力。这是一种难以实现的理想状态。

② 滑行状态。车轮在钢轨上滑行，此时车轮与钢轨之间的滑动摩擦力为列车制动力。这是一种必须避免的事故状态，由于滑动摩擦系数远小于静摩擦系数，因此一旦发生这种工况，制动力将大大减小，制动距离会延长；同时车轮在钢轨上长距离滑行，将导致车轮踏面擦伤，危及行车安全。

③ 黏着状态。列车制动时，车轮与钢轨的接触处即非静止，亦非滑动，车轮在钢轨上滚动的同时又有滑动的趋势，这种状态称为黏着状态。黏着状态下车轮与钢轨间的最大水平

作用力称为黏着力。制动时,可能实现的最大制动力不会超过黏着力。黏着力与轮轨间垂直载荷的比值,称为黏着系数。依靠黏着滚动的车轮与钢轨黏着点之间的黏着力来实现车辆的制动称为黏着制动。黏着制动时,为了能得到较大的制动力,需要具有较高的黏着系数。然而黏着系数受列车运行速度、气候条件、轮轨表面状态以及是否采取增黏措施等诸多因素的影响,是一个有很大离散性的参数。所以目前尚未有黏着系数的理论公式。各国都采用大量的试验来获得经验公式,比如日本东海道新干线的黏着系数公式为:

$$\psi = 27.2/(v+85) \quad (干燥表面) \quad (10.1)$$

$$\psi = 13.6/(v+85) \quad (潮湿表面) \quad (10.2)$$

式中　v ——列车运行速度(km/h)。

我国铁道科学研究院在进行了大量的试验研究后,提出了我国干线列车(速度 120 km/h 以下)的黏着系数公式:

$$\psi = 0.062\ 4 + 45.6/(v+260) \quad (干燥表面) \quad (10.3)$$

$$\psi = 0.040\ 5 + 13.55/(v+120) \quad (潮湿表面) \quad (10.4)$$

式中　v ——列车运行速度(km/h)。

随着机车车辆技术的发展,该公式会有所变化。

(2)非黏着制动(黏着外制动)。列车制动时,制动力的提供不再依靠轮轨之间的黏着力,而由其他方式提供,这样制动力的大小不受黏着力限制,这种制动方式称为非黏着制动。非黏着制动的制动力不从轮轨之间获取,因而它可能实现的最大制动力可以超过轮轨之间的黏着力。

显然,在上面曾经介绍的制动方式中,闸瓦制动、盘形制动、电阻制动和再生制动均属于黏着制动;而磁轨制动则属于非黏着制动。

3. 按制动源动力分类

在目前列车所采用的制动方式中,制动的源动力主要有压缩空气的压力和电磁力。以压缩空气为源动力的制动方式称为空气制动,如闸瓦制动、盘形制动等都为空气制动方式;以电磁力为源动力的制动方式称为电制动,动力制动及轨道电磁制动等均为电制动;还有机械制动、液压制动等方式。

三、制动控制系统分类

制动控制系统是制动装置在司机或其他控制装置(如 ATC 等)的控制下,产生、传递制动信号,并对各种制动方式进行制动力分配、协调的部分。目前制动控制系统主要有空气制动控制系统和电控制动控制系统两大类。当以压力空气作为制动信号传递和制动力控制的介质时,该制动装置称为空气制动控制系统,又称为空气制动机。以电气信号来传递制动信号的制动控制系统,称为电气指令式制动控制系统,其制动力的提供可以是压力空气、电磁力、液压等方式。

1. 空气制动机

空气制动机按其作用原理的不同,可分为直通空气制动机、自动空气制动机和直通自动空气制动机。

（1）直通空气制动机。

① 直通式空气制动机工作原理如图10.4所示。

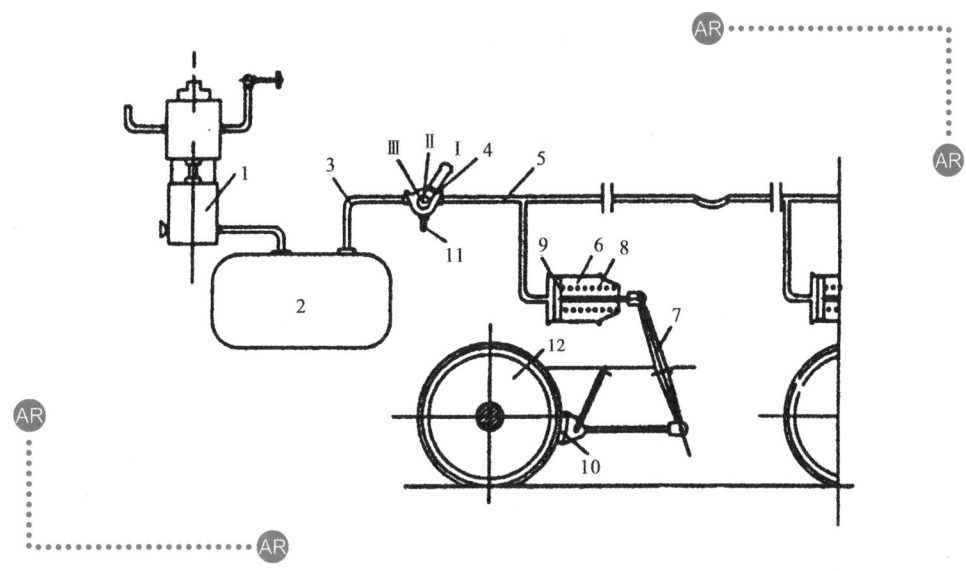

Ⅰ—缓解位；Ⅱ—保压位；Ⅲ—制动位；1—空气压缩机；2—总风缸；3—总风缸管；4—制动阀；5—制动管；6—制动缸；7—基础制动装置；8—制动缸缓解弹簧；9—制动缸活塞；10—闸瓦；11—制动阀EX口；12—车轮。

图10.4 直通式空气制动机工作原理

空气压缩机1将压缩空气储入总风缸2内，经总风缸管3至制动阀4。制动阀有3个不同位置：缓解位、保压位和制动位。在缓解位时，制动管5内的压缩空气经制动阀EX(Exhaust) 11（排气口）排向大气；在保压位时，制动阀保持总风缸管、制动管和EX口各不相通；在制动位时，总风缸管压缩空气经制动阀流向制动管。

a. 制动位。司机要实行制动时，首先把操纵手柄放在制动位，总风缸的压缩空气经制动阀进入制动管。制动管是一根贯通整个列车、两端封闭死的管路，压缩空气由制动管进入各个车辆的制动缸6，压缩空气推动制动缸活塞9移动，并通过活塞杆带动基础制动装置7，使闸瓦10压紧车轮12，产生制动作用。制动力的大小，取决于制动缸内压缩空气的压力，由司机操纵手柄在制动位放置时间的长短而定。

b. 缓解位。要缓解时，司机将操纵手柄置于缓解位，各车辆制动缸内的压缩空气经制动管从制动阀EX口排入大气。操纵手柄在缓解位放置时间足够长，则制动缸内的压缩空气可排尽，压力降低至零。此时制动缸活塞借助于制动缸缓解弹簧的复原力，使活塞回到缓解位，闸瓦离开车轮，实现车辆缓解。

c. 保压位。制动阀操纵手柄放在保压位时，可保持制动缸内压力不变。当司机将操纵手柄在制动位与保压位之间来回操纵、或在缓解位与保压位之间来回操纵时，制动缸压力能分阶段地上升或下降，即实现阶段制动或阶段缓解。

② 直通空气制动机特点是：

a. 制动管增压制动、减压缓解，列车分离时不能自动停车。

b. 能实现阶段缓解和阶段制动。
　　c. 制动力大小靠司机操纵手柄在制动位放置时间的长短决定，因此控制不太精确。
　　d. 制动时全列车制动缸的压缩空气都由总风缸供给；缓解时，各制动缸的压缩空气都需经制动阀排气口排入大气。因此，前后车辆制动的一致性不好。
　　（2）自动空气制动机。
　　① 自动空气制动机工作原理如图10.5所示。

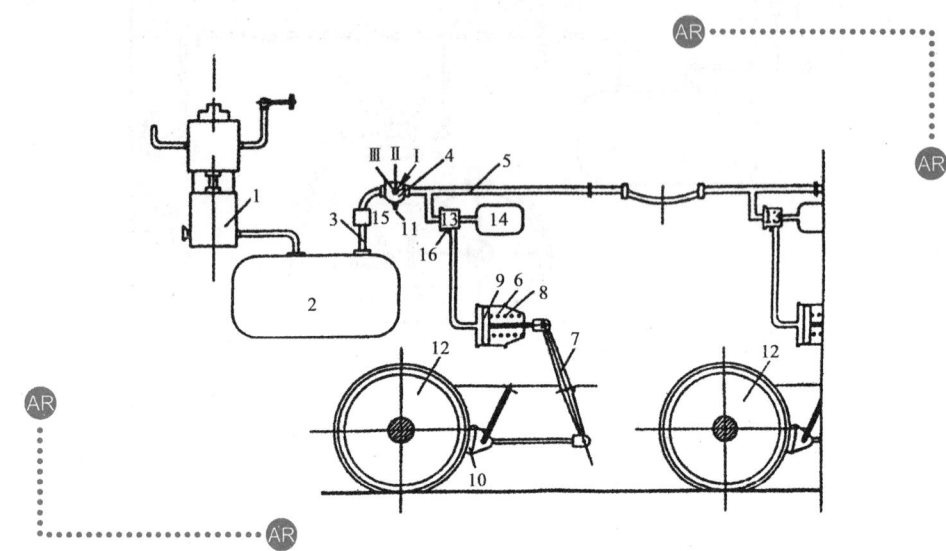

Ⅰ—缓解位；Ⅱ—保压位；Ⅲ—制动位；1—空气压缩机；2—总风缸；3—总风缸管；4—制动阀；5—制动管；6—制动缸；7—基础制动装置；8—制动缸缓解弹簧；9—制动缸活塞；10—闸瓦；11—制动阀EX口；12—车轮；13—三通阀；14—副风缸；15—给气阀；16—三通阀排气口。

图10.5　自动空气制动机工作原理

　　自动空气制动机在直通空气制动机的基础上增加了3个部件：在总风缸2与制动阀4之间增加了给气阀15；在每节车辆的制动管5与制动缸6之间增加了三通阀13和副风缸14。给气阀的作用是限定制动管定压——人为规定的制动管压力，即无论总风缸压力多高，给气阀出口的压力总保持在一个设定的值。
　　自动空气制动机的制动阀同样也有缓解、保压和制动3个作用位置，但内部通路与直通空气制动机的制动阀有所不同。在缓解位时它联通给气阀与制动管的通路；制动位时它使制动管与制动阀上的EX口相通，制动管压缩空气经它排向大气；保压位时仍保持各路不通。
　　制动阀操纵手柄放在缓解位时，总风缸中的压缩空气经给气阀、制动阀送到制动管，然后通过制动管送到各车辆的三通阀，经三通阀使副风缸充气。如此时制动缸中有压缩空气，则经三通阀排气口16排入大气。列车运行时，制动阀操纵手柄一般处于此位，直至副风缸充至制动管定压值。
　　制动阀操纵手柄放在制动位时，制动管中的压缩空气经制动阀EX口排向大气。制动管的减压信号传至车辆的三通阀时，三通阀动作，副风缸内的压缩空气经三通阀充向制动缸。制动缸活塞推出，使制动执行机构动作，列车产生制动作用。
　　由此可见，自动空气制动机是依靠制动管中压缩空气的压力变化来传递制动信号，制动管增压时缓解，减压则制动，其中，三通阀是制动缸充气或排气的控制部件。

② 三通阀工作原理，如图10.6所示。

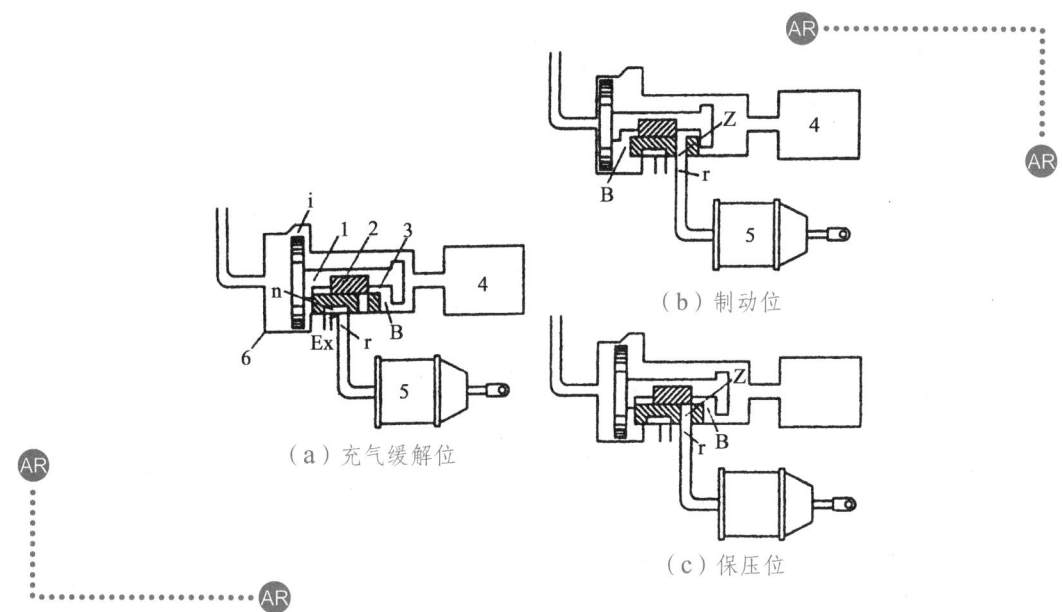

1—三通阀活塞及活塞杆；2—节制阀；3—滑阀；4—副风缸；5—制动缸；6—三通阀；i—充气沟；B—间隙。

图10.6 三通阀工作原理

三通阀由于与制动管、副风缸及制动缸相通而得名。根据制动管压力的变化，三通阀有三个基本位置。

a. 充气缓解位。制动管压力增加时，在三通阀活塞两侧形成压差，三通阀活塞及活塞杆1带动节制阀2及滑阀3一起移至右侧端位，这时充气沟i露出。三通阀内形成以下两条通路：
- 制动管→充气沟i→滑阀室→副风缸；
- 制动缸→滑阀座r孔→滑阀底面n槽→三通阀EX口→大气。

第一条通路为充气通路，第二条通路为缓解通路，即所谓充气是指向副风缸充气，缓解是指制动缸缓解，副风缸内压力可一直充至与制动管的压力相等，即达到制动管定压，制动缸缓解后的最终压力为零。

b. 制动位。制动时，司机将制动阀操纵手柄放至制动位，制动管内的压力空气经制动阀排气减压。三通阀活塞左侧压力下降，右侧副风缸压力大于左侧。当两侧压差较小时，不足以推动活塞，副风缸的压力空气有通过充气沟i逆流的现象。但由于制动管压力下降较快，活塞两侧的压差仍继续增加，压差达到足以克服活塞及节制阀的阻力时，活塞及活塞杆带动节制阀相左移一间隙距离，使活塞杆与滑阀之间的间隙B置于前部，活塞遮断充气沟，副风缸压力空气停止逆流，滑阀上的通孔上端开放，与副风缸相通。随着制动管压力的继续下降，活塞两侧压差加大到能够克服滑阀与滑阀座之间的摩擦力时，活塞带动滑阀左移至极端位，滑阀切断制动缸通大气的通路，同时滑阀通孔下端与滑阀座制动缸孔r对准，形成副风缸向制动缸的充气通路。如果三通阀一直保持这一位置，最终将使副风缸压力与制动缸压力平衡。

c. 保压位。在制动管减压到一定值后，司机将制动阀操纵手柄移至保压位，制动管停止减压。三通阀活塞左侧压力不再下降,但三通阀活塞仍处于左极端的制动位,因此副风缸压力空气继续充向制动缸,活塞右侧的压力继续下降。当右侧副风缸压力稍低于左侧制动管的压力时,两侧压差达到能克服活塞和节制阀的阻力时,活塞将带着节制阀向右移一间隙距离,使滑阀与活塞杆之间的间隙位于后端,同时节制阀遮断副风缸向制动缸的充气通路,副风缸压力不再下降。由于此时活塞两侧压差较小,不足以克服滑阀与滑阀座之间的摩擦力,所以活塞位于此位不在移动。制动缸保压。

当司机将制动阀操纵手柄在制动位和保压位来回扳动时,制动管压力反复地减压—保压,三通阀则反复处于制动位—保压位,而制动缸压力则不断的升压—保压—升压—保压,直至制动缸压力与副风缸压力平衡为止,即自动制动机具有阶段制动作用。但由于自动制动机三通阀结构的限制,制动管—增压,三通阀主活塞则动作到缓解位,形成一次缓解作用。

③ 自动制动机的特点是:

a. 制动管减压制动、增压缓解,列车分离时能自动制动停车。

b. 由于制动缸的风源与排气口离制动缸较近,其制动与缓解不再通过制动阀进行,因此制动与缓解的一致性较直通制动机好,列车纵向冲动较小,适合于较长编组的列车。

c. 有阶段制动及一次缓解性能。

上述的三通阀属于二压力机构阀,还有一种阀,通常称为三压力机构阀,也称分配阀,其特点是:

a. 具有阶段制动和阶段缓解。同时,制动管要充到定压,制动缸才能完全缓解。

b. 具有制动力不衰减性。即在制动中立位或缓解中立位时,当制动缸压力因漏泄等原因而下降时,三通阀能自动地补充压缩空气,使制动缸压力保持原值。

(3)直通自动空气制动机。

① 直通自动空气制动机工作原理如图 10.7 所示。

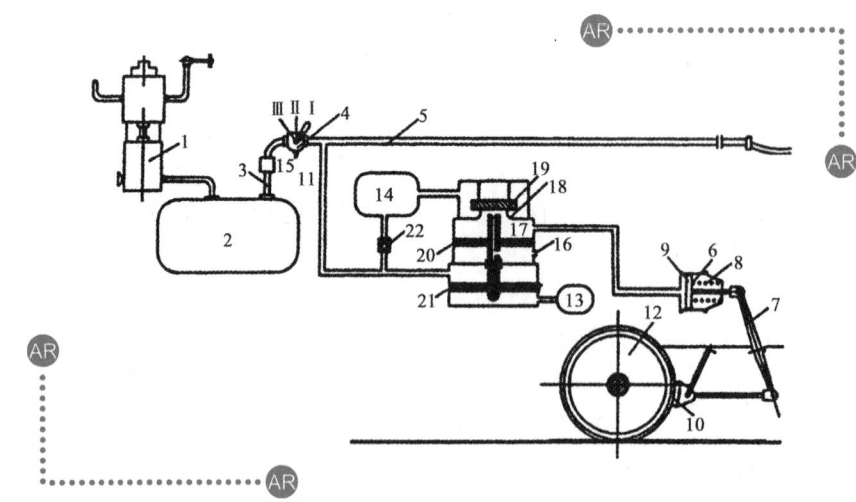

1—空气压缩机;2—总风缸;3—总风缸管;4—制动阀;5—制动管;6—制动缸;7—基础制动装置;8—制动缸缓解弹簧;9—制动缸活塞;10—闸瓦;11—制动阀 EX 口;12—车轮;13—定压风缸;14—副风缸;15—给气阀;16—三通阀排气口;17—排气阀口;18—进气阀口;19—进排气阀;20—制动缸压力活塞;21—主活塞;22—单向阀。

图 10.7　直通自动空气制动机工作原理

直通自动空气制动机与自动空气制动机在制动机的组成上基本相同，只增加一个定压风缸 13。但其三通阀的结构和原理与自动空气制动机的三通阀有较大的区别。自动空气制动机三通阀的主控机构是靠制动管与副风缸两者压力的差别与平衡来动作的，即为二压力机构阀。而直通自动空气制动机三通阀的主控机构由大小两个活塞组成，它的动作是由制动缸压力活塞 20 上侧的制动缸压力、主活塞 21 上下两侧的制动管压力和定压风缸 13 的压力三者的差别与平衡来控制的，因此它属于三压力机构阀。具有以下几个作用工况：

a. 充气缓解位。司机将制动阀 4 置于缓解位 I，总风缸 2 的压缩空气经给气阀 15 和制动阀 4 充向制动管 5，再经制动管通向各车辆的三通阀主活塞上侧。活塞在制动管压力作用下下移，形成下列两条通路：
- 制动管压缩空气→主活塞上侧→充气沟 i→主活塞下侧→定压风缸；
- 制动缸 6 的压缩空气→制动缸压力活塞上侧→排气阀口 17→活塞杆中心孔→制动缸压力活塞下侧→三通阀排气口 16。

上述第二条通路在初充气时，由于制动缸内无压缩空气而没有排气现象。

在这一位置时，定压风缸充气，制动缸缓解。而副风缸 14 只要其压力低于制动管压力，在单向阀 22 作用下制动管会自动的向其补充压缩空气，并不受作用位置的限制。

b. 制动位。制动阀操纵手柄置于制动位 III，制动管以一定的速度减压，定压风缸的压缩空气来不及通过充气沟逆流，主活塞上下两侧形成压差，主活塞上移。首先排气阀口 17 顶住进排气阀 19，关闭了制动缸通大气的通路。同时充气沟被主活塞遮断，主活塞两侧压差进一步加大，主活塞克服进排气阀弹簧压力而打开进排气阀进气口，形成副风缸通过进气阀口 18 向制动缸充气的通路。同时制动缸压力也作用在制动缸压力活塞上侧。

c. 制动中立位。制动阀操纵手柄置于保压位 II，制动管停止减压。这时主活塞上侧压力停止下降，但三通阀仍处于制动位，副风缸继续向制动缸充气，制动缸压力活塞上侧压力也继续增加，当制动缸压力作用在制动缸压力活塞上侧产生的作用力，与进排气阀弹簧力，再加上主活塞上侧制动管压力产生的作用力，稍稍大于定压风缸压力在主活塞下侧产生的作用力时，进排气阀 19 压向进气阀座 18，切断副风缸向制动缸的充气通路。这时排气阀口 17 也没有开启，制动缸处于保压状态，三通阀处于制动中立位。

若司机将制动阀操纵手柄在制动位、中立位来回扳动，三通阀将反复处于制动位与制动中立位，即得到阶段制动。

d. 缓解中立位。列车制动后充气缓解，当制动管压力尚未充至定压时，司机将制动阀操纵手柄置于中立位，制动管停止增压，这时由于主活塞上侧制动管压力仍小于定压风缸的压力（基本上仍保持制动管定压），因此当制动缸压力减至一定值时，作用在活塞上的制动管、制动缸和定压风缸三者压力使向上的压力略大于向下的压力，活塞上移，排气阀口 17 关闭，但向上的力较小，不足以顶开进排气阀 19，制动缸保压，三通阀处于缓解中立位。

在制动管充至定压前，反复使制动管处于增压—保压状态，就能实现阶段缓解，当制动管最终充至定压，制动缸就彻底缓解完毕。

② 直通自动空气制动机的特点：

a. 具有阶段制动和阶段缓解。同时，制动管要充到定压，制动缸才能完全缓解。

b. 具有制动力不衰减性。即在制动中立位或缓解中立位时，当制动缸压力因漏泄等原因而下降时，三通阀能自动地给予补充压缩空气，保证制动缸压力保持原值。

2. 电气指令式制动控制

虽然与直通空气制动机相比，自动空气制动机或直通自动空气制动机使列车前后的制动一致性有了很大提高。但制动指令是依靠制动管内的空气压力变化来传递的，指令传递速度受空气波速的限制（极限速度为 340 m/s），对编组较大的列车仍可能造成前后车辆制动的不一致，造成列车纵向冲动较大。

电信号的传递速度比空气波速快得多。以压缩空气作为制动源动力的电气指令式制动控制系统称为电空气制动机。电空气制动机在各车辆都设有制动、缓解电空阀，通过设置于驾驶室的制动控制器使电空阀得、失电，最后控制制动缸的充、排气而实现列车的制动或缓解。城轨车辆除了空气制动外，一般还有动力制动等其他制动方式与之配合，其制动控制系统必须能较好地协调各种制动方式的制动力大小和施加时机，因而制动控制系统也较复杂，一般由计算机系统来完成制动力的匹配协调。几十年来，随着电气技术的发展，电气指令式制动控制技术也在不断地改进，电气指令制动控制的具体方式较多，此处不再赘述。

相对于空气指令式制动控制来说，电气指令式制动控制的主要优点是全列车制动的一致性好，因此制动和缓解时纵向冲动小、制动距离短；另一优点是便于做到动力制动与空气制动的协调。采用模拟指令式电气控制的制动控制系统是一种较为先进的制动控制系统。

四、城轨车辆制动系统介绍

以广州地铁车辆为例，它采用了德国克诺尔（Knorr）制动机公司生产的模拟式电空制动机，它通过列车总线贯通整个列车，采用电控制空气、空气再控制空气的控制方式。其中，ECU 为制动微机控制单元，BCU 为制动控制单元，DCU 为牵引控制单元。制动的电指令是利用脉冲宽度调制。

1. 制动类型

考虑到车辆运行及其装备的要求：站间距离短、起动快、制动距离短、停车精度高和每节动车装备有四台交流电机等，同时考虑到电制动本身的特点（低速时电制动发挥不出来）以及安全要求，制动系统采用了电制动和空气（摩擦）制动的结合。

（1）电制动。电制动是车辆在常用制动下的优先选择，仅带驱动系统的动车具有电制动，电制动又有再生制动和电阻制动两种形式。电制动具有独立的滑行保护和载荷校正功能。为此，每节动车装备有：1 个三相调频调压逆变器（VVVF）、1 个牵引控制单元（DCU）、1 个制动电阻、4 个自冷式三相交流电机 M_1、M_2、M_3、M_4（每轴 1 个，相互并联）。

① 再生制动。当发生常用制动时，电动机 M 变成发电机状态运行，将车辆的动能变成电能，经 VVVF 逆变器整流成直流电反馈于接触网，供列车所在接触网供电区段上的其他车辆牵引用和供给本车的其他系统（如辅助系统等），此即再生制动。再生制动原理如图 10.8。再生制动取决于接触网的接收能力，也即取决于网压高低和负载利用能力。

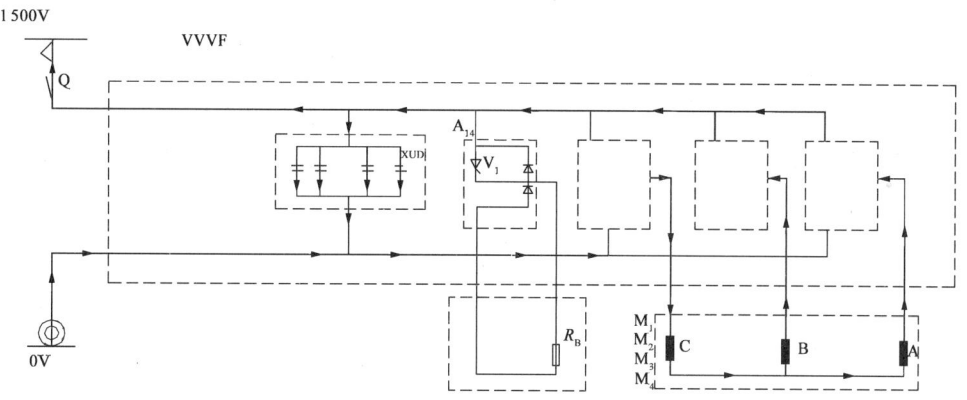

图 10.8 再生制动原理

② 电阻制动。如果制动列车所在的接触网供电区段内无其他列车吸收该制动能量，VVVF 则将能量反馈在线路电容上，使电容电压 XUD 迅速上升，当 XUD 达到最大设定值 1 800 V 时，DCU 启动能耗斩波器模块 A_{14} 上的门极可关断晶闸管 GTO：V_1，GTO 打开制动电阻 R_B，制动电阻 R_B 与电容并联，将电机上的制动能量转变成电阻的热能消耗掉，此即电阻制动（也称能耗制动），电阻制动能单独满足常用制动的要求。电阻制动原理如图 10.9。

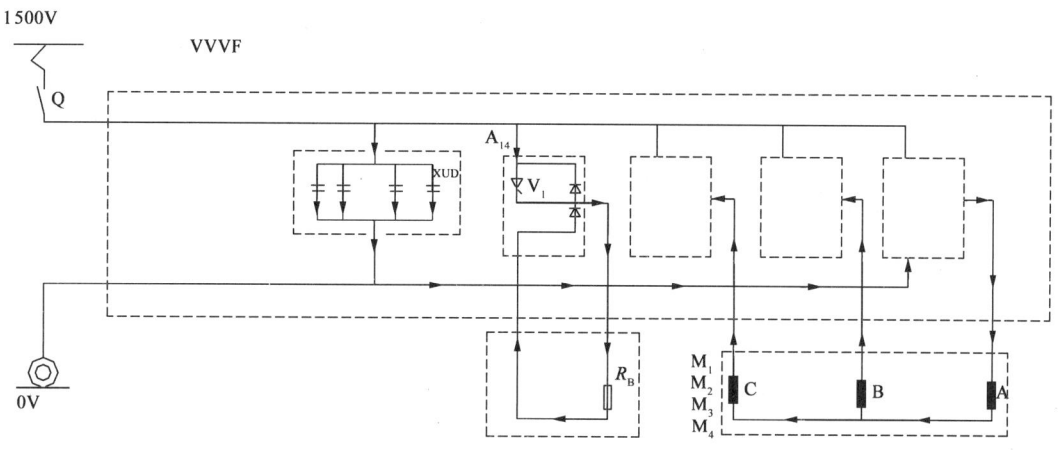

图 10.9 电阻制动原理

电阻制动是承担电机电流中不能再生的那部分制动电流。再生制动电流加电阻制动电流等于制动控制要求的总电流，此电流受电机电压的限制。再生制动与电阻制动之间的转换由 DCU 控制，能保证它们连续交替使用，转换平滑，变化率不能为人所感受到。当列车处于高速时，动车采用再生制动，将列车动能转换成电能；当再生制动无法再回收时（如当网压上升到 1 800 V 时），再生制动能够平滑地过渡到电阻制动。

③ 电制动滑行保护。电制动具有独立的滑行保护功能。由于四台电机是并联连接的，因此当 DCU 检测出任意一根轴发生滑行时，DCU 只能对四台电机进行同步控制，同时降低或切除四台电机的电制动力。

（2）空气制动。空气（摩擦）制动是用来补充制动指令所要求的和电制动已达到最大的制动力之间的差额以及没有电制动时完全由空气制动来承担的列车制动要求。电制动和空气制动之间的混合制动是平滑的，并满足正常运行的冲击极限。

每节车设计有独自的空气制动控制及部件，每根轴设计有独立的防滑装置，由 ECU 实时监控每根轴的转速，一旦任一轮对发生滑行，能迅速向该轴的防滑电磁阀 G01 发出指令，沟通制动缸与大气的通路，使制动缸排气，从而解除该轮对的滑行现象。制动执行部件采用单元制动缸，有 PC7Y 型和带停放制动器（也称弹簧制动器）的 PC7YF 型两种。

（3）（常用）制动优先和混合原则：

第一优先再生制动。再生制动与接触网线路吸收能力，即网压高低有关。

第二优先电阻制动。承担不能再生的那部分制动电流，再生制动电流加电阻制动电流等于由电制动所要求的总电流。

第三优先踏面摩擦制动（空气制动）。常用制动时补充电制动的不足；当没有再生制动或电阻制动时，所需要的总制动力必须由摩擦制动来提供。

① 电制动无故障状态下的制动原则。在 DCU 无故障状态情况下，电制动始终起作用，提供常用制动所需的制动力（AW0~AW2）。制动指令值同时送至所有的 DCU 和 ECU，并由它们分别根据车辆的载荷情况计算所需的制动力。

② 电制动与空气制动混合的控制原则。电制动和空气制动之间融和（混合）应是平滑的，并满足正常运行的冲击极限。空气制动用来填补所要求的制动需求和已达到的电制动力之间的差额。

③ 制动力的分配。电制动力的分配原则：由于车辆编组每单元为 3 节，假设每单元自己提供制动力，总共需要 300% 的制动力，而电制动时只有动车能提供制动力，每单元的 3 节车中只有两节动车，因此每节动车承担 150% 的制动力。

空气制动力的分配原则：由于每节车有独立的空气制动控制 ECU 及部件，在所有假定的恶劣条件下（电压低于 DC 1 500 V、滑行影响及 AW3 载荷情况下），由 A、B 和 C 车组成的单元车则需 300% 的空气制动力，每节车（空气制动控制单元）根据本车的载荷重量负责本车 100% 的制动力。

④ DCU 与 ECU 之间有信号交换（电制动实际值、电制动故障信号、电制动滑行保护等），以供 ECU 计算 DCU 是否提供所必需的 300% 的制动力，并确定是否需要进行空气制动补充或完全代替。

⑤ 为了清洁轮对踏面，同时使空气制动的响应时间最小，制动指令发出后，制动缸获得约为 30~50 kPa 的压力，制动闸瓦即向车轮踏面施加一个制动力。

⑥ 紧急制动距离（制动初速度为 80 km/h）

AW0~AW2 载荷时，制动距离不大于 204 m；AW3 载荷时，制动距离不大于 215 m。

⑦ 停车制动。采用弹簧制动，空气缓解。停车制动能使超员载荷（AW3）的列车在 40‰ 的坡度上停放。

2. 制动模式

根据车辆的运行要求，制动系统采用了以下几种制动模式：

（1）弹簧停放制动。由于车辆断电停放时，制动缸压力会因管路漏泄，在（空气压缩机停电、不工作）无压力空气补充的情况下，逐步下降到零，使车辆失去制动力。车辆停放制动不同于车辆运行中的制动作用，它是采用弹簧力来产生制动作用。在正常情况下，弹簧力的大小不随时间而变化，由此获得的制动力能满足列车较长时间断电停放的要求。弹簧停放制动缸充气时，停放制动缓解；弹簧停放制动缸排气时，停放制动施加；还附加有手动缓解的功能。

（2）紧急制动。车辆设计有一个"失电制动，得电缓解"的紧急空气制动系统，贯穿整个列车的 DC 110 V 连续电源线控制该制动作用的发生，线路一旦断开（如接触网停电），所有车辆立即实施紧急制动，以确保列车安全。

紧急制动不经过 ECU 的控制，直接使 BCU 的紧急电磁阀失电而产生。具有如下特点：
① 电制动不起作用，仅空气制动。
② 高速断路器断开，受电弓降下。
③ 不受冲击率极限的限制，在 1.7 s 内即可达到最大制动力的 90%。
④ 紧急制动实施后是不能撤除的，列车必须减速，直到完全停下来（零速封锁）。
⑤ 具有防滑保护和载荷修正功能。

（3）快速制动。当主控制器手柄移到"快速制动"位时，列车将实施减速与紧急制动相同的快速制动。快速制动具有如下特点：
① 电制动不起作用，仅空气制动。
② 受冲击率极限的限制。
③ 主控制器手柄回"0"位，可缓解。
④ 具有防滑保护和载荷修正功能。

（4）常用制动。在常用制动模式下，电制动和空气（摩擦）制动一般都处于激活状态。一般情况下［车载 AW2 以下，速度 8 km/h（可调）以上］，电制动能满足车辆制动要求。当电制动不能满足制动要求时，空气制动能够迅速、平滑地补充，实现混合制动作用。

（5）保压制动。保压制动是为防止列车在停车前的冲动，使列车平稳停车，通过 ECU 内部设定的执行程序来控制。它分两个阶段实施：

第一阶段：当列车制动到速度小于 8 km/h，DCU 触发保压制动信号，同时输出给 ECU，这时，由 DCU 控制的电制动逐步退出，而由 ECU 控制的空气制动来替代。

第二阶段：接近停车时（列车速度小于 0.5 km/h），一个小于制动指令（最大制动指令的 70%）的保压制动由 ECU 开始自动实施，即瞬时地将制动缸压力降低。如果由于故障，ECU 未接收到保压制动触发信号，ECU 内部程序将在 8 km/h 的速度时自行触发。

3. 制动性能

常用制动平均减速度（从 80 km/h 到 0，包括响应时间 t_R）　　（$1.0 \pm^{+15\%}_{-5\%}$）m/s²
接触网吸收能力　　　　　　　　　　　　　　　　　　　　　　　0 ~ 100%
常用制动冲击限制　　　　　　　　　　　　　　　　　　　　　　0.75 m/s²
电制动转折点　　　　　　　　　　　　　　　　　　　　　　　　0 ~ 12 km/h
紧急制动减速度　　　　　　　　　　　　　　　　　　　　　　　≥1.2 m/s²

第二节　风源系统

一般情况下，城轨车辆采用电动车组模式，以单元进行编组，所以其风源系统也是以单元来供气，每一单元设置一套风源系统，相邻车辆的主风管通过截断塞门和软管相连，由两个以上单元组成的列车就具有两套以上风源系统。风源系统主要包括空气压缩机组、主风缸、脚踏泵以及空气管路系统等。用风设备主要包括制动装置、空气悬挂装置、车门控制装置，以及风喇叭、刮雨器、受电弓气动控制设备、车钩操作气动控制设备等。风源系统制造的压缩空气为用风设备的驱动提供动力，而压缩空气的净化和干燥处理是不可或缺的，其目的是除去压缩空气中所含有的灰尘、杂质、油滴和水分等，保证制动系统及其他用风设备能长时间可靠地工作。

一、空气压缩机

空气压缩机（简称空压机）是用来产生压缩空气（也称压力空气）的装置。城轨车辆采用的空气压缩机要求具有噪声低、振动小、结构紧凑、维护方便、环境实用性强的特点，其直流驱动电机已逐渐被交流驱动电机取代。目前，城轨车辆中采用的主要有活塞式空气压缩机和螺杆式空气压缩机两种。

1. 活塞式空气压缩机

由固定机构、运动机构、进/排气机构、中间冷却装置和润滑装置等几部分组成。其中，固定机构包括机体、气缸、气缸盖；运动机构包括曲轴、连杆、活塞；进/排气机构包括空气滤清器、气阀；中间冷却装置包括中间冷却器（简称中冷器）、冷却风扇；润滑装置包括润滑油泵、润滑油路等，如图 10.10 所示。

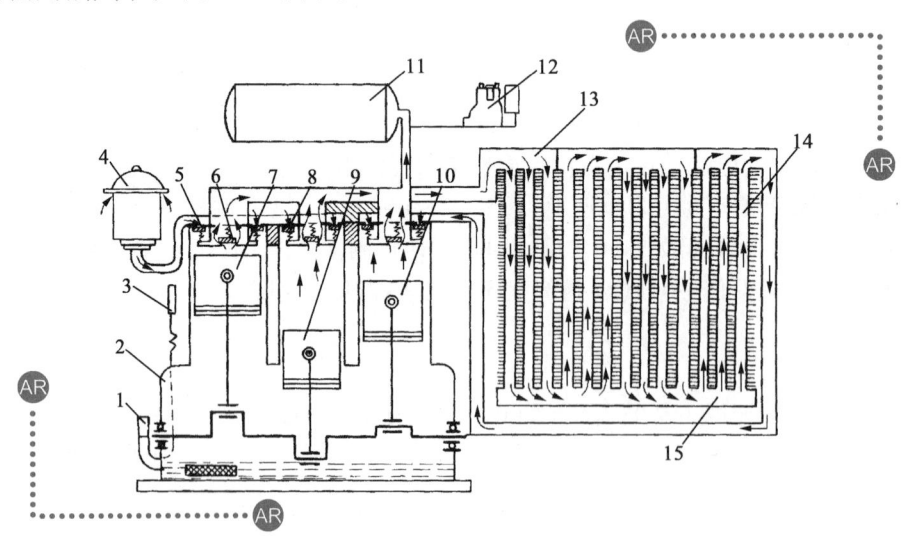

1—润滑油泵；2—机体；3—油压表；4—空气滤清器；5、8—进气阀片；6—排气阀片；7、9—低压活塞；10—高压活塞；11—主风缸；12—压力控制器；13—上集气箱；14—散热管；15—下集气箱。

图 10.10　活塞式空气压缩机作用原理

活塞式空气压缩机的工作原理：电机通过联轴节驱动空压机曲轴转动，曲柄连杆机构带动高、低压缸活塞同时在气缸内做上下往复运动。由于曲轴中部的 3 个轴颈在轴向平面内互成 120°，两个低压活塞和一个高压活塞分别相隔 120° 转角。当低压活塞下行时，活塞顶面与缸盖之间形成真空，经空气滤清器的大气推开进气阀片（进气阀片弹簧被压缩）进入低压缸，此时排气阀在弹簧和中冷器内空气压力的作用下关闭。当低压活塞上行时，气缸内的空气被压缩，其压力大于排气阀片上方压力与排气阀弹簧的弹力之和时，压缩排气阀弹簧而推开排气阀片，具有一定压力的空气排出缸外，而进气阀片在气缸内压力及其弹簧的作用下关闭。两个低压缸送出的低压空气，都经气缸盖的同一通道进入中冷器。经中冷器冷却后，再进入高压缸，进行第二次压缩，压缩后的空气经排气阀口、主风管路送入主风缸中储存。高压活塞的进、排气作用与低压活塞的进、排气作用相同。

在运用中，主风缸压力保持在一定的范围，如 750~900 kPa，它是通过空压机压力控制器（调压器）自动控制空压机的启动或停止来实现。当主风缸的压力逐渐增高，达到规定压力上限时，压力控制器切断空压机驱动电机的电源，使空压机停止工作；而随着设备的用风和管路的泄漏等，使主风缸的压力逐渐降低，达到规定压力下限时，压力控制器接通空压机驱动电机的电源，使空压机开始工作，主风缸压力又回升。这样主风缸压力一直被控制在规定的范围之内。

下面是用于城轨车辆的两种活塞式空气压缩机：

VV230/180-2 型活塞式空气压缩机，排气量为 1 500 L/min，输出压力为 1 100 kPa，转速为 1 520 r/min，用 1 500 V 直流电动机通过弹性联轴器直接驱动。4 个气缸（其中 3 个低压缸的直径 95 mm，一个高压缸的直径 85 mm），两级压缩带有两个空气冷却器（中间冷却或后冷却），并用风扇强迫通风。此压缩机的主要特点是它的缸体与曲轴箱不连成一体，这样的设计便于缸套的安装和调换。

VV120/150-1 型活塞式空气压缩机，此压缩机为 3 个缸，其中两个缸为低压缸，一个为高压缸，3 个缸呈 W 形排列，两级压缩带有两个空气冷却器。其排气量为 920 L/min，输出压力为 1 000 kPa，转速为 1 450 r/min，由 380 V、三相、50 Hz 交流鼠笼式异步电动机驱动，电机与压缩机之间由一个自对中心的法兰永久连接，不需要维护，这种布置不需要在电机和压缩机之间有很精确的直线连接。其空气过滤器采用过滤纸过滤，其效果较油浴式过滤器好，但应用成本较高。冷却风扇的叶片不直接安装在曲轴端头，是通过温控液力联结器连接，也称黏性连接。在温度较低时，联轴器内的液体黏度很低，不传递转矩，故可节约能源。该空气压缩机组的一个主要优点是在 4.6 m 距离内噪声的声压级只有 64 dB（A）。

活塞式空气压缩机的应用广泛、技术成熟，可靠性和稳定性好，不需特殊润滑，性价比具有吸引力。与活塞式空气压缩机相比，螺杆式空气压缩机具有独自的特点。

2. 螺杆式空气压缩机

螺杆式空气压缩机的特点：

（1）噪声低、振动小：当螺杆式空气压缩机工作时，旋转部件两个螺杆在运动中没有质心位置的变动，因而没有产生振动的干扰力。经精密加工和精密磨削制造的阴、阳螺杆和机壳之间，互相密贴和啮合的间隙是通过喷油实现密封和冷却的，并不产生机械接触和摩擦，因而在工作中噪声低。它的喷油润滑又使噪声强度大大降低，一般不超过 85 dB（A）。另外它的空气压缩过程是连续的，不受气阀开闭的制约，所以，压缩空气流动也连续而且平稳、没有脉动。

（2）可靠性高和寿命长。螺杆式空气压缩机工作时除了轴承和轴封等部件外，没有因相对运动而承受摩擦的零部件。阴、阳螺杆和机壳之间并不产生机械接触和摩擦，在工作中不产生磨损。它的这个特点，形成了它的高可靠和免维护。通常螺杆式空气压缩机的检修周期可以保证不短于整车的大修期。

（3）维护简单。在运用中，检查、检修人员只要注意观察螺杆式空气压缩机的机油油位不低于油表或视油镜刻线；保证空气滤清器不脏到堵塞的程度，那么空气压缩机就能工作，它不需要给予特别的关照。这也就是为什么螺杆式空气压缩机受到特别青睐的原因。

螺杆式空气压缩机的结构：它的主机是双回转轴容积式压缩机，转子为一对互相啮合的螺杆，螺杆具有非对称啮合型面。主动转子为阳螺杆，从动转子为阴螺杆。常用的主副螺杆齿数比依压缩机容量而有所不同，为4∶5、4∶6或5∶6。两个互相啮合的转子在一个只留有进气口和排气口的铸铁壳体里面旋转，螺杆的啮合和螺杆与壳体之间的间隙通过精密加工严格控制，并在工作时向螺杆腔内喷压缩机油，使间隙被密封，并将两转子的啮合面隔离防止机械接磨。另外，不断喷入的机油与压缩空气混合，用来带走压缩过程所产生的热量，维持螺杆副长期可靠地运转。当螺杆副啮合旋转时，它从进气口吸气，经过压缩从排气口排出，得到具有一定压力的压缩空气。

螺杆副如图10.11所示，是一对齿数比为4∶6以特定螺旋角互相啮合的螺杆。其中阳螺杆（通常作驱动螺杆）为凸形不对称齿，而阴螺杆（常用作从动螺杆）为瘦齿形弯曲齿。两螺杆的齿断面形线是专门设计并经过精密磨削加工的，在啮合过程中两齿间始终保持"零"间隙密贴，形成空气的挤压空腔。

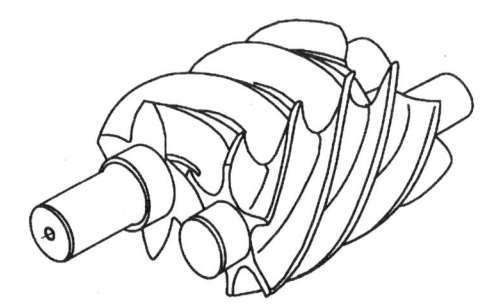

图10.11 螺杆式空气压缩机螺杆副

螺杆式空气压缩机的工作原理：该压缩机的工作过程分为吸气、压缩、排气3个阶段，流程如图10.12所示。

① 吸气过程。螺杆安装在壳体内，在自然状态下就有一部分螺杆的沟槽与壳体上的进气口相通。也就是说，在任何时候，无论螺杆式空气压缩机的螺杆旋转到什么位置，总有空气通过进气口充满与进气口相通的沟槽。这是压缩机的吸气过程。

主副两转子在吸气终了时，已经充盈空气的螺杆沟槽的齿顶与机壳腔壁贴合，此时，在齿沟内的空气即被隔离，不再与外界相通并失去相对流动的自由，即被"封闭"。当吸气过程结束后，两个螺杆在吸气口的反面开始进入啮合，并使得封闭在螺杆齿沟里的空气的体积逐渐减小，压力上升，压缩随之开始。

② 压缩过程。随着压缩机两转子的继续转动，封闭有空气的螺杆沟槽与相对的螺杆的齿的啮合从吸气端不断地向排气端发展，啮合的齿占据了原来已经充气的沟槽的空间，将在这个沟槽里的空气挤压，体积渐渐变小，而压力则随着体积变小而逐渐升高。空气是被裹带着一边转动、一边被继续压缩的，从吸气结束开始，一直延续到排气口打开之前。当前一个螺杆齿端面转过被它遮挡的机壳端面上的排气口时，在齿沟内的空气即与排气腔的空气相连通，受挤压的空气开始进入排气腔，至此在压缩机内的压缩过程即结束了。这个体积减小压力渐升的过程是压缩机的压缩过程。

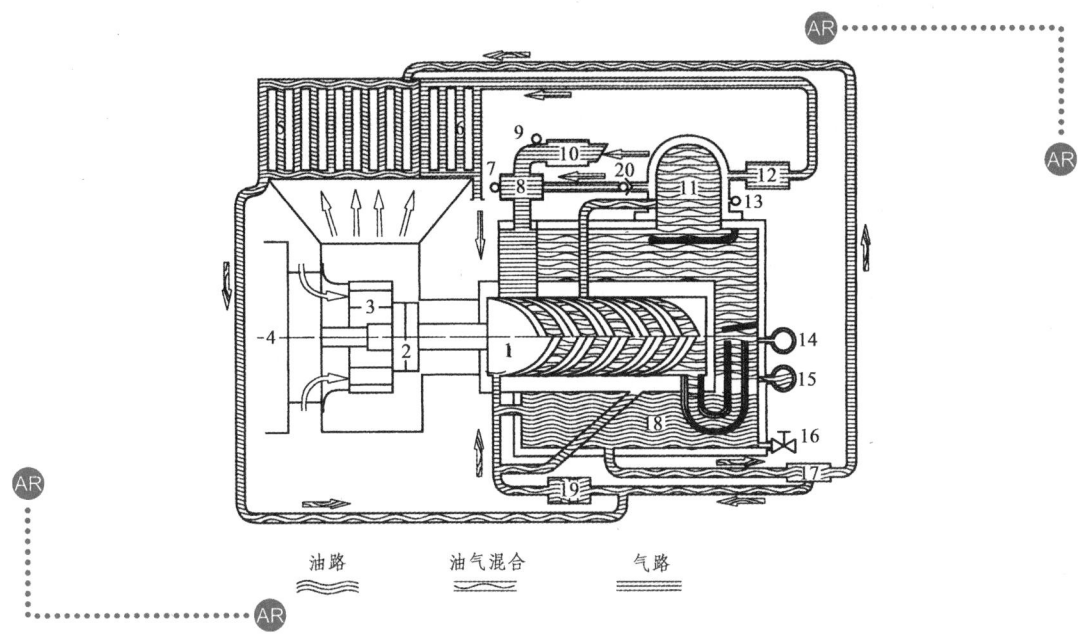

1—螺杆；2—联轴器；3—冷却风机；4—电动机；5—空、油冷却器（机油冷却单元）；
6—冷却器（压缩空气后冷单元）；7—压力开关；8—进气阀；9—真空指示器；
10—空气滤清器；11—油细分离器；12—最小压力维持阀；13—安全阀；
14—温度开关；15—视油镜；16—泄油阀；17—温度控制阀；
18—油气筒组成；19—机油过滤器；20—逆止阀。

图 10.12　螺杆式空气压缩机系统工作原理

在压缩过程中，压缩机不断地向压缩室和轴承喷射润滑油。其主要作用如下：

润滑作用：喷入的机油在螺杆的齿面形成油膜，使啮合齿的齿面与齿面，齿顶与机壳间不直接接触，不产生干摩擦及由此引起的磨损。

密封作用：润滑油油膜填充了螺杆啮合齿与齿间及齿顶与机壳间的间隙，阻止压缩空气的泄漏，起密封作用，提高压缩机的容积效率。

降噪作用：喷入的机油与压缩空气混合，在油气混合物压力变化时，不可压缩的液态油可以部分地吸收缓和压缩空气膨胀产生的气动高频噪声。

冷却作用：喷入的润滑油接触到螺杆、机壳壁和压缩空气，吸收压缩热并将其带出。通过机外冷却系统将机油带出来的热，转由冷却空气散掉，从而保证压缩机在理想的工作温度下工作，保证机器的可靠性和使用寿命。

③ 排气过程。压缩过程结束，封闭有压缩空气的螺杆沟槽的端部边缘与螺杆壳体端壁上的排气口边缘相通时，受到挤压压缩的空气被迅速从排气口推出，进入螺杆压缩机的排气腔。随着螺杆副的继续转动，螺杆啮合继续向排气端的方向推移，逐渐将在这个沟槽里的压缩空气全部挤出。这是压缩机的排气过程。在排气过程中，由于排气腔并不直接连着压缩空气用户，在它的排气腔出口设置的最小压力维持阀，限制自由空气外流，会使压缩空气的压力继续上升或者受到制约。

螺杆式空气压缩机壳体的进气口开口的大小及边缘曲线的形状，是与螺杆的齿数及螺旋角的角度相关的。而压缩机后端壁上的排气口开口形状（呈现为蝶形）及尺寸也是由压缩机的压缩特性及螺杆的端面齿形所决定的。

在这里所讲的螺杆式空气压缩机工作原理，是以螺杆的一个沟槽为实例展开的，并且把它的工作过程分成为吸气、压缩和排气3个阶段，界限清晰的一段接一段地介绍。实际上压缩机螺杆的工作转速很快，而且主动螺杆和从动螺杆的每一个沟槽，在运转过程中承担着相同的任务，将它的空腔在进气侧打开吸进空气，然后再将其带到排气侧压缩后排出。这种高速的、周而复始的工作，而且螺旋状的前一个沟槽和后面相邻沟槽的同一个的工作阶段，尽管有先有后，但实际上是重叠发生的。这形成了螺杆式空气压缩机工作的连续性和供气的平稳性，形成了它的低振动和高效率。

螺杆式空气压缩机的工作循环，是在啮合的螺杆齿和齿沟间，一个接一个周而复始连续不断地进行的。而且它的压缩过程只是当齿沟里的空气被挤进排气腔的过程中才完成的，所以没有像活塞式压缩机那样的振动和排气阀启闭形成的冲击噪声。

二、空气干燥器

空气压缩机输出的压缩空气中含有较高的水分、油分和机械杂质等，必须经过空气干燥器将其中的水分、油分和机械杂质除去，才能达到车辆上用风设备对压缩空气的要求。液态的水、油微粒及机械杂质在滤清器（或油水分离器）中基本被除去，压缩空气的相对湿度降低（通常相对湿度达35%以下）是避免用风过程中出现冷凝水危害的主要方式，它依靠空气干燥器来完成。

空气干燥器的基本原理是：吸附过程是一个平衡反应，即在吸附剂（干燥剂）和与其接触的压缩空气之间湿度趋向于平衡，而相对湿度大的压缩空气与吸附剂的表面接触时，由于吸附剂具有大量微孔，与空气的接触面积大，吸附剂可以大量、快速地吸附压缩空气的水蒸气分子，达到干燥压缩空气的目的；再生过程也是一个平衡反应，用于吸附剂再生的吹扫气体是由较高压力的压缩空气膨胀而来，膨胀时，空气体积增大而压力降低，获得的吹扫气体的相对湿度较低，因而易于"夺"走吸附剂上已吸附的水蒸气分子，使吸附剂恢复干燥状态，达到再生的目的。其特点是"压力吸附与无热再生"。

常用的吸附剂有硅凝胶、氧化铝、活性炭及分子筛等。

空气干燥器一般都是塔式的，有单塔式和双塔式两种。

1. 单塔式空气干燥器

单塔式（也称单筒式）空气干燥器是一种无热再生作用的干燥器如图10.13所示。它的特点是吸附剂的吸附作用与再生作用在同一个干燥筒内进行。由油水分离器、干燥筒、排水阀、电空阀、再生风缸和消声器等组成。在油水分离器中存有许多"拉希格"圈（这是一种用铝片或铜片做成的有缝的小圆筒），干燥器则是一个网形的大圆筒，其中盛满颗粒状的吸附剂。

空气干燥器工作过程：空气压缩机工作时，电空阀13失电，活塞下方通过排气阀15排向大气，活塞12在弹簧力作用下关闭排泄阀9，而空压机输出的压力空气从干燥塔中部的进口管Ⅰ进入干燥塔，首先到达油水分离器，当含有油分和机械杂质的压缩空气经过"拉希格"圈时，油滴吸附在"拉希格"圈的缝隙中，机械杂质则不能通过"拉希格"圈的缝隙，这样就将压缩空气中的油分和机械杂质滤去，然后再进入干燥筒内与吸附剂相遇，吸附剂大量地吸收水分，使从干燥筒上方输出的压缩空气的相对湿度降低，达到车辆用风系统的要求。图10.13所示的干燥筒下方1/4高度处为装有"拉希格"圈8的油水分离器，而上方3/4高度处为装有吸附剂6的空气干燥筒1。

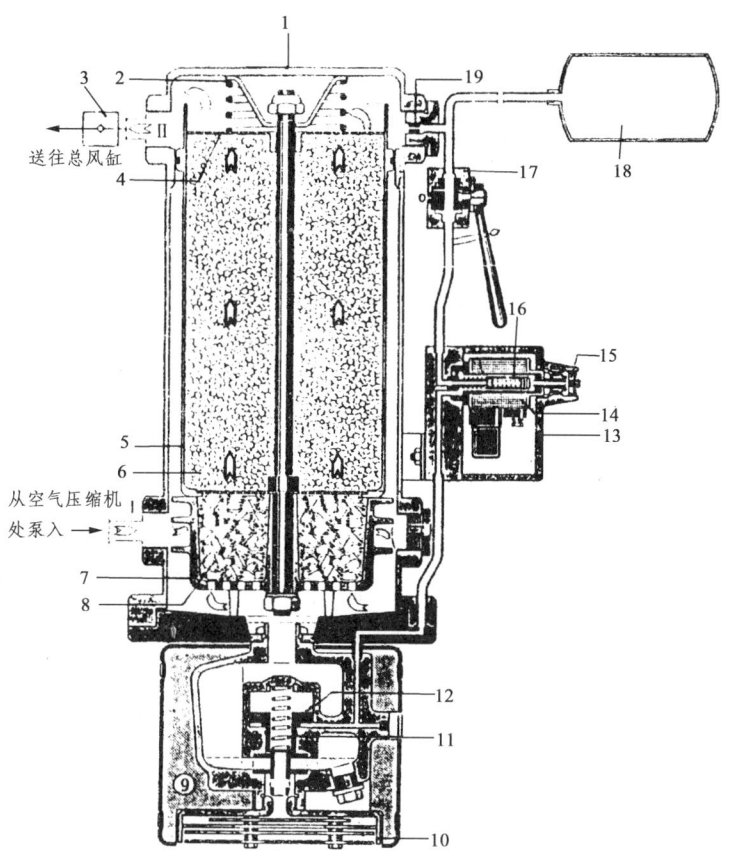

1—空气干燥筒；2—弹簧；3—单向阀；4—带孔挡板；5—干燥筒筒体；6—吸附剂；7—油水分离器；
8—"拉希格"圈；9—排泄阀；10—消声器；11—弹簧；12—活塞；13—电空阀；14—线圈；
15—排气阀；16—衔铁；17—带排气的截断塞门；18—再生风缸；19—节流孔。

图 10.13　单塔式空气干燥器（吸附工况）

经过干燥的压力空气，一路经过接口Ⅱ及单向阀 3 送往主风缸，单向阀的作用是防止压力空气从主风缸逆流；另一路经节流孔 19 充入再生风缸 18。当空气压缩机停止工作的同时电空阀 13 得电，再生风缸 18 内得压力空气经过打开的电空阀向活塞 12 下部充气，活塞上移，打开排泄阀 9，干燥塔内的压力空气迅速排出，这时再生风缸内的压力空气经节流孔回冲至干燥塔内，从而沿干燥筒、油水分离器一直冲至干燥塔下部的积水积油腔内，在下冲过程中，干燥空气吸收了干燥剂中水分同时还冲下了"拉希格"圈上的油滴和机械杂质，这样干燥剂再生的同时"拉希格"圈也得以清洗。

当采用空气压缩机的排气量相对较小时，它的停止工作间隙不能满足单塔式干燥器再生所需的时间间隙，这时使用双塔式干燥器就可以解决问题。

2. 双塔式干燥器

（1）双塔式（也称双筒式）空气干燥器的构造。如图 10.14 所示，双塔式干燥器由干燥筒 19、干燥器座 25、双活塞阀 34、电磁阀 43 四个主要部分组成。两个干燥筒 19 除了装有干燥空气用的吸附剂外,在其下部均装有油水分离器。干燥器座 25 上设置有再生节流孔 50、2 个止回阀 24、1 个旁通阀 71 和 1 个预控制阀 55,如图 10.15 所示。电磁阀 43 和电子循环控制器相配合,控制干燥器的干燥和再生循环。另外,每一个干燥筒还有一个压力指示器 1,用于显示干燥筒的工作状态;压力指示器红针显示压力为干燥工况;相反,红针复位则为再生工况。进气口 P_1 可选择为前面或右侧,排气口 P_2 可选择为左侧或右侧。

(2)双塔式空气干燥器的作用原理。

① 工作原理。双筒干燥器工作为干燥与再生两个工况同时进行,压力空气在一个筒中流过并干燥时,另外一个筒中的吸附剂即再生。从空气压缩机输出的压力空气首先经过装有"拉希格"圈的油水分离器,除去空气中的液态油、水、尘埃等。然后,压力空气再流过干燥筒中的吸附剂,吸附剂吸附压力空气中的水分。

一部分干燥过的压力空气(13%~18%)被分流出来,经过再生节流膨胀后,进入另一个干燥塔对已吸水饱和的吸附剂进行脱水再生,再生工作后的压力空气经过油水分离器时,再把积聚在"拉希格"圈上的油、水及机械杂质等从排泄通路排出。

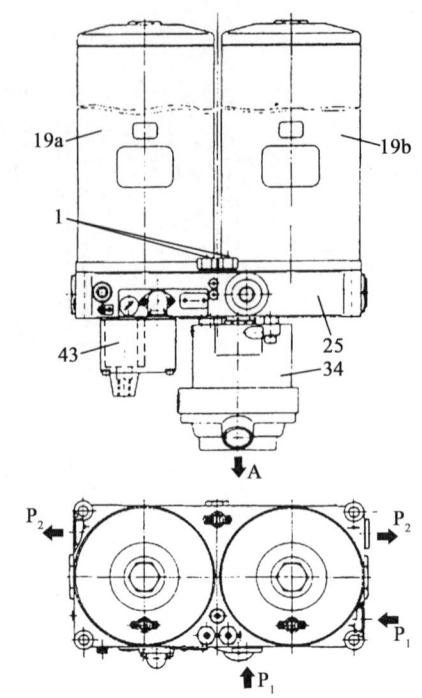

1—压力指示器;19a,19b—干燥筒;25—干燥器座;
34—双活塞阀;43—电磁阀;A—排泄口;
P_1—进气口;P_2—出气口。

图 10.14 双筒式空气干燥器

② 作用过程。干燥筒 19a 处于吸附工作状态,干燥筒 19b 则处于再生工作状态。相当于处在图 10.16 所示工作循环的前 T/2。

循环控制器控制电磁阀 43,当电磁阀 43 得电时,开启阀 V_3;从干燥后的压力空气中部分分流出来的用于控制的压力空气,通过打开的阀 V_2 和阀 V_3 后,到达双活塞阀 34。预控制阀 55 用来防止双活塞阀 34 动作时处于中间位置;阀 V_2 是在双活塞阀 34 需要的"移动压力"达到时才打开。这个"移动压力"推动双活塞阀 34 的两个活塞克服各自的弹簧力,使右活塞移到顶部,而左活塞则移到底部,因此导致阀 V_5 及阀 V_8 的开启。其流程如下:

空气压缩机输出压力空气→进气口 P_1→阀 V_5→干燥筒 19a 中油水分离器、吸附剂→干燥筒 19a 中心管,由此分两路;一路到止回阀 V_1→旁通阀 V_{10}→出气口 P_2→总风缸;另一路至再生节流孔 50→干燥筒 19b 中吸附剂、油水分离器→阀 V_8→消声器→排泄口→大气。

这样,干燥筒 19a 对空气压缩机输出压力空气进行油水分离和干燥,干燥筒 19b 则对吸附剂再生及排除油污。

当干燥筒 19a 中吸附剂到达饱和极限后,两个干燥筒转换工作状态,此时为图 10.16 所示的 T/2 时间,即电磁阀 43 失电,阀 V_3 关闭而阀 V_4 开启。连通双活塞阀,控制压力空气排至大气,双活塞阀在各自弹簧力作用下复位,结果阀 V_6 及阀 V_7 开启。流程如下:

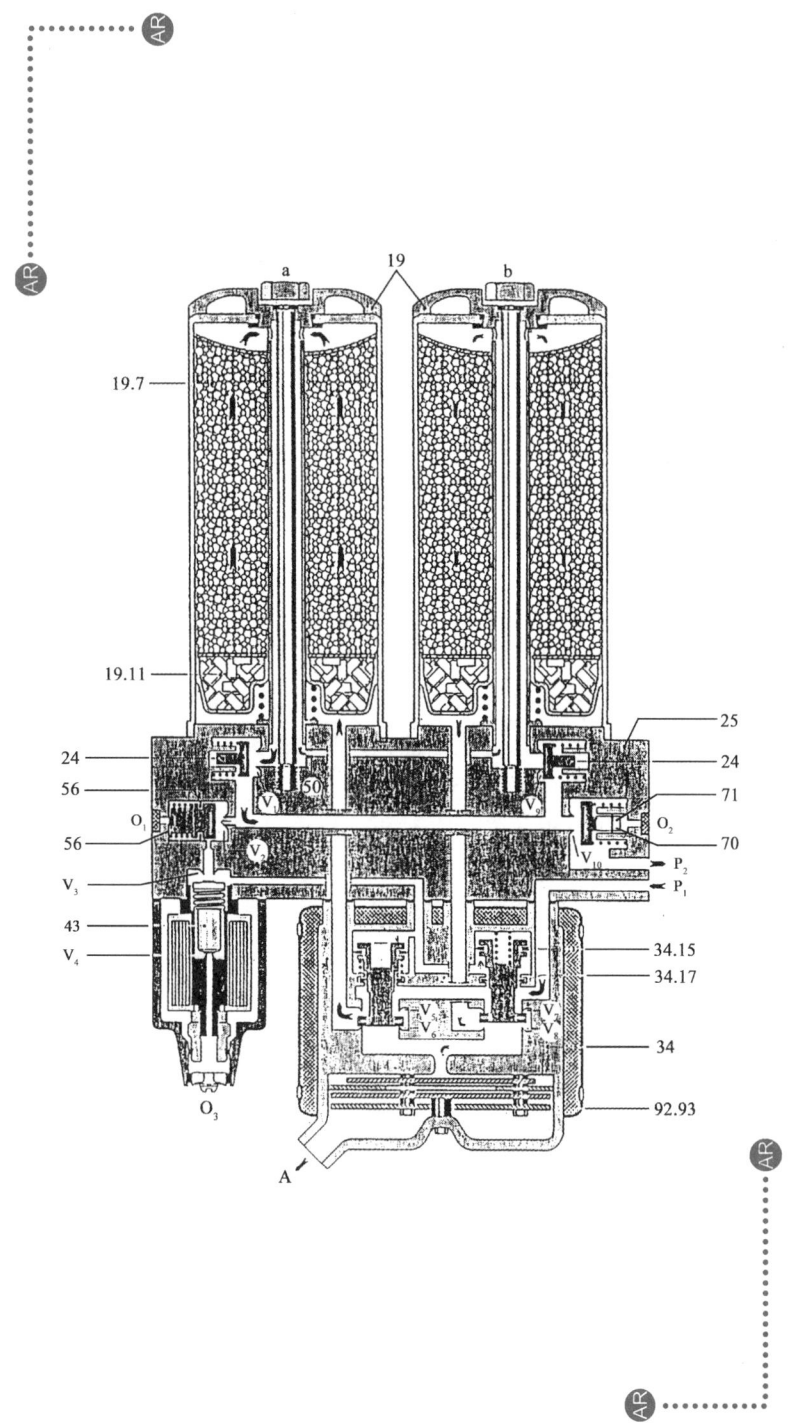

（干燥筒 19a 为吸附工况，干燥筒 19b 为干燥工况）

19—干燥筒；19.7—吸附剂；19.11—油水分离器；24—止回阀；25—干燥器座；34—双活塞阀；
34.15，34.17，56，70—克诺尔 K 形环；43—电磁阀；50—再生节流孔；55—预控制阀；
71—旁通阀；92，93—隔热材；A—排泄口；$O_1 \sim O_3$—排气口；
P_1—进气口；P_2—出气口；$V_1 \sim V_{10}$—阀座。

图 10.15　双筒式空气干燥器的作用原理

空气压缩机输出压力空气→进气口 P_1→阀 V_7→干燥筒 19b 中油水分离器、吸附剂→干燥筒 19b 中心管，再分两路，一路到止回阀 V_9→旁通阀 V_{10}→出气口 P_2→总风缸；另一路至再生节流孔 50→干燥筒 19a 中心管→干燥筒 19a 中吸附剂、油水分离器→阀 V_6→消声器→排泄口 A→大气。

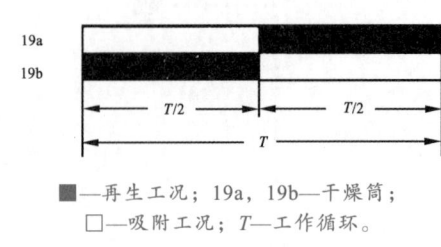

■—再生工况；19a，19b—干燥筒；
□—吸附工况；T—工作循环

图 10.16　一个工作循环示意

结果，干燥筒 19b 对空气压缩机输出的压力空气进行油水分离和干燥，而干燥筒 19a 则对吸附剂再生及排除油污。

为了保证干燥器工作的准确性，干燥器内部要求达到一定的"移动压力"时，预控制阀 55 才开启，双活塞阀 34 才能够移动到位。旁通阀 71 保证"移动压力"迅速建立，当压力空气压力超过这个"移动压力"之后，才能打开旁通阀 71，使压力空气流向总风缸。这种设置也可防止干燥筒 19b 出现干燥时间的延长（不能迅速转换工作状态），而使其中的吸附剂产生过饱和。

两个止回阀 24 的作用是防止当空气压缩机不工作时压力空气逆流。

（3）循环控制。循环控制器在空气压缩机启动的同时也开始工作，它根据规定的程序控制电磁阀 43 的开关时间；从而控制双干燥筒工作循环，每两分钟转换一次工作状态。

当空气压缩机停止工作或空转时，循环控制器记忆下实际的循环状态，当空气压缩机重新启动后，循环控制器从原有的状态上执行控制，这样就可以保证吸附剂充分地再生，并保证吸附剂不会因工作循环的重新设置而产生过饱和。

如果循环控制器或电磁阀出现故障，空气压缩机输出的压力空气仍可以通过干燥器中的一个干燥筒干燥，保证压力空气的供给。

从上述可以看出，双塔式干燥器的工作原理与单塔式类似，只不过它不是采取一段时间去油吸水，另一段时间干燥剂再生和拉希格圈去污的间隙工作法，而是采取轮换工作的方法，即一个塔对进入塔内的压缩空气进行去油脱水，另一个塔则进行干燥剂再生，按一定周期两塔进行功能对换，以达到压缩空气连续进行去油脱水的目的。

双塔式干燥器没有再生风缸，但设有一个定时脉冲发生器以使两个干燥塔的电磁阀定时地轮换开、关，以使两个塔的功能定时进行轮换。

三、空气压缩机组及管路系统

空气压缩机组主要包括驱动电机、空气压缩机、空气干燥器、压力控制器等。空气压缩机组采用模块化设计，吊挂于车辆底架下部。广州地铁一号线车辆的空气压缩机组安装在 A 车（拖车）下部，而广州地铁二号线和上海地铁一、二号线车辆的空气压缩机组均安装在 C 车（动车）下部。由两个单元组成的列车具有两套风源系统，为了减少压缩机的磨损，列车前部单元的空气压缩机组总是给整列车供风，而不同时使用两套压缩机单元；反方向运行时，则使用另一套空气压缩机组。带有空气压缩机组的拖车管路系统如图 10.17 所示，与其编组的动车，除风源系统、受电弓管路以外，其他管路与拖车一样。该系统中每辆车上设有 4 个风缸，其中包括一个 250 L 的总风缸，一个 100 L 的空气悬挂系统（空气弹簧）风缸，一个 50 L 的制动贮风缸和一个 50 L 的客室风动门风缸。另外装用单塔式干燥器还附设一个 50 L 的再生风缸。

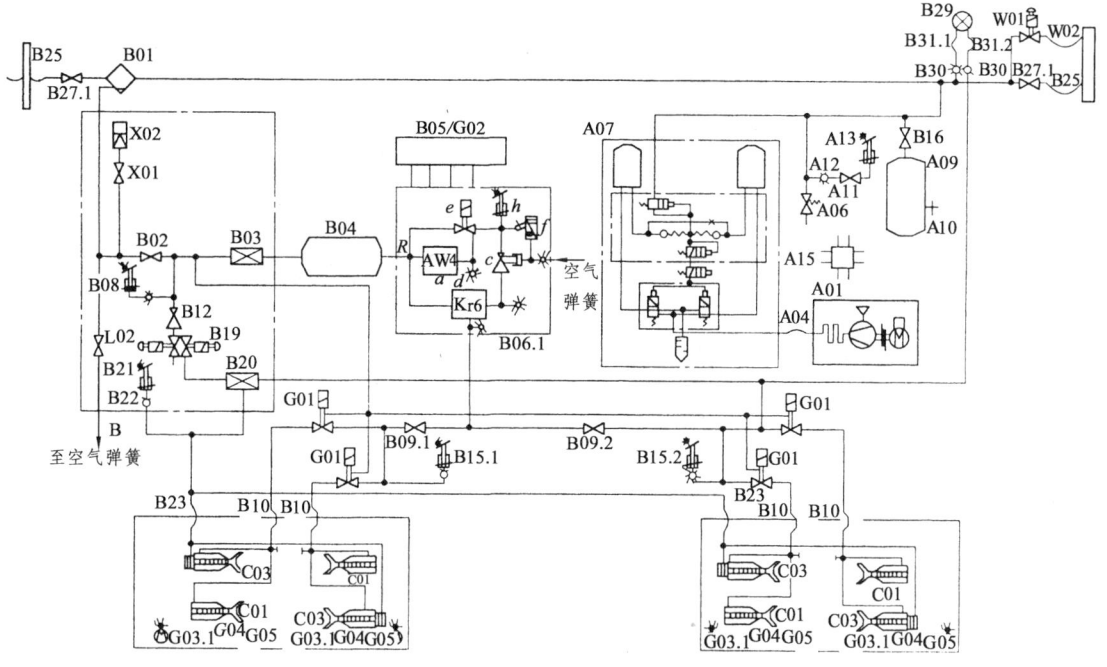

A—供风系统；B—制动系统；C—基础制动；G—防滑系统；L—空气弹簧系统；
U—受电弓；W—车钩；X—车间供气。

图 10.17 拖车管路系统

图 10.18 所示是每车均有的空气弹簧管路，主要由截断阀门（L01、L06）、滤清器（L02）、溢流阀（L03）、空气弹簧风缸（L04）、高度阀（L07）、差压阀（L08）等组成。

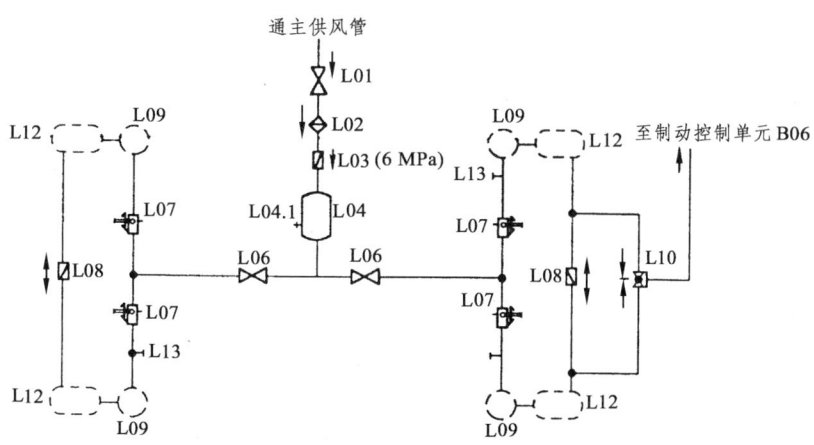

图 10.18 空气弹簧管路

受电弓管路如图 10.19 所示，主要包括截断阀门（U01）、电磁阀（U03）、升弓泵（U06）逆止阀（U04.1、U04.2）、受电弓（U07）、升弓风缸（U08）、滤清器（U10）等。广州地铁一号线车辆的受电弓及管路安装在 A 车（拖车）上，而广州地铁二号线和上海地铁一、二号线车辆的受电弓及管路均安装在 B 车（动车）上。

图 10.20 所示脚踏泵，用于压缩空气供应出现故障或车辆长时间停放后，而主风缸或控制风缸压力较低时的受电弓升起和主断路器闭合。

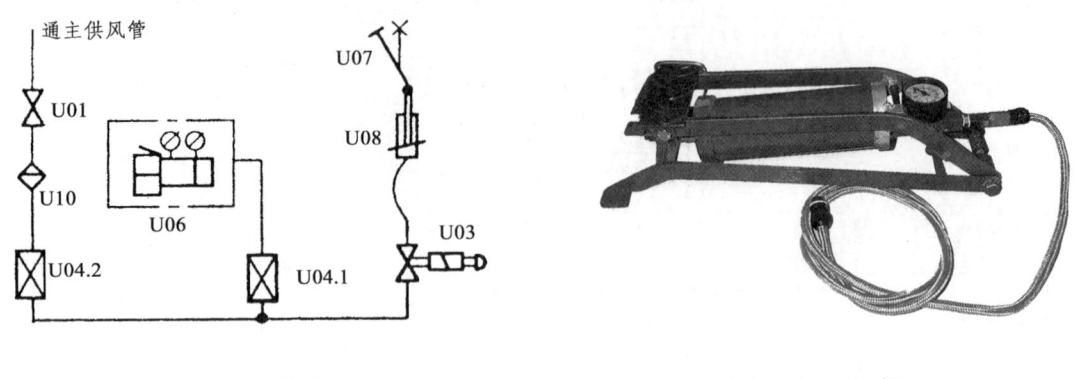

图 10.19　受电弓管路　　　　　　　　　图 10.20　脚踏泵

第三节　克诺尔电空制动机

我国城轨车辆大多采用了德国克诺尔（Knorr）制动机公司生产的模拟式电空制动装置，它通过列车总线贯通整个列车，形成连续回路。该模拟制动装置的操作是采用电控制空气、空气再控制空气的控制方式。制动的电指令是利用脉冲宽度调制，能进行无级控制。

空气制动装置主要由风源及管路系统、控制部分和执行部分 3 个主要部分组成。控制部分是制动装置的核心，由带有防滑控制的制动微机控制单元 ECU（B05/G02）、制动控制单元 BCU（B06）、空气控制屏（Z01，部分阀类的集中安装屏）等组成。

一、制动控制单元 BCU（B06）

1. 制动控制单元的组成与控制关系

制动控制单元 BCU 是空气制动的核心，主要由模拟转换阀、紧急电磁阀、称重阀、均衡阀（亦称中继阀）、载荷压力传感器（将载荷压力转换成相应的电信号传输给 ECU）、压力开关等元件组成。制动控制单元采用模块化设计，所有的元件都安装在一个铝合金集成板上。这样设计的主要目的是集成板便于从车上拆卸和更换，维修检查或大修时不会影响车辆的运行。图 10.21 所示为制动控制单元气路简图，图 10.22 所示是按气路连通关系绘制的制动控制单元示意图，示出了各部件之间的气路关系及其在气路板内的通路，也简略示出了各部件的外形。

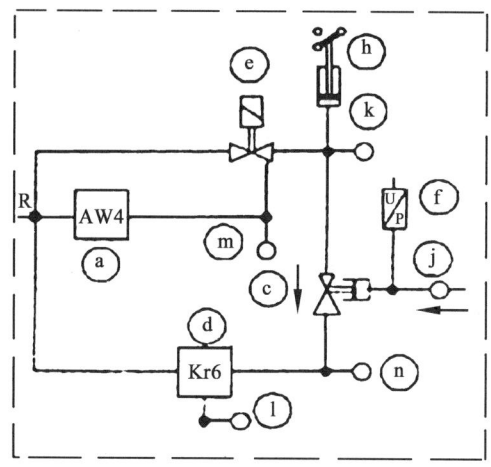

a—模拟转换阀；e—紧急电磁阀；c—称重阀；d—均衡阀；f—载荷压力传感器；
h—压力开关；j，k，l，m，n—压力测试接口。

图 10.21 制动控制单元气路简图

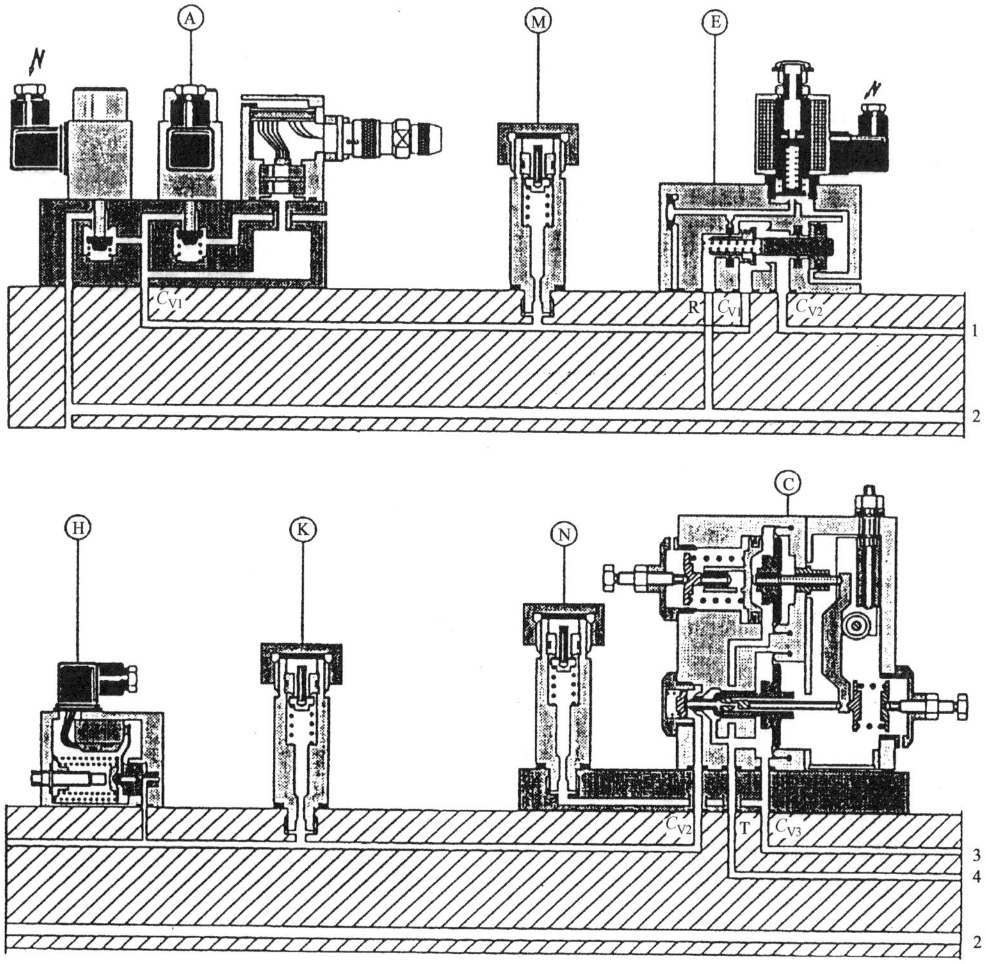

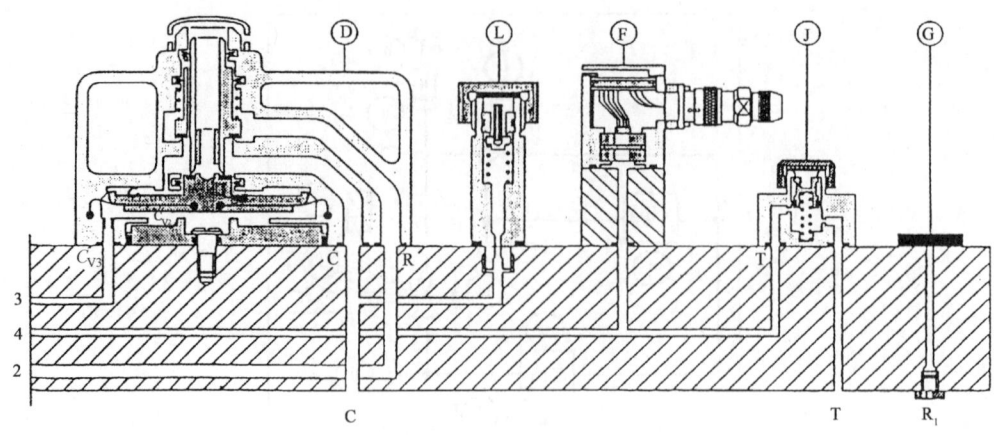

图 10.22 制动控制单元示意图

同时，在气路板上还装置了一些测试口（图中 j、k、l、m、n），因此，要测量各个控制压力、空气弹簧压力和制动缸压力，只要在这块气路板上测试即可，便于安装、测试和维护。

BCU 的作用是将 ECU 发出的制动指令电信号通过模拟转换阀 a 转换成与之成比例的预控制压力 C_V，这个预控制压力是呈线性变化的，同时，也受到称重阀 c 和防冲动检测装置的检测和限制，再通过均衡阀 d，沟通制动贮风缸 B04 与制动缸的通路，并控制进入制动缸的压力，最后使制动缸 C_1 和 C_3 获得符合制动指令的空气制动压力。

制动控制单元的工作原理如下：

当压力空气从制动贮风缸 B04 进入制动控制单元 B06 后，分成 3 路，一路进入紧急电磁阀 e，一路进入模拟转换阀 a，另一路进入均衡阀 d。其流程如下：

制动贮风缸 B04 → 模拟转换阀 a → 紧急阀 e → 称重阀 c → 均衡阀 d → 制动缸 C01 和 C03

整个制动控制单元犹如一个放大器。

2. 模拟转换阀

① 结构。模拟转换阀（见图 10.23）由一个稳压气室①、一个电磁进气阀②、一个电磁排气阀③及一个气电转换器④组成。

② 作用原理。当微处理机发出制动指令时，进气阀的励磁线圈得电励磁，顶杆克服进气阀弹簧力，压开阀芯，打开进气阀，使制动贮风缸的压力空气通过进气阀进入模拟转换阀输出口，作为预控制压力 C_{V1} 输出。C_{V1} 一路送向紧急阀 e，同时 C_{V1} 也送向气电转换器和排气阀口，气电转换器将该压力信号转换成相对应的电信号，并馈送回微处理机，微处理机

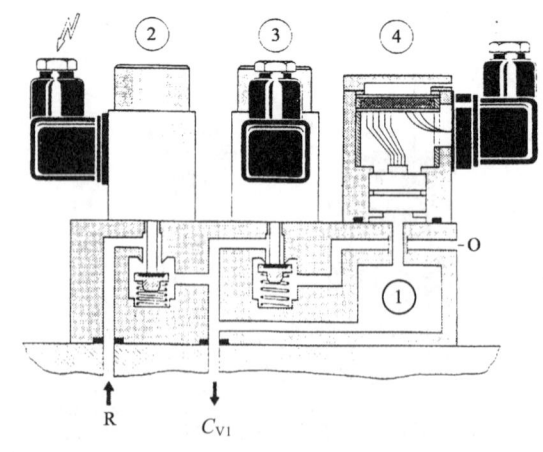

图 10.23 模拟转换阀

将此信号与制动指令对应的参考值比较。当小于参考值时，则继续开放进气阀口，预控制压力 C_{V1} 继续增高；而当大于参考值时，则关闭进气阀并打开排气阀，压力空气从 O 口排向大气，预控制压力 C_{V1} 降低，当 C_{V1} 降到符合制动指令的要求时，进气阀和排气阀均处于关闭状态。

3. 紧急阀

紧急阀（见图 10.24）是一个电磁阀控制的二位三通阀，它的 3 个阀口分别通制动贮风缸（A_1）、模拟转换阀输出口（A_2）及称重阀输入口（A_3）。它主要由空心阀、阀座、空心阀弹簧、活塞、活塞杆、活塞杆反拨弹簧和电磁阀组成。其中空心阀还起到阀口的作用，而活塞杆顶部做成阀口结构。

在常用制动时，紧急阀的电磁阀得电励磁，阀心吸起，打开下阀口 V_1，由 A_4 输入的控制压力空气送入活塞右侧，推动活塞、活塞杆和空心阀左移，一方面关闭制动贮风缸 A_1 气路，另一方面开放 A_2 与 A_3 通路，这时由模拟转换阀输出的预控制压力 C_{V1}，便可通过紧急阀输出到称重阀 c。

当预控制压力 C_{V1} 经过紧急阀时，由于阀的通道阻力使预控制压力略有下降，这个从紧急阀输出的预控制压力称为 C_{V2}。同样，C_{V2} 压力空气也是通过气路板内部管道进入称重阀。

在紧急制动时，紧急阀失电，其电磁阀不励磁，电磁阀阀芯在其反力弹簧作用下，关闭下阀口，切断控制压力空气的通路（A_4），活塞右侧压力空气经电磁阀上阀口 V_2 排入大气。于是，空心阀在弹簧作用下右移，关闭 A_2 与 A_3

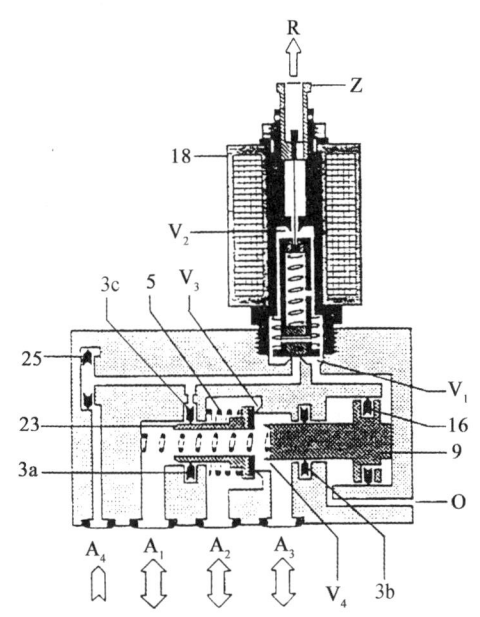

5—空心阀弹簧；9—活塞；18—电磁阀；23—空心阀杆；
3a、3b、3c、16、25—K 形密封圈；
V_1、V_2、V_3、V_4—阀口。

图 10.24 紧急阀

通路，而活塞在弹簧作用下继续右移，活塞杆顶部离开空心阀，打开 A_1 与 A_3 通路，制动贮风缸压力空气越过模拟转换阀而直接进入称重阀。

4. 称重阀

称重阀的结构、原理为杠杆膜板式结构。称重阀的作用是根据车辆载重的变化，即根据乘客的多少自动调整车辆的最大制动力。其结构原理如图 10.25 所示，主要由负载指令部、压力调整部和杠杆部组成。

（1）结构：

① 负载指令部：主动活塞（活塞）、主动活塞膜板、从动活塞、K 形密封圈及调整弹簧 Ⅰ、调整螺钉等部分组成。

② 压力调整部：由橡胶夹心阀、均衡活塞、空心阀杆、阀座、调整弹簧 Ⅱ 和调整螺钉等组成。

③ 杠杆部：由杠杆、滚轮支点和调整螺钉组成。

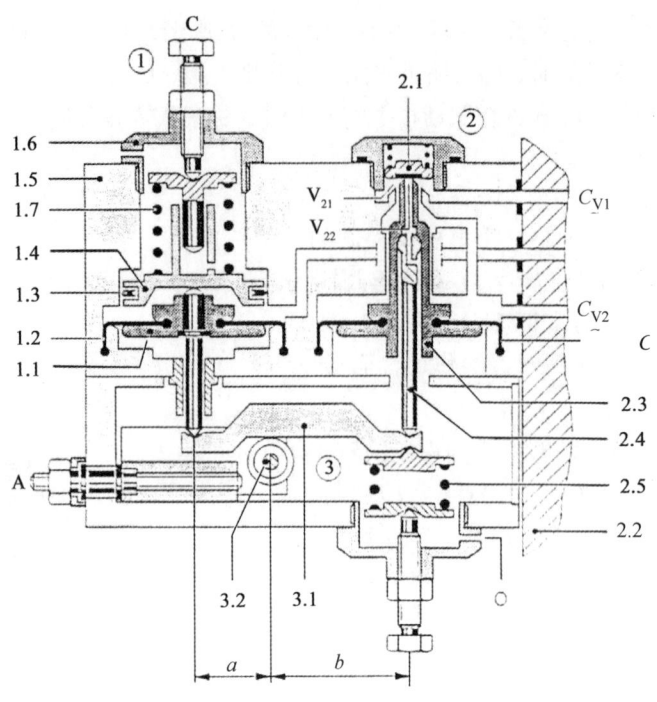

1.1—主动活塞；1.2—主动活塞膜板；1.3—K 形密封圈；1.4—从动活塞；1.5—阀体；
1.6—阀盖；1.7—调整弹簧Ⅰ；2.1—橡胶夹心阀；2.2—均衡活塞膜板；
2.3—均衡活塞；2.4—顶杆；2.5—调整弹簧Ⅱ；
3.1—杠杆；3.2—滚轮支点。

图 10.25 称重阀

（2）作用原理：与负载重量成比例的空气压力信号（空气弹簧压力）T 输入到主动活塞的上部，将主动活塞向下推，活塞杆顶在杠杆左端，使杠杆左端下降而右端上升，绕支点沿逆时针方向转动，同时右侧压力调整弹簧Ⅱ的向上作用力，也推动杠杆右端上升，从而使空心阀杆向上运动，推开夹心阀，开放充气阀口，由紧急阀来的预控制压力 C_{V2} 经充气阀座，成为预控制压力 C_{V3} 输出到均衡阀。同时该压力送到均衡活塞上方，当均衡活塞上方空气压力和下方空心顶杆压力（即杠杆力和调整弹簧力之和）平衡时，夹心阀在夹心阀弹簧作用下关闭，停止向均衡阀供风。

当乘客减少时，空气弹簧压力 T 下降，均衡活塞上方的空气压力大于下方顶杆推力，于是均衡活塞下移，空心阀杆离开夹心阀，C_{V3} 压力空气经空心阀杆阀口排向大气，直到均衡活塞上下方压力达到平衡，均衡活塞重新上移，关闭排气阀口。

当空气弹簧压力很低，甚至破损而无压力时，从动活塞向上的作用力不足以平衡调整弹簧Ⅰ的力，由两个调整弹簧的作用力使称重阀输出压力保持一定的值。

由于克诺尔模拟制动机的模拟转换阀输出的预控制压力是受微处理机控制的，而微处理机的制动指令本身就是根据车辆的负载、车速和制动要求而给出的，因此，在常用制动中称重阀几乎不起作用，仅起预防作用，以防模拟转换阀控制失灵。其主要作用是在紧急制动发生时体现。由于紧急制动时预控制压力是从制动贮风缸直接经紧急阀到达称重阀，中间没有经过模拟转换阀的控制，而紧急阀也仅仅作为通路的选择，不起控制空气压力大小的作用。

所以，在紧急制动时，预控制压力只受到称重阀的限制，即制动贮风缸空气压力经称重阀限制后作为最大的预控制压力输出。

同样，预控制压力 C_{V2} 流经称重阀时，也受到其的通道阻力，压力有所下降，成为预控制压力 C_{V3} 并通过管路板进入均衡阀。

5. 均衡阀

克诺尔模拟制动机的空气制动装置是一个间接控制的直通式制动机。即由制动控制单元 BCU 控制预控制压力，再由均衡阀（也称中继阀）根据预控制压力的大小控制车辆制动缸的充风和排风作用，即均衡阀起到"放大"的作用。

（1）结构：均衡阀由带橡胶阀面的空心导向杆、膜板活塞（即均衡活塞）、进/排气阀座、弹簧等部分组成，如图 10.26 所示。

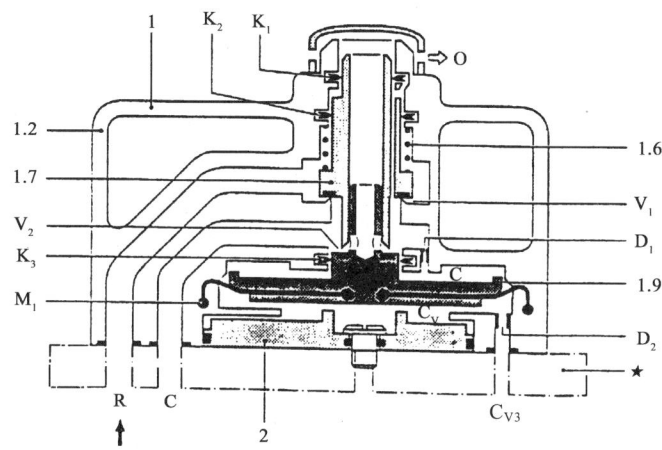

1—均衡阀；2—连接座；V_1，V_2—阀口；1.2—阀体；1.6—导向杆弹簧；1.7—空心导向杆；
1.9—均衡活塞；K_1，K_2，K_3—K 形密封圈；D_1，D_2—节流孔；M_1—橡胶膜板。

图 10.26 均衡阀

（2）作用原理：由 D_2 孔进入均衡阀的预控制压力 C_{V3}，推动具有膜板的活塞（均衡活塞）上移，首先关闭了通向制动缸的排气阀口 V_2，然后进一步打开进气阀口 V_1，使制动贮风缸来的压力空气经接口 R 进入均衡阀，再经打开的进气阀口 V_1，接口 C 充入制动缸，使制动缸压力上升，闸瓦压向车轮，列车产生制动作用。同时，该压力经节流孔 D_1 充入均衡活塞上方，平衡下侧压力。当上下侧压力平衡时，均衡活塞回到平衡位置，导向杆在弹簧力作用下重新关闭进气口 V_1，制动缸压力停止上升。

从上述可知，均衡阀能迅速地进行大流量的充、排气，大流量压力空气的压力变化是随预控制压力 C_{V3} 的变化而变化的，并且两者之压力比为 1∶1，即制动缸压力与 C_{V3} 相等，从而实现了小流量压力空气控制大流量压力空气的作用。

同样，模拟转换阀接到微处理机发出的缓解指令后，将其排气阀打开，使预控制压力 C_{V1}、C_{V2}、C_{V3} 均通过此阀口向大气排出。由于 C_{V3} 压力空气排出，均衡阀活塞在其上方制动缸压力空气作用下下移，于是均衡阀中的进气阀关闭，而排气阀打开，使制动缸的压力空气经开启的排气阀排出，列车缓解。

二、空气控制屏

空气控制屏是一些阀类元件的集中安装屏,这些元件都安装在一块铝合金的气路板上,犹如电子分立元件安装在印刷线路板上一样,便于安装、调试与维修。

空气控制屏的主要组成元件(见图 10.27)及其功能如下:

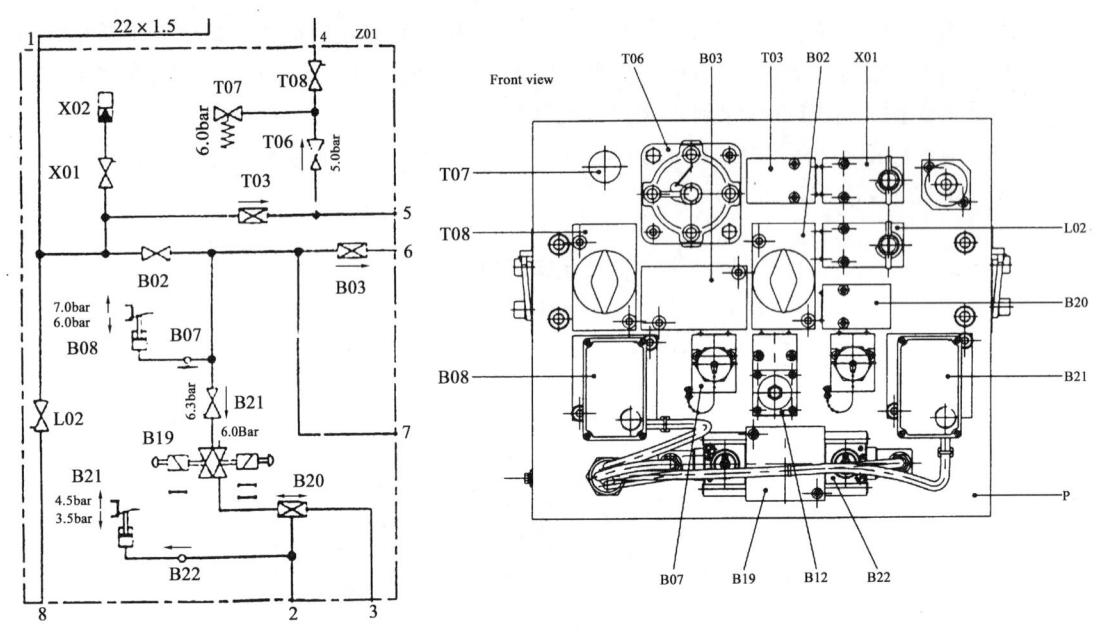

(a)空气控制屏气路简图　　　　　(b)空气控制屏布置图

图 10.27　空气控制屏的主要组成元件

1. 制动控制元件

B02——截断塞门,可用来切除制动系统管路与主风管的通路,便于测试与检修。

B03——止回阀,防止制动系统管路的压力空气逆流。

B07——压力测试点,从此处可以得到主风管压力。

B08——压力开关,用于监控主风管压力,当主风管压力低于 600 kPa 时,列车将自动实施紧急制动,并牵引封锁,当主风管压力高于 700 kPa 时,列车解除牵引封锁。

B12——减压阀,将主风管压力空气减压至 630 kPa。

B19——脉冲阀,用于控制停放制动的施加与缓解。

B20——双向阀,防止常用制动与停放制动同时施加时而造成制动力过大。

B21——压力开关,用于控制停放制动指示灯的动作,当压力低于 350 kPa 时,停放制动指示灯(蓝灯)亮,表示停放制动已施加;当压力高于 450 kPa 时,停放制动指示灯(蓝灯)灭,表示停放制动已缓解。

B22——压力测试点,从此处可以得到停放制动的压力。

2. 车门控制元件

T03——止回阀，防止车门控制系统管路的压力空气逆流；
T06——减压阀，将主风管压力空气减压至 350 kPa，供车门控制系统使用；
T07——安全阀，防止车门控制系统压力过大；
T08——截断塞门，可用来切除车门控制系统管路与主风管的通路，便于测试与检修。

3. 空气弹簧控制元件

L02——截断塞门，可用来切除空气弹簧控制系统管路与主风管的通路，便于测试与检修。

4. 车间外接供气元件

X01——截断塞门，可用来切除车间外接供气管路与主风管的通路；
X02——车间外接供气快速接头。

空气控制屏 Z01 与外接设备的接口是：接口 1 与主风管相连；接口 2 与踏面单元制动器的弹簧制动缸相连；接口 3 与踏面单元制动器的制动缸相连；接口 4 通往门控设备及空调；接口 5 与门控风缸 T04 相连；接口 6 与制动贮风缸 B04 相连；接口 7 通往防滑阀 G01 的控制管路；接口 8 通往空气弹簧。

三、制动微处理机控制系统

制动控制系统有一个用于控制电空制动和防止车轮滑行控制的微处理机，常称为制动微机控制单元（ECU）。它是空气制动管路控制的核心。制动实施时，它接收各种与制动有关的信号（如制动指令值 PWM 信号、电制动实际值信号、载荷信号等），计算出一个当时所需空气制动力的制动指令，并将其输出给 BCU。同时 ECU 还实时监控每根轴的转速，一旦任一轮对发生滑行，能迅速向该轮轴的防阀阀（G01）发出指令，沟通制动缸与大气的通路，使制动缸迅速排气，从而解除该轮对的滑行现象，实现 ECU 对各轮对滑行的单独保护控制。此外，制动微处理机控制系统还具有本车的控制系统故障自诊断功能和故障储存功能。

制动微处理机控制系统对每一辆车都是独立的。

ECU 的基本结构：外形成单层机箱结构形式，共装有 13 块标准的 19″3U 印刷电路板，分别是：SV 板为电源板；SSI 板为信号的输入/输出；EPA 板为电气模拟信号的输入；AA 板为模拟信号的输出；AD 板为模拟信号与数字信号的转换；AE 板为模拟输入信号的处理；DI 板为故障诊断；CP 板为中央处理器 CPU 板；COM 板为通信板；GE 板为速度传感器输入信号的处理；VA 板（2 块）为防滑控制板；T 板为瞬态保护板，主要是速度传感器、防滑阀信号的输入与输出；其中，SV、SSI、EPA、AA 和 T 板通过 Harting 接插件与外部电路连接。

ECU 的基本功能：实现了与列车制动相关的各项功能，包括：制动力的计算和分配、保压制动的触发、快速制动指令、制动指令值 PWM 信号、载荷压力信号、跃升元件触发器、冲击极限、防滑控制等。

1. 电空制动控制系统

整个制动装置的控制采用二级控制，简述为"电控制空气，空气再控制空气"。即为"电子控制单元"控制"气路控制单元"，控制空气再控制执行空气。电空制动控制系统方框图如图 10.28 所示，图中输入信号的功能如下：

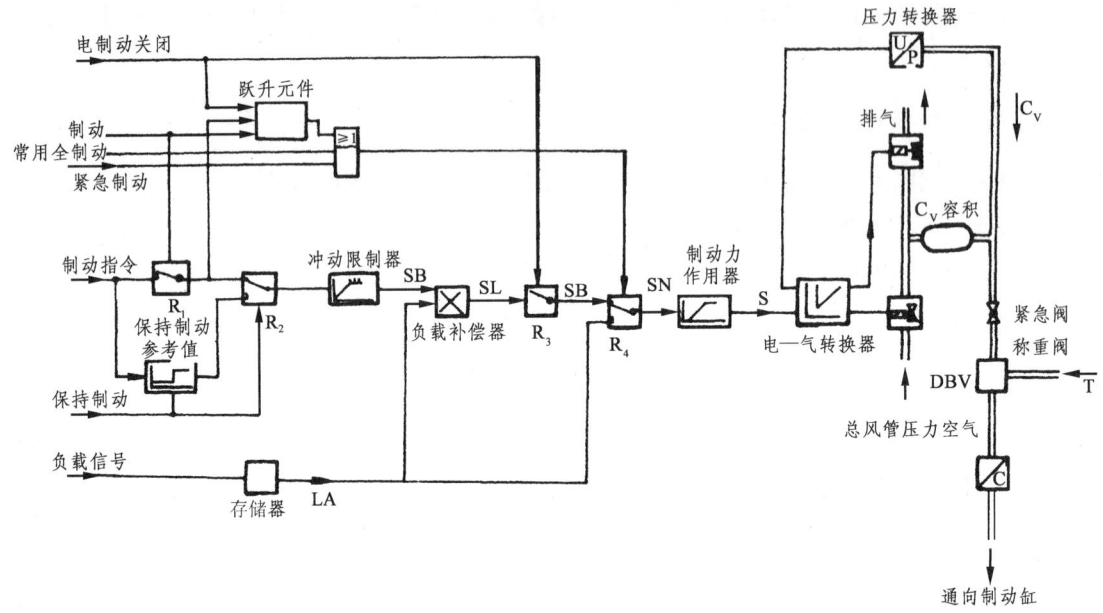

图 10.28 电空制动控制系统方框图

（1）制动指令：此指令是微机根据变速制动要求，即司机施行制动的百分比（全常用制动为 100%）所下达的指令。它可以是各种形式的信号，例如模拟电流、7 级数字信号等。广州、上海地铁车辆所使用的是最常用的脉宽调制信号。

（2）制动信号：这是制动指令的一个辅助信号，它表示运行的列车即将要制动。

（3）负载信号：这个信号来自空气弹簧。由空气弹簧空气压力通过气-电转换器转换成电信号。此信号以客室车门关闭时的储存信号为准。

（4）电制动关闭信号：此信号为信息信号，它的出现就意味着空气制动要立即替补即将消失的电制动。

（5）紧急制动信号：这是一个安全保护信号，它可以跳过电子制动控制系统，直接驱动制动控制单元（BCU）中的紧急阀动作，从而实施紧急制动。

（6）保持制动（停车制动）：这个信号能防止车辆在停车前的冲动，能使车辆平稳地停止。它的功能分下列 3 个阶段实施。

第一阶段：

当列车车速低于 10 km/h 时，保持制动开始接受摩擦制动力，而电制动逐步消失。

在保持制动出现后，电制动的减小延迟 0.3 s。

动车和拖车的摩擦制动力只可达到制动指令的 70%。

第二阶段：

当车速低于 4 km/h 时，一个小于制动指令的保持制动级开始实施，即瞬时地将制动缸压力降低。这个保持制动的级取决于制动指令，这个制动级与时间有关，由停车检测根据最初的状态来决定。

第三阶段：

由停车检测和保持制动信号共同产生一个固定的停车制动级，这个固定的制动级经过负载的修正且与制动指令无关。

停车制动的制动级只能随保持制动信号的消除而消除。

2. 电空制动控制原理

当微处理机根据制动要求而发出制动指令时，伴随着也出现制动信号，此信号使开关线路 R_1 导通，这样，制动指令就能通过 R_1 和 R_2 到达冲动限制器，以让其检测减速度的变化率是否过大。通过冲动限制器后的制动指令立即又到达负载补偿器，此补偿器实际就是一个负载检测器。它根据负载信号储存器中所储存的负载大小，检测制动指令的大小，然后将检测调整好的指令送至开关线路 R_3。为了防止制动力过大，R_3 只有当电制动关闭信号触发下才导通，否则是断开的。通过 R_3 的指令又被送至制动力作用器（这里的制动力还是电信号），中途还经过 R_4。制动力作用器将指令信号转化为制动力。为了缩短空走时间，作用器的初始阶段有一段陡峭的线段，然后再转向较平坦斜线平稳的上升，直至达到指令要求。从作用器出来的电信号被送至电-气转换器。这个转换器是将电信号转换成控制电流，再由这个控制电流去控制制动单元 BCU 中的模拟转换阀，并且接受模拟转换阀反馈回来的电信号，从而进一步调整控制电流，这就完成了微处理机对 BCU 的控制。在这过程中，电-气转换器并没有真正将电信号（弱电）转换成控制空气压力，而是控制 BCU 中的模拟转换阀。当然在列车速度低于 4 km/h 时，制动指令将被保持制动的级（与制动指令相对应）所替代。

当列车需要施行常用全制动（即 100% 制动指令）和紧急制动时，最大常用制动信号或紧急制动信号可触发一个旁路或门电路，使它输出一个高电平来驱动开关电路 R_4，使制动作用器直接接受负载储存器的信号，从而大大缩短信号传输时间，并使电-气转换器工作。

需要补充说明的是：制动作用器初始阶段有一段陡峭线段，这是由于跃升元件所导致的。跃升元件是一个非稳态触发器，它可由电制动关闭信号、制动信号及制动指令信号中的任意一个信号将其触发，使它输出一个高电平。同样，这个高电平也可使旁路或门电路触发输出一个高电平，从而使 R_4 动作，导致负载作用器直接接收负载信号，产生了一段陡峭的线段。

3. 防滑控制系统

防滑系统是制动控制系统的一部分，牵引微机控制单元 DCU（用于电制动）和制动微机控制单元 ECU（用于空气制动）均有独立的防滑控制系统，在常用制动、快速制动和紧急制动状态下，防滑控制系统均处于激活状态。下面介绍制动微机控制单元 ECU 的组成和工作原理，防滑系统由防滑电磁阀（G01）、控制中央处理器（G02）、速度传感器（G03.1、G03.2）和测速齿轮（G04）等部件组成。

如图 10.29 所示，在每根车轴上都设有一个对应的防滑电磁阀 G01（也称排放阀），它们由 ECU 防滑系统所控制。当某一轮对上的车轮的制动力过大而使车轮滑行时，防滑系统所控制的、与该轮对对应的防滑电磁阀 G01 迅速沟通制动缸与大气的通路，使制动缸迅速排气，从而解除了该车轮的滑行现象。该系统通过 G03.1、G04、G05 始终监视着同一辆车上 4 个轮对的转速，并对应着 4 个防滑电磁阀 G01。防滑系统有一安全回路，当防滑阀被激活超过一定时间（如 5 s）时，安全回路起作用，取消防滑控制，并产生一故障信号。

防滑系统用于车轮与钢轨黏着不良时，对制动力进行控制。作用如下：
——防止车轮即将抱死。
——避免滑动。
——最佳地利用黏着，以获得最短的制动距离。

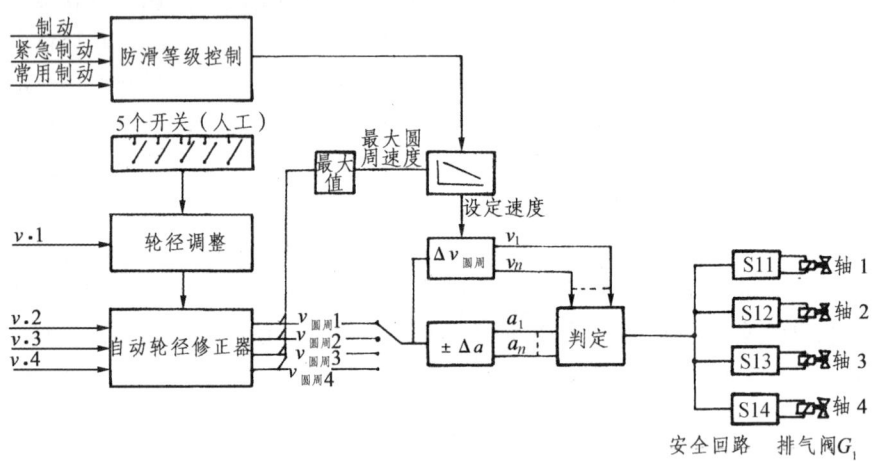

图 10.29　防滑控制系统作用原理图

防滑系统控制车轮的线速度。当黏着不良时，列车的速度和车轮的速度之间将产生一个速度差。防滑系统就是应用这个量对防滑电磁阀 G01 进行控制从而达到控制车辆的滑行和减速度。具体的控制原理如下：

如图 10.30 所示，列车启动后，防滑系统就对每个轮对的速度不断进行检测，然后形成一个参考速度以取代列车真实速度，并用防滑电磁阀 G01 来控制车辆的滑行和减速度。利用速度传感器测得的轮对的速度和减速度与设定的标准相比较，并与防滑电磁阀的实际指令形成一个筛选矩阵。

滑动标准值 v_1、…、v_n 与某一个相关的参考速度有关，车轮轮径变化的范围内提供一个滑动区域带，而选择的减速度是确定的。当车轮在黏着不良的区域内，防滑系统要能有效地减小制动力，在这种情况下筛选矩阵可产生一个相对于防滑电磁阀 G01 的某一个实际指令（即使电磁阀励磁排气的指令），这样就使相应轴的制动力减小，而其轴速度上升。当轴速度经过一段时间上升到矩阵的另一个开启元素（包含另一个实际指令）时，电磁阀失电，则制动力将会增加。

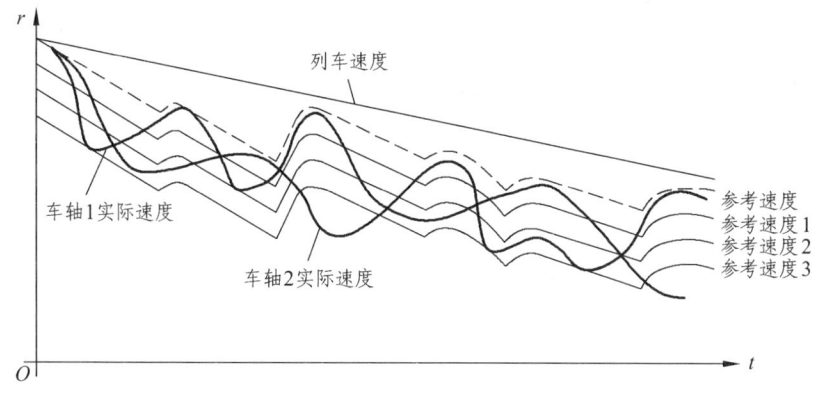

图 10.30 轮轴速度曲线和滑动区域图

当选择的矩阵元素刚好在参考速度以下的波谷时，则是滑动最小。

由于轮对踏面加工直径和磨耗的差别，轮对的线速度有相差，所以在防滑系统中设置了人工的轮径调整装置。这个装置就是 5 个开关，利用这些开关分合的不同位置，将车轮直径分成 32 挡（3 mm 为一挡）。将每辆车的 1 位轴调整到它的规定标准，而其他轴也将会根据轴端的速度传感器传出的速度信号进行自动调整。

参考速度是：在牵引时取 4 根轴中的最大速度，在制动时则取最小速度，然后让其余 3 根轴的速度与其比较，以确定牵引时的空转和制动时滑行，从而防滑控制系统将分别切断牵引回路的电源和打开制动缸的排气阀，以分别消除空转和滑行现象。

第四节 SD 型电空制动机

一、SD 型电空制动机的组成、基本作用原理和特点

SD 型电空制动机用于北京地铁列车上。它与英国威斯汀豪斯（Westinghouse）公司韦斯特科德制动装置类似，属于直通式电空制动制式；按指令传递系统区分，为数字式电气指令式；按制动执行装置区分，为 7 级膜板中继阀。

1. SD 型电空制动机组成

SD 型电空制动机由制动控制器、空重车调整阀、控导阀、空电转换器、紧急电磁阀、备用电磁阀、双向阀、故障缓解电磁阀以及各种控制线路等组成。图 10.31 为该型制动机作用原理方框图（图中未示出故障缓解电磁阀）。

制动控制器是司机用来操纵列车进行制动及缓解作用的装置。

空重车调整阀相当于一个称重装置，它根据空气弹簧压力的大小（空气弹簧的压力是随客车载重而变化的）而输出具有相应压力的压力空气，再通过 7 级中继阀的作用，来调整进入制动缸的压力空气，使车辆保持恒定的制动率。

7 级中继阀相当于一个空气加减法运算器，它根据制动控制器指令，直接控制制动缸的充气和排气，以实现制动和缓解作用。它根据空重车调整阀所输出的压力，自动地控制制动缸具有 7 种不同的压力值。

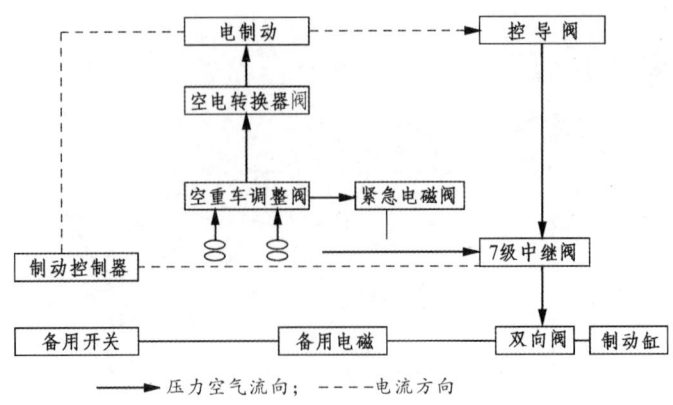

图 10.31 SD 型电空制动机作用原理方框图

控导阀用来将电制动力的信号变为空气压力信号输入到 7 级中继阀的混合器里，通过该混合器的减法运算，使电制动力不足的部分由空气制动来补充。

空电转换器是把车辆载重变化的信号转变为电信号输送到电制动和牵引系统，使电制动和牵引电流能与车辆载重相适应。

紧急电磁阀是为保证安全而设置的。当施行紧急制动，或当制动装置发生故障，以及发生列车意外分离时，此电磁阀便因失磁而动作，并通过 7 级中继阀发生紧急制动作用。

备用电磁阀（包括备用制动电磁阀和备用保压电磁阀）用于当正常制动装置发生故障时，仍能操纵列车制动、缓解作用，保证列车能继续运行。

双向阀是为正常制动装置与备用制动装置转换使用而设置的一个切换阀。

故障缓解电磁阀是在正常制动装置发生故障而施行紧急制动后，为改用备用制动装置，对列车制动机施行缓解的装置。

2. SD 型电空制动机的基本作用原理

根据运行的需要，司机操纵制动控制器发出制动指令或缓解指令，控制 7 级中继阀上的 3 个电磁阀交替励磁和失磁，将空重车调整阀的输出压力输入到 7 级中继阀膜板室内进行加减运算，从而输出 7 个等增量压力供给制动缸以产生制动作用，或者使制动缸压力空气经 7 级中继阀排向大气产生缓解作用。当空气制动和电制动配合使用时，控导阀将电制动时检测出的电流信号按一定比例变换成空气压力信号输入到 7 级中级阀的混合器里，与指令压力进行减法运算，使电制动力不足指令压力的部分由空气制动补充。

3. SD 型电空制动机的基本特点

（1）制动和缓解作用快，空走时间短，从而可以缩短制动距离。

（2）制动缸压力具有 7 级变化，各级制动缸压力上升时间基本一致，而且稳定准确，操纵灵活，有利于调速。

（3）设有空重车调整装置，可根据乘客多少自动调节制动力。因此，制动时能得到恒定的减速度，减少列车冲动，使停车平稳。

（4）空气制动能与电制动互相配合。当电制动力不足时，空气制动能自动进行补偿，使整个制动过程中的制动率基本保持不变，从而提高了旅客的舒适度。

（5）能与列车自动控制装置配合，实现定位停车。

（6）设有紧急电磁阀，当列车发生分离和断电故障时，能自动施行紧急制动以保证行车安全。

（7）除装有正常制动装置外，还设有备用制动装置。当正常制动装置发生故障时，仍能保证车辆正常运行。

（8）整个装置结构简单，除制动控制器、备用制动开关等以外，其他装置均装在一块集成板上，简化了管路，减轻了重量，制动装置中广泛采用了O形密封圈、橡胶膜板，使结构简单，作用可靠，维修简便，并可延长检修期。

二、主要部件的构造及其作用原理

1. 空重车调整阀

空重车调整阀的用途是：根据车辆载重的变化，即根据乘客多少的变化自动调节其输出压力空气的压力，通过7级中继阀的作用，使车辆保持恒定的制动率。空气弹簧的压力变化直接反映了乘客多少的变化，考虑到车辆载重的不平衡，采取前、后转向架对角的两个（即1、4位或2、3位）空气弹簧为空重车调整阀的输入信号，这样就能准确地使空重车调整阀输出压力与乘客多少相适应。

（1）构造。空重车调整阀由上面的压力供排部、中间的弹簧调整部和下面的空气弹簧压力平均运算部共同组成，如图10.32所示。

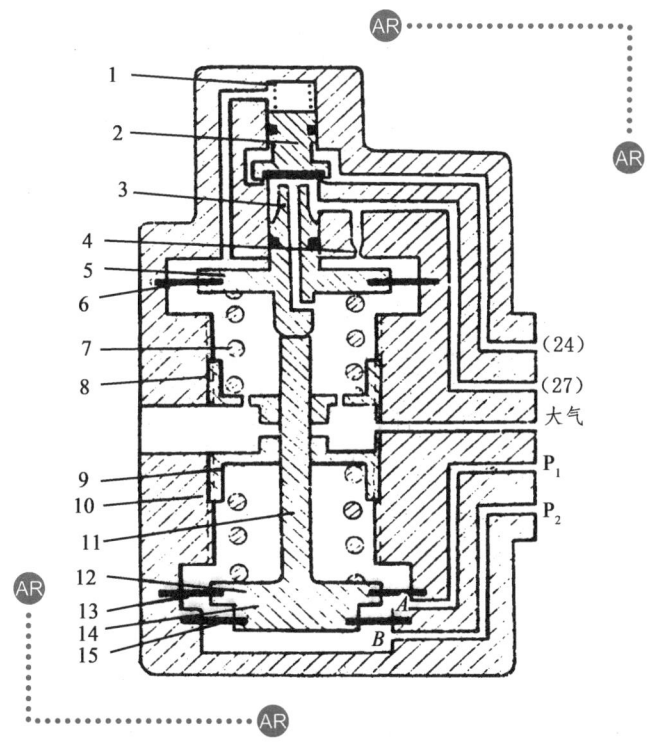

1—弹簧；2—给排阀；3—均衡活塞杆；4—节流孔；5—均衡活塞；
6—膜板；7—上调整弹簧；8—上调整螺母；9—下调整弹簧；
10—下调整螺母；11—活塞杆；12—大活塞；
13—大膜板；14—小活塞；15—小膜板。

图10.32 空重车调整阀

压力供排部主要由弹簧、给排阀、均衡活塞杆、节流孔、均衡活塞和膜板组成。弹簧调整部主要由上调整弹簧、上调整螺母、下调整弹簧、下调整螺母组成。空气弹簧压力平均运算部主要由活塞杆、大活塞、大膜板、小活塞和小膜板组成。空重车调整阀与外界有5条连接空气通路：（24）—通总风缸；（27）—空重车调整阀输出通路；中间孔—通大气；P_1、P_2—分别连接1、4位或2、3位空气弹簧。

（2）作用。当车辆处于空车状态时，空气弹簧的压力空气作用于大、小膜板，其向上的作用力恰与下调整弹簧的张力平衡，故空气弹簧压力与输出压力无关。此时的输出压力由上调整弹簧7进行调整。在上调整弹簧的作用下，均衡活塞上移，活塞杆的小阀口首先与给排阀接触，关闭通大气的通路，继而顶开给排阀。因此，总风缸的压力空气经给排阀口及通路（27）供给7级中继阀、紧急电磁阀、空电转换器。同时经节流孔供至均衡活塞上侧，当均衡活塞上侧的压力空气作用力与上调整弹簧作用力相平衡时，均衡活塞下移，给排阀为其弹簧作用所关闭，停止总风缸向7级中继阀等处供给压力空气，而通大气的通路此时仍然关闭。这时输出压力值相当于上调整弹簧的调整压力值。当空车状态时，空气弹簧压力为260 kPa，空重车调整阀的输出压力调整为300 kPa。运行中，当输出压力低于300 kPa时，空重车调整阀发生动作，自动补充至300 kPa。

重车时，空气弹簧压力随乘客增加而升高，作用在大、小膜板下面的空气压力也随之增加，大、小活塞在增加的空气压力作用下，压缩下调整弹簧而上移，其活塞杆推动均衡活塞及其活塞杆上移，顶开给排阀，使总风缸向7级中级阀等处供气，并经节流孔向均衡活塞上侧供气，当均衡活塞上侧的压力空气作用力与空气弹簧压力空气作用力及调整弹簧作用力平衡时，均衡活塞下移，给排阀在其弹簧作用下关闭，空重车调整阀停止输出压力空气。当两个空气弹簧压力均为420 kPa时，空重车调整阀输出压力设计值为420 kPa；当空气弹簧压力由260 kPa逐渐升至420 kPa时，空重车调整阀的输出压力由300 kPa呈线性关系增至420 kPa。

当乘客减少时，空气弹簧压力随之下降，均衡活塞在压力差作用下向下移动，活塞杆的空心杆阀口离开给排阀，通路（27）的压力空气及均衡活塞上侧的压力空气随即排向大气，输出压力降低，直至均衡活塞上侧的压力空气作用力与空气弹簧压力空气作用在大小膜板上的的作用力重新平衡时为止。此时均衡活塞上移，其活塞杆上的空心杆阀口与给排阀接触，遮断大气通路，呈保压状态。这样，空重车调整阀的输出压力就与新的车辆载重相适应。

如果空气弹簧因破损而无压力空气时，由于上调弹簧的作用，能在任何载重情况下保证空重车调整阀输出空车时的空气压力为300 kPa。

2. 7级中继阀

7级中继阀是一个用电气控制的，并能进行加减法运算的中继阀。来自制动控制器的指令信号，通过7级中继阀的3个电磁阀交替励磁和失磁，将空重车调整阀输出的压力空气充入7级中继阀的各个膜板室内，按不同的组合方式相加减，以输出7个压力逐级增加的压力空气供给制动缸，或制动缸压力空气经7级中继阀排向大气，从而发生制动或缓解作用。

（1）构造。7级中继阀（见图10.33）上部为3个常用制动电磁阀（CZF_1、CZF_2、CZF_3）和压力给排阀，中间是混合器。

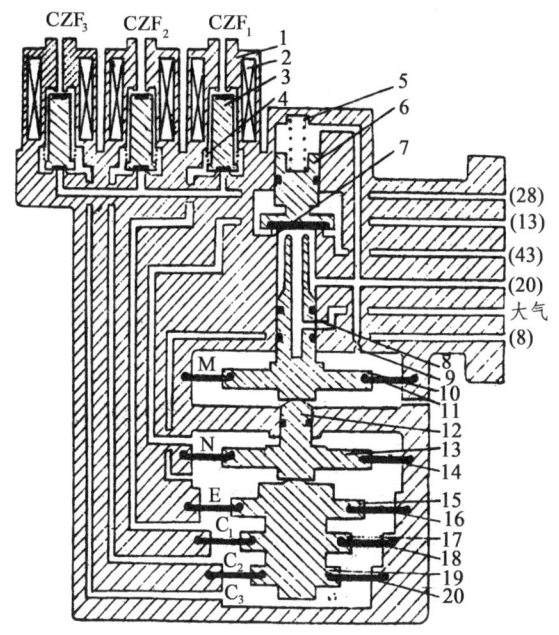

1—阀体；2—线圈；3—铁心；4—弹簧；5—给排阀弹簧；6—给排阀；
7—大阀口；8—作用杆；9—节流孔；10—均衡活塞；11—均衡膜板；
12—活塞杆；13—活塞；14—混合器膜板；15—常用制动膜板组活塞；
16—常用上膜板；17—活塞；18—常用中膜板；
19—活塞；20—常用下膜板。

图 10.33　7 级中继阀

常用制动电磁阀是 3 个 Q23×D 型电磁阀，工作电压为 110 V，它由阀体、线圈、铁心和弹簧组成。它有 3 个空气通路：空重车调整阀的压力空气由通路（28）通至各电磁阀下部阀口；上部阀口通大气；侧面通路分别通至各膜板室。

压力给排部是连通总风缸到制动缸或制动缸通大气的机构。它由给排阀弹簧、给排阀、大阀口、作用杆、节流孔、均衡活塞、和均衡膜板组成。作用杆的空心通路与大气相通，均衡活塞下侧通大气。作用杆下端与混合器活塞杆相接触。

混合器由活塞杆、活塞和混合器膜板组成。膜板上侧 N 室通控导阀，下侧 E 室通紧急电磁阀。混合器是将控导阀输出的空气压力（此压力与电制动力相当）与常用制动膜板组的作用力进行减法运算的机构。

常用制动膜板组由上、中、下三个膜板及活塞组成。膜板活塞的有效作用面积比为：
$$S_上 : S_中 : S_下 = 7 : 6 : 4$$

膜板组构成 C_1，C_2，C_3 3 个气室，分别与 CZF_1、CZF_2 和 CZF_3 3 个常用电磁阀相通。膜板组的作用是根据制动控制器的电气指令，变为相应的指令空气压力，以使制动缸得到应有的空气压力。

（2）作用。

① 常用制动。由司机操纵制动控制器，使 3 个常用电磁阀 CZF_1、CZF_2 和 CZF_3 交替励

磁和失磁，3个常用膜板室分别充气或排气，根据其组合的不同，制动缸可得到逐级增加的7个压力值。

当发出 1 级制动指令信号时，仅 CZF_1 电磁阀励磁。此时，空重车调整阀的输出压力空气经 CZF_1 的下阀口进入 C_1 室，空气压力同时作用在膜板 16 和 18 上。由于上膜板和中膜板的有效面积比为 $S_上 : S_中 = 7 : 6$，故常用膜板组受到 1 级向上的作用力，它通过活塞杆 12 传递给作用杆 8，使该作用杆向上移动，顶开给排阀，使总风缸压力空气经通路（43）、大阀口 7、通路（20）进入制动缸，同时经节流孔 9 进入均衡活塞上侧使 M 室，以平衡膜板组的作用力。

② 保压。当制动缸的空气压力也即作用在均衡活塞上侧的空气压力产生的向下作用力与作用在膜板组上空气压力所产生的向上作用力相平衡时，均衡活塞带动作用杆向下移动，给排阀在其弹簧作用下关闭大阀口，7 级中继阀处于保压状态，制动缸压力停止上升而保压。制动缸压力如有漏泄可自动得到补充。

③ 缓解。司机移动制动控制器手柄于运转位时，CZF_1 电磁阀失磁，C_1 室的压力空气经 CZF_1 上方排气孔排向大气，均衡活塞在制动缸空气压力作用下向下移动，作用杆离开给排阀，沟通了制动缸到大气的通路，制动缸的压力空气经通路（20）、作用杆内的空心通路排向大气，车辆随之呈缓解状态。

1～7 级的常用制动及缓解作用的动作过程完全一样，只是不同级别的常用制动可以得到不同的制动缸压力。

常用制动 1～7 级电磁阀励磁和失磁膜板室作用的组合排列如表 10.1 所示。7 级中继阀各级输出压力与空重车调整阀输出压力的关系如图 10.34 所示。

表 10.1　常用制动 1～7 级电磁阀励磁和失磁及各膜板室充气情况汇总表

制动控制器手柄位置		电磁阀励磁、失磁				充气膜板室	输出压力等级	
		CZF	CZF_1	CZF_2	CZF_3			
运转位		○	—	—	—	无	无	无
常用制动区	1	○	○	—	—	C_1	7−6	1
	2	○	—	○	—	C_2	6−4	2
	3	○	○	○	—	C_1+C_2	（7−6）+（6−4）	3
	4	○	—	—	○	C_3	4	4
	5	○	○	—	○	C_1+C_3	（7−6）+4	5
	6	○	—	○	○	C_2+C_3	（6−4）+4	6
	7	○	○	○	○	$C_1+C_2+C_3$	（7−6）+（6−4）+4	7
紧急制动位		—	—	—	—	E	8	8

注："○"表示有电励磁；"—"表示无电失磁。

④ 紧急制动。紧急制动电磁阀（即紧急电磁阀）GZF 是经常带电励磁的，当施行紧急制动时，紧急电磁阀断电失磁，其铁心被弹簧上推，于是上阀口关闭、下阀口开启。由空重车调整阀输出的压力空气经紧急制动阀 GZF 内的通路和通路（8）进入 7 级中继阀 E 室，推动均衡活塞上移，顶开给排阀，使总风缸的压力空气流向制动缸而发生紧急制动作用。同时，流向制动缸的压力空气也流入均衡活塞上侧室以平衡 E 室的作用力。由于膜板面积的关系，紧急制动时制动缸压力比常用制动 7 级的制动缸压力高 10% 左右。

⑤ 空气制动和电制动的配合。空气制动和电制动（再生制动和电阻制动）配合使用时，在一定级别的制动指令情况下要求当电制动力增加时，制动缸压力减小；当电制动力随速度下降而减小时，制动缸压力能自动上升，以补偿电制动力的不足，使总制动力保持制动指令的要求。7 级中继阀中的混合器就是起这个作用。

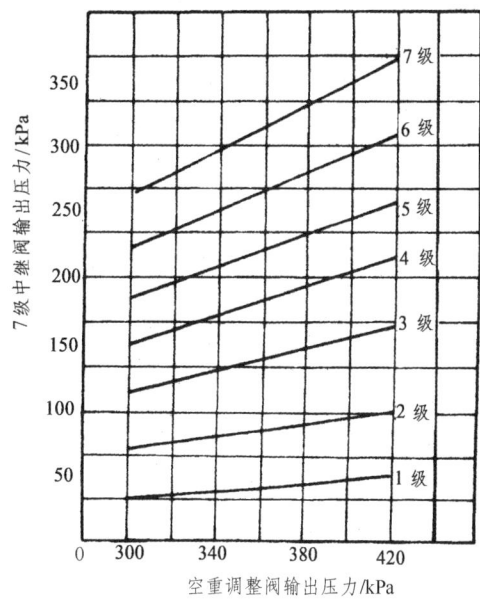

图 10.34　7 级中继阀各级输出压力与空重车调整阀输出压力的关系

施行常用制动，当电制动充分发挥作用时，相应于电制动力的压力空气由控导阀经通路（13）进入混合器膜板上侧 N 室，给膜板以向下的作用力。这个向下的作用力与作用在 C_1、C_2、C_3 室的压力空气的向上的作用力相减，其作用力之差便推动均衡活塞上移，使作用杆顶开给排阀，总风缸压力空气进入制动缸，使制动缸保持 60 kPa 左右的预压力，以便克服制动缸缓解弹簧的张力及其他阻力，使闸瓦贴靠车轮，做好随时迅速增加空气制动力的准备。

当电制动力衰减时，N 室的空气压力也随之下降，使 C_1、C_2、C_3 室的向上作用力与 N 室的向下的作用力之差值增大，制动缸压力便随之增大，以此来实现空气制动自动补偿电制动的不足，达到制动力符合制动指令的目的。

3. 控导阀

控导阀使一个电—空转换装置，也称 EP 阀。当空气制动和电制动配合使用时，它将电制动检测出的电流信号（代表电制动力的大小）按一定比例关系转换为空气压力信号。将此空气压力信号输进 7 级中继阀与指令信号比较，以实现空气制动与电制动的协调配合。

（1）构造。控导阀的结构如图 10.35 所示，它主要由空气作用部分和电磁部分所组成。空气作用部分主要由弹簧、给排阀、作用杆、节

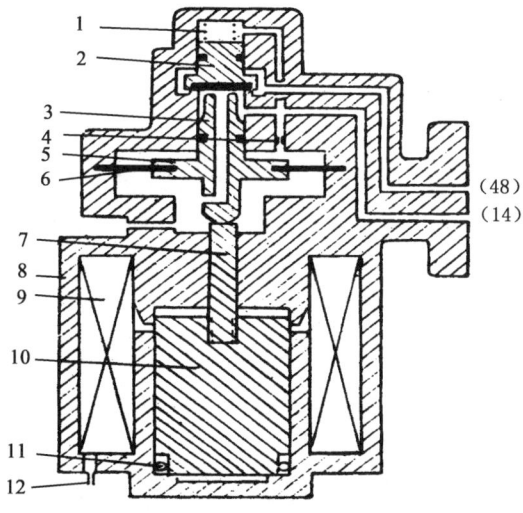

1—弹簧；2—给排阀；3—作用杆；4—节流孔；5—活塞；
6—膜板；7—顶杆；8—外壳；9—线圈；
10—铁心；11—钢球；12—引线。

图 10.35　控导阀

流孔、活塞和膜板组成。它与外界有两条通路，其中（48）与总风缸相通；（14）与7级中继阀的混合器N室相通。电磁部分主要由顶杆、外壳、线圈、铁心、钢球、引线组成。

（2）作用。当不使用电制动时，控导阀电磁线圈处于无电状态，铁心连同顶杆处于最下端位置，活塞坐落在顶杆上。此时，7级中继阀混合器的N室经通路（14）及控导阀作用杆的空心通路与大气相通。给排阀在其弹簧作用下关闭阀口，切断总风缸到（14）的通路。控导阀没有输出压力信号。

当使用电制动时，线圈通电，铁心被吸上移，推动顶杆、活塞上移，先关闭作用杆的空心通路，继而将给排阀顶开，于是，总风缸压力空气→通路（48）→开启的给排阀口→通路（14）→7级中继阀混合器N室，参加运算。与此同时，通路（14）压力空气经节流孔充入活塞上腔。当吸引铁心的力与活塞上腔压力空气所产生的作用力平衡时，给排阀在其弹簧作用下关闭阀口，切断总风缸到混合器N室的供气通路，控导阀呈保压状态。

当电制动力增大，从而使线圈内电流增大时，铁心再次上移顶开给排阀，总风缸继续向混合器N室供气，N室空气压力增高；反之，当电制动力减小，从而使线圈内电流减小时，则N室空气压力相应降低。

控导阀输出压力与电制动时输出的电流信号本来不成线性关系，这是由磁性材料的特性所决定的。为此，采用了一套控制线路，使控导阀输出压力与电制动力有了较好的线性关系。

SD型电空制动机中的紧急电磁阀、故障缓解电磁阀、备用电磁阀等的构造和作用较为简单，不再赘述，图10.36为SD型电空制动机的综合作用示意图。

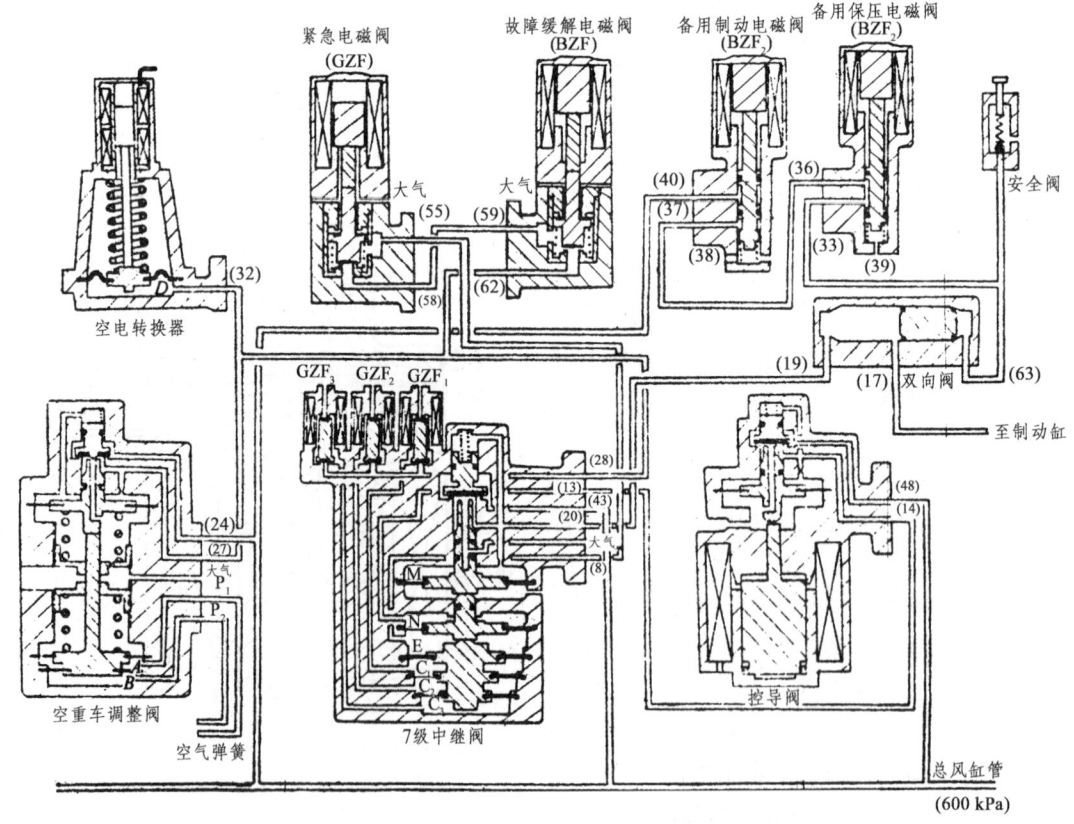

图10.36　SD型电空制动机的综合作用示意图

三、SD 型电空制动机的综合作用

1. 运转位

制动控制器手柄置于运转位时，7 级中继阀的常用电磁阀 CZF_1、CZF_2、CZF_3 均失磁，仅常带电的紧急电磁阀 GZF 励磁。7 级中继阀各膜板室的压力空气分别由各常用电磁阀的排气口排向大气，制动缸压力空气经双向阀、7 级中继阀空心通路排向大气，制动机呈缓解状态。

$$7\ 级中继阀膜板室 \begin{cases} C_1 \to CZF_1 \to 大气 \\ C_2 \to CZF_2 \to 大气 \\ C_3 \to CZF_3 \to 大气 \end{cases}$$

7 级中继阀 E 室→（8）→（55）→GZF→大气
7 级中继阀 N 室→（13）→（14）→控导阀作用杆空心通路→大气
制动缸→（17）→双向阀→（19）→（20）→7 级中继阀作用杆空心通路→大气

空重车调整阀根据空气弹簧的压力（即车辆载重）输出相应压力的压力空气，经下列通路输送到各处，以备应用。

$$空重车调整阀 \begin{cases} （27）\to（28）\to CZF_1、CZF_2、CZF_3\ 的下阀口 \\ （27）\to（32）\to 空电转换器\ D\ 室 \\ （27）\to（62）\to 故障缓解电磁阀\to（59）\to（58）\to 紧急电磁阀下阀口 \end{cases}$$

此时，控导阀、备用制动电磁阀、备用保压电磁阀和故障缓解电磁阀均不发生作用。

2. 常用制动位

（1）不与电制动配合使用。制动控制器手柄在常用制动位 1～7 级时，7 级中继阀的 3 个常用电磁阀交替励磁和失磁，制动缸可得到 7 个级别的制动缸压力（参看表 10.1）。此时，紧急电磁阀仍处于励磁状态。有关通路如下：

空重车调整阀→（27）→（28）→7 级中继阀的 CZF_1、CZF_2、$CZF_3 \to C_1$，C_2，C_3 膜板室。由于 C_1，C_2，C_3 室充气，膜板组上移，作用杆推开给排阀，连通下列通路：

$$总风缸\to（43）\to 给排阀口 \begin{cases} （20）\to（19）\to 双向阀\to（17）\to 制动缸 \\ 平衡膜板室\ M \\ 给排阀柱塞上方 \end{cases}$$

其他通路与运转位相通。此时，车辆处于制动状态。当制动控制器手柄在制动位由 1～7 级逐级移动时，可获得阶段制动作用；而由 7～1 级逐级移动时，可获得阶段缓解作用。

（2）与电制动配合使用。当与电制动配合使用时，制动控制器手柄在常用制动 1 至 7 级，电制动发生作用。这时经制动电流检测线路检测出的电制动电流信号送入控导阀，控导阀把电流信号转换为空气压力，此压力空气进入 7 级中继阀的混合器，空气通路如下：

$$总风缸\to（48）\to 控导阀给排阀口 \begin{cases} （14）\to（13）\to 7\ 级中继阀的混合器\ N\ 室 \\ 平衡膜板上腔 \end{cases}$$

进入 N 室的压力空气产生的向下作用力与膜板组的向上作用力相减之后，作用力之差使膜板组上移，作用杆顶开给排阀，于是总风缸向制动缸充气。制动缸压力即为补偿电制动力不足所需要的压力。

3. 紧急制动位

当制动控制器手柄置于紧急制动位时，7级中继阀的3个常用电磁阀全部失磁，紧急电磁阀也失磁，制动机发生紧急制动作用，其通路为：

空重车调整阀→（27）→（62）→故障缓解电磁阀→（59）→（58）→紧急电磁阀→（55）→（8）→7级中继阀E室。由于E室充气，混合器活塞上移，作用杆上移顶开给排阀，沟通下列通路：

总风缸管→（43）→给排阀口 ┬ （20）→（19）→双向阀→（17）→制动缸
　　　　　　　　　　　　　　├ M室
　　　　　　　　　　　　　　└ 给排阀柱塞上腔

制动缸可得到比常用制动7级还高10%左右的压力。

当正常制动装置或电气线路部分发生故障以及列车分离等情况时，紧急制动电磁阀无电，发生紧急制动作用。当列车正处于常用制动状态而发生紧急制动时，3个常用电磁阀失磁，膜板室 C_1、C_2、C_3 中的压力空气均排向大气，仅E室充有压力空气，这就避免了紧急制动和常用制动同时起作用。

4. 备用制动

运行中当正常制动装置失灵时，司机可操纵备用制动装置继续运行。备用制动开关有4个位置，即运转位、故障缓解位、保压位和制动位。操纵备用制动开关时，备用制动电磁阀 BZF_1、保压电磁阀 BZF_2 和故障缓解电磁阀 QZF 的励磁和失磁情况如表10.2所示。

表10.2　操纵备用开关置于各位时，有关电磁阀的励磁和失磁情况

操纵位置	备用制动电磁阀 BZF_1	保压电磁阀 BZF_2	故障缓解电磁阀 QZF
运转位	—	—	—
故障缓解位	—	—	—
保压位	—	○	○
制动位	○	—	○

注："○"表示励磁；"—"表示失磁。

（1）运转位。在使用正常制动装置时，备用制动开关应置于运转位，电磁阀 BZF_1 和 BZF_2 均无电，其铁心和柱塞均处于上位，通路是：总风缸管→（40）→BZF_1。

电磁阀 QZF 也失电，其铁心处于上位，故通大气的通路被切断，（62）→（59）通路沟通。

（2）故障缓解位。当正常制动装置因故失灵发生紧急制动后，使用备用制动装置时，先将备用制动开关置于故障缓解位，电磁阀 QZF 通电励磁，铁心被吸下，其阀关闭通路（62），沟通下列通路：

7级中继阀E室→（8）→（55）→紧急电磁阀 GZF（失磁）→（58）→（59）→故障缓解电磁阀 QZF 阀口→大气。E室压力空气排入大气，因而制动缸压力空气→（17）→双向阀→（19）→（20）→7级中继阀作用杆（已下移）空心通路→大气。

（3）制动位。备用制动开关置于制动位时，电磁阀 BZF_1 及 QZF 均通电励磁，而 BZF_2 断电失磁，于是：

总风缸管→（40）→电磁阀 BZF_1→ ┬ 安全阀
（37）→（36）→电磁阀 BZF_2→（33） └ （63）→双向阀→（17）→制动缸

（4）保压位。备用制动开关置于保压位时，电磁阀 BZF_1 断电失磁，BZF_2、QZF 通电励磁。（40）与（37）、（36）与（33）的通路均被切断，制动缸压力停止上升，呈制动保压状态。

（5）缓解位。当备用制动开关置于故障缓解位时，电磁阀 BZF_1 和 BZF_2 均断电失磁，于是，制动缸→（17）→双向阀→（63）→（33）→电磁阀 BZF_2→（36）→（37）→电磁阀 BZF_1→（38）→大气。

第五节 基础制动装置

城轨车辆基础制动装置是制动装置的执行部件，普遍采用单元制动器，其主要原因是转向架的安装空间有限，特别是动车空间更小，采用单元制动器是解决基础制动装置安装问题的有效途径。

城轨车辆采用的单元制动器有两种：带停放单元制动器和不带停放单元制动器。克诺尔制动机的两种单元制动器是 PC7Y 型和带停放制动器（也称弹簧制动器）的 PC7YF 型。

1. 单元制动器的组成

PC7Y 型单元制动器（见图 10.37）不带停放制动器，由制动缸体、传动杠杆、缓解弹簧、制动缸活塞、扭簧、闸瓦、闸瓦间隙调整器等组成，并带有手制动杠杆及其安装枢轴。

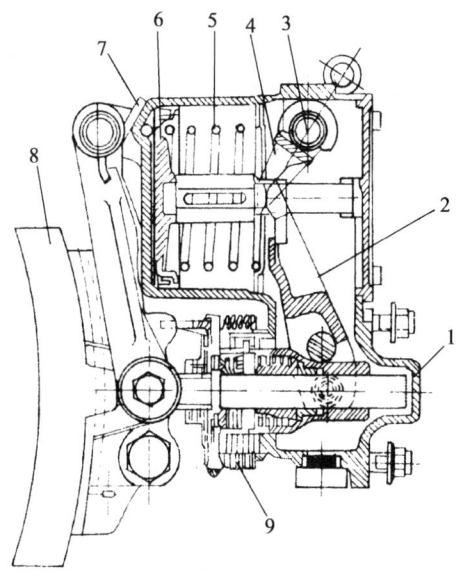

1—制动缸；2—传动杠杆；3—安装在制动缸缸体上的枢轴；
4—手制动杠杆；5—缓解弹簧；6—制动缸活塞；
7—扭簧；8—闸瓦；9—闸瓦间隙自动调整器。

图 10.37 PC7Y 型单元制动器

PC7YF 型单元制动器（见图 10.38）是在 PC7Y 型单元制动器的基础上增加了一个用于停车制动的弹簧制动器，包括缓解风缸 31、缓解活塞 32、活塞杆 33、螺纹套筒 34、停放制动弹簧 35、缓解拉簧 36、停放制动杠杆 37 等。

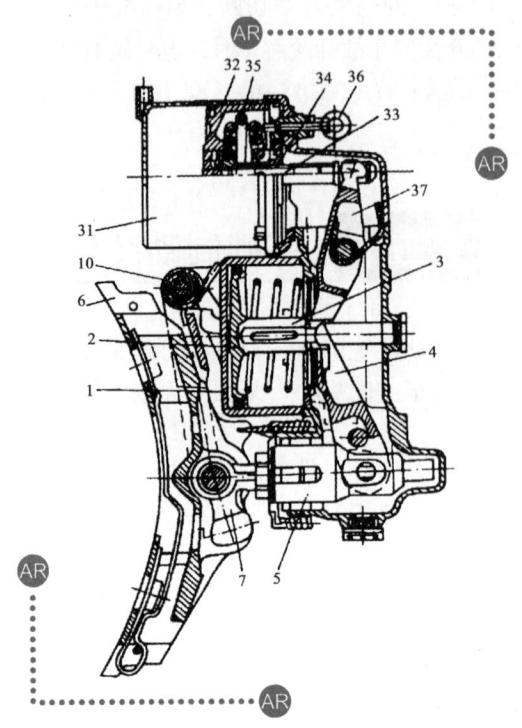

1—制动缸；2—制动活塞；3—活塞杆；4—制动杠杆；5—闸瓦间隙调整器；
6—闸瓦托；7—闸瓦托吊；10—吊销；31—缓解风缸；32—缓解活塞；
33—活塞杆；34—螺纹套筒；35—停放制动弹簧；
36—缓解拉簧；37—停放制动杠杆。

图 10.38　PC7YF 型单元制动器

单元制动器安装于转向架横梁组成的下方，参看转向架结构图。带停放单元制动器（PC7YF）安装在每个转向架上处于对角线的两个车轮的一侧，而另一对角线的两个车轮的一侧安装不带停放制动单元制动器（PC7Y）。

2. 单元制动器的工作原理

当列车制动时，如图 10.37 所示，制动缸 1 充气，在压力空气的作用下，制动缸活塞压缩缓解弹簧 5 右移，活塞杆推动制动杠杆 2，而杠杆的另一端则带动闸瓦间隙调整器向车轮方向推动闸瓦托及闸瓦，使闸瓦紧贴车轮。

缓解时，制动缸 1 排气，这时闸瓦及闸瓦托上所受到的推力被撤除，在制动缸缓解弹簧及闸瓦托吊杆上端头的扭簧的反弹的作用下，闸瓦及活塞等机构复位。

3. 闸瓦间隙调整器

闸瓦间隙自动调整器简称闸调器，用于自动调整闸瓦与车轮踏面之间的间隙，使之保持在规定的范围之内，一般为 6 ~ 10 mm。闸调器的结构如图 10.39 所示，其工作过程如下：

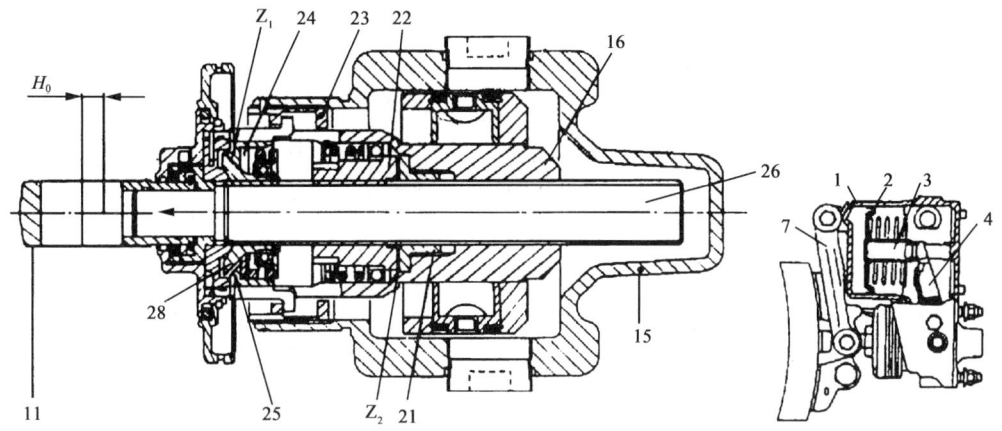

1—制动缸；2—制动活塞；3—活塞杆；4—制动杠杆；7—闸瓦托吊；11—推杆头；15—外体；
16—闸瓦间隙调整器体；21—连接环；22—止推螺母；23—调整环；24—压缩弹簧；
25—调整衬套；26—推杆；28—进给螺母；Z_1—啮合锥面；Z_2—啮合面。

图 10.39　闸瓦和车轮踏面无磨耗时的制动位

（1）闸瓦和车轮踏面无磨耗时的制动过程。闸瓦和车轮踏面无磨耗时的制动行程 H_0 是指调整套 25 碰到调整环 23 靠近推杆头 11 一端的凸环，且进给螺母 28 和调整衬套 25 的啮合锥面 Z_1（以下简称 Z_1 锥面）刚好脱开时的制动行程。当施行车辆制动时，压缩空气进入制动缸 1，推动制动活塞 2 及活塞杆 3，将整个闸瓦间隙调整器及其所有零件部件向车轮踏面方向移动，直到调整衬套 25 碰到调整环 23 止。调整环 23 的凸环可防止调整衬套 25 进一步向制动方向移动，此时 Z_1 锥面刚好脱开。压缩弹簧 24 的作用力，使调整衬套 25 作用于调整环 23，由于压缩弹簧 24 的作用，Z_1 锥面再一次啮合。当 Z_1 锥面刚好完全脱开时，无磨耗制动行程 H_0 完成。此时闸瓦间隙以被消除，闸瓦与车轮踏面接触，当制动缸内空气压力继续上升时，踏面单元制动器便产生了制动作用力。

（2）闸瓦和车轮踏面无磨耗时的缓解过程，如图 10.40 所示。当施行车辆缓解时，制动缸内的空气压力下降到一定值后，在缓解弹簧 8 的作用下，通过制动杠杆 4，带动整个闸瓦间隙调整器及其所有传动部件脱离车轮踏面，向后（即缓解方向）移动。此时，Z_1 锥面啮合，当调整衬套 25 碰到调整环 23 面离推杆头 11 一端的凸环时，推杆 26 停止向后移动，回到缓解位置，而闸瓦间隙调整器体 16 等仍由于制动缸缓解弹簧的作用，通过制动杠杆 4 继续朝缓解方向移动，止推螺母 22 和连接环 21 的啮合面 Z_2（以下简称 Z_2 面）开始脱开。由于压缩弹簧 29 的作用，Z_2 面再一次啮合……当 Z_2 面刚好完全脱开时，无磨耗的缓解过程完成。当制动缸完全缓解时，各运动着的零部件停止移动。

（3）闸瓦和车轮踏面有磨耗时的制动过程，如图 10.41 所示。制动开始时，各零、部件的动作与无磨耗时的制动过程完全一样，所不同的是：当调整衬套 25 碰到调整环 23 后，由于闸瓦和车轮踏面出现磨耗，制动行程进一步加长，即制动缸产生的制动力仍不断通过制动杠杆 4 传递到闸瓦间隙调整器体 16→连接环 21→止推螺母 22，从而传递到推杆 26，带动它们继续向前（即制动方向）移动，进给螺母 28 亦随着推杆 26 向前移动，而调整衬套 25 由于受调整环的限制，不能进一步地向前移动，Z_1 锥面脱开，又由于推杆 26 和进给螺母 28 为非自锁螺纹连接，由于闸瓦磨耗，制动行程加长，推杆 26 等不断向前移动，

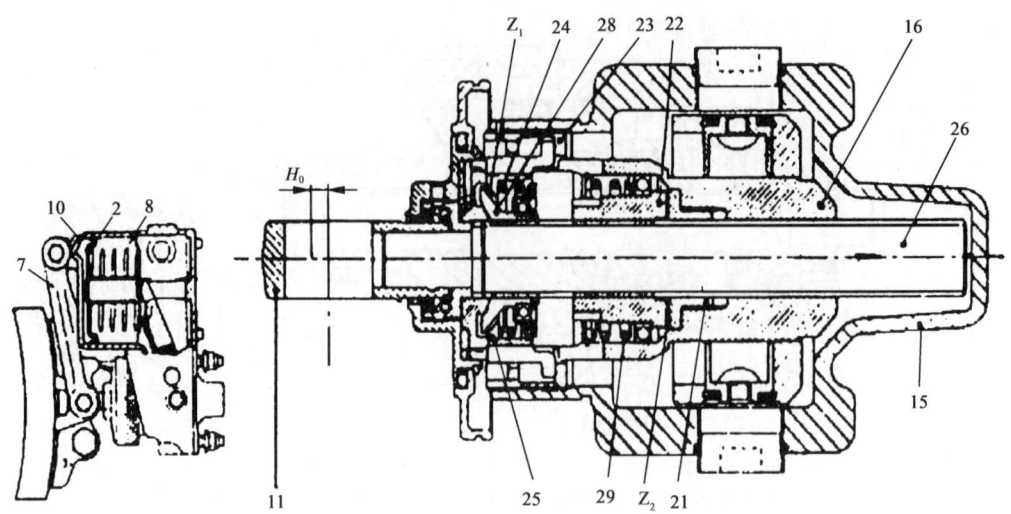

2—制动活塞；7—闸瓦托吊；8—缓解弹簧；10—闸瓦复位弹簧；11—推杆；15—体外；16—闸瓦间隙调整器体；
21—连接环；22—止推螺母；23—调整环；24—压缩弹簧；25—调整衬套；26—推杆；
28—进给螺母；29—压缩弹簧；Z_2—啮合面。

图 10.40 闸瓦和车轮踏面无磨耗时的缓解位

压缩弹簧 24 的预压力就会引起进给螺母 28 在推杆 26 上转动，件 28 与 26 两者的相对位移量即为闸瓦和车轮踏面磨耗量 M_V。此时，推杆 26 向前移动的行程比无磨耗时的制动行程 H_0 大，两者之差即为闸瓦和车轮踏面的磨耗量之和 M_V。

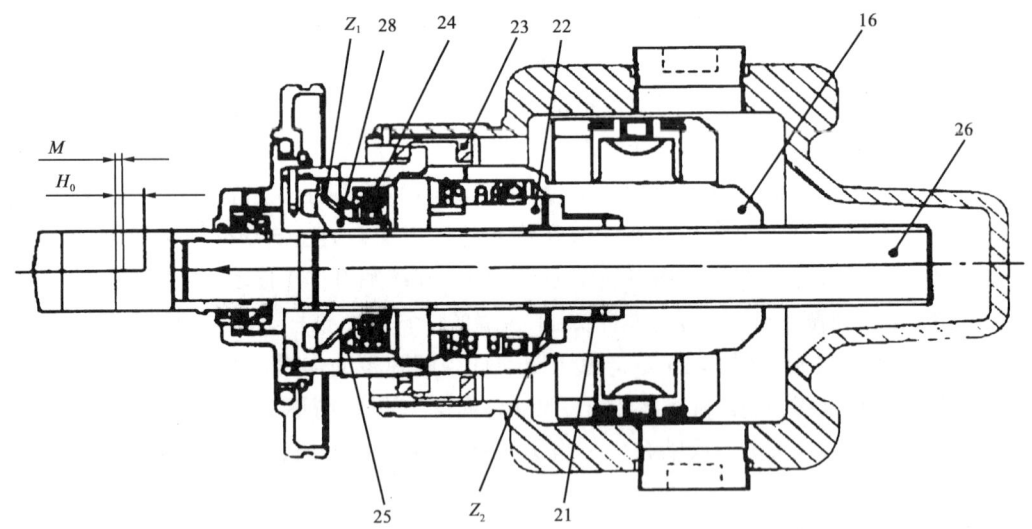

16—闸瓦间隙调整器体；21—连接环；22—止推螺母；23—调整环；24—压缩弹簧；
25—调整衬套；26—推杆；28—进给螺母；Z_1—啮合锥面；Z_2—啮合面。

图 10.41 闸瓦和车轮踏面有磨耗时的制动位

(4) 闸瓦和车轮踏面有磨耗时的缓解过程（见图 10.42）。缓解开始时，各零、部件的动作与无磨耗时的缓解过程完全一样，只是当调整衬套 25 碰到调整环 23 后，由于 Z_1 锥面的啮合，受调整环 23 限制的调整衬套 25 能防止进给螺母 28 在推杆 26 上传动，压缩弹簧 24 使 Z_1

锥面保持啮合，因此使推杆 26 不能进一步向后移动，止推螺母 22 也不能随着闸瓦间隙调整器体 16 和连接环 21 继续向后移动，从而使 Z_2 面脱开，压缩弹簧 29 的作用又使得止推螺母 22 在推杆 26 上传动，直到制动缸完全缓解，闸瓦间隙调整器体 16、连接环 21 回到缓解位，Z_2 面重新开始啮合而停止移动。两者的相对位移量为闸瓦和车轮踏面仍保持了正常的间隙，只是推杆 26 比无磨耗时向前伸出了 M。

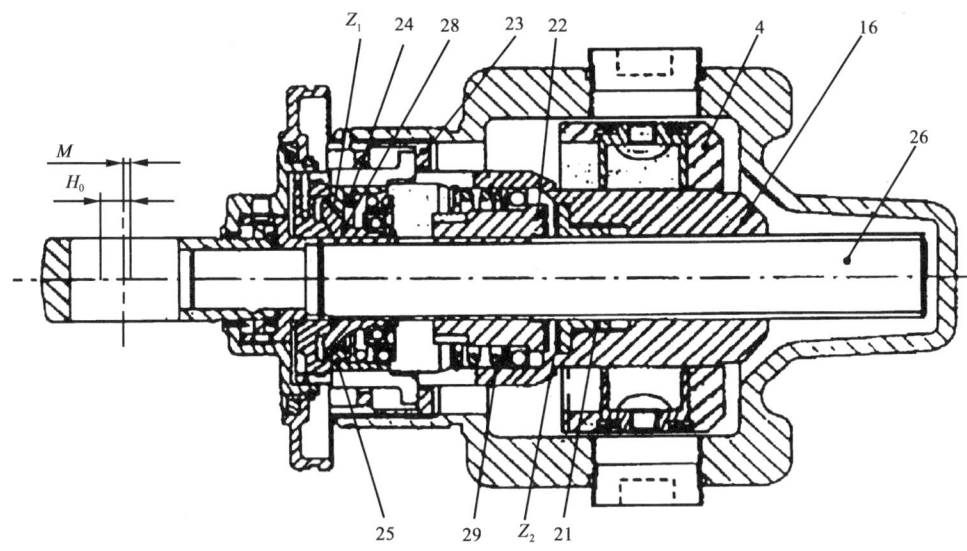

4—制动杠杆；16—闸瓦间隙调整器；21—连接环；22—止推螺母；23—调整环；24—压缩弹簧；25—调整衬套；26—推杆；28—进给螺母；29—压缩弹簧；Z_1—啮合锥面；Z_2—啮合面。

图 10.42　闸瓦和车轮踏面有磨耗时的缓解位

（5）推杆复位机构的工作原理。随着闸瓦的磨耗，推杆 26 在间隙调整过程中不断伸长，当闸瓦磨耗到限后，需要更换闸瓦时，只需顺时针转动调整螺母，啮合面上的齿就能克服弹簧垫圈的作用而滑脱，从而使推杆 26 复位，而不需要拆卸螺栓和其他任何零部件。更换闸瓦后，闸瓦间隙又恢复到无磨耗时的正常值范围，一般无须人工调整，即可准备进行下一次制动。

4. 停放制动器

停放制动器是一套辅助制动装置，其设置目的是在车辆停放时，防止车辆溜行。停放制动器的结构可参见图 10.38，停车制动器的操作可以通过电空阀控制缓解风缸 31 的充、排气来实现，由于其制动力通过弹簧力产生，也称弹簧制动器。工作原理如下：

制动状态：当弹簧制动器的缓解风缸 31 排气时，停放制动弹簧 35 伸张，通过活塞杆 33 带动停放制动杠杆 37 推动制动杠杆 4，使闸瓦压紧车轮而产生制动作用。随着缓解风缸压力降低，闸瓦压力增大。当缓解风缸的风压为零时，闸瓦压力达到最大，等于停放制动弹簧的伸张力与停放制动倍率的乘积。车辆带风长时间停放，制动缸及其管路压力空气泄漏，缓解风缸压力也逐渐降低，停放制动施加，且闸瓦压力逐渐增大。

缓解状态：当弹簧制动器的缓解风缸 31 充气时，缓解活塞 32 使停放制动弹簧 35 压缩，活塞杆 33 带动停放制动杠杆 37 复位,从而松开制动杠杆 4,使停放制动缓解。

人工操作:车辆停放制动施加后无司机操纵时,若需缓解,可通过拉动辅助缓解装置缓解拉环 36 实现,此时,缓解活塞 32 和螺纹套筒 34(两者为非自锁螺纹连接)相对移动,释放弹簧作用力,停放制动杠杆 37 施加于制动杠杆 4 的推力消失,闸瓦压力随之消失,达到车辆缓解。停放制动器人工缓解后需向缓解风缸再次充气,使其复位后,才能实现下次停放制动的施加。

应注意两点:① 在车辆运行中,随时观察主风缸压力,确保其不低于规定压力,以免运行中抱闸;② 在主风缸压力较低时移动车辆,应确认停放制动处于缓解状态,以防车轮踏面擦伤等事故的发生。

本 章 小 结

制动是指人为地使列车减速或阻止其加速的过程。从能量的角度看,制动过程是一个能量的转移过程,是将列车运行具有的动能人为地控制转变成其他形式能量的过程。

制动装置包括制动控制装置和制动执行装置。制动方式按制动时列车动能转移方式可以分为摩擦制动和动力制动;制动力获取方式可分为黏着制动与非黏着制动;按制动源动力的不同进行分类主要有空气制动和电制动。制动控制系统主要有空气制动控制系统和电控制动控制系统两大类。制动执行装置就是基础制动装置。空气制动机按其作用原理的不同,可分为直通空气制动机、自动空气制动机和直通自动空气制动机。

空气制动装置主要由风源及管路系统、控制部分和执行部分 3 个主要部分组成。每一单元列车设置一套风源系统,除风源系统、受电弓管路以外,动车管路系统与拖车一样。风源系统主要包括空气压缩机组、风缸、脚踏泵以及空气管路系统等。空气压缩机主要有活塞式和螺杆式空气压缩机两种。空气干燥器有单塔式和双塔式两种。

克诺尔电空制动机控制部分是制动装置的核心,由带有防滑控制的制动微机控制单元、制动控制单元、空气控制屏等组成。制动微机控制单元是一个用于控制电空制动和防止车轮滑行控制的微处理机。制动控制单元主要由模拟转换阀、紧急电磁阀、称重阀、中继阀等组成。

SD 型电空制动机属于直通式电空制动制式;按指令传递系统区分,为数字式电气指令式;按制动执行装置区分,为 7 级膜片中继阀。由制动控制器、空重车调整阀、控导阀、空电转换器、紧急电磁阀、备用电磁阀、双向阀、故障缓解电磁阀等组成。

基础制动装置是制动装置的执行部件,普遍采用单元制动缸,有两种:带停放制动器和不带停放制动器。

闸瓦间隙自动调整器用于自动调整闸瓦与车轮踏面之间的间隙,使之保持在规定的范围之内,一般为 6~10 mm。

复习思考题

1. 解释:制动、制动力、制动机、制动能力。
2. 城轨车辆制动机有何特点?
3. 制动方式有哪些种类?各有何特点?

4. 制动机有哪些种类？它们是如何工作的？
5. 城轨车辆风源系统有何特点？主要包括哪些部分？各部分的作用是什么？
6. 活塞式空气压缩机由哪几部分组成？其作用原理是什么？
7. 与活塞式空气压缩机比较，螺杆式空气压缩机有何优缺点？
8. 空气干燥器有何作用？由哪几部分组成？其作用原理是什么？
9. 空气制动装置由哪几部分组成？各部分的作用是什么？
10. 制动控制单元由哪几部分组成？各部分的结构和作用原理是怎样的？
11. 与克诺尔电空制动机比较，SD 型电空制动机有何特点？
12. PC7Y 型和 PC7YF 型制动器的结构和作用原理是怎样的？
13. 闸瓦间隙自动调整器的作用和工作原理是怎样的？如何进行人工调整？

第十一章 空气调节系统

通过空气调节系统的学习，了解城轨车辆空调系统的作用、种类，熟悉空气调节系统中制冷剂、蒸气压缩式制冷机组等知识，掌握几种常见的城轨车辆空气调节系统的组成和工作原理、调节操纵、日常维护与保养。

教学目标

能力目标
- 能根据客室内空调参数要求和外气参数的情况进行制冷和采暖操作
- 能根据需要正确选用合适的空调制冷剂
- 能对比分析各种制冷剂、制冷压缩机使用的优缺点
- 能完成车载空调系统的日常维护与保养

知识目标
- 了解城轨车辆空调系统的作用、种类
- 熟悉制冷剂的特性、蒸气压缩制冷机组的工作过程
- 熟悉空调制冷系统中其他辅助设备的作用及工作原理
- 掌握空调装置的手动调节意义、内容、方法

第一节 制冷原理简介

用一定的方法使物体或空间的温度低于周围环境介质的温度,并且使其维持在某一范围内,这个过程称作空调制冷。制冷的方式大致有 5 种:① 蒸气压缩式制冷;② 半导体制冷;③ 吸收式制冷;④ 蒸气喷射式制冷;⑤ 涡流管制冷。一般城轨车辆都采用蒸气压缩式制冷,这主要从其使用的方便性、安全性、经济性及维修等方面考虑。

一、蒸气压缩制冷机的工作原理

在一定的压力下,液体温度达到沸点(即饱和温度)就会沸腾。在制冷技术中,常把这个饱和温度称为蒸发温度。沸腾的液体如果继续吸热,它就会因吸收了汽化潜热而相变成饱和蒸气。在同一压力下,不同的液体蒸发温度不同,所吸收的汽化潜热也不同。例如,在一个大气压下,水的沸点为 100°C,汽化潜热为 2 258 kJ/kg;而 R-12(氟利昂-12)的沸点为 −29.8°C,汽化潜热为 165.3 kJ/kg。

例如,若将一个盛满低温 R-12 液体的容器敞开口,放在密闭的被冷却空间内,由于被冷却空间内空气的温度高于 R-12 的沸点,所以 R-12 液体将吸热而汽化,使被冷却空间内空气温度逐渐下降,这个降温过程直到容器内的 R-12 液体汽化完为止。为了将汽化的 R-12 蒸气回收使用,需将它再冷却成液体,如用环境介质(如大气或水)来冷凝,蒸气的冷凝温度就要比环境介质的温度稍高一些。我们知道压力较高的蒸气其冷凝温度也较高,因此只要将 R-12 蒸气用压缩机压缩到所需的冷凝温度相对应的饱和压力,就用环境介质来冷凝它,使在被冷却空间吸热汽化的 R-12 蒸气重新冷凝成液体。由于冷凝后制冷剂液体的温度还高于被冷却空间空气的温度,因此必须让冷凝后的制冷剂液体降压降温,使其温度低于被冷却空间的温度,这样降压降温后的制冷剂液体就可以在被冷却空间内重新吸热汽化。制冷剂在一个封闭的系统中,只消耗压缩机的功就能反复地实现制冷剂由液体变为蒸气,再由蒸气变为液体的相态变化,并通过这种相态变化将低温处的热量转移到高温处去,这就是蒸气压缩式制冷的工作原理。

蒸气压缩制冷机组主要是由压缩机、冷凝器、膨胀阀和蒸发器 4 个部件组成的,并用管道连接,形成一个封闭的循环系统,如图 11.1 所示。

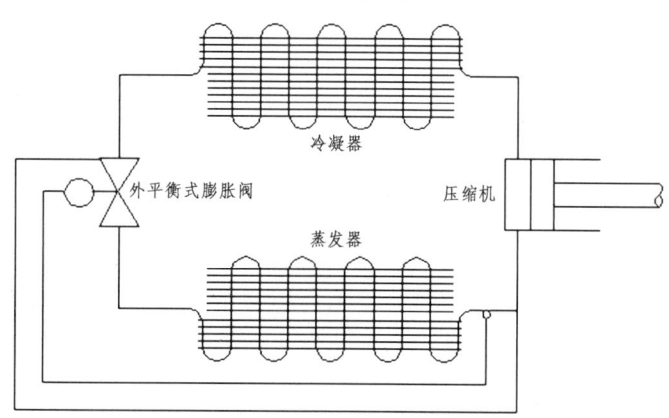

图 11.1 制冷循环系统原理

其工作过程如下:

(1) 制冷剂液体在蒸发器中吸收被冷却物体(如室内的空气)的热量,而汽化成低压低温的蒸气后被压缩机吸入。

(2) 压缩机消耗一定的机械功将制冷蒸气压缩成压力、温度都较高的蒸气并将其输入冷凝器。

(3) 高温、高压的制冷剂蒸气在冷凝器内被环境空气(或水)冷却,制冷剂蒸气放出热量后被冷凝成液体,此时的制冷剂液体还处于高温、高压状态。

(4) 高温、高压的制冷剂液体经过膨胀阀节流降压、降温后进入蒸发器。

此时的制冷剂液体已变为低温、低压状态。在蒸发器中,低温、低压的制冷剂又吸收被冷却物体的热量蒸发成相对的低温、低压的制冷剂蒸气,再被压缩机吸入。如此周而复始地循环。

二、制冷剂液体过冷和吸气过热对制冷循环的影响

1. 制冷剂液体过冷的影响

在理论循环中认为从冷凝器中流出和进入节流装置的制冷剂都是饱和液体状态,而在实际制冷装置中,制冷剂在冷凝器中冷凝成液体后还在继续向外放热而变成过冷液体(未饱和液体)后才流出,特别在车辆制冷装置中,冷凝器采用风冷,液体的冷凝温度总是高于环境气温,从冷凝器出来的制冷剂液体在储液器和管路中流动还要不断向外界放热而继续过冷。因此,冷凝器流至节流装置前总有一定的过冷度。饱和温度与过冷液体温度的差值称为过冷度。过冷度越大,节流损失就越小,单位质量制冷量就越大,因此制冷剂液体的过冷循环将提高制冷系数。

2. 吸气过热度的影响

在理论循环中,我们假定由蒸发器流出和被压缩机吸入的制冷剂都是饱和蒸汽,从蒸发器出口至压缩机入口之间的管路不存在热交换。实际上,制冷剂的蒸气温度总是低于被冷却介质的温度,从蒸发器流出的饱和制冷剂,在通过吸气管流进压缩机时,还将从冷却介质处或外界吸收部分热量而变成过热蒸气,因此压缩机实际吸入的是过热蒸气。如果制冷装置所采用的压缩机要求低温制冷剂蒸气冷却电机(如全封闭式和半封闭式压缩机),制冷剂蒸气在到达压缩机吸气腔时的过热度就会更大。

若吸入蒸气的过热热量全部来自被制冷的室外,则会增加冷凝器的热负荷。这种过热度越大,制冷系数和单位容积制冷量降低越多,所以称为有害过热。

为了减少管路的有害过热,吸气管路都必须用隔热材料包扎起来。

若吸入蒸气的过热热量全部来自被制冷的室内,则制冷剂的单位质量制冷量就应该由蒸气制冷部分和过热阶段所吸收的热量两部分组成。这时制冷剂的制冷系数比理论循环提高了,所以这种过热对制冷循环是有益的。

实际上,为了保证制冷装置的压缩机运转安全,总是使压缩机吸气有一定的过热度。若没有吸气的过热度,压缩机吸入的蒸气就难免带入未蒸发完的少量液滴,液滴在气缸中受热产生急剧的汽化,不仅会降低压缩机的实际吸气量,而且液体多时,甚至可能引起液击事故,所以压缩机吸气要有一定的过热度。

第二节　地铁列车客室内空气参数的确定

一、客室内空气参数的要求

地铁列车的运输任务是单一的运送短途乘客，这就要求客室内要有清洁的卫生而且是舒适的环境条件。根据人们的生活实践和人体生理卫生上的要求以及车内的特点，可分析出影响车内人体卫生和舒适性的主要因素是：客室内的空气温度、人体周围空气的流动速度、客室内空气的洁净度。

因为在正常的气候条件下，一般的人只要能够使身体内所产生的热量和向外界发散出去的热量保持平衡，人就感到舒适。而反之，人就感到不舒服——冷或热。在一般情况下，人体产生的热量主要靠皮肤和呼吸器官散发到周围的空气中去，这种散发热量的方式有辐射、蒸发、对流和传导。

在客室内空气的相对湿度是影响人体舒适的重要因素，当人体周围的相对湿度较大时，将要影响人体的蒸发散热，而使人们感到闷热。卫生学的观点也认为：当人体周围空气温度在 26.7°C 以下时，湿度对人体影响不明显，但当温度在 28°C 以上时，空气的相对湿度对人体的影响就较为明显了。相对湿度对人体影响使人感觉不舒适的极限值约为 70%。

在客室内的空气的流速，同样影响人体的散热。车内空气流速的增大可以加速人体表面的对流散热，尤其是当人体周围空气的温度和相对湿度都较高的情况下，增大空气流速会促进人体表面汗液的蒸发，从而增加散热效果，给乘客一个舒适的感觉。

在客室内，由于人的呼吸，二氧化碳（CO_2）将增加，当增加到一定浓度后就会影响人的健康。另外，车内乘客携带物品中产生的有害气体等，出会使车内空气变得污浊，因此必须不断地吸收外界新鲜空气来更换车内空气。外界空气也含有灰尘和其他有害气体，这就要求对吸入的外界空气进行净化处理。

综上所述，客室内的温度、相对湿度、流速、洁净度等参数是影响乘客舒适性的重要因素，由此我们根据上海地区的气象条件确定了上海地铁车辆客室内夏季的空调参数：

客室内的温度　　　　　　　$t=27°C$
客室内的相对湿度　　　　　$\varphi=65\%$
客室内空气流速为　　　　　0.5 m/s（在 1.2~1.7 m 处）　　最大不超过（0.7±0.2）m/s
新鲜空气量　　　　　　　　10 m³/（h·人）
车内空气含尘量　　　　　　≤0.5 mg/m³
每辆车总的通风量　　　　　8 000 m³/h（直流车）　　8 500 m³/h（交流车）
每辆车总的新风量　　　　　4 000 m³/h（直流车）　　3 200 m³/h（交流车）
每辆车均按满载 310 人计算。

二、外气参数的确定

城轨车辆外气参数的选定是根据本地区的地理位置和气象条件所确定的。以上海地铁车辆为例：

上海地区的纬度	31°10′
上海地区的经度	121°26′
上海地区的年平均温度	16.1°C
上海地区的月平均最高温度	27.8°C

根据以上的气象地理条件，上海地铁车辆的客室空调只在夏季进行制冷调节，冬季不进行采暖调节。为了改善驾驶员的工作环境，司机室设有电加热采暖。要使列车空调设备具有良好的经济性和运行完好性，故将其外气条件定为：

隧道内：　外部气温 $t=35°C$，相对湿度 $\varphi=60\%$
地　面：　外部气温 $t=32.2°C$，相对湿度 $\varphi=68\%$

额定满载乘客 310 人。

第三节　制　冷　剂

空调制冷系统中，将室内的热量连续不断地转移到室外环境空气中去的工作物质称为制冷剂。从理论上讲凡是能在蒸发器中吸收被冷却介质的热量而汽化，并在冷凝器中放出热量而液化的物质都可以作为制冷剂，但作为空调制冷系统必须要考虑所选用的制冷剂能使整个空调制冷系统安全、可靠、高效和经济的工作，因此对制冷剂是有一定的要求的。

一、对制冷剂的要求

1. 热力学要求

制冷剂的蒸发压力在要求的蒸发温度下不能过低，应略高于大气压力，以防外界空气渗入系统而降低制冷能力。在要求的冷凝温度下，冷凝的压力不能过高，压力过高一方面给系统的密封增加难度，同时还要提高系统高压部分的耐压能力，增加了设备的重量和成本；另一方面又使压缩机的压缩功增大，压缩机的实际排气量减小。

另外，制冷剂的临界温度要高，以便用环境空气（或水）来冷却，而凝固温度要低，以便获得较低的蒸发温度。

制冷剂的单位容积制冷量也应越大越好。这样当制冷量一定时，单位容积制冷量越大，制冷剂的循环量就可减少，同时可缩小压缩机和系统的尺寸。

2. 物理性质要求

制冷剂的黏度和比重要小，以减少制冷剂在制冷装置中流动阻力。制冷剂的导热系数与放热系数尽量大些，以提高换热器的传热效率，减小传热面积。

制冷剂有一定的水溶性。制冷剂最好不含水分，但实际上制冷系统中难免渗入极少量的水分，若制冷剂能溶解少量的水分，在蒸发温度低于 0°C 时，系统就不易产生"冰塞"现象而影响制冷装置的正常运转。

制冷剂与润滑油的互溶性对制冷装置换热器的传热及压缩机的润滑条件有重要的影响。

互溶性好则有利于润滑油渗透到各运动部件的摩擦面以改善润滑条件，并且在蒸发器等各换热器的传热面上也不易形成油膜面阻碍传热。缺点是制冷剂含油量增加会引起蒸发温度升高，造成制冷能力下降。

在密封式压缩机中，还要求制冷剂有良好的电气绝缘性能。

3. 化学性质要求

制冷剂应有良好的化学稳定性。在制冷剂的工作温度和工作压力范围内，应不分解、不聚合、无燃烧和爆炸的危险。

4. 生理学性质要求

制冷剂应对人体无毒、无刺激性气味。

二、城轨车辆空调的制冷剂

上海地铁一号线车辆空调机组采用的制冷剂为 R22，二号线车辆空调机组采用新型环保制冷工质 R134a；广州地铁一号线空调机组制冷剂采用 R134a，二号线空调机组制冷剂采用 R407c；深圳地铁车辆空调机采用新型环保制冷工质 R407c。

氟利昂是饱和碳氢化合物的卤素衍生物的总称，目前用作制冷剂的主要是甲烷（CH_4）和乙烷（C_2H_6）的衍生物。用卤素原子代替原化合物中的一部分或全部氢原子就能得到不同性质的氟利昂。氟利昂以符号"R"配以 2 位数字（甲烷族）或 3 位数字（乙烷族）表示。所配的数字第一位表示氢原子数，不含氢原子为 1，以后每多一个氢原子再加 1，第二位表示氟原子数。例如：

化学名称	化学分子式	代号
二氟二氯甲烷	CCL_2F_2	R-12
二氟一氯甲烷	$CHCLF_2$	R-22

氟利昂的优点：无毒、燃烧和爆炸的可能性小，对金属不腐蚀。绝热指数小，因而压缩机的排气温度较低。

氟利昂的缺点：单位容积制冷量较小，因而制冷剂循环量大；密度大，引起流动阻力大；放热系数低；含有氯原子的氟利昂遇明火（400 °C 以上）会分解出少量剧毒的光气；对天然橡胶和树脂有腐蚀作用；易于漏泄，又不易发现，要求系统有良好的密封性。此外，价格也较贵。

R-22 是一种使用安全的制冷剂。它的正常蒸发温度为 $-40.8°C$，R-22 的渗透性非常强，易于漏泄，又因无色无味，漏泄时不易察觉，其检漏一般可用皂泡法或卤素灯。用卤素灯时，当火焰呈蓝绿色则说明有渗漏。检漏要求高时，可用卤素检漏仪检查。

R134a 的性能远不如原先想象的理想。R134a 不能与传统的矿物油共用，专门合成的酯类油容易分解，危及压缩机安全；具有高度的吸湿性，要求对系统进行仔细地抽空和干燥处理，给实际应用带来不少麻烦；用于替代 R22 时容积制冷量下降 20%～30%，需要更大的压缩机排量。

R407c 基本性能：由 HFC-32、HFC-125 和 HFC-134a 按质量百分比 23%、25%、52% 混

合而成的共沸制冷剂，目前国外主要用于大、中型制冷系统中 HCFC-22 的替代物品。R407c 的成分中 R134a 所占比例超过 50%，因此 R134a 的存在使得 R407c 也不能与矿物油共用，但采用 R407c 新型环保制冷工质压缩机容积制冷量变化不大。

第四节　制冷压缩机

压缩机是蒸气压缩式制冷装置中的一个重要部件，它是推动制冷剂在制冷系统中不断循环的动力，起着压缩和输送制冷剂蒸气的作用，因此制冷压缩机常称为蒸气压缩式制冷装置的主机。为保护压缩机安全工作，采取多重保护装置。例如，机组内设过流保护，高低压保护，缺相保护和延时启动（冷凝风机先开 10 s，以利压缩机启动，停机时同时停止）。其中任一种保护发生作用时，压缩机就立即停止工作，以防发生损坏。

活塞式制冷压缩机发展较早，技术也较成熟，应用最广泛，特别适用于中、小型制冷装置。因此在一般车辆的空调系统中大都使用活塞式压缩机。近年来螺杆式制冷压缩机发展也较快，由于用螺杆的回转运动代替了活塞的往复运动，因此其结构简单、效率高、体积小、重量轻和振动小等优点，现在也正开始在车辆空调系统中被采用。上海地铁二号线的车辆空调已采用了螺杆式压缩机。

一、活塞式制冷压缩机的工作过程

从热力学观点来评价一台压缩机的完善程度主要有两个指标：压缩机气缸的利用程度和功率的消耗大小。

压缩机的理论工作过程是由等压吸气、绝热压缩和等压排气过程组成的。但由于气缸存在余隙容积，压缩后的气体不能排尽，因此实际上要比理论工作过程多增加一个膨胀过程，即活塞由上死点回程时，余隙内剩余气体开始膨胀，直至压力低于吸入气体的压力。所以压缩机实际工作过程与理论工作过程存在很大的差异，主要是：① 实际上压缩机有余隙容积；② 吸、排气过程中存在流动阻力损失；③ 制冷剂气体与气缸等机件接触处有热交换；④ 吸、排气阀和活塞环等处还有漏泄损失，以及在工作时运动机构的摩擦面要消耗摩擦功等。由于这些因素的影响，使得压缩机实际工作过程的输气量要小于理论过程，而功率消耗则大于理论过程。

二、活塞式制冷压缩机的结构

1. 活塞式制冷压缩机种类

活塞式制冷压缩机的结构式样有多种，按压缩机与电动机的组合方式的不同可分为开启式、半封闭式和全封闭式 3 种。

（1）开启式是压缩机和电动机分开，压缩机的曲轴有一端伸出机体，并通过联轴器与电机相连。

（2）半封闭式压缩机是压缩机与电机共同组装在一个可拆的密封机壳内，压缩机的曲轴和电机的转子轴是一根整体轴，压缩机没有伸出机体之外的转动部件。

（3）全封闭式压缩机是将压缩机与电机共同组装在一个封闭的机壳内，机壳的接缝用焊接的方法焊式。

2. 全封闭活塞式制冷压缩机的结构

全封闭式制冷压缩机的特点，是将压缩机与电动机一起组装在一个密闭的罩壳内，形成一个整体，从外表上看只有压缩机进、排气管和电动机引线，如图11.2所示。

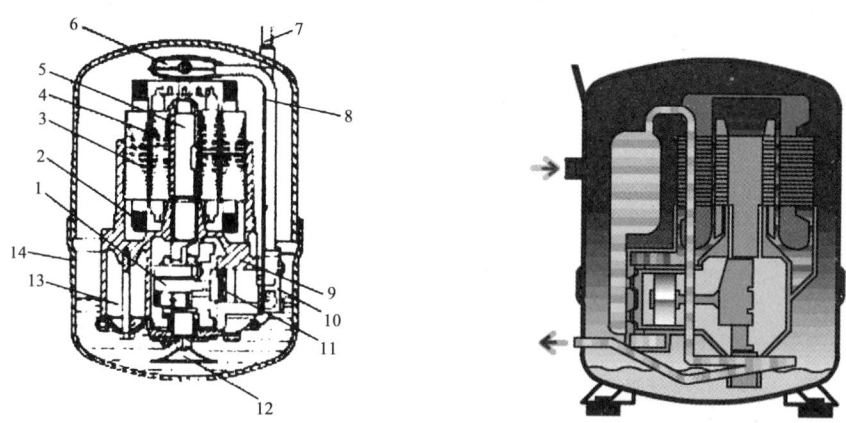

1—连杆；2—电机绕组；3—电机定子铁心；4—转子铁心；5—偏心轴（主轴）；
6—吸气包；7—排气管；8—吸气管；9—气缸体；10—气缸盖；
11—活塞；12—过滤器；13—稳压室；14—罩壳。

图11.2　全封闭压缩机

（1）机壳。由钢板冲压而成，分上下两部分，装配完毕后焊死。它比半封闭压缩机更为紧凑，密封性更好。

（2）电动机。电动机布置在上部，这样可避免电动机绕组浸泡在润滑油中，且轴下端可作为油泵使用。电动机定子的外壳与气缸体铸成一体。

（3）气缸。气缸呈卧式布置。主轴为偏心轴，垂直安装，上端安装电动机转子，偏心轴上安放二个连杆，成V形布置。主轴中间开有油道，平衡块用螺钉固定在偏心轴的两侧。连杆大头为整体式，直接套在偏心轴上。

（4）活塞。为筒形平顶结构，因直径较小，活塞上不设气环和油环，仅开两道环形槽道，使润滑油充满其中，起到密封和润滑作用。气阀采用带臂环片阀结构，它的阀板由3块钢板钎焊而成。压缩机的主、副轴承及连杆等摩擦部位的润滑，靠主轴下端偏心油道的离心泵油的作用进行。为了减振和消声，利用电动机室内空腔容积作为吸气消声器，排气通道上装有稳压室。整个机芯安装在弹性减振器上，以减少工作时的振动。

上海地铁一号线车辆的空调采用的就是全封闭压缩机，全封闭压缩机具有足够的可靠性和寿命，一般不需维修，若有损坏则采取整个更换的方法。

压缩机和电机全部封闭在一个可拆的罩壳内。罩壳是用薄钢板冲压成上、下两部分，组装后将其焊为一体。

压缩机工作时，低压氟利昂蒸气吸入罩壳内，并充满整个罩壳使电机获得较好的冷却，然后再进入吸气包，并经吸气管和气缸盖内的吸气腔进入气缸。压缩后的高温、高压蒸气经排气腔进入稳压室。稳压室不仅可以使高压气体压力均匀稳定，同时还可以起消声作用。制冷剂蒸气最后由排气管排出，送至冷凝器。

三、螺杆式制冷压缩机

近年来，螺杆式制冷压缩机发展很快，其制冷系数、噪声级等指标已接近或达到活塞式压缩机的水平，在中等制冷量范围内的应用取得了信誉。而且机组逐渐更新，品种日益增加，制冷量向更低与更高的范围内延伸，不断地扩大了使用范围，并向不同的领域扩张，已发展成为制冷机的主要形式之一。为了保证螺杆式制冷压缩机的正常运转，必须配置相应的辅助机构，如润滑油的分离和冷却，能量的调节控制装置，安全、保护装置和监控仪表等。通常生产厂多将压缩机、驱动电机及上述辅助机构组装成机组，称为螺杆式制冷压缩机组。

螺杆式制冷压缩机由于喷油使制冷机的性能大大改善，故螺杆式制冷压缩机绝大部分为喷油式。

喷油的优点如下：

（1）降低排气温度。

（2）减少工质泄漏，提高密封效果。

（3）增强对零部件的润滑，提高零部件寿命。

（4）对声能和声波有吸收和阻尼作用，可以降低噪声。

（5）冲洗掉机械杂质，减少磨损。

但由于喷油量较大，所以螺杆装置中必须增设油的处理设备，如油分离器、油冷却器、油过滤器、油压调节阀和油泵等，这将增大机组的体积和复杂性。

螺杆式制冷压缩机虽具有单级压力比高的优点，但随着压力比的增大，泄漏损失急速地增加，因此，低温工况下运行时效率显著降低。为了扩大其使用范围，改善低温工况的性能，提高效率，可利用螺杆制冷压缩机吸气、压缩、排气单向进行的特点，在机壳或端盖的适当位置开设补气口，使转子基元容积在压缩过程的某一转角范围，与补气口相通，使系统中增设的中间容器内的闪发气体通过补气口进入基元容积中。这样，单级螺杆压缩机按双级制冷循环工作，达到节能的效果。此增设的中间容器称为经济器。

螺杆式制冷压缩机是一种容积型回转压缩机，它是通过一对互相啮合的螺杆转子的旋转来实现对制冷剂蒸气的压缩和输送的。

螺杆式压缩机又分为双螺杆和单螺杆压缩机。如图11.3和11.4所示。通常为简化起见，也称双螺杆压缩机为螺杆式压缩机。单螺杆压缩机，又称蜗杆压缩机，它由一根螺杆和两个星轮组成。它在很多方面与双螺杆压缩机类似，而且具有更加理想的力平衡性，故在国内外得到了较快的发展，不过目前在制冷方面使用还不广泛。

图 11.3 单螺杆压缩机

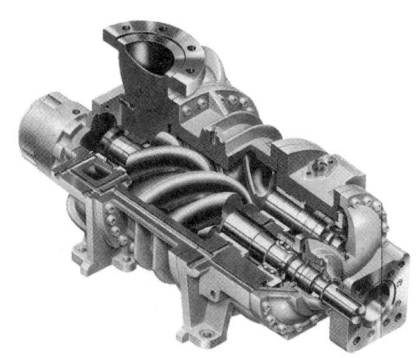

图 11.4 双螺杆压缩机

目前应用于制冷系统上的多为喷油式螺杆压缩机如图 11.5 所示，且大都采用单级开启式结构形式。有些小型氟利昂螺杆压缩机采用半封闭式或全封闭式的结构。

图 11.5 所示的全封闭式的螺杆式制冷压缩机的结构。它主要由压缩机的机体、阳转子、阴转子及电机等组成。两个互相啮合的转子平行地安装在机体内，彼此反向旋转。一般主动转子的端面齿形是凸齿，称为阳转子或阳螺杆；从动转子的端面齿形是凹齿，称为阴转子或阴螺杆。阳转子与阴转子的齿数比一般取 4∶6，以使两个转子的刚度大致相等。

阳螺杆与阴螺杆的螺旋方向相反，但它们螺旋部分的轴向长度相等，且小于螺旋导程，即螺杆扭转角小于 360°（一般在 200°~300°）。转子螺旋部分的轴向长度与其直径之比称为长径比，一般在 1.0~1.7。

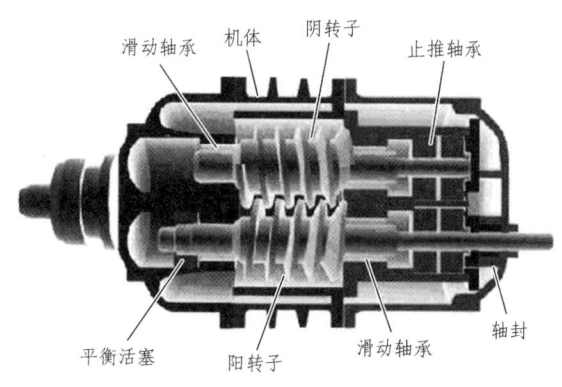

图 11.5 全封闭螺杆式制冷压缩机

螺旋转子的齿廓曲线称为形线。转子的端面形线有对称圆弧形线和非对称形线两种，如图 11.6 所示。非对称形线转子的压缩容积的密封性较好，气体压缩时，能够减少转子啮合部位的漏泄，使压缩机的输气系数提高 5%~10%。上海地铁交流车的螺杆压缩机为非对称形线。

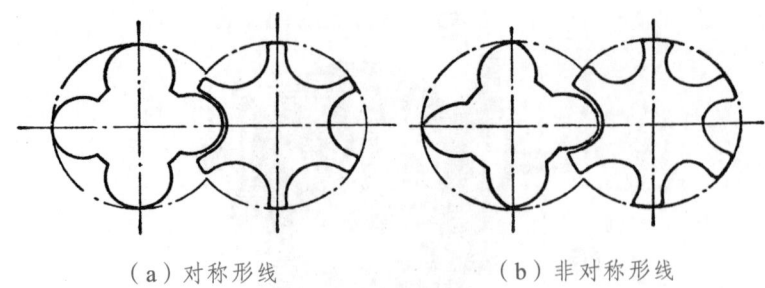

(a) 对称形线　　　　　　(b) 非对称形线

图 11.6　螺杆端面形线

螺杆压缩机的蒸气压缩容积是由啮合的转子和气缸内壁组成的。如果与活塞式压缩机相比，阳螺杆的凸齿相当于活塞，阴螺杆的凹齿与气缸内壁所组成的容积就相当于气缸，随着转子的旋转，压缩容积沿着转子的轴向移动，因此螺杆的一端为吸气端，另一端则为排气端，并在压缩机机体的前后端盖上也相应地开有吸、排气口。

螺杆压缩机工作时，阳、阴转子的齿廓和齿槽并不直接接触，齿廓与齿槽之间，转子与气缸内壁之间都有微小的间隙。润滑系统通过喷油孔向转子啮合部位喷射润滑油，使互相啮合的转子之间及转子与气缸内壁之间形成一层密封的润滑油膜，既能避免转子啮合部位的干摩擦，也能减少压缩容积内气体的泄漏，提高输气效率。同时，呈雾状的润滑油喷入后，与制冷剂气体混合，制冷剂得到冷却，这样便能显著地降低压缩机的排气温度。因此，螺杆压缩机单级的压缩比就可达到 20。

此外，由于螺杆压缩机在结构上不存在像活塞式压缩机那样的吸排气阀和余隙容积，因此即使有少量的液体被吸入也不会发生"液击"现象。

四、涡旋式制冷压缩机

涡旋式压缩机是回转式压缩机的一种。它发明于 1905 年，但直到 20 世纪 80 年代初才在日本首次应用到制冷及空调领域中。因此，目前还是一种较为新型的制冷压缩机。

目前仅有小型全封闭及开启式两种机型，广州地铁二号线和深圳地铁车辆的空调采用的是全封闭涡旋式压缩机。

从结构及工作原理看，小型涡旋式压缩机具有如下的特点：

（1）效率高。涡旋压缩机吸气、压缩、排气连续单向进行，直接吸气，因而吸入气体有害过热小；没有余隙容积中气体的膨胀过程，因而输气系数高。同时，两相邻压缩腔中的压差小，气体泄漏少。另外，旋转涡旋盘上所有接触线转动半径小，摩擦速度低，损失小，加之吸、排气阀流动损失小，因而效率高。

（2）力矩变化小、振动小、噪声低。涡旋压缩机压缩过程较慢，并可同时进行 2~3 个压缩过程，机器运转平稳，而且曲轴转动力矩变化小；其次，气体基本连续流动，吸、排气压力脉动小。

（3）结构简单，体积小，质量小，运动零部件少；没有吸、排气阀，易损件少，可靠性好，涡旋式压缩机与活塞式压缩机相比，体积小 40%，质量减小 15%，效率高 10%，噪声低 5 dB（A）。但其制造需高精度的加工设备及精确的调心装配技术，这就限制了它的制造及应用。

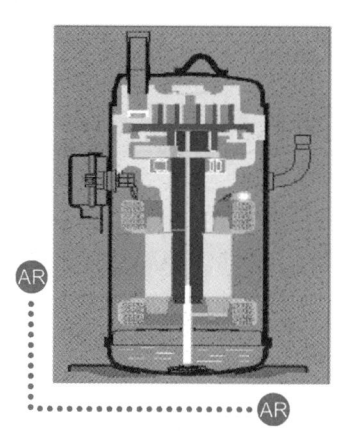
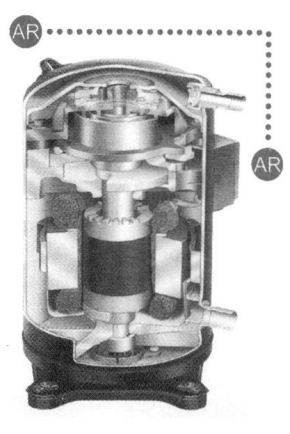

图 11.7　涡旋式制冷压缩机

涡旋式制冷压缩机基本结构主要由两个涡旋盘相错 180° 对置而成,其中一个是固定涡旋盘,而另一个是旋转涡旋盘,它们在几条直线(在横截面上则是几个点)上接触并形成一系列月牙形容积,如图 11.8 所示。

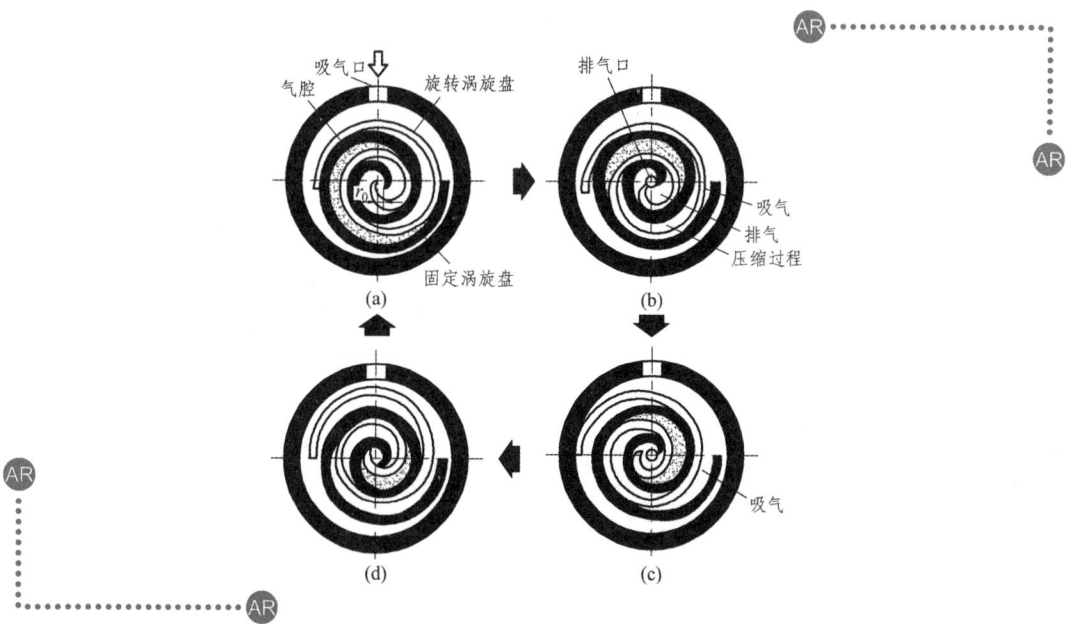

图 11.8　涡旋式制冷压缩机工作原理

旋转涡旋盘由一个偏心距很小的曲柄轴驱动,绕固定涡旋盘平动,两者间的接触线在运转中沿涡旋曲面移动。它们之间的相对位置,借安装在旋转涡旋盘与固定部件间的十字滑环来保证。

吸气口设在固定涡旋盘的外侧面,由于曲柄的转动(顺时针),气体由边缘吸入,并被封闭在月牙形容积内,随着接触线沿涡旋面向中心推进,月牙形容积逐渐缩小而压缩气体。而高压气体则通过固定涡旋盘上的轴向中心孔排出。

工作过程包括吸气、压缩、排气过程,在曲柄轴的每一转中,都形成一个新的吸气容积,所以上述过程不断重复,依次完成。

第五节　换热器及其辅助设备

用于制冷的换热器主要有冷凝器和蒸发器等，它们是制冷系统必不可少的换热设备，其换热效果直接影响制冷装置的重量、性能和运行的经济性。冷凝器和蒸发器的形式和制冷装置的用途、换热介质（制冷剂、载冷剂和冷却介质）的种类、流动方式及换热特性等因素都有关。在蒸气压缩式制冷装置中，除压缩机、冷凝器、蒸发器和节流机构等主要设备外，还包括一些辅助设备，如分油器、贮液器、过滤器与干燥器等。这些辅助设备的作用是保证制冷装置的正常运转、提高运行的经济性和保证操作的安全可靠。但它们不是完成制冷循环所必需的设备，因此小型制冷装置往往省去某些辅助设备。

一、换热器

在制冷系统中，除有起主导作用的压缩机外，还必须包括起换热作用的换热器——蒸发器和冷凝器。

1. 冷凝器

冷凝器是制冷机的主要热交换设备，其作用是使从压缩机出来的高温、高压制冷剂蒸气在其中向冷却介质——水或空气放热，冷却、冷凝成高温、高压的过冷液体。

冷凝器按其冷却介质和冷却方式，可以分为水冷式冷凝器、蒸发式冷凝器和空气冷却式（或称风冷式）冷凝器三种类型。

（1）水冷式冷凝器。用水作为冷却介质，使高温、高压的气态制冷剂冷凝的设备。由于自然界中水温一般比较低，因此水冷式冷凝器的冷凝温度较低，这对压缩机的制冷能力和运行经济性都比较有利。目前制冷装置中大多采用水冷式冷凝器，所用的冷却水可以一次流过，也可以循环使用，但容易在冷凝器表面结水垢。当使用循环水时，需建有冷却水塔或冷却水池，使离开冷凝器的水再冷却，以便重复使用。常用的水冷式冷凝器有卧式壳管式冷凝器、立式壳管式冷凝器及套管式冷凝器等形式。

（2）蒸发式冷凝器。用水和空气作为冷却介质，主要是靠水的蒸发把热量带走。蒸发式冷凝器特别适用于缺水的地区，尤其是当气候较干燥时，应用效果更好。需要说明的是，水在冷凝器管外汽化时，将其中的矿物质完全留在管子的外表面上，水垢层增长较快，因此蒸发式冷凝器应使用软水或经过软化处理的水。在结构上，挡水板上方设预冷管组，可以使进入蛇形管组的蒸气温度有所降低，这样有利于减少外表层结垢。总之，蒸发式冷凝器的主要缺点是管外易结水垢、易腐蚀，且维修困难。

（3）空气冷却式冷凝器。空气冷却式冷凝器又称为风冷式冷凝器。在这种冷凝器中，制冷剂冷却凝结放出的热量被空气带走。

空气冷却式冷凝器多为蛇管式，制冷剂蒸气在管内冷凝，空气在管外流动。根据空气运动的方式，又分为自然对流式和强迫对流式两种形式。自然对流空气冷却式冷凝器依靠空气受热后产生的自然对流,将制冷剂冷凝放出的热量带走。强迫对流空气冷却式冷凝器同时采用风机加速空气的流动。

由于夏季室外温度较高,采用空气冷却式冷凝器时,其冷凝温度也较高,尺寸大,能量消耗也大,但在车辆制冷系统中,由于受运用条件的限制,只能采用空气冷却式冷凝器。风冷式冷凝器工作时,制冷剂蒸气在管内冷凝,空气在轴流式风机作用下在蛇管外横向流过,从而把热量带走。

2. 蒸发器

蒸发器是制冷机的另一主要热交换设备。在蒸发器中,制冷剂液体在较低温度下蒸发而转变为蒸气,利用制冷剂的蒸发潜热,吸收被冷却介质的热量而使被冷却介质的温度降低。所以,蒸发器是制冷系统中产生和输出冷量的设备。

蒸发器按冷却介质的不同分为冷却液体(水、盐水等)的蒸发器和冷却空气的蒸发器两种。冷却液体的蒸发器有卧式壳管式蒸发器、干式壳管式蒸发器和沉浸式蒸发器;冷却空气的蒸发器有冷却排管和直接蒸发式空气冷却器。

冷却排管式多用于冷库和试验用制冷装置中。其共同点是制冷剂在管内蒸发,管外空气自然对流,传热系数较小。冷却排管可以用光管,也可以用肋片管组成。直接蒸发式空气冷却器也称冷风机,它适用于各种空调机组、冷藏库及低温试验箱。其共同点是在这种蒸发器中,制冷剂在蛇管内吸热蒸发,管外空气是在风机的作用下受迫流动。由于空气是强迫流动,所以传热系数比冷却排管高,城轨车辆制冷系统中,采用的蒸发器均为直接蒸发式空气冷却器。

直接蒸发式空气冷却器其结构与空气冷却式冷凝器很相似,空气冷却器也是制作成长方体形的蛇形管组,外部有边框以形成空气通道。由于蒸发器安装在车内比较干净,故空气冷却器的肋片间距较冷凝器的要小。

二、辅助设备

1. 干燥过滤器

由于制冷本身含有的水分或系统未严格干燥而带来的水分溶解于制冷剂中,当温度下降时,水分就会析出。含有水分的制冷剂在制冷系统中流到膨胀阀时,由于温度急剧下降,析出的水分就会结冰堵塞阀孔,造成冰塞,导致制冷系统无法工作。

干燥过滤器中的干燥剂用来吸收制冷循环系统中的水分,过滤器用来清除系统中的一些机械杂质,如金属屑和氧化皮等,防止进入膨胀阀堵塞阀孔和进入压缩机刮伤气缸和吸、排气阀,避免系统中出现的"冰堵"和"脏堵"。干燥过滤器安装在贮液器与膨胀阀之间的输液管上,如图 11.9 所示。

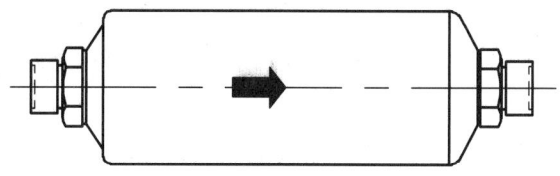

图 11.9 干燥过滤器

2. 气液分离器

气液分离器是用来分离蒸发器出口的蒸气中的液体，从而保证压缩机为干压缩。对于毛细管节流的制冷装置由于制冷剂流量不能自动调节，当负荷减少时，蒸发器中制冷剂就有可能不能完全蒸发，如果制冷压缩机吸入了带有液滴的制冷剂蒸气，就有可能产生液击而使阀片、活塞、连杆等损坏。因此为避免制冷压缩机吸入液体制冷剂，在制冷压缩机的回气管上可装设气液分离器，对制冷剂蒸气中的液体分离贮存。其结构如图11.10所示。

气液分离器的作用原理是：从蒸发器来的制冷剂蒸气由于进气管进入分离器后，由于气流的突然转向和减速，把液滴分离出来留在容器的底部，而气体则从出气管被压缩机吸入。在U形管的底部开有一个小孔 a，能使一定量的冷冻机油随吸入气体一起返回压缩机。b 孔为均压孔，可防止压缩机停机时由于蒸发器侧压力上升，使气液分离器中的液体通过 a 孔流向压缩机。

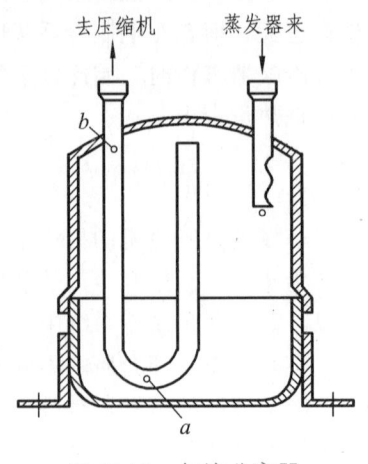

图 11.10　气液分离器

3. 油分离器

在制冷空调系统中，压缩机是唯一需要冷冻润滑油的地方。但是压缩机的排气中都带有润滑油。润滑油随高压排气一起进入排气管，并有可能进入冷凝器和蒸发器内。对于氨制冷系统，润滑油会在换热器传热表面上形成严重的油污，降低传热系数，并使制冷剂的蒸发温度有所提高。对于氟利昂系统，由于润滑油在氟利昂中的溶解度大，虽然一般不会在传热表面形成油污，但是对其蒸发温度影响（使蒸发温度升高）比较大。因此，在氨或氟利昂制冷系统中，一般在压缩机排出口和冷凝器之间安装油分离器，将压缩机排气中的润滑油分离出来。

4. 贮液器

贮液器又称贮液筒，它的作用是贮存制冷循环中的氟利昂液体，均衡调节制冷系统中氟利昂的需要量，以适应工况在一定范围内变动时制冷剂流量的变化。另外，在检修制冷设备及在制冷系统较长时间不工作时，可将系统中的制冷剂全部收贮在贮液器中，以免泄漏而造成损失。

贮液器多为卧式，其结构很简单，图11.11所示贮液器的筒体由钢板卷制而成，筒体上设进、出液口，其安装位置应低于冷凝器，容积应大于所需贮存的制冷剂液体的体积，贮存的制冷剂量不允许超过其容积的80%。

对于负荷变动不大的制冷设备，如单元式空调机组制冷系统，经严格控制充入的制冷剂量，可省略贮液器。

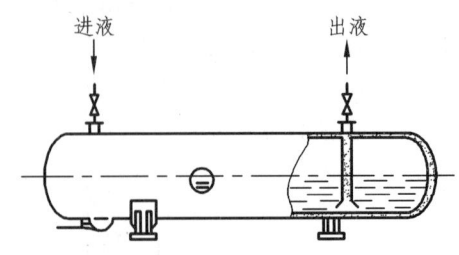

图 11.11　贮液器

第六节　空调装置的自动化控制

城轨车辆空调装置以自动控制为主，在自动控制部分发生故障时，可采用手动调节装置。自动控制的主要控制量是温度，另外，为使空调机组正常工作，机组内设有多种保护措施，如过电压保护，当供电电压超过额定电压的 115% 时机组即停止工作；低电压保护，当供电电压低于额定电压的 75% 时，机组也停止工作以及过流保护、接地保护、湿度保护、延时保护、压力保护、机组联锁控制保护等。

目前城轨车辆空调系统的自动化大致包括：
（1）制冷剂供液量的自动调节。
（2）压缩机制冷量的自动调节。
（3）被冷却对象温度工况的自动控制。
（4）自动保护装置。

一、制冷剂供液量的自动调节

1. 热力膨胀阀

在制冷系统中，能够按一定需要向蒸发器中供应液体制冷剂的设备，总称为流量控制设备。流量控制设备是制冷系统中的一个重要部分，它应当保证向蒸发器送入充足的液体制冷剂，使蒸发器的冷却盘管内全部为液体制冷剂所浸润，以充分发挥蒸发器的制冷效能；同时还应保证在蒸发器出口处的制冷剂能全部汽化，而不致因送入过量的液体制冷剂造成部分液体制冷剂来不及蒸发而随回气进入压缩机，发生"液击"致使阀和密封元件损坏。

自动调节流量的设备很多，对蒸发器供液量的自动调节通常用热力膨胀阀。

热力膨胀阀也称自动膨胀阀，它除了利用蒸发器出口处制冷剂蒸气的过热度来调节制冷剂流量外，还对高压液体制冷剂起节流降压作用，使制冷剂一出阀孔就沸腾膨胀为湿蒸气，故也称节流阀。

（1）内平衡式热力膨胀阀。热力膨胀阀按平衡方式的不同，可分为内平衡式和外平衡式两种。图 11.12（a）为内平衡式热力膨胀阀的结构，它是由感温包、毛细管、膜片、顶杆、阀座、阀针及调节机构等组成。膨胀阀接在蒸发器的进口管上，如图 11.12（b）所示。在感温包、毛细管及膜盒（膜片上的空腔）构成的密闭空间（称感温系统）中，充注与制冷系统相同的制冷剂液体或其他气体，这种液体或气体对于膨胀阀的调节机构起推动作用，感温包感受制冷剂离开蒸发器时的温度，与其温度相对应的饱和压力 p_1 经毛细管传至膨胀阀上部的膜片上，使膜片有一向下的推力 $p_1' = p_1 \cdot F$（F 为膜片受压面积），其作用方向是使阀门向开启方向移动，膜片下面所承受的力有两个（阀针所受节流前后压力差的作用力很小，分析时可忽略）：一是经过阀门节流后制冷剂的压力 $p_0' = p_0 \cdot F$；另一个是弹簧力 p_2。这两个力的作用方向是使阀门朝关闭方向移动。系统在任何蒸发压力及负荷的情况下，这些力应当平衡，即 $p_1' = p_0' + p_2$，此时膜片不动，也就是阀针的位置不动，阀针孔的开启度不变，如图 11.12（c）所示。

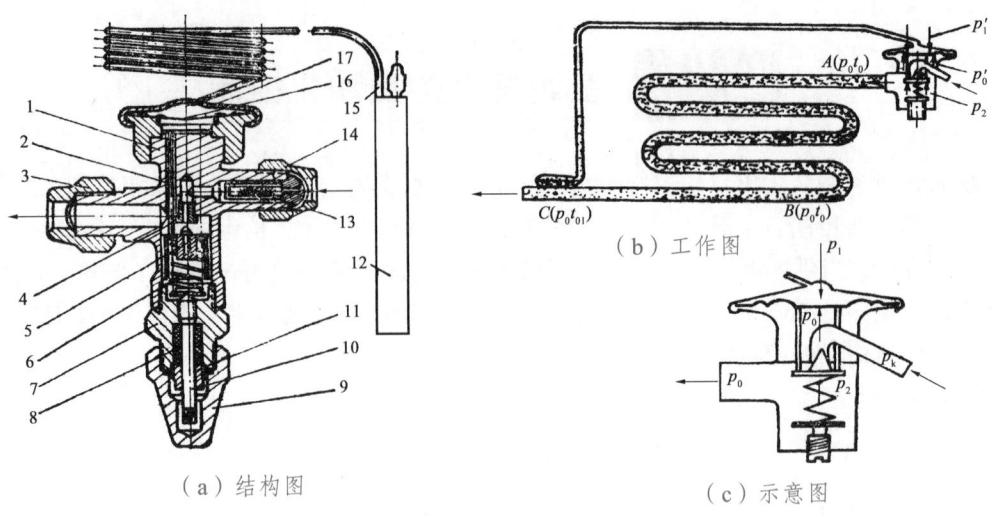

1—阀体；2—传动杆；3—螺母；4—阀座；5—阀针；6—弹簧；7—调节杆座；8—填料；9—阀盖；10—调节杆；11—填料压盖；12—感温包；13—过滤器；14—螺母；15—毛细导管；16—感应膜片；17—气箱盖。

图 11.12 热力膨胀阀

膨胀阀的工作原理就是利用 p_1 的变化来改变针孔的开启度，从而改变制冷剂的流量，实现自动调节。如图 11.12（b）中，液体制冷剂在膨胀阀孔口处降低压力与温度后的饱和液体与蒸气的混合物在 A 点进入蒸发器，其压力为 p_0，温度为 t_0，制冷剂流至 B 点全部蒸发为饱和蒸气，至 C 点出口，蒸气过热至 t_{01}，如果忽略蒸发器管排与感温包的传热温差，则对应于温度 t_{01} 的饱和蒸气压力作用在膨胀阀感温系统内的膜片上部。当蒸发器的供液量相对于蒸发器的热负荷来说显得较少时，蒸发器出口蒸气的过热度增大，因而使感温包中蒸气温度升高，压力增大，$p_1' > p_0' + p_2$，迫使膜片向下弯曲，通过顶杆，使弹簧压缩，因而阀孔开大，供液量增加；反之当供液量较多时，出口蒸气过热度减小，感温系统中的压力降低，$p_1' < p_0' + p_2$，针阀受弹簧的压力而自动将阀孔关小，供液量随之减少。所以热力膨胀阀对于蒸发器负荷的变动，是通过感温包和蒸发器内的压力，不断地传递给预先调好的弹簧上，也就是根据给定的过热度来调节制冷剂的流量，最大限度地发挥蒸发器的能力。

（2）外平衡式热力膨胀阀。当蒸发器盘管较长，制冷剂在盘管中流动阻力引起的压力降较大时，蒸发器的进口和出口将有较大的压力差，如仍采用内平衡式膨胀阀，将增加阀门的关闭过热度，因而也相应地减小了可变过热度，导致热力膨胀阀供液量不足，蒸发器用于蒸气过热的面积增加，降低了蒸发器的效率。一般在过热度不大于 5～6℃时，蒸发器的利用率下降不多，且可避免压缩机产生的"液击"事故。因此，当蒸发器的进出口压力差较大时，就应采用外平衡式热力膨胀阀。

外平衡式热力膨胀阀的结构与内平衡式热力膨胀阀基本相同，只是它的膜片下方不与供入蒸发器的制冷剂接触，而是设有一个空腔，用平衡管与蒸发器出口连接，其安装如图 11.13 所示。所以膜片下面承受的压力不是节流后蒸发进口的压力 p_0，而是出口压力 p_{01}，其调节特性就不受盘管中由于流动阻力所引起的压力差的影响。所以在蒸发器冷却盘管较长，阻力损失较大，特别是低温的情况下，应采用外平衡式热力膨胀阀。

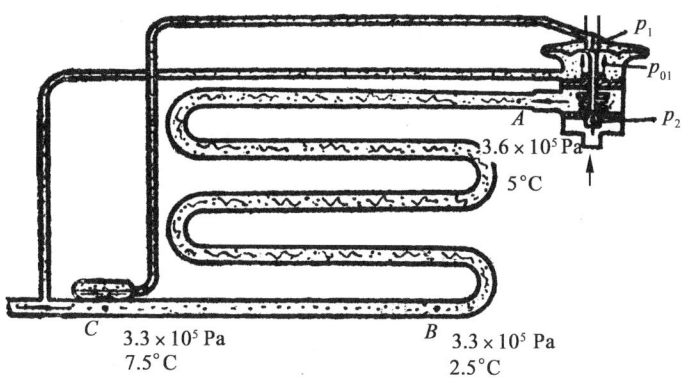

图 11.13 外平衡式热力膨胀阀工作示意图

上海地铁车辆的空调系统的功率大，蒸发器的盘管相对应的也很长，所以其热力膨胀阀都是采用外平衡式热力膨胀阀。

二、压缩机制冷量的自动调节

城轨车辆空调装置经常应用的制冷量调节方法有压缩机启停控制，压缩机运行台数控制、利用压缩机的能量调节机构及采用变频调速几种方式。

1. 压缩机启停控制

压缩机启停控制是最简单的制冷量调节方法，用低压继电器直接控制压缩机的启停，这种调节方法适用于热负荷变化不太剧烈的场合。如果热负荷变化过大、过频，会造成压缩机频繁启动，电机过热和运动件过度磨损，引起温度的较大波动。

2. 压缩机运行台数控制

在单元式空调装置中，如果有两套空调机组，共有 4 台压缩机，可以根据热负荷的变化，改变投入运行压缩机的台数来实现制冷量的调节。

3. 变频调速控制

压缩机的制冷能力与其转速成比例，可以通过改变转速实现制冷量的调节。变频调速是采用变频器改变电机的输入电压，使转速平滑改变，是一种最方便和理想的变速能量调节方式。随着电子工业的发展，制冷及空调装置中已大量采用。

三、被冷却对象温度工况的自动控制

热力膨胀阀只能控制制冷剂的流量而不能保持蒸发温度和蒸发压力一定。要控制客室内的温度，就必须使用温度控制器。温度控制器又叫温度继电器，采用热敏电阻、接触温度计或膨胀盒等感温元件，控制接通或切断空调设备电路，使车内保持规定温度。

四、自动保护装置

压缩机作为制冷系统的主机，它的安全性能对系统的安全可靠起决定作用。保护方法是当工作参数出现异常将危及压缩机安全时，应立即或者延时中止运行。

1. 吸、排气压力保护

制冷压缩机在正常运行时，其吸气压力和排气压力都应在规定的范围内。若吸气压力过低，特别是低于大气压时，外界的空气和水分就可能进入制冷系统，影响制冷装置的正常运行。全封闭式压缩机通常是用吸入蒸气来冷却电动机的，吸气压力过低造成制冷工质不足很可能烧毁电动机。另外，过低的吸气压力会影响润滑油泵的供油量，危及压缩机各摩擦耦合件，影响压缩机的使用寿命。超过正常运行负荷时，很可能使电动机绕组烧毁或损伤压缩机的排气阀门。排气压力过高，也会造成压缩机或高压侧部件的损坏。为了保证压缩机的安全运行，需在制冷系统中装设压力控制器以实现压力保护功能。

2. 油压差的保护

当压缩机采用由油泵强迫循环的润滑系统时，是以油泵的出口压力与曲轴箱压力（吸气压力）之差作为动力，迫使润滑油流到各运动部件的摩擦面，以达到润滑要求。因此必须使油压表所指示的油压值至少比吸气压力高 $0.075 \sim 0.15$ MPa。若油泵润滑系统发生故障，使循环油的压力下降而不能正常供油时，摩擦面就得不到充分的润滑，很容易发生拉伤甚至抱轴事故。因此，为了保证压缩机的安全运行，采用压差控制器作为润滑系统的保护控制装置。一旦润滑压力与吸气压力之差低于正常值，压差控制器就会动作，切断主电机电源，使压缩机停止运行。压差控制器又称为油压继电器。

3. 配电电路保护

配电电器主要用于配电电路，用来对电路及设备进行保护以及进行电能分配、接通和分断线路等。配电电器主要有熔断器及自动开关。

（1）熔断器。主要作为短路保护用，当熔断器通过的电流大于规定值时，以它本身产生的热量使熔体熔化而切断电路。客车空调控制系统中，大量应有的熔断器是 RL1 型螺旋式熔断器，用做主回路控制回路短路保护、压缩机短路保护、冷凝风机及通风机短路保护、电加热器及电压表短路保护。

（2）自动开关。自动开关又称为空气断路器，是一种自动切断电路故障用的保护电器。当电路内出现过载、短路或欠电压等情况时能自动切断电路，同时自动开关也可用于不频繁地启动电动机及操作或转换电路。单元式空调机组中大量应用的是塑料外壳式 DZ 系列自动空气开关，作为主回路电源保护，新风机、废气排风机电源保护开关，通风机、冷凝风机、压缩机、电机电源保护开关、电加热器电源保护开关等。

4. 控制电路保护

控制电器主要用于控制受电设备，使其达到预期要求的工作状态，如控制电动机的启动与制动，改变运动方向与转速。控制电器的种类有接触器、继电器。

（1）接触器。接触器是用来接通或断开主电路的一种控制电器，可以进行远距离控制。其工作原理是：电磁系统把电能转变为机械能，使触头系统进行分断和闭合，从而切断或接通电路。由于负载经常频繁启动，客车空调装置中大量采用的是具有直流吸引线圈的交流接触器 CJ10 系列，用作新风机、废气排风机开停控制，通风机电机开停控制，冷凝风机电机开停控制，压缩机开停控制，电加热器开停控制等。

（2）继电器。继电器是在输入信号作用下动作的自动控制电器。按用途分，有电器控制系统用继电器及电力系统统用继电器。按输入量的物理性质划分，有电压继电器、电流继电器、功率继电器、时间继电器、温度继电器等。这里主要介绍中间继电器、时间继电器、温度继电器和热继电器。

① 中间继电器。中间继电器是用来增加控制电路中的信号数量或将信号放大的继电器，通过它进行中间转换，增加控制回路或放大控制信号。常用的 JZ7 系列作中间信号传递或放大之用；MA406N 系列中间继电器作为信号传递、放大、联锁及隔离用。

② 时间继电器。在敏感元件获得信号后，执行元件要延迟一段时间才能动作的继电器叫作时间继电器。常用的 JS14P 系列晶体管时间继电器，主要作延时用，使压缩机与冷凝器、蒸发器风机分开启动，避免短时内启动电流突增，损坏机组。

③ 温度继电器。温度继电器可作为过热保护和恒温控制用。作为过热保护的温度继电器结构简单，作用原理与热继电器相似，装设在被保护发热设备附近。当设备温度超过规定值时，双金属触点动作，切断电路，用来对电热取暖作缺风过热保护及对压缩机作过热保护。

作为恒温控制用的温度继电器又称为温度控制器，用来进行制冷自动控制，压缩机排温控制及电加热温度控制。常用温度继电器有：水银式温度控制器、电子式温度控制器及利用饱和蒸气压力变化而作用的机械式温度控制器。

④ 热继电器。热继电器是根据电流通过热元件产生的热效应（包括延时）而动作的继电器，主要用来进行冷凝风机电机过热保护，通风机电机过热保护，压缩机电机过热保护，新风机、废排风电机过热保护，电流的不平衡保护以及对三相电动机的断相保护。

常用的热继电器为 JR16 系列，具有温度补偿，整定电流和手动、自动复位装置，手动复位时间约 2 min 以内，自动复位时间约 5 min 以内。

5. 空调装置联锁控制保护

客车空调的各种设备，除利用自动控制元件进行自动控制和自动保护外，还要进行如下的联锁，以便协调工作。

（1）通风机与压缩机联锁，通风机先开后关，压缩机后开先关。否则热负荷很小，车顶蒸发器会过冷结霜或导致压缩机吸入液态蒸气而发生液击现象，损坏压缩机。

（2）通风机与空气预热器联锁，通风机先开后关，空气预热器后开先关，以免空气预热器过热烧毁或引起火灾。

（3）压缩机与空气预热器，加热器联锁，不能同时开动。

（4）压缩机与冷凝器排风扇及电磁阀同时开闭。

五、城轨车辆空气调节装置自动化控制附件

1. 电磁阀

电磁阀是一种开关式的常闭自动阀门，通常与液面控制器、压力控制器、温度控制器等配合使用。作为执行元件，它可以接受各种感应机构以及手动开关给出的信号，靠电磁线圈

操作，打开或关闭阀门。电磁阀的打开，是依靠线圈通电以后所产生的电磁力，阀门的关闭，则是依靠复位弹簧及阀芯的重力。

电磁阀的形式虽然很多，但工作原理基本相同，通常可分为直接开启式和间接开启式两类。电磁阀被普遍用在制冷系统的输液管上，作为供液电磁阀，与压缩机电动机的控制线路相连，配合压缩机的停开而自动接通或断开输液。当压缩机停车时，停止供液，以避免大量制冷剂液体进入蒸发器，从而防止压缩机再次启动时产生液击。也可以利用压力继电器控制电磁阀，当压缩机吸气压力升高到将使电动机过载时，关闭电磁阀，停止向蒸发器供液。

2. 止回阀

止回阀又称单向阀，是一种根据阀前阀后制冷剂压力差而自动启闭的阀门。它的作用是使制冷剂只向一定方向流动，防止其逆向流动。当压缩机安装处温度低于冷凝器或贮液器安装处的温度时，为避免停车后制冷剂倒流回压缩机，应在排气管上装止回阀。

3. 安全阀

制冷系统中高压侧的冷凝器、贮液器上装有安全阀。当作用在阀盘上的制冷剂压力超过弹簧的调定值时，安全阀被顶开，制冷剂向低压系统排出，可以避免超压引起的事故，起到安全保护作用。

4. 熔 塞

在小型制冷系统中，常用熔塞代替压缩机的高压安全阀。熔塞的中心钻有小孔，在小孔中浇灌了易熔合金。熔塞通常装在冷凝器上，当由于某种原因使冷凝器的温度过高时，合金熔化（一般熔点为70℃左右），制冷剂经小孔排出。已熔化的熔塞需重新浇铸或更换。

5. 观察镜

观察镜又称为液位指示器，它不直接起保护作用，但用它可以观察到制冷系统关键部位的内部情况，以便操作人员及时判断系统工作是否正常。在不正常的情况下，能够帮助分析产生故障的原因。观察镜在制冷系统的某些部位（如蒸发器入口、油分离器出口、贮液器等）安装用以指示制冷系统管路中制冷剂液体流动情况及回油状况，贮液器的液位及曲轴箱的油位等。

第七节　空调装置

一、空调装置的组成

车辆空调系统的作用就是使客室内的温度、相对湿度、空气流动速度及洁净度（主要指尘埃及二氧化碳含量）保持在规定的范围内，为乘客创造舒适的乘车环境。

一般车辆空调系统主要由通风系统、制冷系统、加热系统、加湿系统以及自动控制系统五大系统组成。考虑到城轨车辆实际运行区域的气候条件，有些车辆可不设专门的加热及加湿系统。

通风系统的作用是将车外新鲜空气吸入并与车内再循环空气混合，在滤清灰尘和杂质后，再输送和分配到车内各处，使车内获得合理的气流组织，同时将车内污浊的空气排出车外，使车内的空气参数满足设计要求。

制冷系统的作用是在夏季对进入车内的空气进行降温、减湿处理，使夏季车内空气的温度与相对湿度维持在规定的范围内。

夏季，通风机将吸入的车内外的混合空气经过蒸发器冷却后送入车内，以达到降温的目的。由于蒸发器表面的温度通常低于空气的露点温度，空气中的部分水蒸气就凝结成水滴。因此，空气在通过蒸发器冷却的同时也得到了减湿处理。

空气加热系统的作用是在冬季对进入车内的空气进行预热和对车内的空气进行加热，以保证冬季车内空气的温度在规定的范围内。

空气加湿系统的作用是在冬季车内空气相对湿度较低时对空气进行加湿，以保证冬季车内空气的相对湿度在规定的范围内。

自动控制系统的作用是控制各系统按给定的方案协调地工作，以使室内的空气参数控制在规定的范围内，并同时对空调装置起自动保护作用。

二、通风系统

通风系统有机械强迫通风和自然通风两种方式。机械强迫通风系统是车辆空调装置中唯一不分季节而长期运转的系统，因此它的质量状态直接影响到旅客的舒适性和空调装置的经济性。一般城轨车辆采用机械强迫通风方式，依靠通风机所造成的空气压力差，通过车内送风道输送经过处理后的空气，从而达到通风换气的目的。图 11.14、图 11.15 为天津轻轨车辆空调系统气流走向。

1. 通风机组

通风机组是通风系统的动力装置，其作用是吸入车外新风和室内回风，并将处理后空气加压，通过主风道等送入客室。它通常由一台双向伸轴的双速电机和两台离心式通风机组成。

2. 送风道、回风道和排风道

车顶的二台空调机组，通过与车体相连的两个吸振消声的连接风道，将处理后的空气送到车顶的主风道内。送风道的作用是将经过处理的空气输送到室内。车辆的风道沿车辆方向分为 3 个，中间大的为主风道，两侧为副风道，主副风道由隔板分开，隔板上设有一系列调整风量的气孔。主风道的空气经隔板气孔进入副风道，使得两侧风道内得气流稳定地送入客室中。A 车的司机室的送风量是通过在司机室天花板上的司机室增压器从副风道中引入，气流方向可以通过位于内顶板上的送风导向器来调节，空气可以直接吹到司机座位区。风道一般用铝合金板或玻璃钢制成，在整个风道外表面均覆盖足够厚度的隔热材料，以防止风道冷量损失和结霜。

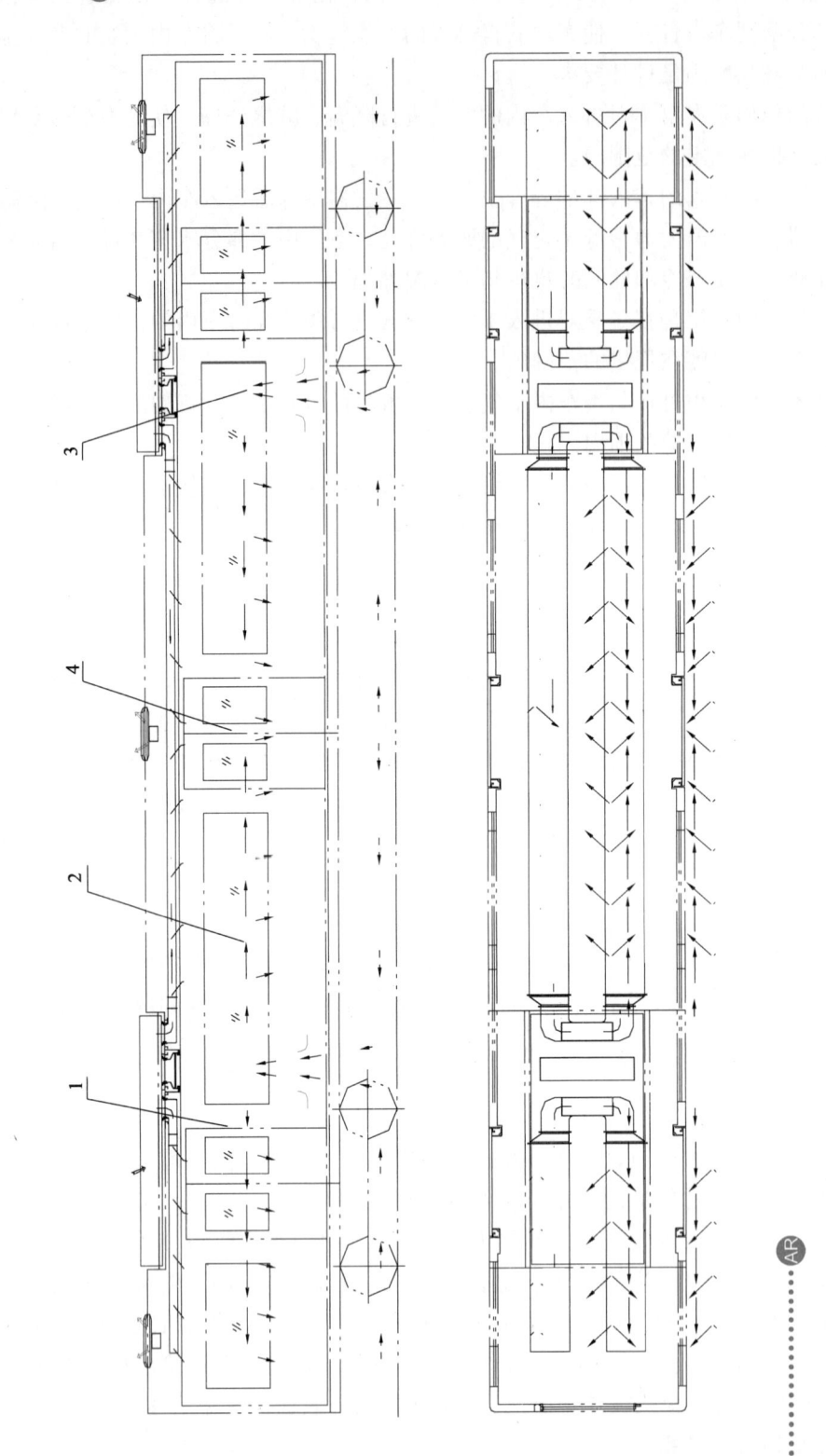

1—空调机组；2—主风道（静压风道）；3—回风口；4—自然排风口。

图 11.14 M 车空调系统气流走向

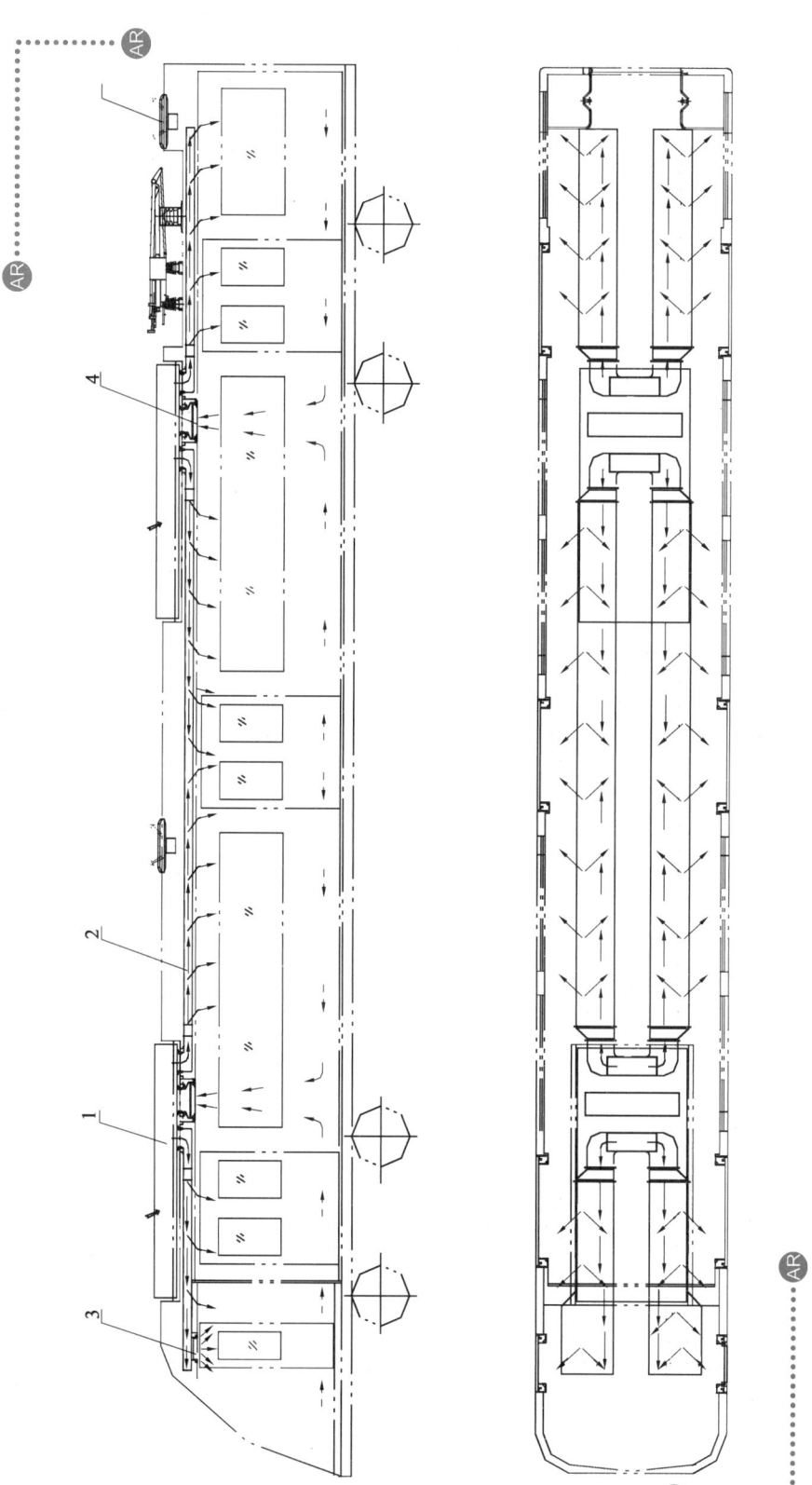

1—空调机组；2—主风道（静压风道）；3—司机室可调送风口；4—回风口；5—自然排风口。

图 11.15 Mcp 车空调系统气流走向

回风道是用来抽取室内再循环空气的。进入回风风道的空气,一部分通过设于车顶的 8 个静压排气孔排至车外,另一部分进入空调机组与吸入的新风混合后,经过冷却、过滤由离心风机将其送入主风道,这样就在客室内形成空气循环,达到调节空气温度、湿度的目的。

排风道用以排除车内污浊空气,即排风口与车顶静压排风器间的通道。

3. 新风口、送风口、回风口及排气口

(1)新风口。新风口即车外新鲜空气的吸入口。新风口一般装有新风格栅以防止杂物及雨雪进入车内,另外还设有新风滤网和新风调节装置。新风调节装置由一个 24 V 直流电机驱动新风调节门,调节进入客室的新鲜空气量。

(2)送风口。送风口是用来向客室内分配空气的。送风口大多装有送风器及风量调节机构,它不但使客室内送风均匀、温度均匀、达到气流组织分布合理的效果,还可以根据需要来调节送风量的大小,送风口处一般也装有送风滤网。

(3)回风口。回风口是室内再循环空气的吸入口。正常情况下,客室内一部分空气应作为回风,回风与新风混合前是在客室中被充分循环过的。与新风混合过滤后,通过蒸发器入口进入,应设置调节挡板,用于调节新风、回风的混合量(比例)。

(4)排风口。排风口是用来将客室内废气和多余的空气排出车外。从车内的长椅下,经内墙板后侧导向车顶,由车顶静压排风器排出车外。

(5)应急通风系统。每辆车配有 1 台紧急逆变器,在交流辅助电源设备故障情况下,应急通风系统应立即自动投入工作,向客室、司机室输送新风,维持 45 min 紧急通风。应急供电由蓄电池供给,并经直流/交流逆变器。当交流辅助电源供电正常时,空调系统自动转入正常工作状态。

图 11.16 所示为车体空调机组安装座及气流口示意图,图 11.17 所示为空调机组气流组织。

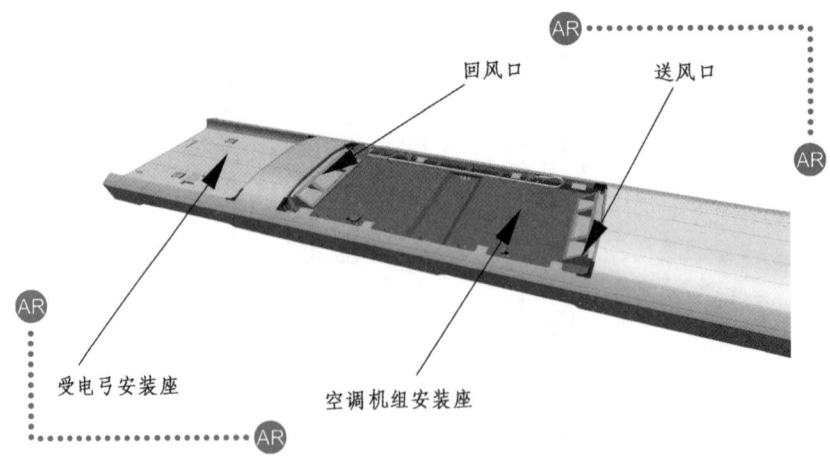

图 11.16 车体空调机组安装座及气流口

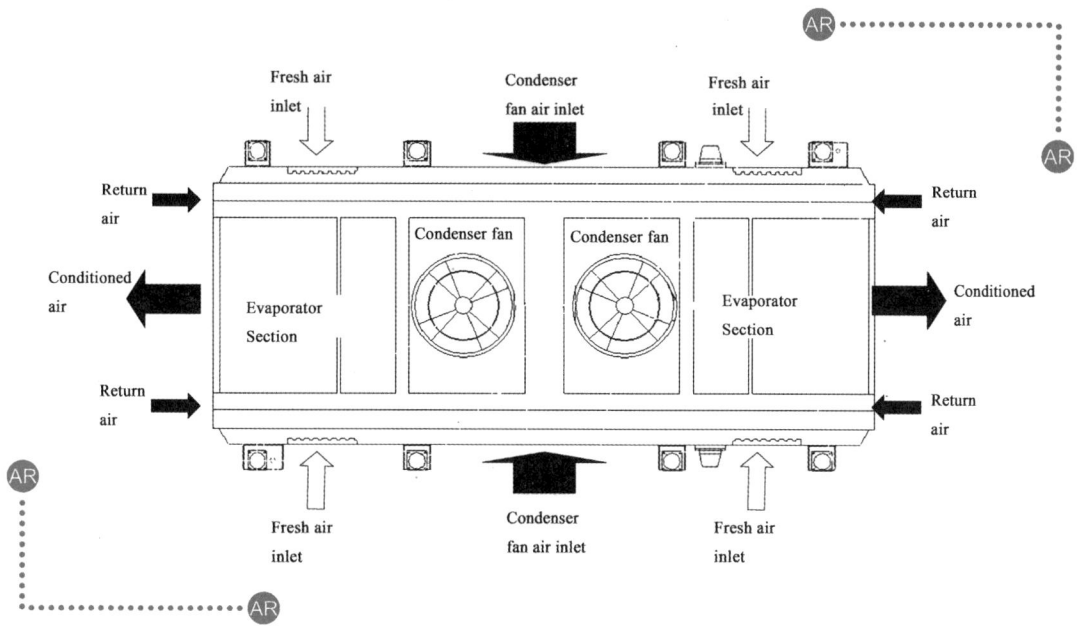

图 11.17 空调机组气流组织

三、制冷系统

现代城轨车辆都设有空调装置，一般每车设有两个集中式的空调单元，分别安装在车顶的两端。为了使车辆的外形轮廓不超出车辆静态限界，特在车顶两端设计了两个专用于安装空调单元的凹坑，在安装空调单元的机座上加装橡胶垫以减小振动影响。

每个空调单元的控制与监控都是由设在每辆车的电气柜中的空调控制单元实施自动控制、自动调节以及整列车的制冷压缩机的顺序启动，以免多台压缩机同时启动而造成启动电流过大而造成事故。

空调系统的电源是由 A、B、C 车每辆车的辅助逆变器提供。其中 A 车的逆变器提供控制系统的电源，而 B 车的逆变器承担 A、B、C 各一个单元的空调机组的电源，而每节车的另一个单元的空调机组则由 C 车的逆变器供电，这样可避免因一个逆变器故障而造成单节车的空调机组全部停机。

空调系统的电源是由 A、B、C 车每辆车的辅助逆变器提供。其中 A 车的逆变器提供控制系统的电源，而 B 车的逆变器承担 A、B、C 各一个单元的空调机组的电源，而每节车的另一个单元的空调机组则由 C 车的逆变器供电，这样可避免因一个逆变器故障而造成单节车的空调机组全部停机。

另外，每节车还设有一台紧急逆变器，用于在 1 500 V 直流供电中断时，将列车蓄电池直流电源逆变成三相交流电，以供紧急通风使用。

上海地铁直流传动车和交流传动车的空调制冷系统基本结构分别如图 11.18 和图 11.19 所示。

空调机组采用机械压缩制冷，由压缩机、蒸发器、冷凝器、轴流式冷凝风机、干燥器、膨胀阀、热气旁路阀、高低压保护等组成。系统还配有变色柱的夜视镜，它不但可以观察到制冷剂的流动情况，还可以根据夜视镜中色柱颜色的变化，鉴别制冷剂的质量，液管中设有过滤/干燥器。

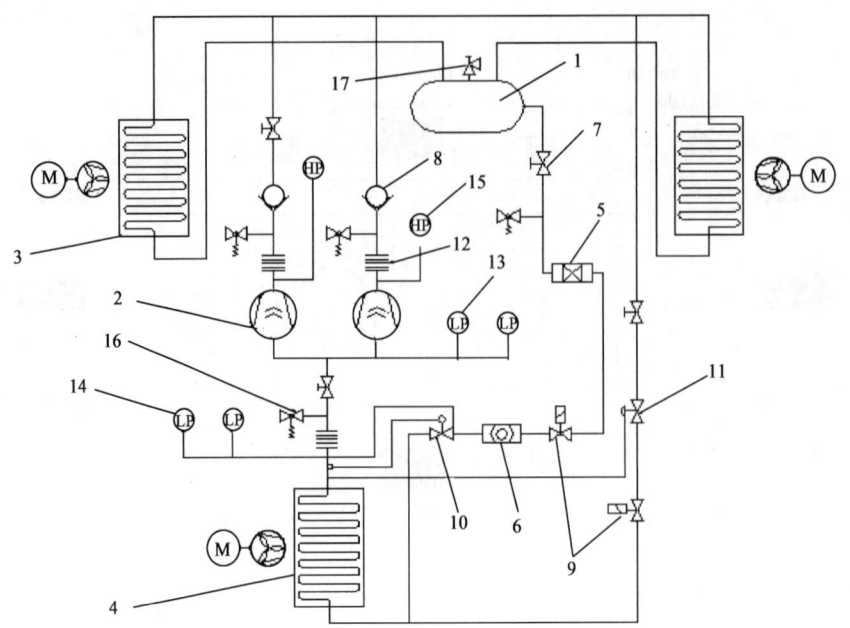

1—贮液罐；2—压缩机；3—冷凝器；4—蒸发器；5—过滤干燥器；6—夜视镜；7—截止阀；
8—单向阀；9—电磁阀；10—膨胀阀；11—热气旁路阀；12—软管；13—压力表；
14—低压表；15—高压表；16—限压门；17—进给阀。

图 11.18　上海地铁直流传动车辆空调制冷循环流程图

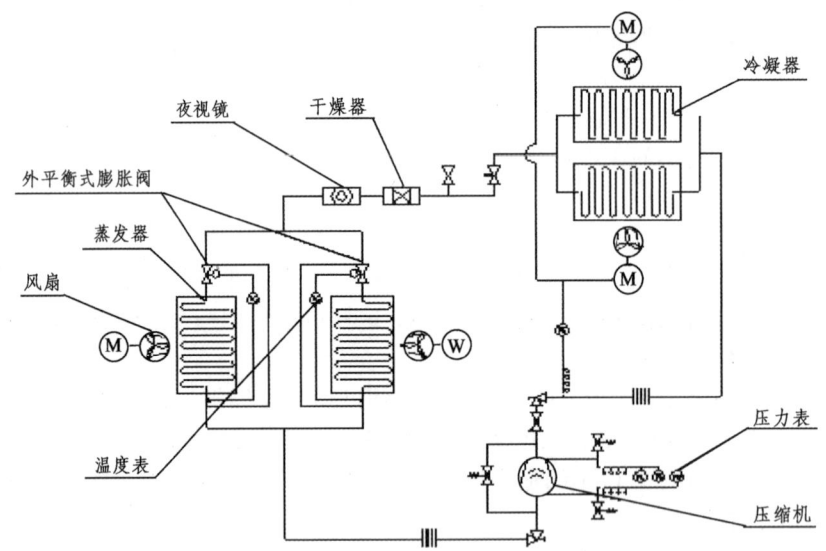

图 11.19　上海地铁交流传动车辆空调制冷循环流程

1. 制冷系统的工作过程

由压缩机压缩成高温、高压的冷媒蒸气，进入风冷冷凝器，经外界空气的强制冷却，冷凝成常温高压的液体，进入外平衡式膨胀阀节流降压，变成低温、低压的气液混合冷媒，然后进入蒸发器，吸收流过蒸发器的空气热量，蒸发成低温、低压的蒸气，再经过气液分离器，分离出冷煤气,然后被压缩机吸入,完成一个封闭的制冷循环。压缩机不断工作,达到连续制冷的效果。

车内的空气通过蒸发器时,空气中的水分冷凝成水滴,汇集至机组内接水盘,由排水管将水引到车外而起除湿作用。

2. 制 冷

车内的循环空气及由新风口进入的新鲜空气,由机组的通风机吸入,在蒸发器前混合,通过蒸发器得到冷却,并由机组出风口送入车顶通风道各格栅,向车内吹出冷风。在制冷系统连续工作下使车内温度逐渐降低,并由温度调节器自动调节车内空气温度。可在一定的范围内调节车内空气温度。

其他线路的车辆上的空调机组的结构与上海地铁基本相同,其主要区别由以下几点:① 蒸发器的数量不同:深圳地铁车辆的空调机组采用两端向客室通风,所以机组两端各设一个蒸发器。② 选用压缩机型号不同:上海地铁二号线和广州一号线选用螺杆式压缩机,深圳地铁采用涡旋式压缩机。各空调机组的主要技术参数见表11.1。

表 11.1 地铁空调主要技术参数

参 数	地 铁 名 称				备 注
	上海一号线	上海二号线	广 州	深 圳	
总送风量/(m³/h)	8 000	8 500	8 500	10 000	
新风量/(m³/h)	4 000	3 200	3 200	3 200	
客室允许最高温度/°C	27	27	27	27	
客室27°C时的相对湿度	<70%	≤65%	≤65%	≤65%	
车外温度参数/°C	32.5(35)	32.5(35)	32.5(35)	32.5(35)	
车外相对湿度	68%(60%)	68%(60%)	68%(65%)	68%(65%)	
机组型号	车顶单元式	车顶单元式	车顶单元式	车顶单元式	
压缩机型号	活塞式	螺杆式	螺杆式	涡旋式	
制冷剂	R22	R134a	R134a	R134a、R407c	
制冷功率/kW	35	40	40	约41	
压缩机功率/kW	14.5			≤22.5	

从表中可以看出,制冷剂逐步采用环保型,制冷功率和压缩机功率逐步加大。

四、加热系统

考虑到城轨车辆实际运行区域的气候条件,有些设置了专门的加热系统。由新风口引入的新鲜空气及车内循环空气,被机组的通风机吸入并在电加热器前混合,通过电加热器加热,温度升高,再由通风机送入车内风道各格栅,向车内送热风,使温度徐徐上升,并由温度调节器自动调节车内空气温度,维持车内的一定舒适温度。

五、空调装置的调节及控制

空调机组的工作由微机进行控制,通过微机调节器可控制室温。空调系统中新风口、风道和客室座位下均设有温度传感器,由温度传感器测得的温度值,传递到调节器中进行处理。

每节车有一台微机调节器,它控制两个空调单元,可由司机室集中控制或每节车单独控制。

1. 运转前的检查

在启动空调机组之前,必须对下列各项进行检查,在确认各部分状态良好后,方可开始启动。
(1)配线用电气连接器是否确实接好。
(2)电气回路是否正常。
(3)主回路及控制回路的绝缘电阻是否均正常。
(4)各风机的叶轮是否碰风筒的内壁。
(5)防止逆相连接。

空调电源(主回路)如果逆相连接,会造成空调机组制冷不正常,所以要注意避免逆相连接。

2. 运转确认

(1)离心风机。离心风机运转时,首先请确认车内是否有风吹出。风量极小时,应检查风机是否反转,如果反转,请将电源相序调整正确,即将三相中的任意两相对调(注意,空调机组出厂时各电机的相序已调好,请不要随意调换),然后再确认是否有异常振动和异常噪声。

(2)送风均匀性的调整。车内各出风口的送风量必须均匀,否则将影响制冷效果及车内舒适性。可通过对车内出风口导风板的调整,保证客室内送风均匀。

(3)轴流风机。请确认室外轴流风机的运转是否正常。

(4)制冷。全制冷状态时,吸入和吹出的空气温差为 8~10℃ 时为正常。请确认一下是否有异常振动、异常噪声。同时用电流表测定压缩机运转电流值,如果运转电流值过小,可判定为制冷剂泄漏。

(5)加热。全加热状态时,吸入和吹出的空气温差为 7~9℃ 时为正常,同时注意电流读数。

(6)当车内温度处于 20℃ 以下时的低温运转。当蒸发器吸入的空气温度在 20℃ 以下时,即为低温运转。此时,由于可能在蒸发器上引起结霜现象从而导致对压缩机造成损伤,所以请避免在这样的条件下运转。

如果在不得已的情况下必须启动时,在车内温度 10℃ 以上时运转 2~5 min,在车内温度 0~10℃ 时运转 2~3 min。

(7)再启动。在短时间内启动刚刚关闭的压缩机或风机时,启动电流会过早造成电动机的绝缘不良、电磁接触器的接点损耗,所以一定要在停机后 2~3 min 以后才能再启动(正常线路上运行过断电区的情况除外)。

3. 空调机组的安全操作

(1)操作。空调机组的操作和管理工作,必须由懂得制冷技术和电气技术的工人来担任。开机之前,必须认真检查电气系统的安全性,严格按照电工操作规则进行操作。在进行电气控制柜的检修时，必须切断电源，严禁带电作业。

（2）保护措施。为了确保空调机组可靠、安全地工作，空调机组在制冷系统和电气系统方面具有以下保护措施：

① 电源有过电压和欠电压保护。

② 压缩机有空气开关、压力开关、过电流、低温、延时启动等保护。

③ 风机有热继电器保护。

④ 电加热器有空气开关、温度继电器及温度熔断器保护。

当空调机组出现故障时，必须查明原因，排除故障后才允许重新启动，严禁带故障强行启动。

4. 使用电加热器的注意事项

电加热器的工作可靠性，将直接影响到列车的行车安全。电加热器工作不可靠或操作不当，将有可能引起列车的火灾事故。在加热运转的操作过程中，必须注意以下几点：

（1）通电前的检查。

① 检查电加热回路中各处接线是否完好。

② 检查温度继电器、温度熔断器以及其他保护装置是否正常。

③ 检查通风机的接触器、热继电器是否良好。

④ 将电热管上及其周围的附着物及其他杂物清理干净。

（2）开机顺序。先开通风机，确认通风机工作后，方可开电热运转。

（3）开机后的检查。

① 检查通风机工作是否正常。

② 注意观察电加热器的工作情况及工作电流。

（4）顺序。先关断电热，让通风机继续运转 3 min 以上方可关断通风机。

第八节　空调装置的维护与故障分析

一、空调装置的维护

1. 通风系统的日常维护保养

新风机每年进行一次清扫、涂装。检查外表是否涂装剥落及有锈斑，并做除锈及补漆处理。另外，检查轴承是否有异常振动及杂音，否则需拆卸更换。通风机需每年进行一次清扫，使用毛刷等工具清扫风扇叶片的污垢。

通风系统中的新风滤尘网、蒸发器滤尘网和回风滤尘网应定期用毛刷等工具清洗。

2. 空调机组箱的日常维护与保养

空调机组一年进行一次全面的检查与清洗。

冷凝器翅片脏污，会降低换热效果，造成排气压力过高，影响制冷能力。蒸发器表面太脏，会增加通风机的阻隔力，降低风量，同样也会影响制冷能力，因此应定期用压缩空气冲吹翅片表面，去除污垢。

检查通风机、冷凝风机与压缩机的启动运转情况，定期对电机接线盒、轴承、碳刷进行检查保养。电机轴承应添加润滑脂，轴承不良者应更换。

检查油压、油位与制冷剂液位是否正常，检查制冷剂管道接缝处表面是否有油污。发现油渍，制冷剂即有泄漏，需拆机检修。检查机组座下纵向梁的排水孔，如有异物堵塞，应予以清除，避免箱内积水。检查空调机组与主风道连接的软风筒密封状态。检查空调机组箱内各种部件安装是否有松动的现象，制冷管路与箱体是否有摩擦现象。

3. 空调控制柜的日常维护保养

对电气回路每年进行一次绝缘测试。电力输送线插头、压缩机电机、通风机电机和其他电机使用摇表测试，绝缘电阻满足要求。

定期检查电线端子接线头是否松脱或断线，保持连接清洁及坚固。检查各接触器、继电器、指示灯、仪表等电器元件上的接线是否松动，触点、接线端子、引线有烧焦变色的地方应进行检查、修理、更换。

对温度控制器、各保护电器整定值要合理、适当，检查时要一个一个地重新验证延时整定值。

二、检查故障的方法与步骤

1. 机组正常运行的特点

机组正常运行没有故障，应同时具备以下六个特点：

（1）空调机组启动后，通风机、冷凝风机、压缩机通过电气联锁按顺序启动。各台压缩机的启动时间也应相互错开。

（2）压缩机的启动应该平稳，无剧烈振动，没有敲击声或拉锯声。各电机在启动时应没有异常的振动及摩擦声响。机组工作后应运转平稳，无异常振动和噪声。

（3）启动时，电流表指针摆动正常，正常运行时，压力表指示不应偏差正常值太多，指针平稳且无剧烈摆动。

（4）客室内各送风口应有适量冷风吹出，凝结水不随风吹出或有泄漏滴水。

（5）客室内降温情况良好，温度下降均匀，并自动控制在各工况所规定的范围内。

（6）机组在"强冷"或"强暖"工况时，回风口和排风口温差为 $8 \sim 9℃$。

2. 检查故障的方法

可通过看、听、摸、测的方法对空调机组进行故障分析和检查。

看就是观察机组各部件有无损坏，制冷剂管路有无裂缝，连接部位是否松脱，电器接线有无断开，压力继电器、压差继电器、温度继电器的整定值是否合适，高低压力表及油压表所指示的压力是否在正常范围内，蒸发器、回气管和输液管上的结霜、凝露部位是否正常，油位与制冷剂液位高低是否适当等。

当机组出现故障时，若能到车顶开盖检查机组箱，通过目视、手摸或检查系统压力的方法，一般可以很快找出故障原因。机组开盖检查，可以手感压缩机外壳温度、冷凝器排气温度，可以看到压缩机启动与运转的情况，通风机、冷凝风机运转情况，蒸发器、压缩机顶部结霜情况，系统制冷剂泄漏较严重，可以直接观察漏点。此外，还可以检查机组漏水情况，检查压力继电器、膨胀阀以及机组车顶接线端子等。

3. 故障检查的步骤

首先，应排除空调机组本身问题造成的故障。例如，温度控制器温度整定值设定不合适，夏季设定得过高，冬季设定得过低，空调机组中的制冷或加热系统当然不会运转。另外如电源电压过低，空调无法启动。

其次，检查电气部分。电机通电后不运转，可以从电源主回路查到控制回路，也可以从控制回路查到主回路。最好能够先确认是否是负载本身的故障。同时，把一个与负载有关的电路分成若干段查找，并且从简单容易的电器线入手。

如果电气回路本身没有问题，故障发生原因往往在于制冷系统，可以在掌握制冷循环系统的基本构造原理和典型故障事例的基础上，进行制冷系统的故障查找和分析。

三、常见故障

地铁列车空调装置的故障主要可分为电气系统故障和制冷故障。

1. 电气系统的故障

电气系统的故障可归纳为"松""断""烧"3类。

"松"是指电气接头松动、脱落、接触不良而导致的电气故障。

"断"包括电源断线、熔断器断开；压缩机吸入压力、排出压力、润滑压力不正常引起的压力或压差继电器的触点断开，及电流过大引起的过热保护器动作而切断电路等电气故障。

"烧"则包括电动机线圈、电磁阀线圈及其他各种继电器线圈的烧毁。另外，在检查单元式空调机组故障时，不可忽视插头的问题，特别是通风机电机或压缩机烧损，有可能因电流过大而损坏插头。

2. 制冷系统的故障

制冷系统的故障主要可分为"漏"和"堵"两类。"漏"包括制冷剂的泄漏、感温包内充灌剂的泄漏以及空调机组漏水等故障。"堵"包括制冷管路内膨胀阀、毛细管、干燥过滤器的脏堵和冰堵，蒸发器和冷凝器的积灰以及空气滤尘网的堵塞。冰堵是由于冰引起的制冷循环的堵塞，多数发生在膨胀阀或毛细管节流机构处。脏堵是由于杂质引起的堵塞，多数发生在干燥过滤器或膨胀阀进口滤网处。冰堵和脏堵的共同现象是使吸气压力明显降低。

四、故障分析与处理

空调装置在使用过程中，会出现一些机械或电器故障，其常见故障分析和处理方法见表 11.2。

表 11.2　常见故障分析和处理

故障内容	故障的原因	故障的判断方法	处理
1 不出风	（1）离心风机的配线方面 ① 连接器处断线 ② 配线处螺丝松弛	查看电路接通情况 查看电路接通情况	修 理 拧 紧
	（2）电动机烧损或断线	测量线圈电阻	更换电机
	（3）控制线路及电器故障	检查电路及电器元件	修理或更换
2 风量小	（1）风机电机反转	检查风机转向	调换相序
	（2）回风过滤网堵塞	检查过滤网	清除筛眼堵塞物
	（3）蒸发器结霜或冰	检查（目视）	送风运转化冰、霜
	（4）蒸发器散热片脏堵	检查（目视）	清 洗
	（5）风道接口处泄漏	检 查	修 理
	（6）风机叶片积垢	检 查	修 理
3 不制冷	（1）压缩机电机不转 ① 电机断线、烧损 ② 高压压力开关动作 ③ 低压压力开关动作 ④ 配线端子安装螺丝松弛 ⑤ 电气控制柜电器件不良 ⑥ 过、欠压继电器动作 ⑦ 接触器、线圈烧毁或触头故障 ⑧ 压缩机故障 ⑨ 轴流风机电机的热继电器动作 ⑩ 轴流风机电机烧损或断线	测定线圈电阻 见第 6 项 见第 7 项 查看接通情况 检查电气件 电源电压过高或过低 检查元件 检查压缩机 检查电机电流 测线圈电阻	更换压缩机 修 理 拧 紧 修 理 调整供电电压 修理或更换
	（2）压缩机运转 ① 制冷剂泄漏 ② 电磁阀误动作或损坏	① 室内吸入和排出空气温度相同 ② 蒸发器回气管温度过高 ③ 压缩机电流小 ① 检查电磁阀是否正确动作 ② 检查电磁阀线圈	修理制冷循环系统
4 冷量不足	（1）过滤器堵塞	检查过滤器	除去筛孔堵塞物
	（2）蒸发器、冷凝器积满脏物	检 查	清 扫
	（3）蒸发器结冰	检查（目视）	送风化冰
	（4）温度调节器设定温度过高或 动作不良	检 查	调整或修理
	（5）少量制冷剂泄漏	测定压缩机运转电流是否过小	修理制冷剂循环系统或与厂家联系
	（6）制冷剂充注过多	压缩机运转电流过大	将制冷剂少量放出
	（7）风量不足	见第 2 项	见第 2 项

续表

故障内容	故障的原因	故障的判断方法	处理
5 振动噪音大	（1）通风机电机球轴承异常	检查风机的平衡性	修理风机
	（2）通风机不平衡		
	（3）紧固部位松弛	检查各紧固部位	拧紧
6 高压压力 开关动作	（1）冷凝器脏	检查室外热交换器	清扫
	（2）制冷剂充注过多	电流过大	将制冷剂少量放出
	（3）轴流风机反转	检查	将相序调整正确
	（4）排气管段堵塞	检查	修理
	（5）轴流风机不转 ① 电机烧损 ② 电机的轴承损伤	测定线圈电阻是否平衡 检查	更换电机 更换球轴承
	（6）空气或不凝性气体混入系统中		排除
7 低压压力 开关动作	（1）制冷剂泄漏	压缩机电流小	修理制冷剂循环系统，充入制冷剂
	（2）吸入空气温度太低	蒸发器结霜	
	（3）风量不足	见第2项	处理
	（4）低压管路堵塞	检查	
	（5）蒸发器散热片堵塞	检查	
8 漏水	（1）回风口漏水 ① 排水口堵塞 ② 密封垫安装不良处渗水	检查	清扫 进行正确安装
	（2）出风口漏水	蒸发器脏堵	清扫蒸发器或清洗滤尘网
	（3）车内风道内凝露形成水珠，从出风口流出		

本 章 小 结

空调制冷的方式大致有五种：① 蒸气压缩式制冷；② 半导体制冷；③ 吸收式制冷；④ 蒸气喷射式制冷；⑤ 涡流管制冷。一般城轨交通车辆都采用蒸气压缩式制冷。

蒸气压缩制冷机组主要是由压缩机、冷凝器、膨胀阀和蒸发器 4 个部件组成的，并形成一个封闭的循环系统。其工作过程如下：① 制冷剂液体在蒸发器中吸收被冷却物体的热量，而汽化成低压、低温的蒸气后被压缩机吸入；② 压缩机消耗一定的机械功将制冷蒸气压缩成压力、温度都较高的蒸气并将其输入冷凝器；③ 高温、高压的制冷剂蒸气在冷凝器内被环境空气（或水）冷却，制冷剂蒸气放出热量后被冷凝成液体，此时的制冷剂液体还处于高温、高压状态；④ 高温、高压的制冷剂液体经过膨胀阀节流降压、降温后进入蒸发器。

影响地铁车辆室内人体卫生和舒适性的主要因素是：客室内的空气温度；人体周围空气的流动速度；客室内空气的洁净度。根据客室内空调参数要求和外气参数的情况可以进行夏季的制冷和冬季的采暖调节。

氟利昂是饱和碳氢化合物的卤素衍生物的总称。广州、上海、深圳地铁车辆空调制冷剂的选择不一样，如 R134a、R22、R407c 等，各有优缺点。

城轨车辆制冷压缩机有活塞式和螺杆式两种。活塞式制冷压缩机分为开启式、半封闭式和全封闭式 3 种，工作过程是由等压吸气、绝热压缩和等压排气过程组成的。螺杆式制冷压缩机是一种容积型回转压缩机，由压缩机的机体、阳转子、阴转子及电机等组成，由一对互相啮合的螺杆转子的旋来实现对制冷剂蒸气的压缩和输送的。

在制冷系统中，除有起主导作用的压缩机外，还包括起换热作用的换热器——蒸发器和冷凝器及其他辅助设备。

城轨车辆空调装置以自动控制为主，也可采用手动调节。调节内容大致包括：① 制冷剂供液量；② 压缩机制冷量；③ 被冷却对象温度工况；④ 自动保护装置。

空调系统主要由通风系统、制冷系统、加热系统、加湿系统以及自动控制系统 5 大系统组成。运行条件不同，有些车辆可不设专门的加热及加湿系统等。

空调系统的日常运用、维护、保养十分重要，必须按规定程序操作，其故障主要有电气故障和制冷故障。

复习思考题

1. 什么是湿空气？湿空气的组成包括哪些？
2. 什么是饱和空气？什么是未饱和空气？
3. 常用的温标有哪些？它们之间有何关系？
4. 影响旅客卫生和舒适性的主要因素是什么？
5. 什么是制冷？制冷的方法有哪些？
6. 试述蒸气压缩制冷机的工作原理和制冷机的基本构成。
7. 试述制冷剂液体过冷和吸气过热对制冷循环的影响。
8. 简述空调制冷系统中对制冷剂的要求。
9. 压缩机实际工作过程与理论工作过程存在哪些差异？
10. 活塞式制冷压缩机按照结构的不同可分为哪几种形式？
11. 冷凝器的作用是什么？它可以分为哪几种类型？
12. 蒸发器的作用是什么？它可以分为哪几种类型？
13. 过滤器的作用是什么？它安装在什么位置？
14. 贮液器的作用是什么？它安装在什么位置？
15. 地铁列车空调系统的自动化包括哪些方面？

16. 试述热力膨胀阀的工作原理。
17. 空调装置通常由哪几大系统组成？各系统的作用是什么？
18. 试述空调装置日常维护和保养的内容。
19. 简述空调装置故障检查的方法与步骤。
20. 地铁列车空调装置主要常见故障有哪些？
21. 分析空调装置不制冷的原因有哪些？应采取怎样的措施？
22. 分析空调装置制冷量不足的原因有哪些？应如何进行处理？

第四篇

城市轨道交通车辆基本理论

第十二章　城市轨道交通车辆动力学基础

第十三章　噪声及其防护

第十二章

城市轨道交通车辆动力学基础

通过车辆动力学基础的学习，掌握列车运行平稳性和列车运行安全性的基本知识，具备对城轨车辆应用的一些基本参数的理解，并运用到城轨交通运用实践中去，提高列车运行的平稳性和安全性，从而提高列车的运行质量。

教学目标

能力目标
- 能结合城轨车辆运行分析其振动形式和轨道不平顺的相互作用
- 能结合具体数据，利用经验公式计算，判断列车运行的安全性和平稳性
- 能利用相关知识指导操纵或提供建议，以提高列车运行安全性和平稳性

知识目标
- 了解车辆振动的基本形式
- 了解轨道不平顺的表示
- 熟悉列车运行平稳性和列车运行安全性指标评定
- 掌握城轨车辆典型振动形式的发生机理

城市的快速轨道交通和铁路上的列车一样，都是在轨道线路上运行，即使是磁悬浮列车，也一样需要运行轨道。轨道线路是由直线、曲线或平道、坡道及高架桥梁、隧道等组成，它不可能始终保持平直，线路的走向、表面的不平顺，甚至线路基础的弹性变化等都会引起运行车辆的振动。

城市轨道车辆是由动车和拖车组成，以动车组的形式出现。动车组运行时受线路约束产生相应的动态位移和力的变化。一方面车辆与线路之间耦合、相互作用，另一方面车辆之间相互耦合作用。

第一节　引起车辆振动的原因及基本振动形式

一、车辆的振动模型

为了研究车辆的各种动力学性能，需要将实际系统抽象为物理或力学模型，再据此建立相应的数学模型，即通过具体描述系统运动的微分方程，以求其解。

为了隔离振动，在车体与走行部之间设置了悬挂系统。不考虑车体自身的弹性振动时，车体可视为刚体，在悬挂系统上的运动具有6个自由度，如图12.1所示。

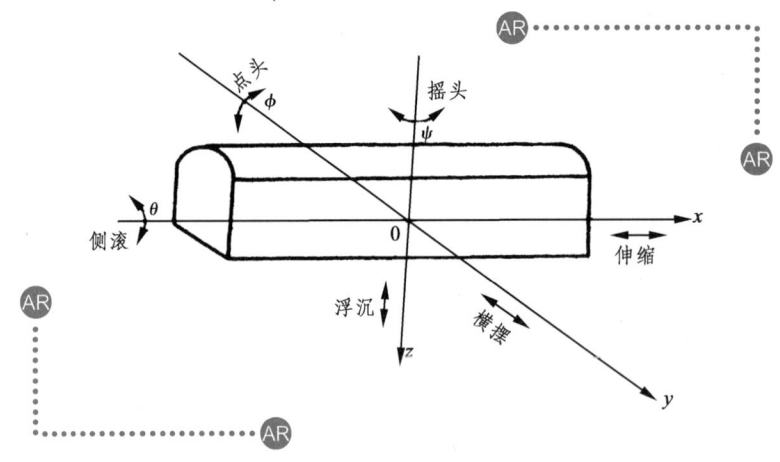

图 12.1　车体的空间振动

一般将沿 x 轴的纵向运动称伸缩，沿 z 轴的上下运动称浮沉，沿 y 轴的左右运动为横摆；在横断面内的转动称侧滚，沿水平面的转动称摇头，在纵向立面中的转动叫点头。在实际中，这些不同方向的运动通常以振动的形式出现，称为振型，并相互耦合。车体被对称支承在弹簧上，当车体横摆时，其重力与弹簧支承合力形成力矩使车体产生侧滚，这意味着车体的横摆与侧滚不能独立存在，它们形成了两个耦合振型：绕车体重心上方某滚心运动的为上心滚摆；绕车体重心下方某滚心运动的为下心滚摆。车体的摇头与滚摆属于车辆横向振动范畴。浮沉点头为垂向运动范畴。伸缩则为纵向振动。与车体类似，转向架构架视为刚体时也有6个自由度。在车辆运行时，在线路不平顺等条件的激励下，车体及其他零、部件均要产生振动。各种振动可能会同时呈现，但是振动幅度和频率是不同的。

二、激起车辆振动的线路原因

在城轨交通中除了少部分线路采用碎石道床外，一般在隧道或高架线上均采用整体道床或承载台等形式。轨道在车轮动载荷作用下将沿长度方向呈现不均匀的弹性下沉，造成轨道实际几何形状与名义尺寸的偏差，就是轨道不平顺。而轨道的不平顺是车辆产生车辆各种振动的主要根源。

当道砟逐渐磨损、碎化，线路的弹性和几何不平顺随着运动也会逐渐扩大。这种过程扩大了轮轨打击力，反过来又加重了线路的不平顺。整体道床的问题要小得多，但也不是不变的。高架预应力梁的徐变，橡胶垫的蠕变与老化，地基的不均匀下沉，钢轨的波浪性磨耗都可能激起车辆振动。

影响车辆动力学性能的轨道不平顺可以用 4 种方式表示，见图 12.2。

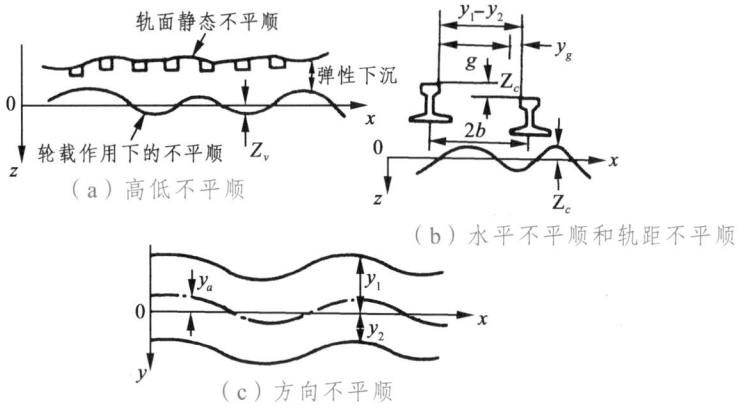

图 12.2　轨道不平顺的 4 种类型

高低不平顺 Z_v 主要影响车辆的垂直振动，以左右轨面高度（严格讲应是轮对在左右轨面上的纯滚动线高度）Z_1、Z_2 的平均值表示：

$$Z_v = \frac{Z_1 + Z_2}{2} \tag{12.1}$$

水平不平顺 Z_c 主要影响车辆的横向振动，表示为：

$$Z_c = Z_1 - Z_2 \tag{12.2}$$

方向不平顺 y_a 也影响车辆的横向振动，以左右轨头内侧面中心线偏离轨道中心线（严格讲应是左右轨面上纯滚动线距线路中心线偏离量）y_1 及 y_2 的平均值表示，即

$$y_a = \frac{y_1 + y_2}{2} \tag{12.3}$$

轨距不平顺 y_g 影响轮轨接触几何参数，在线性假设下一般不考虑它的影响。

轨道不平顺按性质可分为 3 种：离散不平顺，如道岔、低接头、三角坑等；周期性不平顺，如钢轨接头、波浪形磨耗等；随机性不平顺。

各种不平顺对车辆运行平稳性、安全性有重大影响，因而要限制不平顺的幅度。

随机不平顺一般用功率谱 $S_L(\omega)$ 表示，反映不同波长的不平顺程度。图 12.3 给出了轨道随机不平顺功率谱的示例。从中可知，长波的不平顺幅度大而短波不平顺小。

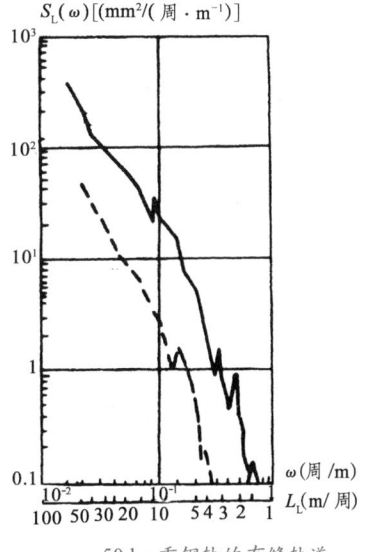

——50 kg 重钢轨的有缝轨道
-------- 50 kg 重钢轨的无缝轨道

图 12.3　轨道高低不平顺的功率谱密度函数示例

当车辆结构与参数确定之后，线路不平顺功率谱的大小决定了车辆运行时的振动幅度，也决定了它的平稳性指标。因而不同的运行环境及条件对车辆结构与参数有一定的要求。

三、车辆的自激振动

在钢轮与钢轨的接触面或橡胶轮胎与导向路面之间存在着切向力，这种切向力称蠕滑力或黏滑力。它随车轮与路面或轨面的相对位置或运动状态而发生变化。在一定条件下，这种切向力会激起车轮乃至车辆发生剧烈振动，振动的原因是自激性的。我国某种铁路货车空车时在 70 km/h 有时会产生一种所谓的自激蛇行运动。某种橡胶轮胎的车辆即使运行在平直道上，超过某一速度时也会产生剧烈横摆。可以肯定其产生的原因不是线路不平顺。这种自激振动主要是在横向平面内产生的，它引起了车辆及其部件的剧烈摇头和滚摆。关于自激振动的机理将在后面介绍。

第二节 车辆运行安全性及平稳性的评定标准

车辆的动力学性能主要有平稳性、安全性及曲线通过性等。

一、车辆运行平稳性及评定标准

车辆平稳性是评定旅客舒适程度的主要依据，反映了车辆振动对人体感受的影响。因此评定平稳性的方法主要是以人的感觉疲劳程度为依据，通常以平稳性指标表示。我国主要用斯佩林公式来计算平稳性指标 W，W 值越大，说明车辆的平稳性越差。

$$W = 0.896 \sqrt[10]{\frac{j^3}{f} F(f)} \qquad (12.4)$$

式中　j——振动加速度（cm/s²）；
　　　f——振动频率（Hz）；
　　　$F(f)$——与频率有关的修正公式，反映人体对不同方向和频率振动的敏感度。

图 12.4 为平稳性指标曲线示例。

图中的纵坐标表示振动的加速度值，横坐标表示振动的频率值，而粗实线则表示平稳性指标 W 的等值线。按照振动的频率及加速度就可以从表中查出相应的平稳性指标值。从等值线的下

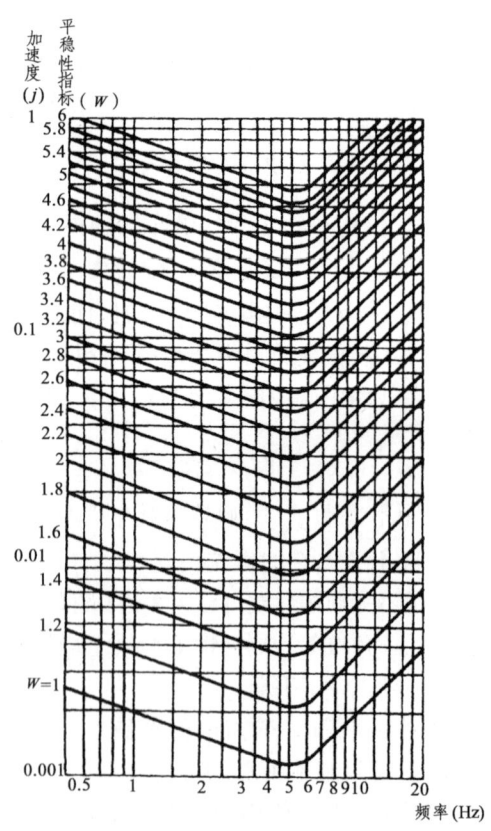

图 12.4　垂直平稳性指标与加速度及频率间的关系曲线

凹特点可知，人体对某些低频的振动是敏感的。

我国铁路客车现行的运行平稳性等级（GB 5599—85）见表12.1。

表12.1　我国铁路客车运行平稳性等级

平稳性等级	评定	平稳性指标
1级	优	<2.5
2级	良好	2.5~2.75
3级	合格	2.75~3.0

国际标准化组织ISO2631标准：

ISO标准评估振动对人体影响时用疲劳时间T表示。从维持工作效能、健康和舒适度出发相应提出3种限度：工效下降限度、承受限度及舒适度下降限度。这些限度是在对飞行员及汽车驾驶员进行大量测试研究后取得的。研究表明，人体对2 Hz左右的水平振动很敏感，而对4~8 Hz垂直振动最敏感。在英法等欧洲国家也有取洛奇的疲劳时间评定法，在日本则采用等舒适度曲线法评定平稳性。

由于新车与运用后的车辆的轮轨关系，悬挂参数有所不同，性能相应发生变化，因而不仅需对新车平稳性或其他性能提出要求,运用一段时间的车辆也必须达到适当的平稳性指标。这就要求在设计时采用的结构参数必须确保在整个运用期内有稳定的动力学性能。

二、车辆运行安全性及评定标准

车辆运行时，受到外界或内在因素产生的各种作用，在最不利因素组合作用下最严重的事故便是轮轨分离、车辆脱轨或倾覆的恶性事故了。因而研究运行安全性及其评定标准显得尤为重要。

1. 轮对脱轨条件及评定标准

一般条件下，车辆从直线进入曲线，其转向是在轮轨导向力作用下完成的。这时前轮对的外侧车轮轮缘紧靠外轨，轮轨接触力如图12.5所示。车轮在侧向力推动下逐渐爬上轨头，当到达轮缘圆弧拐点时，如车轮不能滑回原位，则出现脱轨临界状态，此时车轮很有可能在Q_1力作用下维持上升趋势直至脱轨发生。因此，拐点处的临界状态是爬轨的分析条件，Q_1及P_1是外轮作用给轨头的力，N_1及μN_1力则是轮轨接触处给车轮的法向力及切向力，它们是一对作用力与反作用力。其平衡方程式为：

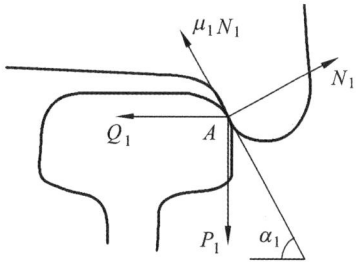

图12.5　车轮脱轨的作用力关系

$$\left.\begin{aligned} P_1 \sin\alpha_1 - Q_1 \cos\alpha_1 &= \mu_1 N_1 \\ N_1 &= P_1 \cos\alpha_1 + Q_1 \sin\alpha_1 \end{aligned}\right\} \quad (12.5)$$

式中　μ_1——摩擦系数；

α_1——轮缘角。

方程的解为：

$$\frac{Q_1}{P_1} = \frac{\tan\alpha_1 - \mu_1}{1 + \mu_1\tan\alpha_1}$$

此表达式是车轮在爬轨过程中维持在拐点的平衡条件。可以知道，α_1 角越大或摩擦系数越小，越不易发生脱轨。

Q_1/P_1 为脱轨系数，超过限度就有脱轨可能。根据我国轮轨状态，规定我国标准为：$Q_1/P_1 = 1.0$ 为允许限度，$Q_1/P_1 = 1.2$ 为危险限度。第一限度是希望不超过的允许限度，新车不能超过允许限度。而允许限度则是安全限度。

由单轮脱轨公式可以演变出整体轮对的脱轨条件。采用测力轮对直接测取 Q_1 及 P_1，可以评价脱轨安全性。在没有测力轮对时可采用测量转向架构架力的方法。测取左右侧架轴箱垂直力及横向力，可以计算左右车轮的垂直力 P_1 及 P_2，左右侧架的横向力之和 H 是转向架作用在轮对上的横向力。低速时省略轮对的惯性力后，脱轨条件可近似表示为轮对形式：

$$\frac{H + \mu_2 P_2}{P_1} \geq \frac{\tan\alpha_1 - \mu_1}{1 + \mu_1\tan\alpha_1} \tag{12.6}$$

上面的评价条件均适用于低速脱轨过程。高速脱轨是由跳轨或蛇行失稳产生的，此时瞬时侧向力可以很大，因此 Q_1/P_1 的临界值与出现峰值瞬时力的时间 Δt 成反比。

2. 轮重减载引起的脱轨条件

上面考虑的脱轨过程都是轮对在较大水平力和较小轮重下形成的。从实际运用中出现的脱轨事故中发现，有时脱轨轮对所受侧向力并不大，只是左右轮重发生较大差异。这种情况的脱轨条件只要令 $H \approx 0$ 时就可推出轮重减载的脱轨条件：

$$\frac{\Delta P}{P} \geq \left(\frac{\tan\alpha_1 - \mu_1}{1 + \mu_1\tan\alpha_1} + \frac{\tan\alpha_2 + \mu_2}{1 - \mu_2\tan\alpha_2}\right) \bigg/ \left(\frac{\tan\alpha_1 - \mu_1}{1 + \mu_1\tan\alpha_1} - \frac{\tan\alpha_2 + \mu_2}{1 - \mu_2\tan\alpha_2}\right) \tag{12.7}$$

式中　ΔP——左右轮重差；

　　　μ_1，μ_2，α_1，α_2——左右车轮与轨头接触处的摩擦系数及接触角。

我国规定 $\Delta P/P$ 的允许限度为 0.6。

在使用上述公式（12.5）（12.6）（12.7）时应注意具体条件，脱轨系数 Q_1/P_1 作为衡量防止脱轨的安全指标的根本依据，后两个公式（12.6）（12.7）则是有条件的，条件不满足时会得到矛盾的结果。

3. 影响脱轨的因素及防范措施

影响车辆脱轨的因素很多，而实际脱轨往往是多种因素的组合，其中某个因素起了决定作用。主要的因素为线路、车辆结构参数和运用条件。线路方面的因素有，曲线超高、顺坡、三角坑及局部不平顺均会引起过大侧向力或轮重减载。车辆方面的因素有，转向架制造公差、回转力矩、轴箱横向定位刚度过大、斜对称载荷均会造成侧向力过大或引起轮重减载。侧向力过大、重心过高在曲线上也会导致减载超限。装载偏重、空车弹簧静挠度过小均会引起轮重减载。一般车辆低速由曲线进入直线时容易脱轨，风力过大有时也是曲线脱轨的原因。

4. 车辆倾覆安全性

当车辆弹簧柔性过大，重心过高时，在过大的离心力、振动惯性力或风力组合作用下，车辆一侧车轮减载过大而使车辆倾覆。它与低速脱轨时不考虑离心力、振动的情况有所不同。

车辆在横向力作用下可能倾覆的程度用倾覆系数 D 来表示。

$$D = \frac{P_2 - P_1}{P_2 + P_1} \tag{12.8}$$

式中 P_2——车辆外轨侧的垂直轮轨力；
　　P_1——车辆内轨侧的垂直轮轨力。

我国规定 $D = 0.8$ 为危险限度，允许倾覆系数应为 $D < 0.8$。

与车辆脱轨一样，车辆的倾覆不仅与车辆结构有关，也与线路状态和运用条件有关。

为了防止车辆倾覆可加大车辆横向刚度或抗侧滚刚度，以减少重心偏移过大引起的簧上失稳。由于增大横向刚度会减小横向平稳性，因此目前大多采用增加抗侧滚刚度的扭杆来减小侧滚角，提高抗倾覆能力。

第三节　轮轨间的接触及滚动理论

轨道交通车辆中地铁、轻轨常采用钢轮钢轨方式，而独轨、新交通系统及部分地铁则采用充气轮胎走行在硬质导向线路面上。通过车轮获取驱动力和制动力，是轨道车辆最常用的一种形式，车轮与钢轨间的接触滚动关系决定了它们间的作用力、变形和相对运动。因此滚动接触直接影响城市轨道车辆的性能、安全、磨耗及使用寿命。

一、轮轨接触几何关系（等效斜率、重力刚度及角刚度）

不同的轮轨外形配合具有不同的轮轨接触几何关系和接触几何参数。

地铁、轻轨车辆的钢轮在两根钢轨上滚动，具有轮缘的锥形或磨耗型踏面的新轮对与轨道（新轨）中心垂向重合时，接触点左右对称，接触点处的滚动圆半径、接触角相等，称其为名义滚动圆半径 r_0 和接触角 δ_0。此时车辆重量由接触点处的反力平衡，如图 12.6 所示。

1. 等效斜率 λ_e

当轮对产生横移 y 时，左右接触点产生变化，

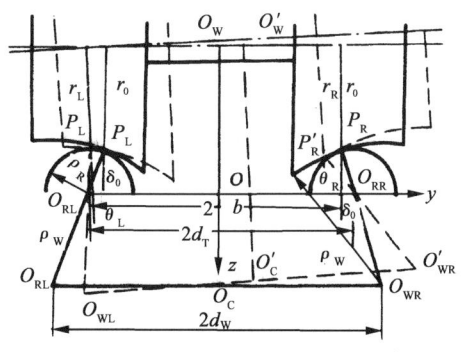

图 12.6　弧形轮轨外形的轮轨接触几何关系

接触点处的滚动圆半径及接触角相应发生变化 Δr 及 $\Delta \delta$。在小位移 y 下，Δr 及 $\Delta \delta$ 与 y 成线性关系：$\Delta r = \lambda_e \cdot y$，$\lambda_e$ 称为等效斜率，锥形踏面时踏面斜率即为 λ_e。λ_e 的大小反映了轮对偏移时，左右轮滚动圆半径差异的大小，它是产生蛇行运动的直接原因。

2. 重力刚度 k_g

假设轮轨接触面处摩擦系数为零，轮对横移后左右车轮的接触角不等将引起法向力的水平分力也不相等，由此产生的轮轨水平合力将迫使轮对中心回到原来位置上去。其本质是轮对横移时轮对中心升高，车辆增加的势能具有迫使轮对复位的趋势，因而定义这种复位能力为轮对的重力刚度 k_g，这是有利于轮对运动稳定的因素。

3. 重力角刚度 C_g

同样在轮对摇头时左右轮的接触点前后移动，其左右横向分力产生了一个绕垂直轴的力矩，其方向将使轮对继续扩大摇头角。本质上是轮对重心下移，车辆系统的势能释放，促使轮对继续运动。产生的负力矩与摇头角 $\Delta \varphi$ 的比值称重力角刚度 C_g。它是一个不利稳定的因素，但数值较小。

图 12.7 给出了运用前、运用后的轮对与钢轨的接触几何关系。从中可知轮轨磨耗后 λ_e 和 k_g 都有所增大。从保持长期稳定运行的观点看，车辆转向架的设计不能依赖于新轮新轨的关系，而应着重考虑磨耗后的轮轨关系才能设计出性能优良的车辆。

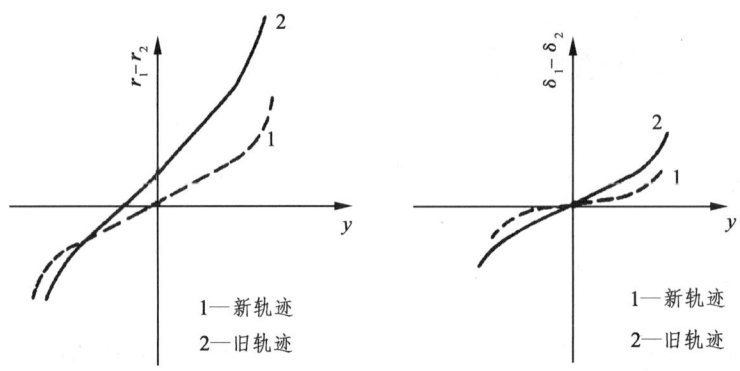

（a）磨耗前后的等效斜率变化　　（b）磨耗前后的接触角变化

图 12.7　磨耗前后的轮轨接触关系变化

一般情况下采用锥形踏面的轮对的重力刚度及角刚度分别为 $\lambda_e = \dfrac{W\lambda_e}{b} \cdot y$，$C_g = -Wb\delta_0$，$W$ 为轮重，b 为左右轮滚动圆间距之半。

二、轮轨接触蠕滑关系

轮对在钢轨上运行时，一般承受垂直载荷和纵横切向载荷。纵向载荷主要来自牵引及制动。稳态前进的非动力轮的车轮在不制动时，其纵向切向力平衡轴承阻力和蛇行时的惯性力。无论是动力轮对或从动轮对都存在着纵向切向力，它导致了轮轨纵向相对运动的速度差。

1. 黏着区和滑动区

传统理论认为钢轮相对钢轨滚动时，接触面是一种干摩擦的黏着状态，除非制动或牵引力大于黏着能力才会转入完全滑动的摩擦状态。现代研究表明，由于车轮和钢轨都是弹性体，滚动时轮轨间的切向力将在接触斑面上形成两个性质不同的区域：黏着区和滑动区。切向力小时主要为黏着区；随着切向力加大，滑动区扩大，黏着区缩小。当切向力超过某一极限值时，只剩下滑动区，轮子在钢轨上开始明显滑动。

2. 蠕滑与蠕滑率

由于黏滑区的存在，轮周上接触质点的水平速度与轨头上质点相对轮心的水平速度并不相同，存在着一个微小的滑动，称为蠕滑（Creep）。宏观上轮周速度与轮心的水平速度并不一致。以同样的转速走行在硬质路面和沙地上的两辆自行车，其前进速度并不一样，就是这个道理。当车轮受到横向外力作用时，会产生微小的横向移动，这也是一种蠕滑现象。定义车轮的纵向蠕滑率 γ 为：

$$\gamma = \frac{\text{实际车轮前进速度} - \text{轮周名义速度}}{\text{实际车辆前进速度}}$$

3. 蠕滑率与蠕滑力

图 12.8 给出了不同试验下蠕滑率与蠕滑力的关系曲线。实际上过去所谓的牵引力、黏着力、制动力、切向力的概念在本质上都是蠕滑力。从图中可知，在小蠕滑下，蠕滑力与蠕滑率呈线性关系。该斜率定义为蠕滑系数，按纵向、横向定义为 f_{11}、f_{22}。则

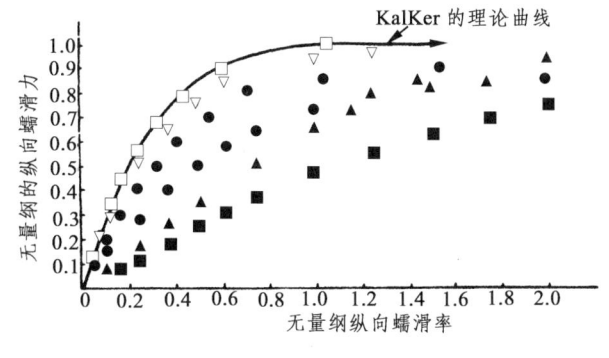

□—Johnson；▽—Johnson 和 Vermeulen；
●（上）—松井信夫和横瀬景司；
（下）Ockwell；▲—Loach；
■—Barwell 和 Woolcaott。

图 12.8　不同试验下蠕滑率与切向力的关系曲线

$$\text{纵向蠕滑力 } F_{11} = \text{蠕滑系数 } f_{11} \cdot \text{纵向蠕滑率 } \gamma \tag{12.9}$$

$$\text{横向蠕滑力 } F_{22} = \text{蠕滑系数 } f_{22} \cdot \text{纵向蠕滑率 } \gamma \tag{12.10}$$

4. 黏着系数

当蠕滑率较大时，切向力增值的速率变缓，最后切向力达到饱和值。通常将极限状态下

的最大纵向切向力与垂直轮载的比值称为黏着系数。

图 12.9 表明，轮轨接触表面的状态决定了黏着能力。干净的钢轮钢轨间的黏着系数可达 0.6，但有油污后下降幅度很大。由于轨道油污不可避免，黏着系数或蠕滑系数通常只能达到清洁条件的一半弱。为了使动车组发挥更大的轮周牵引力和制动力，防止黏着不足引起的车轮空转和滑动导致的车轮和钢轨的擦伤与剥离，并减少因此而产生的振动冲击及噪声，研究蠕滑的控制技术是必要的。

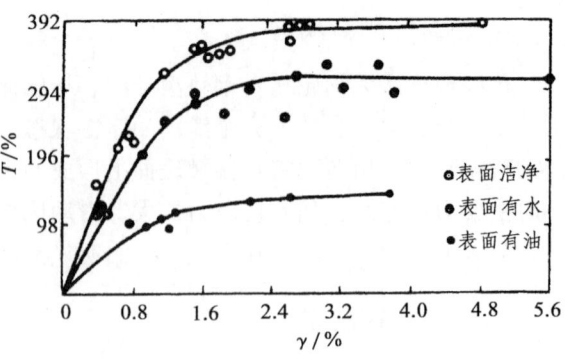

图 12.9　不同轮轨接触表面状态的蠕滑关系

三、防止启动时空转及制动时滑行的蠕滑控制

虽然动车组的牵引力及制动力均是分散的，对黏着能力的需求不像干线机车那样强烈。但是城市污染严重，轨面条件较差，而启动与制动加减速度又比干线列车高，提高黏着仍是必要的。在干线机车上采用的撒砂方法并不适用地铁轻轨。目前先进的电子防滑（防空转）系统已使用在上海地铁车辆上。电子防滑系统由轮对转速测量、微处理器、控制空气制动压力的 EP 单元、控制牵引电机牵引或制动力矩的微机控制单元组成。其工作原理是监察轮对的蠕滑量，调整施加在轮子上的力矩，确保轮轨关系处于最佳黏着范围内。除了这些方法，国外正在研究在动车踏面上涂抹固体高摩脂来提高或稳定黏着，已取得一定进展。

四、充气轮胎的滚动与振动特性

除了某些地铁车辆中采用充气轮胎外，在独轨及新交通系统中广泛地采用了橡胶充气轮胎。因此有必要了解充气轮胎的特性。

1. 充气轮胎的结构及滚动力学

充气轮胎中内部有充以压力气体的环状弹性体。外胎为多层高弹性模量的软线帘布嵌入到低弹性的橡胶基体。胎怀的设计和结构在很大程度上决定轮胎的特征。胎冠角是交叉布置的帘布与轮胎环状中心线的夹角，它决定轮胎在水平各方向的弹性。轮胎滚动时除了表面与路面的擦拭，帘布与橡胶间也产生内部变形及摩擦，这是产生滚动阻力的主要原因。

由于轮胎是很好的弹性体，类似钢轮及钢轨间的蠕滑现象就变得非常明显。图 12.10 是轮胎在驱动力矩作用下的状态。

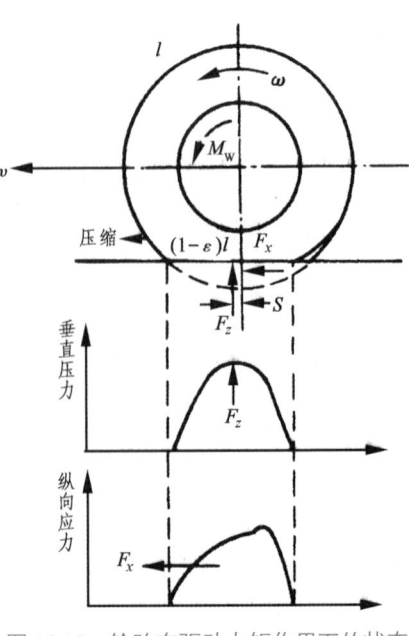

图 12.10　轮胎在驱动力矩作用下的状态

（1）滑转现象。在驱动力矩作用下，胎面在进入接触区前受到压缩，因此轮胎的前进距离将比自由滚动时小。这种现象叫变形滑转，在同样的切向力下，它比钢轮钢轨的蠕滑量更明显。

定义在驱动力矩作用下的轮胎滑转率 S 为：

$$S = \left(1 - \frac{v}{r\omega}\right) \times 100\% = \left(1 - \frac{r_0}{r}\right) \times 100\% \tag{12.11}$$

式中　v——轮胎中心平移速度；
　　　ω——轮胎角速度；
　　　r——自由滚动轮胎的滚动半径；
　　　r_0——轮胎的有效滚动半径。

牵引时 S 为正值。图 12.11 给出了牵引时黏着力系数随轮胎纵向滑转率的变化。在小滑转率下，黏着力与滑转率成正比。当滑转率达到 15% 左右时，黏着力达到最大值，然后逐渐下降，直到完全滑动时的滑动摩擦力。制动工况则类似牵引情况，但 S 为负值，过大的制动力矩将抱死轮胎，导致轮胎向前滑动。此时轮胎与地面的切向力反而下降。

除了上述的运动关系引起切向力变化外，胎面的花纹状态，与地面接触处的表面介质都会影响黏着力。当导向道路表面积水时还会产生所谓滑水现象。快速前进的轮胎挤压出一个水楔，水压导致胎面离开路面。其机理与滑水运动相似。滑水现象发生时，轮胎将丧失大部分切向力，导致失去转向能力或运动稳定。

（2）轮胎的侧偏特性。由于车辆轮胎的滚动方向及姿态不可能始终平直，当它的滚动方向和倾角变化后，轮胎与路面会产生复杂的作用力。图 12.12 给出了轮胎的坐标系与地面作用于轮胎的力和力矩。除了轮胎绕自转轴旋转外，其自转轴与路面夹角为外倾角 γ，而轮心的运动方向与车轮的滚动平面的夹角称侧偏角 α。由于这些运动，轮胎与路面的接触作用力为 F_Z、F_Y、F_X 及力矩 T_Z、T_Y、T_X。T_Z 为回正力矩，T_X 为翻转力矩，F_Y 为侧偏力。它们有着特殊的作用。

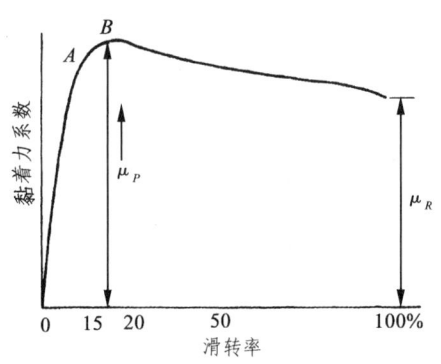
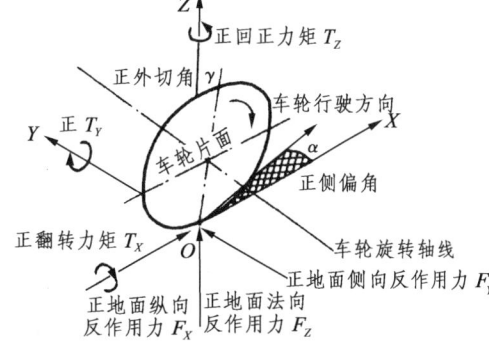

图 12.11　黏着力系数随轮胎纵向滑转率的变化　　图 12.12　轮胎坐标系与地面作用力和力矩

当车轮的水平运动方向与滚动方向不同时，具有侧向弹性的轮胎与路面接触处将发生侧向变形。这表明轮胎与路面之间存在着横向切向力——侧偏力。图 12.13 给出了轮胎在车轴受到

横向力 F_y 产生侧偏运动的情况，此时胎面为 c-c_1 方向，而轮胎运动与之有一个侧偏角 α。在侧偏角较小时，侧偏力与侧偏角 α 成线性关系。横向力 F_y 与侧偏角 α 关系曲线在 $\alpha = 0$ 处的斜率称为侧偏刚度 k_α。按轮胎坐标系的规定方向，负的侧偏角 α 产生正的横向力，因而 k_α 为负值。一般 k_α 值在 20 000～1 000 000 N/rad，是钢轮钢轨间蠕滑系数的十几至几十分之一，表明了轮胎的弹性滑动量大大高于钢轮与钢轨间的蠕滑量。

轮胎的尺寸、形式和结构参数对侧偏刚度 k_α 有显著影响。另外轮胎的垂直载荷变化也对它有显著影响。由于轮胎与地面的总接触切向力有一定限度，因此在牵引或制动工况时，侧偏力显著下降。在路面积水过多产生滑水现象时，侧偏力会完全丧失。

（3）轮胎的回正力矩。当轮胎产生侧偏时，侧偏力在接触面上的分布对横向轴不对称。因而对接地印迹几何中心取矩并非为零。这一合力矩作用点落在滚动方向后侧。因而使发生转向的轮胎的滚动方向重新回复到直线行驶的方向上去，故称回正力矩。同样，在牵引制动工况时，回正力矩的大小也会发生变化。

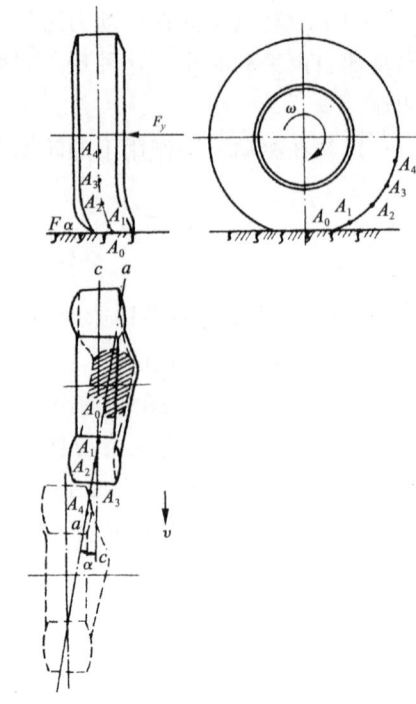

图 12.13　轮胎的侧偏

（4）轮胎外倾角下的受力。当车辆或转向架侧滚时，轮胎将产生倾角，与地面形成倾角的旋转主轴与地面的交点 O 则是车轮几何运动的中心。绕 O 的运动使轮胎偏离前进方向，因而轮胎与地面接触处有一侧向力 $F_{y\gamma}$，其方向指向几何运动中心 O，如图 12.14 所示。

定义外倾侧向力 $F_{y\gamma}$ 与外倾角 γ 的比值为外倾刚度 k_γ。

$$F_{y\gamma} = k_\gamma \cdot \gamma \qquad (12.12)$$

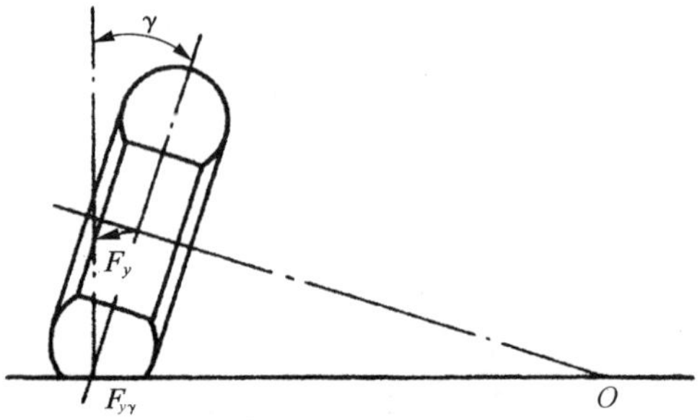

在侧偏角、外倾角同时存在的情况下，轮胎的地面侧向反作用力为：

图 12.14　轮胎外倾角与外倾侧向力

$$F_y = F_{y\gamma} + F_{y\alpha} = k_\gamma \cdot \gamma + k_\alpha \cdot a \qquad (12.13)$$

2. 充气轮胎振动特性

类似空气弹簧，充气轮胎的力学特性还包括阻尼，一般可用图 12.15 所示的两种模型模拟。
一种为轮胎被简化为弹性元件与阻尼元件并联的模型。另一种则被简化为弹性元件与阻尼元件串并联的模型。由于这种特点，采用充气轮胎的导向车辆一般只设置中央系悬挂。

与钢轮钢轨间的关系一样，轮胎的力学特性也具有非线性。在大变形时要注意它的非线性作用。由于轮胎具有非常复杂的特性，如要准确地描述则十分困难。目前国外尝试利用神经网络理论来建立充气轮胎的模型，并开始获得应用。

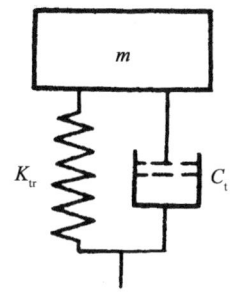
（a）简单线性模型

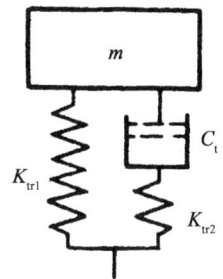
（b）用于轮胎振动分析的"阻尼弹性"模型

图 12.15　轮胎的线性模型与阻尼弹性模型

除了轮胎与地面接触的力学特性与干线铁路车辆不同外，采用轮胎的导向车辆的其他上部悬挂特点与一般铁路车辆相同，很多规律也都接近。

第四节　车辆的蛇行运动稳定性

具有一定踏面形状的铁道车辆轮对，即使沿着平直轨道滚动，受到微小激扰后就会产生一种振幅保持或继续增大直到轮缘受到约束的特有运动。此时轮对向前滚动，一面横向往复摆动，一面又绕铅垂中心线来回转动，其轮对中心轨迹呈现波浪形，称蛇行运动。轮轨间的蛇行运动是由具有等效斜率的踏面而产生的。这种踏面是为避免轮对的轮缘始终贴靠轨侧运动而采取的自动取中措施。正是这种取中的能力在一定的条件下转化为失稳的动力。当激扰消失而剧烈的蛇行运动不能收敛时，则称为蛇行失稳。它实际上这是一种自激振动。是轮对对钢轨的相对运动产生了内部激振力，由这种激振力维持着轮对的运动。就车辆而言，由机车牵引力提供的非振动能量由于轮轨间的自激机制（理）转化为蛇行运动的能量。当车辆运行提高到某速度，车辆系统中的阻尼无法耗散这种能量时，蛇行运动就呈失稳，该速度称为蛇行失稳临界速度。

早期对蛇行运动的认识是表面的。从纯黏着滚动的假设条件下，由锥形踏面轮对与钢轨间的几何关系可以推导出一个无约束自由轮对的蛇行运动频率 ω_w 及波长 L_w 的公式，之后又推出了轴距为 $2L_1$ 的刚性两轴转向架的蛇行波长 L_t 及蛇行频率 ω_t，见公式（12.14）。

$$\left.\begin{aligned}
\omega_w &= 2\pi v / L_w \\
L_w &= 2\pi \sqrt{\frac{br_0}{\lambda_e}} \\
\omega_t &= 2\pi V / L_t \\
L_t &= L_w \cdot \sqrt{1 + \left(\frac{L_1}{b}\right)^2}
\end{aligned}\right\} \quad (12.14)$$

随着对蠕滑现象的研究和认识，了解到轮对在钢轨上的蠕滑运动及这种蠕滑产生的蠕滑力是车辆水平振动的重要原因。在引入蠕滑与蠕滑力关系后，轮对及车辆运动方程中产生了自激振动的因素，因此可以从运动微分方程式直接推导出自激蛇行运动的解。从此对车辆蛇行运动稳定性的研究进入了崭新的阶段。

在20世纪60年代，英国及日本首先将蠕滑理论运用于高速车辆蛇行稳定性的研究，成功地指导了高速列车的开发。城市轨道车辆运行速度不高，但是如果轮对定位刚度及悬挂参数选择不当，也会出现蛇行失稳现象。尤其近年来，为改善城市轨道车辆小曲线通过性能，减小噪声及磨耗问题，轮对定位刚度逐渐减小有可能导致蛇行运动和失稳。车辆蛇行失稳将恶化运行品质，引起轮轨磨耗并扩大动载荷，严重时还会导致脱轨。因而车辆的蛇行稳定性的裕量大小是衡量车辆是否能始终满足正常运行的条件之一。

带有弹性定位转向架的车辆在直线运行时会产生两种不同阶段的蛇行运动：车体蛇行运动（一次蛇行）、转向架蛇行（二次蛇行）。在较高速度的二次蛇行，蛇行频率较高，车体振动很小而转向架及轮对振幅较大，一旦出现，没有可能随速度升高而消失。在较低速度时出现的一次蛇行则是车体振幅相对大的一种蛇行振型。其原因是在这种振型下，车辆系统的阻尼无法吸收来自轮轨接触切向力输入的能量，因而振动扩大直到轮缘碰击钢轨。只要选择适当的悬挂参数，这种失稳是可以完全克服的。而对二次蛇行，只能通过选择合理的参数，提高失稳的临界速度而不能完全消除它的出现。

图12.16表示了通常的轮对蛇行运动的轨迹。

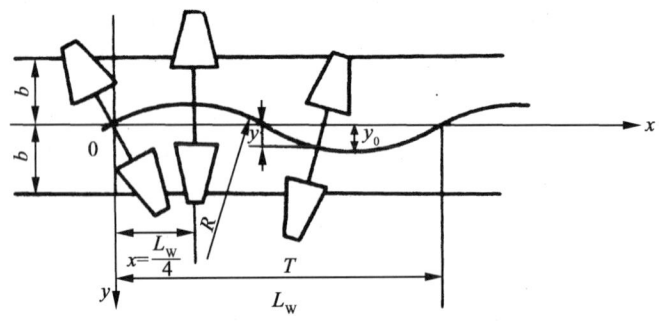

图12.16 轮对蛇行运动轨迹

影响蛇行运动的因素很多，主要有以下几个：

1. 轮对定位刚度

轮对的纵向定位刚度 K_{1x}、横向定位刚度 K_{1y} 是转向架控制轮对运动的直接因素。不同的参数匹配可以获得不同的蛇行临界速度 v_{cr}，见图12.17。一般来讲增加 K_{1x} 及 K_{1y} 都能提高临界速度。但是定位刚度过大增加的效果将不明显，太大时反而下降。纵向刚度过大会不利曲线通过，而横向定位刚度过大则可能降低车辆横向舒适性。因此要综合各方面需要来确定定位刚度的数值。

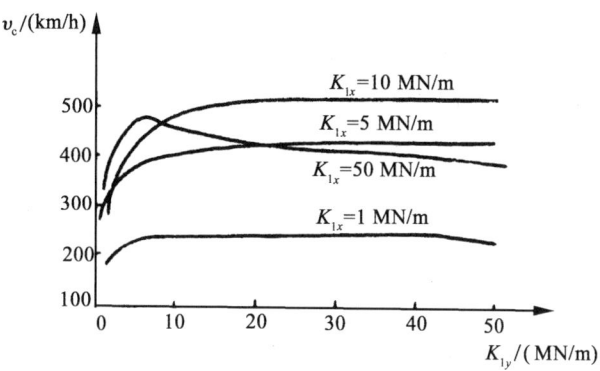

图 12.17 轮对定位刚度与临界速度的关系

2. 车轮踏面等效斜率 λ_e

λ_e 是影响蛇行运动的关键参数之一,它与临界速度的关系可用 $v_{cr} \propto 1/\sqrt{\lambda_e}$ 来描述。小的 λ_e 可以获得高的临界速度。但是要维持小的 λ_e 就需经常镟轮。新轮的踏面斜率虽然合适,但是运用一段时间后就迅速增大。另一个缺点是小的 λ_e 不利于曲线通过。对城市轨道车辆来讲,需要有很好的曲线通过性能及适当的蛇行稳定性,因此 λ_e 不宜大小。目前国际上通常采用磨耗型(凹形)踏面,λ_e 大致可稳定在 0.15~0.25,此时地铁车辆的蛇行临界速度可设计为 100~120 km/h,其正常最高运行速度在 80 km/h 左右。

3. 蠕滑系数

蠕滑系数对蛇行运动有影响,一般是蠕滑系数小,临界速度也小。实际上并非完全如此。蠕滑系数的影响与定位刚度、重力刚度的大小有牵连关系。因此有些类型的车辆在干燥天气(蠕滑系数大)时临界速度反而下降。需要注意的是,在城市运用的轨道车辆,轨面污染相对严重,车辆的运用必须既考虑蠕滑系数高的条件也要考虑蠕滑系数低的情况。

4. 转向架固定轴距

固定轴距增大会使蛇行临界速度提高,但是却对曲线通过不利,在城轨交通线路条件下一般倾向取短的固定轴距以改善轮轨磨耗。

5. 中央悬挂装置

中央悬挂装置内的两系回转复原弹簧 K_{2x} 对提高蛇行临界速度有很大影响,如果在那里并联抗蛇行减振器后则作用更加明显,当然 K_{2x} 不宜过大,对曲线通过不利。通常在这里设置了具有非线性磁滞饱和特性的悬挂元件,在直线运行的小振幅时,这种特性呈现出高约束性,而在曲线通过时则位于饱和位置以减少对转向的约束,如图 12.18 所示。

其他二系悬挂如 K_{2y}、K_{2z} 的取值与具体车辆结构及目标速度、运用条件有关,需要具体分析。一般讲它们对转向架失稳仅有一定控制作用,但对车体蛇行,如上下心滚摆失稳,控制作用要更大些。在设计时要注意它们对车辆的平稳性、舒适性的影响。

二系阻尼 C_{2z}、C_{2y} 对蛇行稳定性及车辆的平稳性均有影响,一般增大会提高稳定性,但过大则会破坏平稳性,因此必须综合考虑参数的选择。

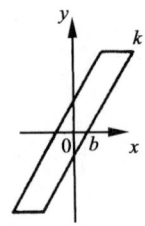 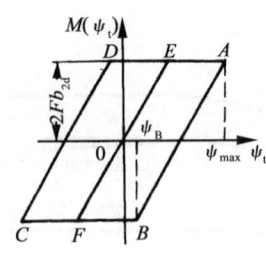 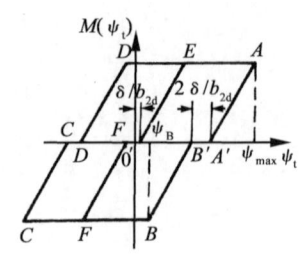

(a) 一般的回环和饱和特性　　(b) 无间隙的复原力矩 $M(\psi_t)$ 与偏角位移 ψ_t 的关系　　(c) 构架与摇枕间含间隙 δ 情况下 $M(\psi_t)$ 与 ψ_t 的关系

图 12.18　非线性悬挂元件特征曲线

总之影响车辆蛇行运动的因素很多，在设计车辆或改进车辆时应做多种参数选择和方案比较，从垂直及横向平稳性、蛇行运动稳定性、曲线通过性能等方面综合考虑。既要考虑新车状态，也要考虑运用后的条件，保证在使用或检修间隔期内性能保持优良。从城市轨道车辆运用现实考虑，过高的临界速度是不必要的，要更多地考虑曲线通过、舒适性及对环境的影响。

第五节　车辆运行时的振动分析

车辆在直线上运行时的振动主要是由轨道的多种不平顺激励而产生，它主要是由道岔区间或偶然因素引起的瞬态振动和周期短轨接头引起的周期性振动。而大量的振动来源于轨道的随机不平顺，其产生的响应称为车辆的随机响应。

一、车辆的垂直振动

城市轨道车辆的转向架通常采用二系悬挂。为了在有限的空间内获得较大的柔性，它的简化无阻尼的垂直振动简化系统简图如图 12.19 所示。

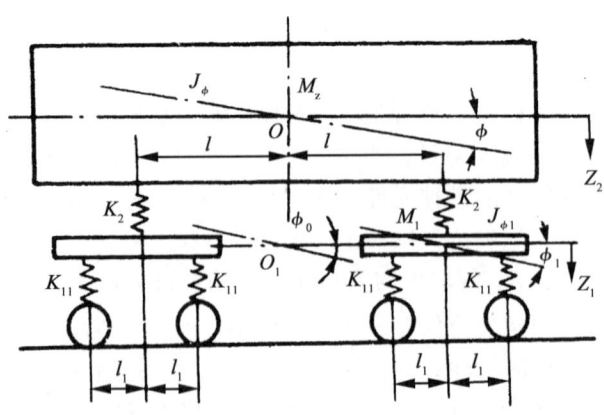

图 12.19　二系无阻尼悬挂车辆系统简图

模型考虑车体仅作浮沉振动，前后转向架构架相应作同相浮沉的低频振型，这是两个自由度的振动系统。

其振动方程为：

$$\begin{cases} M_2\ddot{Z}_2 + 2K_{2z}(Z_2 - Z_1) = 0 \\ 2M_1\ddot{Z}_1 + 2K_{2z}(Z_1 - Z_2) + 2K_{1z}Z_1 = 0 \end{cases} \tag{12.15}$$

式中　M_1——转向架构架及相连的簧上部分质量；
　　　M_2——车体质量；
　　　K_{1z}——转向架轴箱系弹簧垂直刚度；
　　　K_{2z}——转向架中央系弹簧垂直刚度。

若引入符号 $a_1 = \dfrac{2K_{2z}}{M_2}$，$a_2 = \dfrac{K_{1z} + K_{2z}}{M_1}$，$a_3 = \dfrac{K_{2z}}{M_1}$，则式（12.15）可改写成：

$$\left.\begin{array}{l} \ddot{Z}_2 + a_1 Z_1 - a_1 Z_2 = 0 \\ \ddot{Z}_1 + a_2 Z_1 - a_3 Z_2 = 0 \end{array}\right\} \tag{12.16}$$

式（12.16）为一个有两个变量的二阶常系数齐次线性方程组，其解设为：

$$\left.\begin{array}{l} Z_1 = A\sin(Pt + \alpha) \\ Z_2 = B\sin(Pt + \alpha) \end{array}\right\} \tag{12.17}$$

式中　A，B——转向架构架及车体的自由振动振幅；
　　　P——系统的自振频率；
　　　α——相位角。

将 Z_1、Z_2 代入式（12.16）后得

$$\left.\begin{array}{l} a_1 A - (a_1 - P^2)B = 0 \\ (a_2 - P^2)A - a_3 B = 0 \end{array}\right\} \tag{12.18}$$

若要这齐次方程组有解，必须满足下列行列式为零，即

$$\begin{vmatrix} a_1 & -(a_1 - P^2) \\ (a_2 - P^2) & -a_3 \end{vmatrix} = 0 \tag{12.19}$$

展开得微分方程组的特征方程：

$$P^4 - (a_1 + a_2)P^2 + a_1(a_2 - a_3) = 0 \tag{12.20}$$

得方程的两个特征根为：

$$P^2_{1,2} = \frac{1}{2}\left[(a_1 + a_2) + \sqrt{(a_1 + a_2)^2 - 4a_1(a_2 - a_3)}\right] \tag{12.21}$$

考虑到车体质量与构架质量的悬殊,可得:

$$P_1 \approx \sqrt{\dfrac{g}{\dfrac{(2M_1+M_2)g}{2K_{1z}}+\dfrac{M_2 g}{2K_{2z}}}} = \sqrt{\dfrac{g}{f_{st}}} \quad (12.22)$$

$$f_{st} = f_{s1}+f_{s2} = \dfrac{(2M_1+M_2)g}{2K_{1z}}+\dfrac{M_2 g}{2K_{2z}} \quad (12.23)$$

$$P_2 \approx \sqrt{\dfrac{f_{s1}+f_{s2}}{f_{s1}\cdot f_{s2}}\left(1+\dfrac{M_2}{2M_1}\right)g} \quad (12.24)$$

从式中可知:

$$P_2 > P_1$$

这表明车辆的两自由度简化垂直振动系统有两个自振频率。低频 P_1 与总静挠度 f_{st} 有关,而高频 P_2 除与总静挠度有关外还与刚度及质量比有关。

当 $P_{1,2}$ 确定之后,可以求出振幅比 $\dfrac{A}{B}$ 的数值。

与 P_1 对应的,

$$\dfrac{A_1}{B_1} = \dfrac{a_1 - P_1^2}{a_1} > 0 \quad (12.25)$$

与 P_2 对应的,

$$\dfrac{A_2}{B_2} = \dfrac{a_1 - P_2^2}{a_1} < 0 \quad (12.26)$$

这表明低频对应的振型为车体与构架作同相振动,而 P_2 对应为车体与构架作反相振动。图 12.20 给出了这两种振型同时存在时车体与构架浮沉振动的振幅及相位。

车体以低频振动为主,而构架则以高频为主。

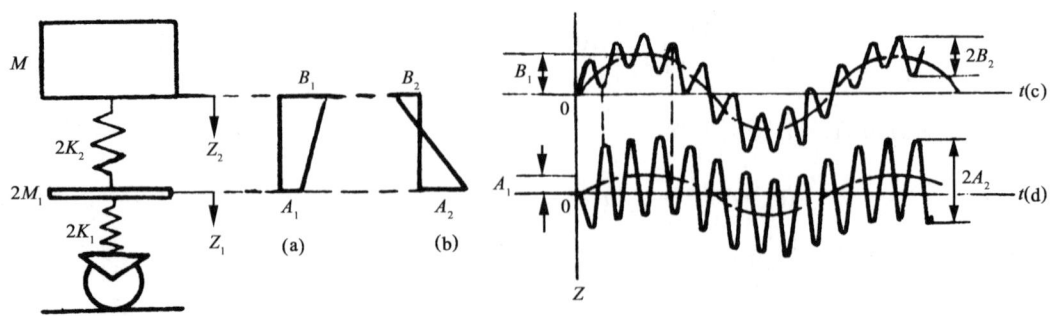

图 12.20 车体与转向架构架浮沉振动的主振型及振动波形

干线客车及地铁轻轨车辆的两系垂直总挠度通常均在 160 mm 以上。当中央系采用空气弹簧时，空气弹簧的当量挠度可达 200~300 mm。因此车辆的低频振动一般在 1 Hz 左右，使车辆具有良好的隔振性能，减缓了轮轨冲击力对车体的影响。

当车辆在中央弹簧悬挂处并联阻尼器后，阻尼可以吸收车辆的振动能量以衰减振动。此时振动微分方程将增加阻尼项，具有线性阻尼的自由振动方程为：

$$\left.\begin{array}{l} M_2\ddot{Z}_2 + 2C_{2z}\dot{Z}_2 + 2K_{2z}Z_2 - 2C_{2z}\dot{Z}_1 - 2K_{2z}Z_1 = 0 \\ 2M_1\ddot{Z}_1 + C_{1z}\dot{Z}_1 + 2(K_{1z} + K_{2z})Z_1 + 2C_{2z}\dot{Z}_1 - 2C_{2z}\dot{Z}_2 - 2K_{2z}Z_2 = 0 \end{array}\right\} \quad (12.27)$$

式中 C_{1z}、C_{2z}——一系和二系悬挂垂向减振器的阻尼系数。

其解为：

$$\left.\begin{array}{l} Z_1 = A\mathrm{e}^{-\lambda t}\sin(Pt + \alpha_1) \\ Z_2 = B\mathrm{e}^{-\lambda t}\sin(Pt + \alpha_2) \end{array}\right\} \quad (12.28)$$

这个具有阻尼的简化系统同样有两个自振频率，并各自对应一定的振型。在阻尼不大的情况下，它们的自振频率和振型均与无阻尼系统的自振频率和振型相近。

设置阻尼可以衰减车辆振动。为了提高效率，阻尼一般只在中央系设置，因为中央系的挠度大，车体相对构架的位移比轴箱处大，因此阻尼功提高。在静挠度较大的中央悬挂设置阻尼，可以有力地抑制车体的振动。

当车辆在线路运行时，由于线路存在着不平顺，车辆随之发生振动，假设线路不平顺为简谐波，简化系统的激励微分方程式为：

$$\left.\begin{array}{l} M_2\ddot{Z}_2 + 2K_{2z}(Z_2 - Z_1) + 2C_{2z}(\dot{Z}_2 - \dot{Z}_1) = 0 \\ M_1\ddot{Z}_1 + K_{1z}Z_1 + K_{2z}(Z_1 - Z_2) + 2C_{2z}(\dot{Z}_1 - \dot{Z}_2) = K_{1z}a\sin\omega t \end{array}\right\} \quad (12.29)$$

设车辆在简谐激励下的响应为：

$$\left.\begin{array}{l} Z_1 = A\mathrm{e}^{j\omega t} \\ Z_2 = B\mathrm{e}^{j\omega t} \end{array}\right\} \quad (12.30)$$

代入方程（12.29）可解得 A 及 B。

图 12.21 给出了不同阻尼及一、二系弹簧静挠度比下的车体响应加速度振幅与激振频率的关系。从图中可知，阻尼过大可以有力地抑制低频共振区的振动，但是车体的高频振动加速度反而增大。阻尼过小则低频共振峰突起，而高频振动不大。因此选择合适的挠度比和阻尼是车辆悬挂设计计算的目的之一。

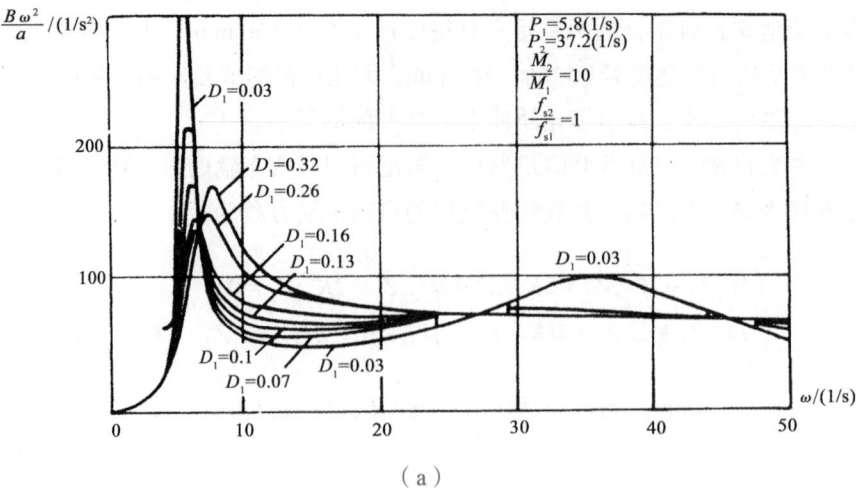

(a)

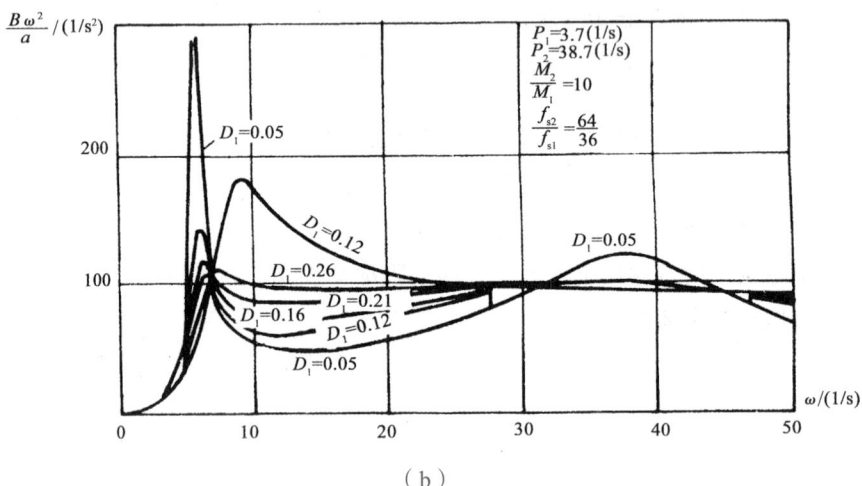

(b)

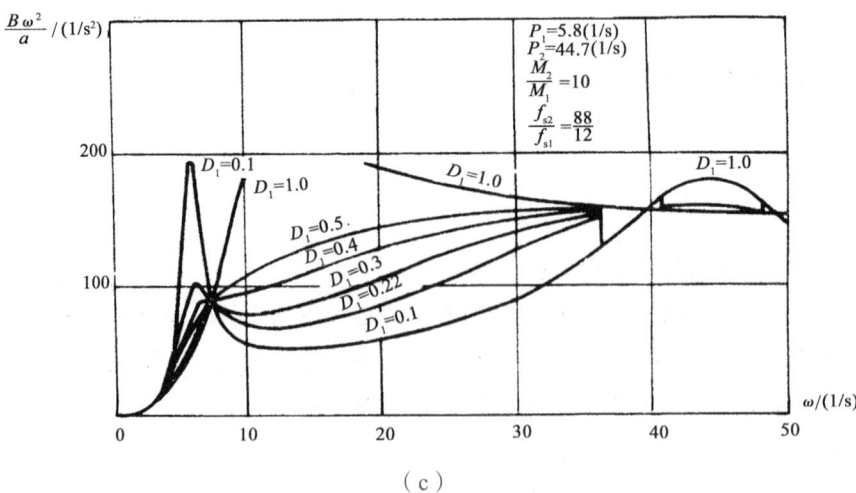

(c)

图 12.21　车体振动加速度响应曲线

二、车辆的横向振动

由于车辆要通过道岔、曲线，车辆本身又具有蛇行的趋势，车辆的横向振动也是需要仔细研究并控制的因素。

为了减缓车体在横向平面内的振动，车体与转向架之间在横向也设置了柔软的悬挂装置，通常采用摇动台结构。近 20 年来在地铁上大量采用了橡胶堆或空气弹簧的无摇动台悬挂方式。无论是哪种悬挂都可以简化为图 12.22 的结构。

如果不考虑车体摇头，忽略构架质量，车体在横断面内的振动可以简化为一个两自由度系统。车体具有横摆及侧滚自由度，其自振方程为：

$$\left.\begin{array}{l} M_2\ddot{y}+2K_y y-2K_y h_1\theta=0 \\ J_\theta\ddot{\theta}-2K_y h_1 y+(2K_z b_2^2+2K_y h_1^2-Mgh_1)\theta=0 \end{array}\right\}$$

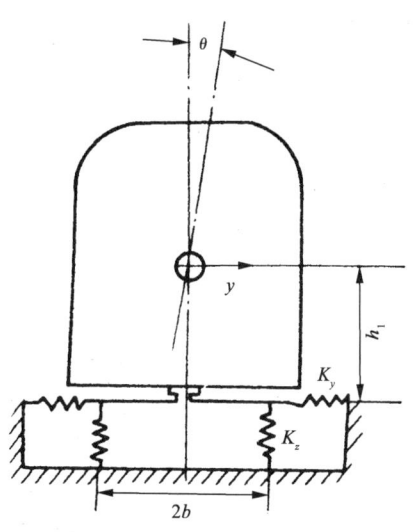

图 12.22 车体的横向振动简图

(12.31)

这个两自由度的横向振动系统具有两个自振频率及各自对应的振型。

计算表明，低频自振对应的是一个下心滚摆振型。实际上这个振型是车体重心的横摆与绕重心的侧滚叠加，它恰好使重心某点保持不动。因而这种振型下车体好像在绕这点转动，故称下心滚摆。而高频自振则对应的是一个上心滚摆，如图 12.23 所示。

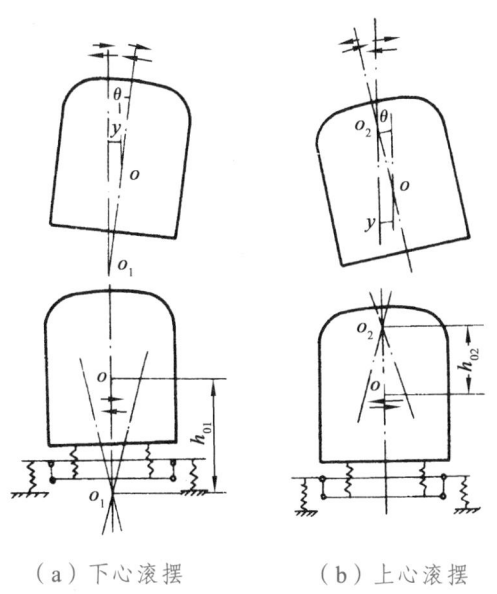

（a）下心滚摆　　　（b）上心滚摆

图 12.23 车体滚摆振动振型

分析表明，车体滚摆自振频率随横向刚度 K_y 减小而下降。一般在设计车辆时，希望降低 K_y 及 K_z 值以提高车辆的平稳性。但是这些数值大小时会产生车体在簧上的稳定性问题，车体会在强激励下过大地偏离弹簧支承中心,以致侧倾无法复原。

由于悬挂布置对称,车体的摇头振动通常可简化为单自由度系统,这里不再赘述。

车辆受外界激励的横向振动方程是在车辆横向蛇行运动方程中增加线路激励项,如方向不平顺,水平不平顺。这些不平顺不仅直接作用在轮对上,还影响了轮轨相互关系项。例如方向不平顺会产生左右轮滚动圆半径差,从而引起左右轮产生方向相反的纵向蠕滑力,它将使轮对产生摇头运动。又如水平不平顺会使轮对产生侧滚角,从而激起车辆滚摆振动。

三、车辆的随机响应

轨道存在的 4 种连续随机不平顺可以通过技术测量手段获得并被描述成它们的统计性功率谱密度函数。这种功率谱密度反映了空间域中不同波长的轨道不平顺的幅度或能量大小。

如果求出车辆系统在轨道不平顺作用下的微分方程,就可以推出由激励(轨道不平顺)传到车辆各处引起响应的传递关系。可以求出由输入到输出的传递函数 $H(\omega)$。在线路激励下车辆的响应也可以用它的功率谱密度 $S(\omega)$ 表示。

当轨道的方向不平顺与水平不平顺的互谱密度与它们的自谱密度相比很小时,响应的功率谱密度可以简化为:

$$S(\omega) = |H_1(\omega)|^2 \cdot \frac{S_a(\omega)}{V} + |H_2(\omega)|^2 \cdot \frac{S_c(\omega)}{V} \quad (12.32)$$

式中　$S_a(\omega)$ ——方向不平顺功率谱密度;

　　　$S_c(\omega)$ ——水平不平顺功率谱密度;

　　　$H_1(\omega)$,$H_2(\omega)$ ——由方向及水平不平顺激起的车辆响应的传递函数。

在获得车体心盘地板面处的垂向及横向响应谱后,可按斯佩林公式求出平稳性指标。图 12.24 给出了某地铁车体心盘处的响应功率谱。

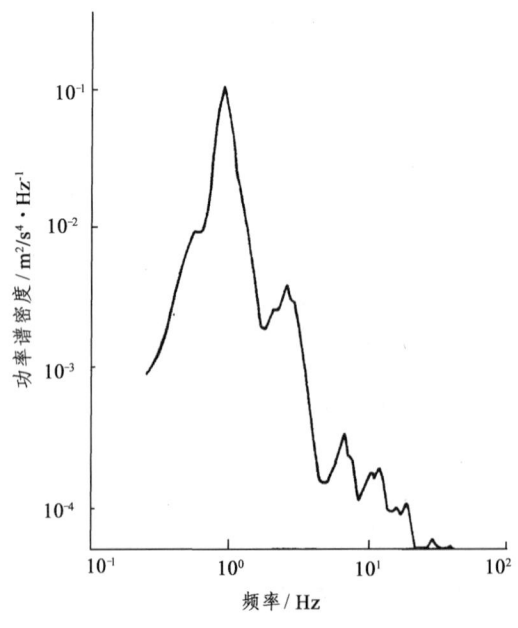

图 12.24　某地铁车体心盘处横向响应功率谱密度

四、动车组的纵向振动

城轨列车通常以动车组形式出现,采用密接车钩连接,编组较小,并使用先进的电空制动技术,因而列车运行中的纵向振动远比干线货运列车及客运列车小。限于篇幅,这里不再赘述。

第六节 车辆的曲线通过

车辆曲线通过性能是车辆运行的一个重要指标。车辆在进入曲线时轮对与线路间发生相对位移,由此引起导向线路产生对轮对运动的约束力或导向力,通过转向架的悬挂系统传至车体,引导转向架及车体克服离心力平顺地通过曲线。

具有轮缘的钢轮在曲线上受钢轨的约束,在轮缘踏面与钢轨之间产生了复杂的作用力,也相应产生了轮轨磨耗。过大的侧向作用力会导致轨距扩大、轨排横移或钢轨翻转,从而引起安全问题。轮缘与钢轨的侧磨增加了运行阻力和能耗。具有导向轮的独轨车辆或其他新型导向车辆在曲线通过时依靠导向轮来迫使转向架沿曲线前进,虽然没有轨排移动等问题,仍然存在过大的侧向力或离心力引起车辆在曲线上倾覆等问题。因此城市轨道车辆的曲线通过是一个需要评价的重要性能。

自从铁路诞生以来,轨道车辆的曲线通过研究经历了几个不同阶段。早期的 Heumann 的摩擦中心理论,将车辆在稳态通过曲线时的轮轨切向力看作是由车轮绕车辆的一个瞬时转心运动的摩擦力,并采用图解法和分析法进行计算。这仅在轮对踏面与钢轨间产生很大蠕滑量时是可行的。在蠕滑理论被试验证实后,Newland 和 Boocock 提出了线性蠕滑力导向的稳态曲线通过理论。这一理论适应于大半径的车辆曲线通过工况。近 20 年来随着计算技术和计算机的发展,考虑了小曲线通过的大蠕滑情况及轮缘接触的非线性曲线通过理论逐渐完善。目前通过非线性的动态曲线通过计算软件可以研究导向车辆从直线进入曲线然后离开曲线的整个动态过程。由此可以获得车辆在风力、轨道不平顺等条件下,在曲线上的轮轨作用力、脱轨的安全性系数、车辆间的纵向作用力、轮对冲角与轮缘磨耗等一系列信息。

随着曲线通过理论和分析技术的发展,一系列具有良好曲线通过性能的新型转向架得到了发展和运用。下面将介绍蠕滑力导向机理并引出径向转向架的理论。

一、自由轮对的线性蠕滑力导向理论

图 12.25 给出了自由轮对在曲线上的蠕滑力。假定轮对在曲线上的横向位移不大,接触角较小,轮轨接触几何及蠕滑规律都是线性关系。在不考虑自旋蠕滑时,轮对踏面上沿纵向及横向的蠕滑力分量 T_x 与 T_y 与蠕滑率 γ_x、γ_y 的线性关系为:

$$\left.\begin{array}{l} T_x = -f_{11}\gamma_x \\ T_y = -f_{22}\gamma_y \end{array}\right\} \quad (12.33)$$

考虑到曲线超高不足引起的左右轮重变化率 $q = \Delta P / P$,作用在整个轮对踏面上的合成横

向蠕滑力与纵向蠕滑合成力矩为：

$$T_y = T_{yL} + T_{yR} = 2f_{22}\psi \\ M_z = (T_{xL} - T_{xR})b = -2f_{11}\left(1 - \frac{4}{9}q^2\right)\frac{\lambda_e b}{r_0} y^*$$

(12.34)

式中 f_{11}、f_{22}——纵向、横向蠕滑系数；
ψ——轮对轴线与曲线径向方向的夹角；
y^*——轮对中心距轮对在曲线上的纯滚线的偏移量。

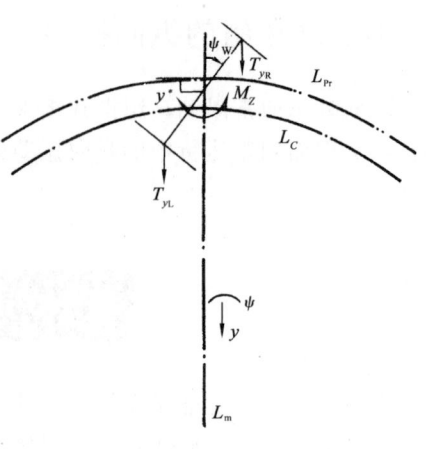

图 12.25 作用在轮对上的蠕滑力

当轮对从直线进入曲线时，轮对中心如果没有处在纯滚线上，如图12.26所示，则在左右踏面上产生方向相反的纵向蠕滑力。这一力矩将迫使轮对转动使之与曲线径向形成夹角ψ，而夹角ψ将使轮对产生横向蠕滑力T_y，在T_y作用下轮对中心将向纯滚线移动。因而又反过来减小了纵向蠕滑力，最终轮对中心到达纯滚线，其轴线指向曲线的半径方向。因此在自由轮对条件下，如果曲线半径不是太小时，轮对偏离纯滚线和径向方向产生的蠕滑力将迫使轮对返回到径向和纯滚线位置上去，从而形成蠕滑力导向的能力。要使轮对具备较强的蠕滑导向能力可采用以下措施：

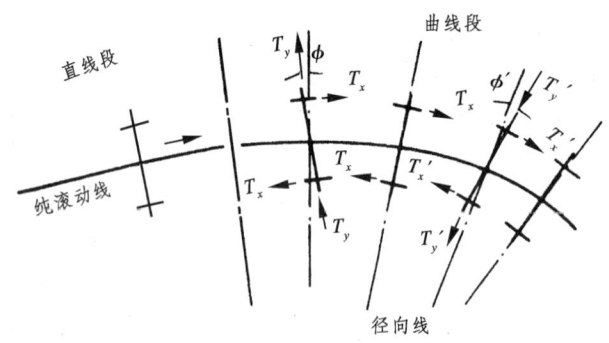

图 12.26 轮对进入曲线的蠕滑导向

（1）高的轮轨蠕滑系数，这与轮轨表面黏着能力和接触斑面积有关，因此增强曲线上的黏着系数，采用凹形踏面将有利曲线通过性能的提高。

（2）加大踏面等效斜率λ_e，减少轮缘接触的可能。目前一些城市的轻轨为了达到减少小曲线通过时过大的冲角导致的轮缘磨耗，磨耗形（凹形）踏面的等效斜率达到0.2~0.4。这种措施一方面减少了磨耗，同时也大大降低了曲线上的噪声水平。

（3）采用小半径车轮，减少冲角和轮缘力。

二、带转向架车辆的曲线通过

自由轮对自身具有蠕滑力导向通过曲线的能力，但是轮对是承载车辆运行的，轮对通过悬挂系统约束在转向架上。也就是说，轮对通过纵向及横向一系弹簧约束在构架上，并不具备自由移动转动的能力。当轮对偏离径向和纯滚线而产生蠕滑力及力矩并力图恢复到径向及纯滚线时，车辆及转向架通过一系悬挂妨碍了这种趋势，除非采用非常柔软的一系定位刚度才有可能减少这种阻碍，但是这会导致蛇行失稳。

车辆在均衡速度下通过曲线时，车辆的圆周运动的离心力将由曲线超高产生的重力分力来平衡。但是轮对在一系悬挂的约束下并不能完全达到径向位置。一定冲角产生的横向蠕滑力使导向轮对向外轨移动，直到轮轨间产生了轮缘力以抵消向外的踏面力。

因而一系摇头刚度过大将产生大冲角，从而引起轮缘与钢轨接触，加快轮缘及钢轨的侧磨。

同样二系摇头刚度过大也将阻碍转向架转到曲线的径向方向，对于轮缘接触的防止也是极不利的。

为了提高车辆曲线通过性能，主要采取如下措施：

（1）一系及 M 系摇头约束刚度要低，减少轮对趋向径向的阻力。

（2）采用短轴距以减少径向时的摇头位移量。

（3）采用短的车辆轴距，减少转向架的摇头位移。

（4）高的蠕滑系数或黏着系数，可以增加轮对蠕滑导向的能力。一般采取大轴重，凹形踏面并涂抹增摩剂。

（5）大踏面等效斜率，减小轮对外移量，使车轮易在小半径曲线上实现纯滚动。

（6）降低的车辆重心。

Skytrain 的轨道正线有半径 70 m 的曲线地段，停车段内曲线半径仅为 35 m。为了改善曲线通过性能，减少磨耗和噪声，它的 Mark I 转向架采取了短轴距，大踏面等效斜率，在踏面上涂抹固体高摩剂，并采用了径向转向架技术，结果大大减少了冲角，改善了轮轨磨耗，也减少了曲线上的噪声。Skytrain 的动车组在高架上穿越市区，不少地段紧贴居民住房通过，甚至穿过大楼，显示了它的优良性能。

三、径向转向架技术

提高转向架的蛇行稳定性需要较高的一系定位刚度，特别是纵向刚度，要求小的等效斜率和大的二系摇头刚度，而曲线通过又要求低的一系定位刚度特别是纵向刚度。大的等效斜率和小的二系摇头刚度。这一系列互相矛盾的需求使得参数的选择十分困难。为了解决这些问题，近 20 年来，通过减小轮对纵向定位刚度，增加两轮对间的弹性约束，达到使轮对轴线处于径向位置上的径向转向架技术迅速发展起来。

作为城轨交通，曲线半径要比干线铁路小得多。速度虽然不高，也需考虑 80～100 km/h 的最高运行速度。各种径向转向架不同程度地减少了轮对冲角和侧压力，改善了轮轨磨耗和曲线运行的摩擦噪声，降低了维修成本。因此径向转向架技术必将在城市轨道车辆上获得广泛的应用。

具有代表性的径向转向架主要分为两类。一种径向转向架采用的是迫导向技术。它是利用曲线通过时车体与转向架之间产生的相对转动推动轮对相对构架也相应转动一定的角度，来达到径向的目的。另一种径向转向架技术称自导向技术。这是一种利用锥形踏面或磨耗形踏面的轮对在曲线上的自发纵向蠕滑力矩推动下趋向径向。

径向转向架主要有以下几个优点：一是降低车辆通过曲线时的阻力，由此节约了牵引的能耗；二是减轻车辆各零、部件间的磨耗；三是由于轮轨相互作用力的减小，可以适当降低线路标准，减少投资费用。

本 章 小 结

车辆基本振型有：伸缩、浮沉、横摆、侧滚、摇头、点头。

轨道不平顺的表示：高低不平顺 Z_v、水平不平顺 Z_c、方向不平顺 y_a、轨距不平顺 y_g，各种不平顺对车辆运行平稳性、安全性有重大影响。

列车运行平稳性指标是评定旅客舒适度的一个指标。我国主要用斯佩林公式来计算，平稳性指标 W 值越大，平稳性越差，要求不低于 2.5。

列车运行安全性是评定车辆安全运行的基本条件。脱轨系数用于鉴定车轮轮缘在横向力作用下是否会因逐渐爬上轨头而脱轨。我国规定脱轨系数应小于 0.8。影响车辆脱轨的因素很多，而实际脱轨往往是多种因素的组合，其中某个因素起了决定作用。主要的因素为线路、车辆结构参数和运用条件。

不同的轮轨外形配合具有不同的轮轨接触几何关系和接触几何参数。

蛇行运动是一种自激振动，是具有等效斜率踏面的车辆轮对特有的一种运动。当激扰消失而蛇行运动不能收敛时，便出现为蛇行失稳。蛇行运动呈失稳时的列车速度称为蛇行失稳临界速度。影响蛇行运动的因素有轮对定位刚度、车轮踏面等效斜率、蠕滑系数、转向架固定轴距、中央悬挂装置的刚度等。

车辆的垂向振动有低频和高频之分。车体以低频振动为主，构架则以高频为主。设置阻尼可以衰减车辆振动。

车辆通过道岔、曲线及车辆自身具有的蛇行趋势等激起车辆的横向振动，为了减缓车体的横向振动，在车体与转向架之间横向应设置柔软的悬挂装置。

轮对与钢轨接触形成的蠕滑力具有导向作用。提高蠕滑导向能力的措施：提高的轮轨蠕滑系数；加大踏面等效斜率；采用小半径车轮，减少冲角和轮缘力。

车辆曲线通过性能是车辆运行的一个重要指标。提高车辆曲线通过性能的措施：一系及 M 系摇头约束刚度要低，减少轮对趋向径向的阻力；采用短轴距以减少径向时的摇头位移量；采用短的车辆轴距，减少转向架的摇头位移；高的蠕滑系数或黏着系数，可以增加轮对蠕滑导向的能力；大的踏面等效斜率，减小轮对外移量，使车轮易于在小曲率半径下实现纯滚动；降低车辆的重心。

径向转向架减少了轮对冲角和侧压力，改善了轮轨磨耗和曲线运行的摩擦噪声，降低了维修成本。径向转向架主要有两类：迫导向径向转向架、自导向径向转向架。

复习思考题

1. 车体的振动有哪几种形式？
2. 激起车辆振动的线路原因有哪些？
3. 车辆运行平稳性、安全性是什么？它们的评定标准是怎样的？
4. 影响脱轨的因素及防范措施有哪些？
5. 什么是蠕滑、蠕滑率和蠕滑力？
6. 什么叫蛇行运动及蛇行失稳？如何提高蛇行失稳的临界速度？
7. 两系无阻尼悬挂车辆系统的振动方程是怎样的？
8. 提高车辆曲线通过性能有哪些措施？

第十三章
噪声及其防护

通过噪声及其防护方面的学习，了解噪声的种类和危害，熟悉噪声形成的 3 个条件，能够运用相关知识控制城轨交通的噪声，减少其对周围环境和人们生活的影响及危害。

教学目标

能力目标
- 能分析城轨交通噪声对周围环境及人们生活的影响及危害
- 能利用相关知识分析典型的城轨交通噪声产生的机理
- 能利用相关知识，对城轨交通出现的常见噪声污染提出具体的控制策略

知识目标
- 了解噪声的危害、种类及形成条件
- 熟悉城轨交通的噪声产生机理
- 掌握典型城轨交通噪声的分析方法和控制方式

第一节　概　　述

一、噪声的影响与危害

人们在生产和生活过程中，不断地进行着能量的交换与转化，一部分物理能量，包括机械能、化学能、热能、电磁波等转化为噪声和振动，进入人们的生活环境。在生活中，每时每刻都可以听到各种各样的声音，声音可以帮助人们借助于听觉熟悉周围环境，进行信息传递；优美的音乐可以使人们心情愉快，消除疲劳；医生通过听诊器听心脏和肺部的声音就可以对患者的健康做出正确的判断，等等，这些声音是人们所需要的。但是声音过强，又会妨碍或危害人的正常活动，甚至危及人体的健康。凡是人们不需要的，使人们感到讨厌和烦躁的声音通称为噪声。

噪声污染属于物理性污染。它与化学性污染、生物性污染有相同的地方，也有不同的地方。相同之处在于它们都会危害人们的身体健康，这种危害有长期的遗留性，表现在能引起人们的慢性疾病、器质性病变及神经等系统的损害。不同之处在于化学性污染、生物性污染是环境中有了有害物质和生物，或者是环境中的某些物质超过正常含量，是人类活动将某些有害物质散布到环境中去产生的污染，当污染源排除以后，这些污染物质依然存在。而环境噪声的污染一般是局部性的、区域性的，同时在环境中不会有残余物质的存在，在污染源停止运转后，污染也就立即消失。

噪声干扰人们的工作和生活环境，危害人体健康，是影响面最为广泛的一种公害。它对人体的危害，概括起来说可划分为两大类：强噪声可以引起耳聋和诱发出各种疾病；一般强度噪声可以引起人们烦躁，干扰语言交谈，以致对人们的工作、学习和生活带来较大的不利影响。主要体现在以下方面：

1. 职业性噪声耳聋

噪声对人体健康的影响是多方面的，表现最明显的是对听觉器官的损伤。长期在强噪声环境下工作，可以导致职业性耳聋，即噪声性耳聋。引起职业性耳聋的发病因素与噪声强度和频率有关，噪声强度越大，频率越高，噪声性耳聋的发病率就越高。同时与噪声的作用时间长短也有关系，同样强度的噪声，每天工作 8 h 就比工作 4 h 发病率高得多。一般来说，经常在 90 dB 以上的噪声环境下长期工作，就有可能诱发职业性耳聋。

2. 其他系统疾病

噪声对人体健康的影响，主要表现在作用于人体的各器官，首先是对中枢神经系统、自主神经系统及心血管系统方面。由于中枢神经系统受到损害，引起全身其他器官的变化，大脑皮层兴奋和抑制平衡失调，神经细胞边缘染色质溶解，导致条件反射异常，脑血管功能受到损害，脑电位改变，早期可以恢复，如果长期在噪声的不良刺激下导致病性改变，则会产生神经衰弱综合症，患者主要有头晕、头痛、脑涨、失眠、多梦、耳鸣、乏力、记性力减退、恶心、心悸等症状。强噪声刺激中枢神经系统，还会使人们的消化机能减退，胃功能紊乱、消化液分泌异常、胃酸度降低造成消化不良、食欲减退、消瘦、体质减弱。特别强烈的噪声还能引起精神失常、休克乃至危及生命。

所以，在强噪声下工作的人们一般健康水平下降，抵抗疾病的能力差，即使没有引起噪声性职业病，也容易诱发出其他的疾病，影响人们的健康和工作能力。

3. 干扰正常生活

噪声影响人们的正常生活，妨碍人们休息、睡眠，干扰语言交谈和日常社交活动，使人烦躁异常。

实验证明：当人处于睡眠状态时，在 40～50 dB 噪声的作用下，其自主神经系统会出现反应，就是说 40～50 dB 的噪声就开始对正常人的睡眠产生了影响。根据研究，40 dB 的连续噪声级使 10% 的人受到影响；70 dB 时使 50% 的人受到影响。突然的噪声在 40 dB 时，可使 10% 的人惊醒；60 dB 时则使 70% 的人惊醒。城市噪声对居民的影响很大，会使居民睡不好觉，吃不好饭，精神困倦，烦躁异常，心血管和神经衰弱患病率增高。

4. 降低劳动生产率

强噪声会妨碍人们的注意力，影响思考问题，以致使工作发生差错，不仅影响工作效率，而且降低工作质量。噪声级越高，劳动过程越复杂，在劳动过程中脑力劳动的成分越多，则劳动生产率下降的程度越大。

统计表明：在实行了必要的噪声控制措施后，劳动生产率平均提高了 9%，计算上的错误减少 52%，发病率减少 37%。

由于噪声分散人们的注意力，容易引起工伤事故，特别是危险警报信号和行车信号在强噪声干扰下不容易引起人们注意，更容易发生人身伤亡事故。

二、噪声的形成

随着现代工业、交通运输和城市建设事业的发展，特别是城市人口的急剧增加，城市噪声污染已变得日益严重。近几十年来的国内外调查资料表明，环境污染事件中，环境噪声污染事件一直居高不下，以致环境噪声污染已发展成为一种扰民因素。环境噪声主要包括城市的交通噪声、工厂噪声、建筑施工噪声以及商业、体育和文化娱乐场所的人群喧闹、家庭生活等造成的社会噪声。

城市环境噪声以交通运输噪声最为突出，许多国家研究结果都表明，城市环境噪声的 70% 来自交通噪声，世界上一些主要国家和主要城市的车辆密度很大，交通噪声尤为严重。交通运输工具是特殊的流动声源，因此对环境的影响面也最广，它是交通噪声产生的根源。

噪声的形成需有声源（即噪声的发源地，可能是机械的、化学的、电化的，以及生物的等）、声音传播途径（即噪声是如何进行传送的）以及接受者 3 个条件存在，而且只有当声源、传播途径和接受者三者都同时存在时，才对听者形成干扰。城轨交通噪声的形成主要来自轨道交通运输工具内外部的振动和撞击，外部的主要噪声源是轨道交通车辆运行时车轮在钢轨接头处与不平处的撞击和已磨损的车轮在钢轨上的摩擦。此外，还有走行部分的撞击、制动拉杆与闸瓦的颤振和敲击、车厢壁与顶盖的振动、自动车钩的碰撞、制动以及发电机运转中的声音等；内部的主要噪声源是来自车扇、窗扇、间壁、通风器、灯具等的颤振和撞击。

车内的噪声由乘坐该车的人所承受，车站内的噪声由在车站内候车的人所承受，而路边噪声却影响着邻近线路附近区域居住或工作的人们。各种类型的噪声可能来自一个或几个的噪声源，并且由这些噪声源沿着各种各样的途径进行传播和扩散。了解声源、传播途径和接受者就可以有针对性地寻求降低、衰减噪声的措施和途径，对现存的噪声进行防护，最大限度地降低噪声对人体造成的损伤。

三、噪声的分类

城轨交通按产生噪声的声源可分为：轮轨噪声、车辆非动力噪声、牵引动力系统噪声、高架轨道噪声、地下铁道的地面承载噪声等。下面重点分析与车辆直接相关的噪声。

1. 轮轨噪声

钢轨与车轮之间相互作用而产生的声响。这种相互作用在车轮和轨道相接触处产生力的作用，造成车轮和轨道的振动而向外辐射声波。

轮轨噪声有3种主要类型：摩擦噪声、撞击噪声和轰鸣噪声，每一种均有相对应的机械结构所产生。

（1）摩擦噪声（或尖啸声）。当车辆在一条较小半径曲线线路上运行时会发出一种高音调噪声，因为一般的转向架式车辆，轮对车轴平行地配置于转向架构架中，当运行在小半径曲线线路时，车轮沿曲线钢轨并非纯滚动运行，要产生局部的横向滑动，即所谓的"卡滞-滑动效应"。正是这种在曲线上车轮对轨道的不完善的导向造成"卡滞-滑动效应"，结合车轮和轨道的振动响应，形成一种高音调的尖啸声。影响这种摩擦噪声的因素最主要的是曲线半径、转向架轴距、车轮振动阻尼特性，以及轮轨表面之间的黏着系数和所采用的材料等。

（2）撞击噪声。撞击噪声是由车轮或钢轨表面的局部不连续性所产生的。这种不连续性包括钢轨的轨隙，不平坦的钢轨接头和车轮踏面局部磨损，以及在制动时闸瓦抱死车轮所造成的车轮踏面局部磨平。

（3）轰鸣噪声（或滚动噪声）。轰鸣噪声是由车轮和钢轨接触表面局部小面积粗糙所造成。研究结果表明，轮轨接触区域越大，所产生的轰鸣噪声就越少，当轰鸣噪声达到顶点的频率时钢轨将成为主要的噪声源。减小轮轨接触面的粗糙度是降低轰鸣噪声行之有效的途径。

2. 车辆非动力噪声

车辆非动力噪声主要指制动系统中在实施制动时闸瓦与制动盘之间的摩擦振动，它激发制动闸瓦片、闸瓦托架以及制动盘等产生自激振动形成噪声。

车辆的非动力噪声还有制动系统中悬挂连接和支座中所使用的许多销套，由于销套与销轴之间的间隙在运行中相互撞击而产生噪声。此外还有车辆的辅助系统（空调装置、空压机等）所辐射的噪声。

3. 牵引动力系统噪声

牵引系统设备运转所产生的噪声，包括牵引电机及其冷却风扇、齿轮箱以及空气压缩机的噪声，它是城轨交通主要的噪声。牵引系统的噪声，特别是电机冷却风扇的噪声，随列车运行速度的提高而增长,其程度往往要大于轮轨噪声。

近年来对混凝土高架铁路的研究表明,混凝土高架铁路上的牵引动力系统噪声级比地面道床轨道上的噪声级高 5 dB(A),这主要是因为高架铁路上轨道下面缺少吸音材料,如道砟、泥土等。

4. 高架轨道噪声

当列车行驶于高架铁路上时,轮轨相互作用所产生的振动通过轨道传递给支承结构,支承结构将噪声向周边地区进行传播,它比之列车行驶于一般的路堤带坡度道床时所产生的噪声级要高得多,一般要高 20 dB(A)。

为深入研究高架轨道噪声,可建立 3 种不同类型的高架轨道噪声的数学模型,即在钢板梁上有混凝土板的结构、钢板梁上有轨枕板的结构,以及在开式钢腹板梁上有轨枕板的结构。同时针对这 3 种高架铁路进行现场测量,结果发现,在高频状态下,钢轨为主要噪声源,而中频的主要声源是钢板梁。所以为大幅度地降低噪声级,就必须同时降低钢轨和钢板梁的噪声。

正因为高架轨道噪声是由于轮轨之间相互作用所产生的振动传递给高架结构所引起,因此抑制高架轨道噪声一方面可从降低钢轨振动的技术着手,另一方面可从限制传递给高架结构的振动考虑。

5. 地下铁道的地面承载噪声

地下铁道轮轨间相互作用而产生的振动被传递给隧道结构,继而又传向周围的土壤,振动通过土壤再向邻近的建筑物传播,从而导致地下及墙壁的振动和噪声向建筑物内房间的第二次辐射。它是一种低频声响,就如同外界振动使房间中的窗户所发出的"咔咔"声响。

地面承载噪声和振动是一个相当严重的干扰源,它也是公众向交通部门抱怨的一个主要对象。因此更有效地预测和抑制地面承载噪声和振动,对缓和这类社会问题具有现实意义。

对于高速铁路,除了以上所述的几个产生噪声的声源外,还有空气动力噪声。随着列车速度的提高,列车车头以及在列车上各个突出和凹入的部分,车顶的受电弓等,在空气中高速移动时,压力空气在非恒定的气流中发生变化,从而产生空气动力噪声。风洞试验表明,物体产生的空气动力噪声与空气的流速呈 6 次方关系增加。通过对车头形状的流线型处理,对于突出于车体的某些设备或装置的结构进行改进或将其移到可用隔音罩予以屏蔽的车体下部,均可抑制非恒定涡流的发生,降低空气动力噪声,从而减少噪声对沿线的影响。

第二节 噪声的评价方法与评价指标

不同国家不同发展阶段的城轨交通,在噪声水平和控制技术上有很大差异。尤其是城轨交通噪声所受的影响因素很多,在产生和传播过程中,不同的线路结构、桥梁结构,不同的建筑群类型和布局,以及不同的动车组等均对噪声的大小及范围有很大影响。目前国际上还没有一套标准的城轨交通噪声的评价方法和指标,工业发达国家以及一些国际性大都市所拟订的适用于本国或本市的轨道交通噪声测量以及评价标准可供参考。另外,可供借鉴的还有国际标准化组织(ISO)的《声学—有轨车辆内的噪声测量》(ISO 3381—2005),我国 GB3096

《城市区域环境噪声标准》，国标《声学-轨道车辆内部噪声测量》(GB/T 3449—2011)、《铁道机车和动车组司机室噪声 限值及测量方法》(GB/T 3450—2006)等。

为达到噪声评价目标，按照城轨交通系统特性可细分为各个部分，例如，车站型、车辆型、道床型以及公共场所型等。选择代表着系统特点的典型噪声测量点，可由该测量点测得的噪声级对整个系统的噪声情况进行推断和归纳。

影响城轨交通的噪声主要来自车辆本身、线路、车流量以及鸣笛等。车内噪声主要影响乘客和驾驶人员的舒适、健康和行车安全。车外噪声涉及站内乘客、工作人员以及沿线居民的噪声干扰。

一、评价方法

噪声对人的危害和影响包括许多方面，它与噪声源的特性（如噪声强度、频率和时间特性等）有关，也与人耳的听觉特性和人对噪声的主观心理反应有关，多年来各国学者对噪声的危害和影响程度进行了大量的研究，提出各种指标和评价方法，期待得出与主观响应相对应的评价量和计算方法，以及应该控制的数值和范围。在这方面大致可概括为：与人耳听觉特征有关的评价量；与心理情绪有关的评价量；与人们的健康有关的标准（工厂噪声）；与室内人们活动有关的评价量，等等。这些不同的评价量各自适用于不同的环境、时间、噪声源特性和评价对象。

由于环境噪声的复杂性，迄今所提出的评价量达数 10 种之多，现仅选择几种可能被我们采用的而且已被公认的评价量供参考。

1. 响度级

人耳主观感觉的响度大小，不仅与声压级有关，而且还与频率有关。人们仿照声压级的概念，引出一个与频率有关的响度级，描述人耳对不同频率（纯音）和强度声音的一种主观评价量，其单位是方(phon)。这是用一组等响度曲线对不同的声音做出主观上的比较。它是选取频率为 1 000 Hz 纯音的声压级 2×10^{-5} N/m^2 为基准声音，调节 1 000 Hz 纯音的声压级，使大量受试者判断，如果其声源噪声听起来与该纯音一样响，则该噪声的响度级(phon)值就等于这个纯音的声压级(dB)。例如，某噪声源噪声听起来与声压级 85 dB、频率为 1 000 Hz 的基准声音同样响，则该噪声的响度级就是 85 phon。响度级用 L_L 表示，它表示声音强弱的主观量，把声压级和频率用一个单位统一起来了。

利用与基准声音比较的方法，可以得到整个可听频率范围的纯音响度级，即所谓的等响度曲线。等响度曲线已为国际标准化组织（ISO）所采用。等响度曲线是一簇响度级与声压级和频率的关系曲线，每根曲线是相等响度声音对应点的连线，它相当于声压级不同、频率不同但响度级相同的声音。

2. 计权声级

在噪声控制工程中，为了使声音的客观物理量与人耳听觉的主观感受近似取得一致，早期人们就在测量声音的仪器（如声级计）中模拟人耳对不同声音（强度和频率）的反应，而设计了滤波线路，即分别模拟等响曲线 40 phon、70 phon、100 phon 3 条曲线设置 A、B、C、D 4 个计权网络，它使所接受的声音按不同的频段有一定的衰减。C 网络是模拟 100 phon 的等响曲线倒置的形状，在整个可听频率范围内有近乎平直的特性，即对可听声所有频率基本不衰减，因此它一般代表总声压级。B 网络是模拟 70 phon 等响曲线倒置形状，对低频段（500 Hz 以下）的声压有较大的衰减。A 网络与 40 phon 等响曲线倒置的形状接近，它对高频敏感，对低频不敏感，这正与人耳对噪声的主观感觉近似一致。因此，近年来，人们在噪声测量中就有 A 计权网络测得的声压级代表噪声的响度大小，叫 A 声级，记作分贝（A）或 dB（A）。还有一特殊 "D" 网络也已标准化，用来测量飞机噪声。

这里需要注意，声级有别于声压级，声级表示经过频率计权后的声压级，配有 A、B、C、D 计权网络的声学仪器，它的读数称声级，单位也是分贝。

在噪声控制工程中，有时需要把倍频带（或 1/3 倍频带）声压级换算成 A 声级，如果知道了各频带的声压级，可用下式计算 A 声级。

$$L_A = \lg\left(\sum_{i=1}^{n} 10^{\frac{L_i - l_{Ai}}{10}}\right) \tag{13.1}$$

式中　L_A——A 声级，dB；
　　　L_i——各倍频带声压级，dB；
　　　L_{Ai}——各倍频带 A 计权修正值，dB。

3. 语言干扰级

语言干扰级是作为一种对清晰指数的简易转换，最初主要用于飞机客舱噪声的评价，现主要用于评价环境噪声对语言交谈声和打电话的干扰程度。早期用噪声在 600～1 200，1 200～2 400，2 400～4 800，3 个倍频带的平均声压级，记作 SIL，单位为 dB。后来改用更佳语言干扰级，取倍频带中心频率 500 Hz、1 000 Hz、2 000 Hz 3 个倍频带声压级的算术平均值，记作 PSIL，亦称更佳语言干扰级，计算公式如下：

$$\text{PSIL} = \frac{L_{500} + L_{1000} + L_{2000}}{3} \tag{13.2}$$

式中　L_{500}、L_{1000}、L_{2000}——倍频带中心频率 500 Hz、1 000 Hz、2 000 Hz 频带声压级。

更佳语言干扰级与语言干扰级的关系为：

$$\text{PSIL} \approx \text{SIL} + 3 \text{ dB}$$

4. 等效连续声级

对于有起伏、间歇或随时间变化的噪声声场，1971 年 ISO 公布《职业性噪声暴露和听力保护》的噪声标准 R1999，提出以等效连续 A 声级为噪声评价标准。所谓等效连续 A 声级 L_{eq}（又称等效 A 声级），是指在声场中的某一位置上，用某一时间内能量平均的方法，即将间歇暴露的几个不同的 A 声级，以一个 A 声级表示该段时间的噪声大小，这个 A 声级就是等效连续 A 声级。它是用一个在相同时间内声能与之相等的连续稳定的 A 声级来表示该时段内不稳定噪声的声级，它能反映在声级不稳定场合人们实际所接受的噪声能量的大小。

等效连续 A 声级 L_{eq} 可表示为：

$$L_{eq} = 10\lg \frac{1}{t_2 - t_1} \int_{t_1}^{t_2} 10^{0.1L(t)} dt \qquad (13.3)$$

式中　L_{eq}——等效连续 A 声级；

　　　t_1、t_2——计算 L_{eq} 的起、止时刻；

　　　$L(t)$——作为时间函数的非稳态 A 声级。

由上式可以看出，对于一段时间内稳定不变的噪声，其 A 声级就是等效 A 声级。

5. 累积分布声级

许多环境噪声是属非稳态的，比如城市交通噪声是一种随机起伏的噪声，而且噪声级的涨落幅度比较大，一般需要用统计学的方法，即用噪声级出现的时间概率或者累积概率来表示，目前主要用累积概率的统计方法，也就是用累积分布声级 L_N 表示。

L_N 是表示 $N\%$ 的测量时间所超过的噪声级，其计算方法是先把规定时间内所测定的声级按大小顺序排列好（由大到小），则总数的第 10% 个为 L_{10}，例如，$L_{10} = 70$ dB（A），表示某个测量时间内有 10% 的时间噪声超过 70 dB（A）。同理 $L_{50} = 60$ dB（A），表示有 50% 的时间即相当于一半时间噪声级超过 60 dB（A）。$L_{90} = 50$ dB（A），表示有 90% 的时间噪声级超过 50 dB（A）。通常 L_{90} 可看作为一般背景噪声级，L_{50} 相当于中值声级（注意它不同于平均值），L_{10} 相当于峰值噪声级，有了这些统计值，噪声与时间的分布情况就比较清楚了。

如果噪声级的统计特性符合正态分布，那么等效声级 L_{eq} 可由下式得出：

$$L_{eq} = L_{50} + \frac{d^2}{60}$$

$$d = L_{10} - L_{90}$$

6. 噪声污染级

噪声污染级是用来评价噪声对人烦恼程度的一种方法，不过它是用噪声的能量平均值和标准偏差来表示的。标准偏差是表达噪声起伏的一种形式，标准偏差越大，表示噪声级离散程度越大，也就是噪声的起伏越大。

噪声污染级 L_{Np} 可由下式计算得出：

$$L_{Np} = L_{eq} + k\delta \qquad (13.4)$$

式中　L_{eq}——等效连续 A 声级；

　　　k——常数，取 2.56；

　　　δ——该段时间内各瞬时声级的标准偏差。

噪声污染级用来评价航空噪声或道路噪声是很适当的，它与噪声暴露的物理量测量相比较，其一致性很好。

如果噪声随时间变化符合正态分布，则近似可由下式得出：

$$L_{Np} = L_{eq} + (L_{10} - L_{90})$$

7. 声暴露级

声暴露级是衡量瞬态噪声中所含能量大小的量，常用来表示所发生孤立噪声事件的能量，如车辆通过、飞机飞过时的能量。

声暴露级 L_{AE} 是在 1 s 期间保持恒定的声级，它与实际变化的噪声在此期间内具有相同的能量。其表达式如下：

$$L_{AE} = 10\lg \frac{1}{T_0} \int_{t_1}^{t_2} \frac{p_t^2}{p_0^2} dt \tag{13.5}$$

式中　T_0——参数持续时间；

　　　p_t——瞬时 A 计权声压；

　　　p_0——基准声压；

　　　t_1、t_2——规定起、止时间。

除了以上介绍的几种噪声评价方法之外，较有名的还有噪声评价曲线、感觉噪声级和噪度、昼夜等效声级、噪声冲击指数、噪声掩蔽等。

二、评价指标

控制噪声要从两方面入手：一是组织管理，就是国家及有关部门颁发一系列法律法规、条例、标准等，用行政命令的方式限制噪声；二是采取具体的工程技术措施治理噪声，以达到国家、行业标准的要求。

噪声控制可以根据不同的目的要求有不同的限制标准。例如，为了保护职工身体健康不致引起噪声性耳聋和其他疾病，需要制定保护听力和保护健康的卫生标准。为了保护环境和生活环境不受噪声的干扰，应相应地制定各种环境噪声的允许标准，在不同的时间（白天、晚上）和不同地点进行修正。对于各种强烈的噪声源，还应分别制定限制标准，如机器产品噪声允许标准，机动车辆、飞机等噪声允许标准，同时为了便于同类产品的评价和比较，还需要制定相应的有关噪声测量方法的标准。

城轨交通噪声级的强度直接与系统的特性相关联。轨道设置的位置，设于地下、地面或高架等，都是影响噪声级的决定因素。地下铁道一般比地面轨道产生更大的车内噪声级。高架铁路轨道产生的路边噪声级比地面轨道的噪声级要高。与高噪声级相关的其他条件还包括列车的运行速度，采用无缝长钢轨或一般有缝钢轨，车轮踏面上的擦伤，钢轨表面局部粗糙状况以及线路小半径曲线等。

运载设备使用时间的长短是噪声级的另一个决定因素。使用年久的车辆，车内噪声级一般较高，新设计车辆及车站由于采用了许多声学上的处理，车内和站内噪声级都会有明显降低。路边噪声级在新旧系统中发生的变化和差异并不像其他的噪声那么大，而是更多地受到列车运行速度和轮轨状况的影响。

"美国公共交通协会"所制定的噪声级指标是以确保私人谈话能以正常声音进行而设计制定的。在背景噪声级为 78 dB（A）时，人们在 0.35 m 的距离处可以用正常的声音进行谈话，但当背景噪声级达 83 dB（A）时，为使对方能听见自己的声音，他们必须要提高嗓音。

按该指标规定，根据城轨交通类型的不同，可接受的最大车内噪声应在 70~80 dB（A），站内噪声 75~85 dB（A）。对于地铁来说，噪声级的上限可设得高些，因为将它的噪声级降到与地面铁路相同的程度是极困难的，在经济上也是极昂贵的。路边噪声级的上限随路边地区建筑物和地面类型的不同而有所差异，其上限值在居民区为 70 dB（A）、在工业区为 85 dB

(A)的范围内变化(距线路中心线 15 m 处)。

我国 GB/T 7928—2003《地铁车辆通用技术条件》规定司机室、客室内的允许噪声级应符合 GB/T 14892 的规定。另外,根据我国《铁道机车和动车组司机室噪声 限值及测量方法》(GB/T 3450—2006)规定,铁路新造、大修后的内燃、电力机车司机室内部稳态噪声应在 78~80 dB(A),添加间歇噪声后的等效声级应不超过 85 dB(A)。

地铁列车噪声评定指标:

1. 整车噪音要求

(1)车辆外部和内部噪音测量必须分别按照 ISO/DIS3095/2002 和 ISO/DIS3381/2002 标准执行。

(2)列车静止、辅助系统正常运行车内噪声值不超过 68 dB(A)。

(3)列车在野外以 $90 \cdot (1 \pm 5\%)$ km/h 稳速运行时,在车辆中心离地板高 1.5 m 处,测得的客室内连续噪声值应不超过 75 dB(A)。

(4)列车在隧道内行进、辅助系统正常运行(90 km/h),车内噪声值应不超过 80 dB(A)。

(5)列车静止,辅助系统正常运行,自列车中心线 5 m 测量,其噪声值应不超过 68 dB(A)。

(6)在 ISO 规定的环境条件下,列车在野外以 $90 \cdot (1 \pm 5\%)$ km/h 速度运行时,在离轨道中心 7.5 m 处测得的连续噪声值应不超过 80 dB(A)。ISO3095 标准规定车辆的车门在运转(门在打开或关闭过程中)时,在距车辆地板面 1.2 m 处,离车门或门框 0.3 m 的任何位置,所测得的噪声不超过 73 dB(A)。

(7)在额定电压和频率下,从离车辆上每个日光灯的固定装置 0.3 m 处测得日光灯和整流器噪声不得超过 48 dB(A)。

2. 主要部件的噪声要求

可根据整车对噪声的要求和相关标准及要求确定噪声值,主要部件的噪声要求如表 13.1 所示。

表 13.1 主要部件的噪声要求

部件名称	试验工况	相关要求
VVVF 逆变器	额定工作状态	≤75 dB(A)
牵引线性电机	额定工作状态	按标准要求
制动电阻风机	额定工作状态	按标准要求
辅助系统(风机关)	额定工作状态	≤70 dB(A)
空调机整机(机组下方测量)	额定工作状态	≤80 dB(A)
空气压缩机(如果使用)	额定工作状态	≤78 dB(A)

第三节 控制与降低噪声的措施

随着现代工业的迅速发展,噪声已成为污染环境的公害之一。噪声对环境的污染和其他环境污染不同,声源在空气中发射的弹性波,对人的干扰是局部的,它在环境中不积累、不持久,也不远距离传输,而且当声源停止发声后,噪声立即消失,只有当声源、声音传播途径和听者三者都同时存在时,才对听者形成干扰。因此控制噪声必须从声源、传播途径和接受者3个方面去考虑,既要对这3部分分别进行研究,又必须把这3部分作为一个整体,综合来进行考虑。噪声控制系统既要满足降噪量的要求,又要符合技术经济指标的合理性。

一、降低声源噪声

从声源上根治噪声,是一种最积极、最彻底的措施,具体可以考虑采用以下几方面的措施:

(1)降低车轮和钢轨表面的粗糙度,对钢轨和车轮表面进行磨削和镟修,提高其表面光洁度,保持平滑完好状态,是降低滚动噪声行之有效的措施。可降低列车辐射噪声约 3~6 dB(A)。

(2)采用焊接的长钢轨,把钢轨焊接起来,可减少车轮对钢轨接缝处的冲击次数。列车辐射噪声可降低 6~8 dB(A)。

(3)选择具有抑制"卡滞-滑动效应"的钢轨材料,可降低摩擦噪声。

由实验室试验研究表明,如果曲线区段的钢轨采用特制的具有摩擦剩磁效应和滑动性的低合金钢 15NiCuMoNb5、50CrMoV4 和 14NiCr14,可使曲线运行轮轨之间产生摩擦噪声的轨道与车轮运行方向之间的临界倾斜角 α_{krit} 可增大至 $\alpha_{krit} = 0.4° ~ 0.5°$。也就是说,在不改变转向架结构的前提下,通过更改钢轨用钢,可降低车辆过曲线时的噪声,增大轨道与车轮运行方向之间的临界倾斜角,使得转向架过曲线时不产生噪声的最小曲线半径减小。

(4)采用盘式制动方式代替闸瓦制动,改善了踏面状态,不仅可以减少闸瓦对车轮的磨耗,而且还可以避免制动时的尖叫声,可降低轮轨噪声达 8 dB(A)。在盘形制动上采用合成闸瓦(粉末冶金烧结闸瓦),其所产生的制动噪声将比装用铸铁闸瓦低。另外,针对制动系统中悬挂连接和支座中所使用的许多销套,加装弹性橡胶元件,可降低由于销套与销轴之间的间隙在运行中相互撞击而产生的噪声。

(5)采用性能良好的车辆辅助系统(空调装置、空压机等),可减少声源辐射的噪声。例如,对空调装置中的压缩机,采用性能先进的涡旋式压缩机,其运动部件少、振动小、噪声低,而且可靠性高、使用寿命长。

(6)采用弹性钢轨的紧固件来降低噪声。可采用在钢轨垫板与轨枕之间装设弹性材料垫板,来减少噪声的传播。另一种可能更为有效的措施是装设弹性的"浮置板面"的轨道路基,即在钢轨与混凝土轨道基板面之间设置一层弹性垫板,这种结构可以削减被传递到隧道墙壁的振动噪声 10~20 dB(A),但其不利因素是涉及费用问题,以及可能要增大隧道的尺寸。

另外还可采用防振钢轨来降低噪声的措施。例如,日本新干线上采用的防振钢轨就是用橡胶从钢轨头部以下将整个钢轨腰部包覆直至轨底的上表面,使橡胶件与钢轨组成一个整体。在高架桥上采用这种防振钢轨,可降低噪声。

(7)降低地下铁道的地面承载噪声,可采用在轨道和路基面之间铺设碎石构成的道床,以衰减从钢轨向路基传递的振动和噪声,同时还可以降低车内噪声级。但是采用这种道床要求有较大的隧道直径。

(8)在车轮上装设谐振消声器以降低轮轨噪声。车辆在高速运行时,车轮在钢轨上高速滚动,由于轮轨表面粗糙度以及轮轨的缺陷,造成对车轮的激扰,从而产生滚动噪声。另外,当车辆通过小半径曲线时,由于车轮支承点相对于轨面产生横向滑动,导致车轮的轮辋、辐板产生轴向弯曲振动,发出尖啸声。

如果我们在轮辋或辐板上装设一种具有减振阻尼特性的扇形盘式板或环形板,即所谓的谐振消声器,使之与车轮的主频率相一致。当车轮受到激扰,发生振动而辐射噪声时,扇形板或环形板发生共振，板上的阻尼材料将振动的能量转换为热能，达到衰减车轮辐射噪声。

国外研制的车轮谐振消声器主要有两种结构形式，即扇形盘式消声器和环形叠板式消声器。在德国 ICE 高速列车上装设这种消声器已经取得了明显的消声效果。

（9）采用橡胶弹性车轮降低轮轨噪声。在车轮轮心（轮毂）与轮箍之间加设弹性元件——橡胶垫，使二者之间金属脱离直接接触，使车轮在空间三维方向的弹性与全钢整体车轮相比，较为柔软，利用橡胶元件把轮辋和辐板的振动转化为热能，吸收和衰减一部分噪声。根据橡胶元件的受力状态，弹性车轮的结构形式分承压、承剪和承剪压 3 种，目前采用较多的是承剪压式橡胶元件弹性车轮。试验表明：采用弹性车轮，车辆的垂向和水平方向的加速度都显著降低，比装有全钢整体车轮约减小 30%，并可降低噪声达 10~20 dB（A）。

（10）在轨道车辆转向架上采用橡胶轮胎降低轮轨噪声。独轨车转向架的走行轮、导向轮和均衡轮，均采用橡胶轮胎来降低噪声。

（11）改进转向架结构，提高转向架性能，降低转向架结构元件的辐射噪声。在城市轨道车辆的动力转向架和非动力转向架中，车体、转向架构架或摇枕均采用空腹的承载结构，彼此之间均采用橡胶连接元件或空气弹簧悬挂，并安装具有适当阻尼的油压减振器。这种结构能够起着降低车体的沉浮自振频率，减轻车体的横向和垂向振动，将各个声源相互隔离和衰减声源噪声的效果，同时也避免了二次激励振动的发生。

另外，也可以选用直线电机系统、径向转向架、轻量化的车体结构等更先进的技术，从根本上改善轮轨接触条件，减少噪声源，降低轮轨噪声的产生。

二、降低传播途径上的噪声

（1）在车体向下延伸部分装设车裙，可起到阻挡牵引系统噪声由底架向外辐射的作用。

车裙在与车下吸声装置相结合后能使混凝土高架铁路上的牵引系统噪声降低 5 dB（A）。使用车裙和车下吸声装置可使对声屏障的需要减少到一半，故在经济上是有效益的。

（2）在转向架两侧面设置隔音罩和在线路两侧设隔音墙，对于滚动和制动噪声以及次级噪声的降低与衰减均有明显的效果，能有效地降低列车辐射噪声对周围地区的影响，噪声可降低约 1~4 dB（A）。然而采用这一类声音防护方法不仅投资费用高且对车辆的维修造成妨碍和困难，仅仅在万不得已时才予以采用。

（3）在高架轨道侧面设置高度较低的声屏障，能有效地降低列车辐射噪声对周围地区的传播。

（4）站台对列车辐射噪声的衰减作用。采用 220 mm 高的倒 L 形声屏障站台，经测试，当列车速度在 50~100 km/h 时，与无站台相比，辐射噪声平均可降低 3~4 dB（A）。

（5）提高车体的隔声性能，降低噪声向车内的辐射和传递。列车在运行时轮轨的撞击和摩擦不仅要产生轰鸣和尖啸声，而且伴随有高频振动，由此还有可能激发车体钢结构的声频振动，从而再次发出噪声。试验表明，在车体钢结构内表面涂以防振阻尼层（如石棉沥青浆）后，钢结构的声频振动将转化为热能消散，从而可减少声波的辐射和声波振动的传递。在钢结构上涂敷阻尼材料后，改变了钢板的自振频率，避免噪声主频率与钢板自振频率一致时引起共振，提高了钢板的隔声性能。在 2 mm 钢板上涂以不同厚度的阻尼材料，随着厚度的增加隔声性能也随之增大，厚度增至 6 mm 后隔声性能不再上升。车体涂敷石棉沥青浆后，隔声量可达 2~3 dB（A）。

车体的隔墙采用双层墙结构来代替单层墙，是提高隔声性能、减少车内噪声的重要措施。单层墙的隔声量与材料的质量、劲度、阻尼和频率有关，而双层墙中间有一层起缓冲作用的空气层，其隔声量可增加 4~5 dB（A）。

（6）提高车窗的隔声性能，降低噪声向车内的辐射和传递。在车窗的结构上进行改进，采用固定式并带有空气层的双层玻璃车窗，可明显提高隔声性能。

（7）在单元式空调机组安装座下设置减振橡胶垫，以及在通风系统风道中使用吸声材料和消声器，以降低噪声的辐射和传递。

（8）车辆内部需进行吸声处理，以降低噪声的辐射和传递。在车厢出入口的围壁、隔墙、顶棚等处都要用吸声材料加以处理，以达到降低噪声辐射和传递的效果。

（9）在线路两旁采用绿化带来降低噪声的辐射和传递。在噪声源与居住区之间种植树木，进行绿化，要求绿化带有一定的宽度，树木也要有一定的高度。如果树木的高度只有 2~4 m 时，则列车的辐射噪声降低得很少；而当树木高度在 7~8 m 以上时，才能更好地作为屏障来降低列车的辐射噪声。绿化带对 1 000 Hz 以下的噪声降噪效果甚微，当噪声频率较高时，树叶的周长接近或大于声波的波长，则有明显的降噪效果。实测表明：2 000 Hz 以上的高频噪声通过绿化带，每前进 10 m 其衰减量为 1 dB（A）。

本 章 小 结

噪声污染属于物理性污染。强噪声可以引起耳聋和诱发各种疾病。

环境噪声主要包括城市的交通噪声、工厂噪声、建筑施工噪声以及商业、体育和文化娱乐场所的人群喧闹、家庭生活等社会噪声。

交通运输工具是特殊的流动声源，它是交通噪声产生的根源。

噪声的形成需有声源、声音传播途径、接受者 3 个条件，而且只有三者都同时存在时，才形成干扰。

城轨交通按产生噪声的声源分为：轮轨噪声、车辆非动力噪声、牵引动力系统噪声、高架轨道噪声、地下铁道的地面承载噪声等。

噪声评价量：响度级、计权声级、语言干扰级、等效连续声级、累积分布声级、噪声污染级、声暴露级。

噪声评定指标：根据不同的目的要求有不同的限制标准，我国 GB/T 7928—2003《地铁车辆通用技术条件》规定司机室、客室内的允许噪声级应符合 GB/T 14892 的规定。

地铁列车噪声评定指标有：整车噪声要求、主要部件的噪声要求。

噪声控制方法：降低声源噪声、降低传播途径上的噪声。

复习思考题

1. 试述噪声对人类有哪些影响和危害。
2. 按产生噪声的声源，噪声可分为哪几类？
3. 轮轨噪声包括哪几种类型？简述每一种类型噪声产生的原因。
4. 噪声的评价方法有哪些？
5. 简述响度级、计权声级和语言干扰级评价方法的特点。
6. 试述控制与降低噪声的措施。

参考文献

[1] 严隽耄. 车辆工程[M]. 北京：中国铁道出版社，1992.

[2] 夏寅荪. 机车车辆及城市轨道车辆电空制动机[M]. 北京：中国铁道出版社，2000.

[3] 张振淼. 城市轨道车辆结构与设计[M]. 上海：上海科学技术出版社，2002.

[4] 高爽. 地铁车辆构造与维修管理[M]. 北京：中国铁道出版社，2003.

[5] 孙章等. 城市轨道交通概论[M]. 北京：中国铁道出版社，2000.

[6] 张开文. 制动[M]. 北京：中国铁道出版社，1981.

[7] 王福天. 车辆系统动力学[M]. 北京：中国铁道出版社，1994.

[8] 詹耀立. 客车空调装置[M]. 北京：中国铁道出版社，1999.

[9] 郑长聚等. 环境噪声控制工程[M]. 北京：高等教育出版社，1988.

[10] 赵良省. 噪声与振动技术[M]. 北京：化学工业出版社，2004.

[11] 地铁设计规范 GB 50157—2003[S]. 北京：中国计划出版社，2003.

[12] 虞大联，李芾，傅茂海. 单轴转向架的发展及运用现状[J]. 国外铁道车辆，2004（1）.

[13] Roger Ford. 轻轨车辆技术[J]. 国外铁道车辆，1994（4）.

[14] 倪文波，王雪梅，李芾，等. 新型机车电空制动机试验研究[J]. 内燃机车，2005（8）.

[15] 刘建林. 新型单轨车转向架的研究[J]. 电力机车技术，2001（3）.

[16] 杨利军. 直线电机径向转向架车辆结构及性能分析[J]. 上海铁道大学学报，2000（2）.

[17] 宋晓文. 北京八通线地铁车辆 SDB-80 型转向架的研制[J]. 铁道机车车辆，2004 年增刊.

[18] 俞展猷. 现代化的低地板轻轨车辆[J]. 中国铁路，2004（3）.

[19] 劳建江，周若湘. 广州地铁二号线车辆转向架[J]. 电力机车与城轨车辆，2004（4）.

[20] 虞大连，李芾，傅茂海，等. 新型城市轻轨车辆及转向架研究[J]. 机车电传动，2004（4）.

[21] 李芾，张丽平，黄运华. 城市轻轨车辆发展及其应用前景[J]. 西南交通大学学报，2002（2）.

[22] 王伯铭. 轻轨车辆走行部的特点[J]. 铁道车辆，1999（12）.

[23] 毛家驯，严隽耄，沈志云. 迫导向转向架原理及应用[J]. 铁道车辆，1985（11）.

[24] 傅茂海，李芾，黄运华. 第 6 届国际机车车辆转向架大会综述[J]. 国外铁道车辆，2005（2）.

[25] 马沂文. 地铁车辆通用技术条件标准解读[J]. 电力机车与城轨车辆，2005（5，6），2006（1）.

[26] 陈良龙. 地铁限界算法分析与软件实现[J]. 铁道车辆，2005（1）.

[27] 左国兵. 金属-橡胶复合锥形弹簧的试验研究[J]. 铁道车辆，2005（2）.

[28] 刘绍勇. 出口伊朗德黑兰地铁 1、2 号线转向架[J]. 铁道车辆，2005（2）.

[29] 王伯铭，郭俊. 跨座式独轨转向架国产化方案探讨[J]. 铁道车辆，2000 年增刊.

[30] 傅华. 我国城市轨道交通车辆的发展[J]. 地下工程与隧道，2005（4）.

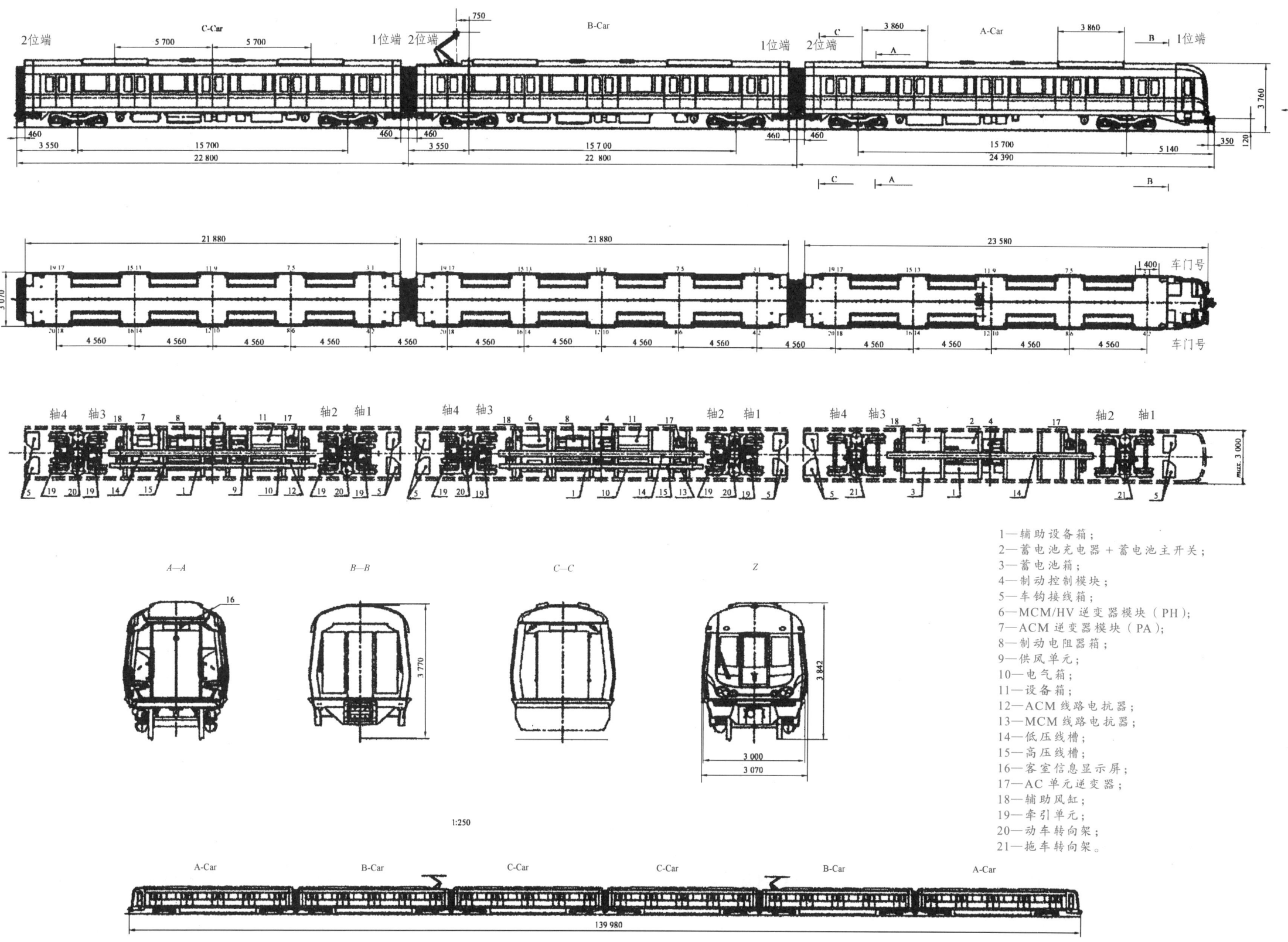

图 2.1 广州地铁二号线车辆总体图

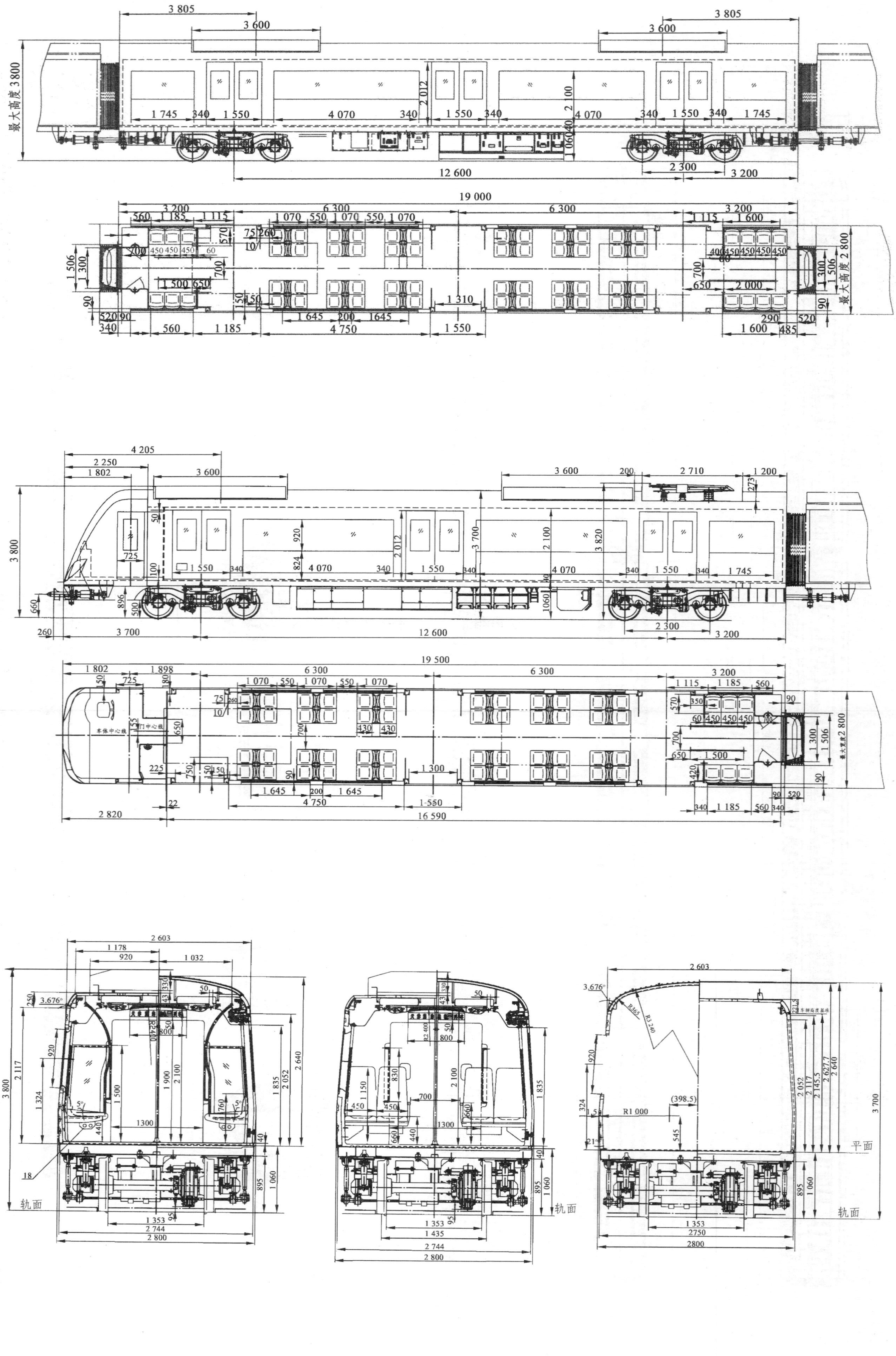

图 2.2 天津滨海轻轨车辆总体图

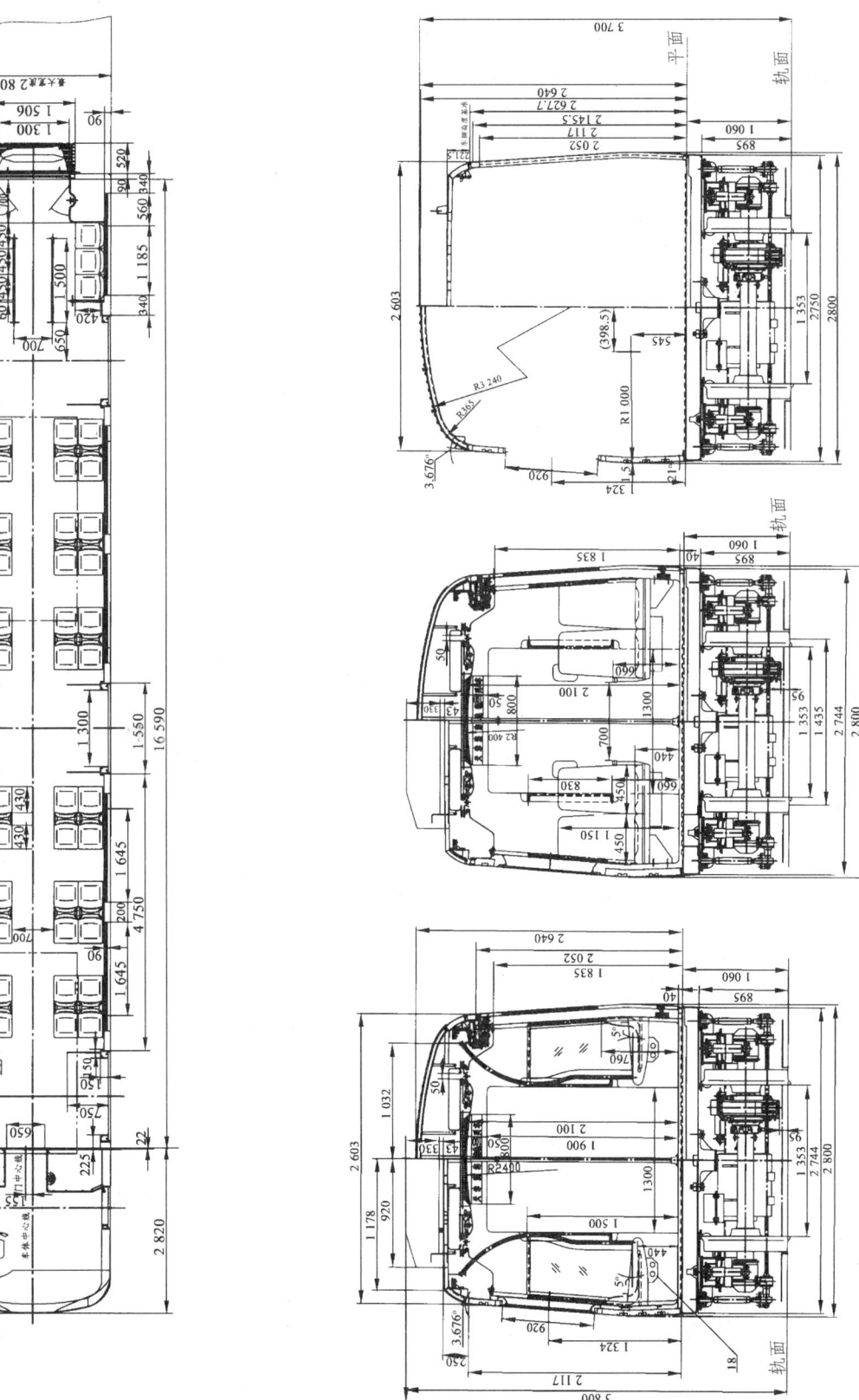

图 2.2 天津滨海轻轨车辆总体图

C-Car
B-Car
2位端
1位端
2位端
750
5 700
5 700
460
460
460
3 550
15 700
22 800
3 550
15 7 00
22 800
21 880
21 880
3 070
4 560
4 560
4 560
4 560
4 560
4 560
4 560
轴4
轴3
轴2
轴1
轴4
轴3
A—A
B—B
C—C
16
3 770
1:250
A-Car
B-Car
C-Car
139 980

图 2.1 广州

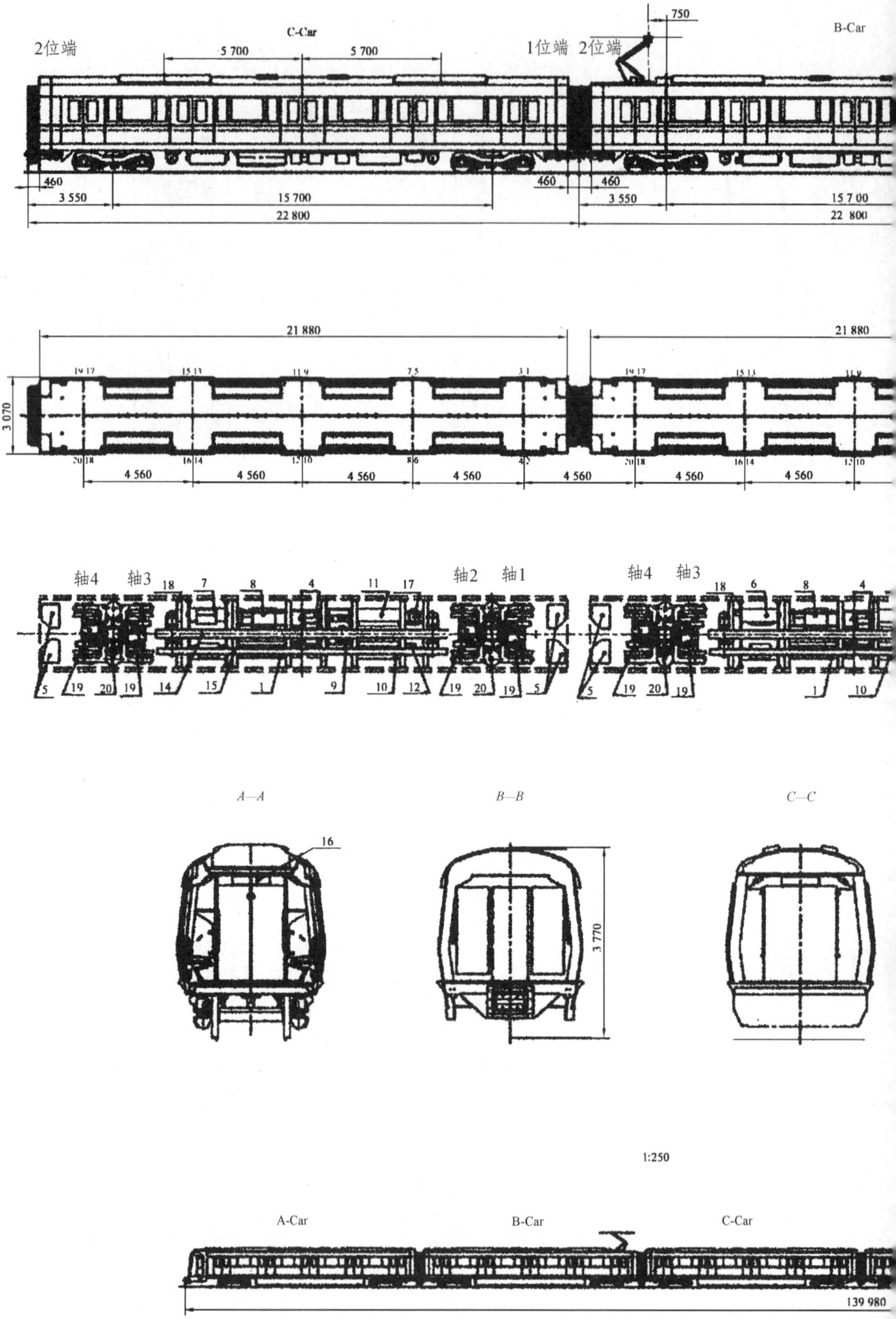

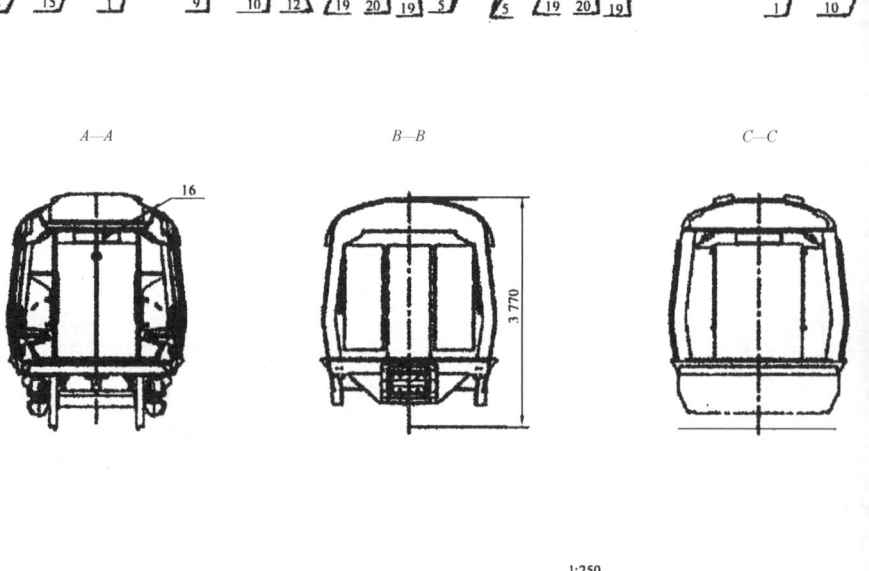

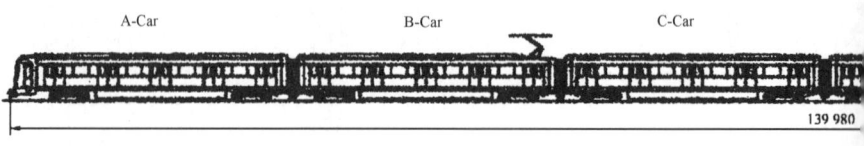

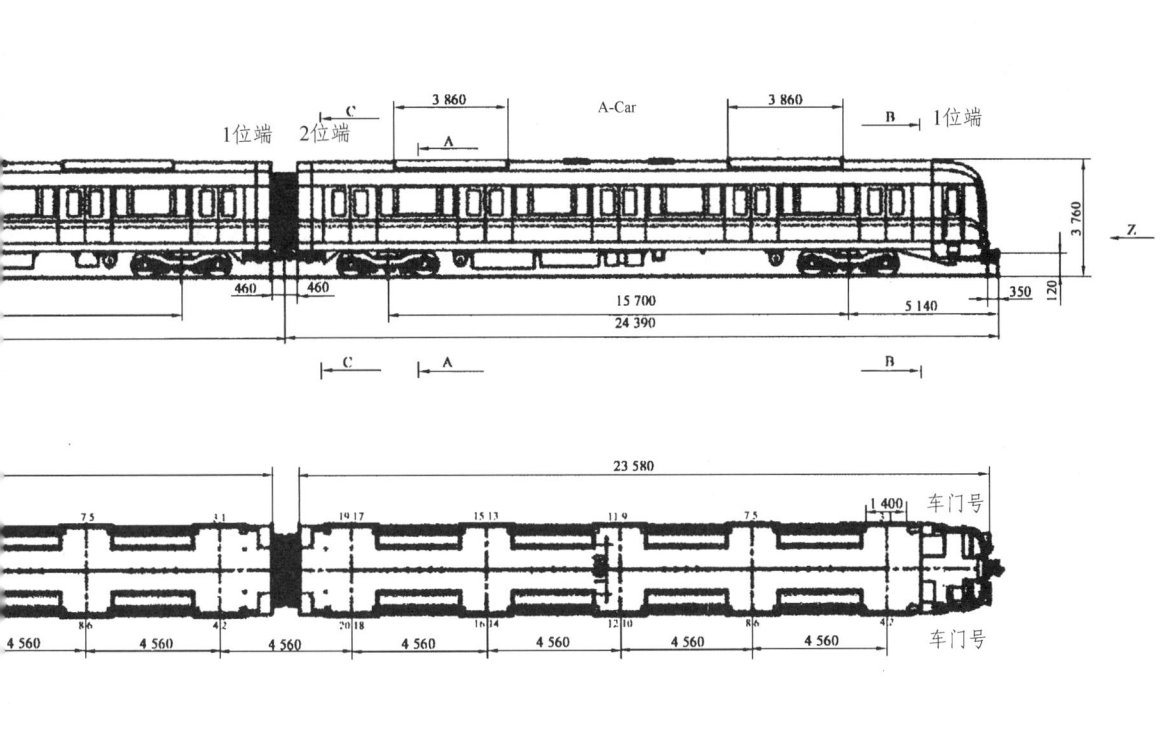

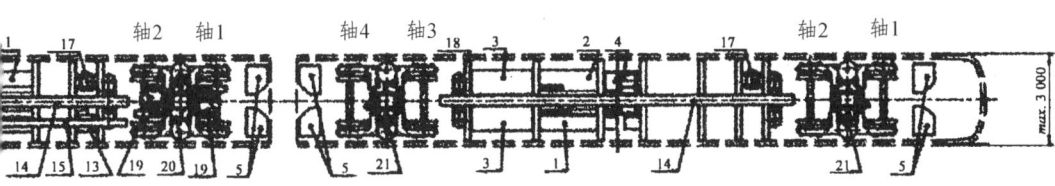

1—辅助设备箱；
2—蓄电池充电器+蓄电池主开关；
3—蓄电池箱；
4—制动控制模块；
5—车钩接线箱；
6—MCM/HV 逆变器模块（PH）；
7—ACM 逆变器模块（PA）；
8—制动电阻器箱；
9—供风单元；
10—电气箱；
11—设备箱；
12—ACM 线路电抗器；
13—MCM 线路电抗器；
14—低压线槽；
15—高压线槽；
16—客室信息显示屏；
17—AC 单元逆变器；
18—辅助风缸；
19—牵引单元；
20—动车转向架；
21—拖车转向架。

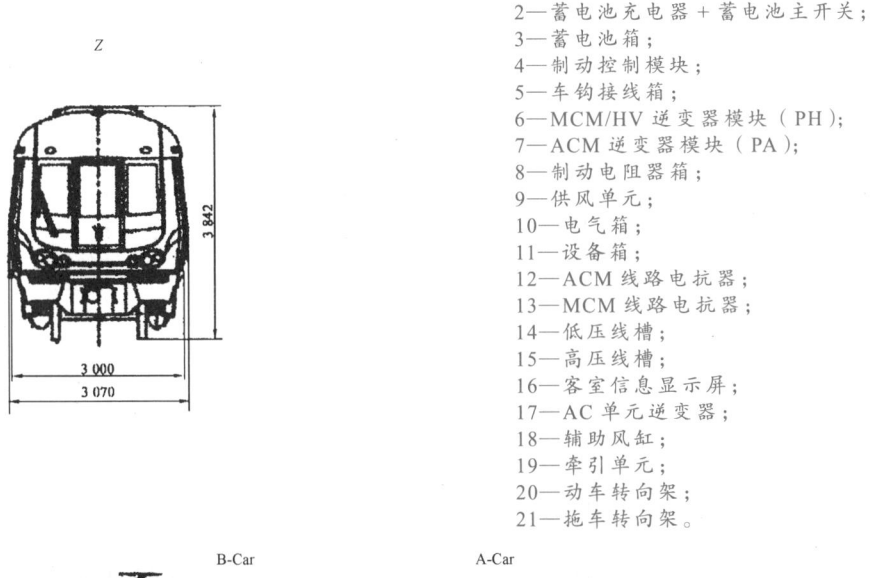

铁二号线车辆总体图

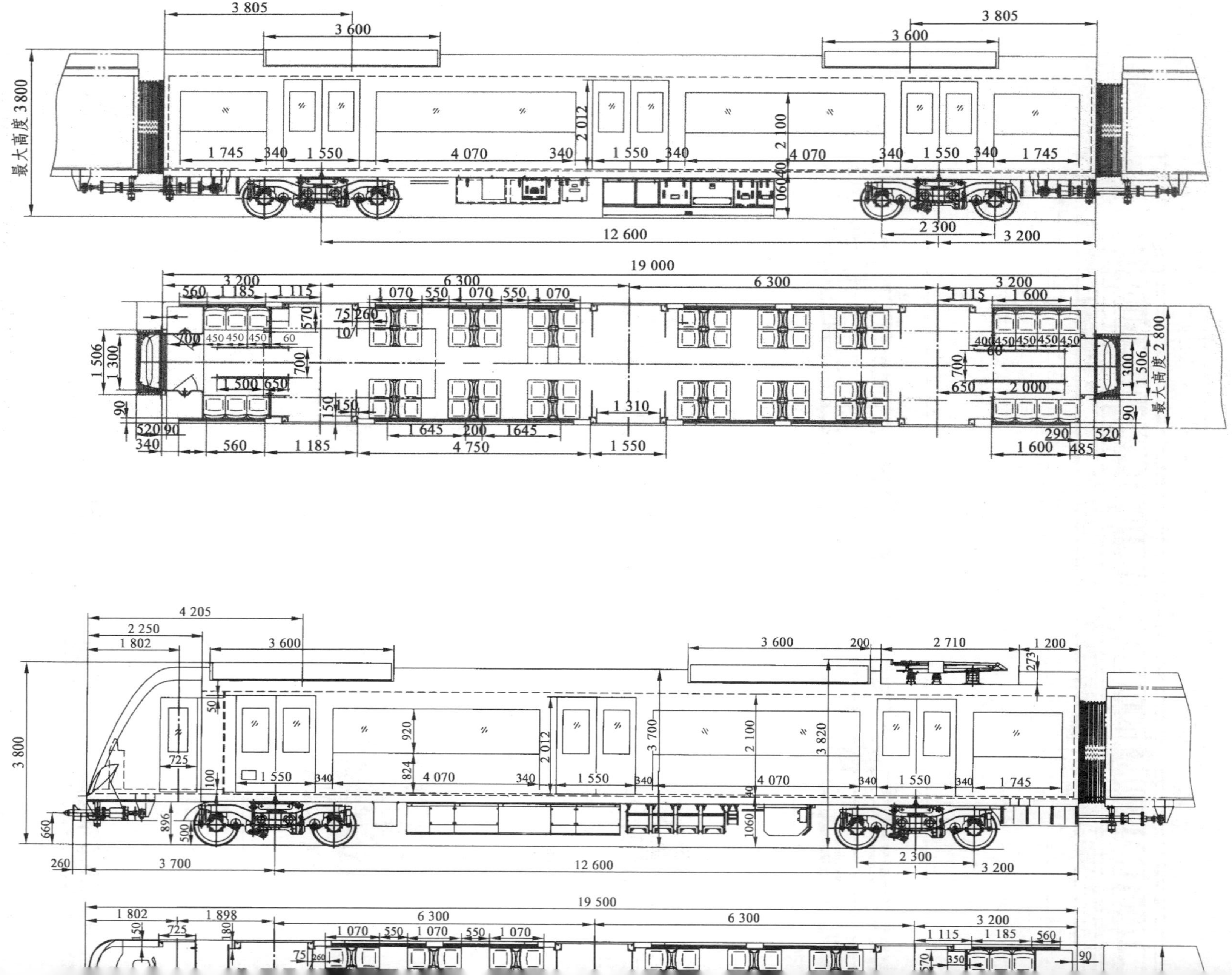

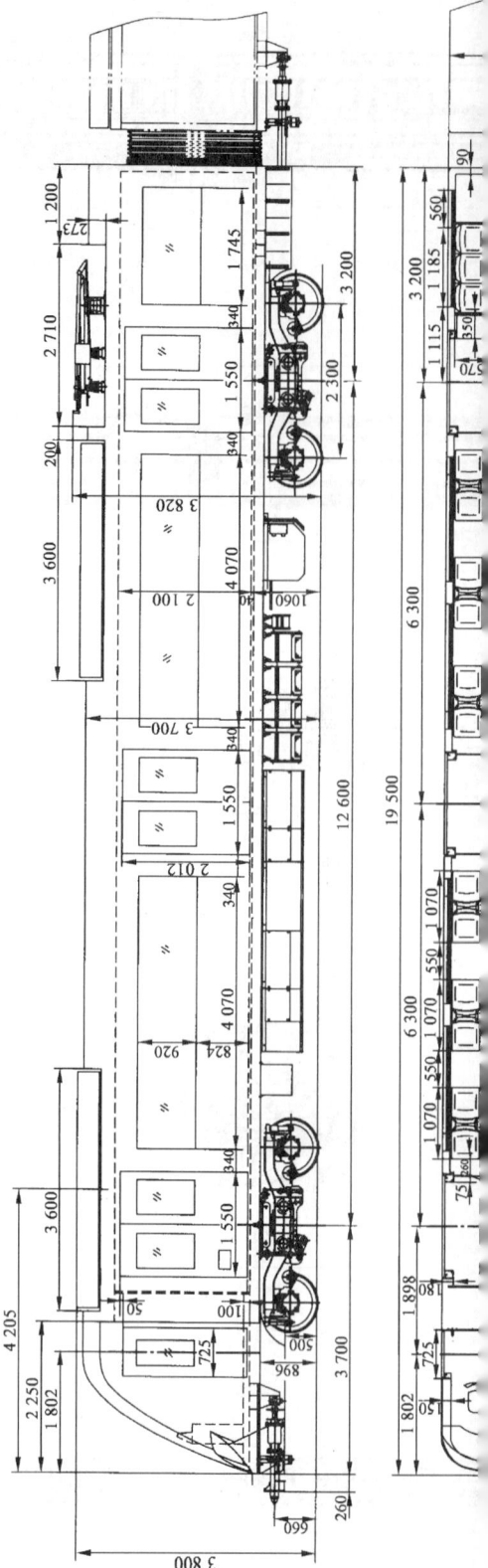